Ullstein

Jochen Brennecke
Karl-Otto Dummer

Viermastbark Pamir

Ihr Schicksal im Zentrum des Hurrikans »Carrie«

Ullstein

ein Ullstein Buch
Nr. 23531
im Verlag Ullstein GmbH,
Frankfurt/M – Berlin

Für das Taschenbuch neu
eingerichtete Ausgabe.
Die textliche Gestaltung
folgt der Originalausgabe.

Umschlaggestaltung:
Theodor Bayer-Eynck
Foto: Alexander Turnbull Library,
Wellington, New Zealand

Taschenbuchausgabe mit Genehmigung der
Koehlers Verlagsgesellschaft mbH, Herford

Printed in Germany 1995
Gesamtherstellung:
Ebner Ulm
ISBN 3 548 23531 X

Januar 1995
Gedruckt auf alterungs-
beständigem Papier mit
chlorfrei gebleichtem Zellstoff

Die Deutsche Bibliothek –
CIP-Einheitsaufnahme

Brennecke, Jochen:
Viermastbark Pamir : ihr Schicksal im
Zentrum des Hurrikans »Carrie« / Jochen
Brennecke ; Karl-Otto Dummer. – Für das
Taschenbuch neu eingerichtete Ausg. –
Frankfurt/M ; Berlin : Ullstein, 1995
(Ullstein-Buch ; Nr. 23531)
ISBN 3-548-23531-X
NE: Dummer, Karl-Otto:; GT

Ein Wort zuvor

Die Katastrophe des frachtfahrenden Segelschulschiffes *Pamir* hatte drei Kriterien. Alle drei sind im technischen Bereich zu suchen, das eine in der Ladetechnik und in den physikalischen Eigenschaften der Ladung selbst, das andere in der Technik der Rettungsmittel und das dritte in der Schiffbautechnik. Zumindest zwei der Kriterien hätten vermieden werden können, hätte man aus der Geschichte gelernt.

- Die Alten unter den Segelschiffskapitänen wußten sehr wohl, warum sie Getreidefracht in Bulk auf Segelschiffen ablehnten und diese Ladung nur in Säcken an Bord nahmen. Auch wenn sie über keine landwirtschaftlichen Erfahrungen verfügten, war ihnen bekannt, daß Gerste unter den Getreidesorten die gefährlichste Ladung war. Wie gefährlich sie ist, sagte ein benachbarter Bauer der Frau des Mitverfassers, Fritzi Brennecke, als diese ihm für einen Vortrag über die letzte Reise der Viermastbark *Pamir* ein Kilo Weizen und ein Kilo Gerste besorgte, um zu demonstrieren, wie unterschiedlich sich Gerste gegenüber Weizen oder Roggen verhält. »Das brauchen Sie mir nicht erst zu sagen«, so Bauer Heinrich Spennes aus Lank am Niederrhein, »ich predige meinen Leuten immer, wenn sie Gerste einfahren: Macht die Wagen höchstens dreiviertel voll, denn Gerste fließt wie Wasser und in den Kurven bei einem vollen Wagen über die Kastenbretter hinweg.« So ist denn die Gerste, die in den Laderäumen der *Pamir* (wie erwiesenermaßen wenige Wochen später auf der Halbschwester *Passat*) durch die an der Oberkante des Getreidelängsschottes nicht restlos verschlossenen Spalten und Schlitze an den Decksbalken und zwischen den undicht aufeinanderliegenden Planken der losnehmbaren Längsschotten im Lukenbereich hindurchgeflossen, die eine der Ursachen,
- die andere ist in dem unzulänglichen, das heißt nicht rechtzeitigen Verschlußzustand wie auch in dem Zuviel an schiffbautechnisch und stabilitätstechnisch nicht glücklich zu nennenden Decksaufbauten zu suchen;

- die dritte Ursache dafür, daß das Ende der *Pamir* in eine derart schwere, fast total zu nennende Katastrophe einmündete, ist in der mangelhaften Ausrüstung mit angemessenen Rettungsmitteln zu sehen, für die es in deren Geschichte an Beispielen für bessere und optimalere Rettungshilfen nicht mangelte und die hier, auf einem Segelschulschiff für den Nachwuchs der deutschen Handelsflotte, nicht modern genug sein konnten.

Inwieweit in Verbindung mit dem Hurrikan CARRIE auch menschliches Versagen hinzuzurechnen ist, hat der Autor des Kernstückes des Buches, der alle verfügbaren Unterlagen studierte und die verschiedensten Autoritäten befragte, aufzuhellen versucht. Wenn auch keine »Beteiligten« im Sinne des Seeamtes, hier also keine Nautiker, überlebt haben, so kennen wir aus den Aussagen der Überlebenden doch die angeordneten Maßnahmen der Schiffsführung, als deren Ergebnis die Viermastbark (nur noch) an den Rand des in mehrfacher Hinsicht tückischen Hurrikans geriet. Ob man das Schiff in dieser Situation noch hätte retten können, etwa, was naheliegt, durch das Kappen der Masten?

Wie sagte Kapitän Julius Schade, einst mein Ausbildungsoffizier auf dem Vollschiff *Großherzogin Elisabeth*, heute ein Freund des Verfassers: ». . . Das sagt sich an Land, etwa vor dem Seeamt, so leicht dahin . . . Masten kappen . . . Wenn man, wie ich, einmal auf einer Viermastbark erlebt hat, wie bei einem orkanhaften Sturm aus heiterem Himmel drei von vier Masten über Bord gingen, weiß man, wie es ist, wenn man sich als Mensch fast zur Hilflosigkeit verurteilt sieht . . .«

Und was sagte Bernhard Rogge, Admiral, Segelschiffkommandant und väterlicher Freund: »Wer wie ich zweimal ein Schiff unter den Füßen verlor, weiß, daß es Dinge zwischen den Paränesen und den Maximen gibt, die wir Menschen als Lebensregel respektieren, Dinge zwischen Gut und Böse, zwischen richtig und falsch. Wenn tausend Nöte einen anspringen und zu zerreißen drohen, ist es nicht immer leicht, den noch letztmöglichen Weg aus dem Labyrinth der angedrohten Vernichtung herauszufinden, vorausgesetzt, daß es einen solchen Weg überhaupt noch gibt. Man muß eine solche Situation einmal mitgemacht und an sich selbst erfahren haben, um nachempfinden zu können, was die Schiffsführung der *Pamir* überkam, als um sie herum die Energien einer Atombombe frei wurden und die Atmosphäre überzukochen schien. Es gibt eben Dinge zwischen

Himmel und
Erde,
die wir Menschen
nicht beherrschen.
Trotz aller Technik!«

Eines ist indessen sicher, eine Panik gab es nicht an Bord der *Pamir*, auch nicht in den letzten Minuten.

Erst war es der Wunsch, zur See zu fahren, dann das Verlangen, auf einem der letzten Segelschiffe anzumustern. Beides ging in Erfüllung, und so kam es zu dem in diesem Buch beschriebenen tragischen Erlebnis. Später wurde das Bedürfnis immer stärker, mehr über dieses Schiff zu erfahren. Bei diesem Bemühen wurde die Idee geboren, die faszinierende Lebensgeschichte dieses letzten Veteranen der Tiefwasserfahrt aufzuzeichnen. Je umfangreicher das gesammelte Material wurde, desto gründlicher wurden die Kenntnisse und damit auch die Erkenntnisse um dieses Schiff – und auch um die letzten Tage und Stunden der *Pamir*. Daraus wuchs der Wunsch, dieses zum Teil unbekannte Wissen nicht nur mit Fachleuten zu diskutieren, sondern allen an der Seefahrt Interessierten mitzuteilen. Was lag näher, als mit einem in jeder Beziehung versierten und qualifizierten Fachmann Verbindung aufzunehmen, der sich mit dem gleichen Thema beschäftigte. So kam es zur Zusammenarbeit mit Jochen Brennecke, und aus einer Kette von Wünschen und Vorstellungen, einer langen Zeit gemeinsamen Forschens und schriftstellerischer Schwerarbeit entstand das vorliegende Werk in gebotener Sachlichkeit und in Ehrfurcht vor denen, die bei dem *Pamir*-Seeunfall auf See geblieben sind.

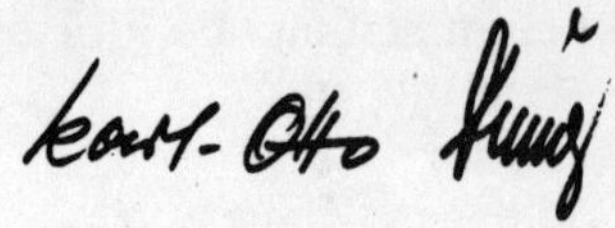

Der 21. September, der ein Sonnabend war: Im südlichen Nordatlantik, 600 Seemeilen südwestlich der Azoren, das mit argentinischer Gerste tief beladene Frachtsegelschulschiff *Pamir*, eine jener stämmigen Viermastbarken aus windjammererfahrener Laeiszscher Schule.

Es ist acht Glasen; vier Uhr morgens also.

Der Ton der Ruderglocke, an der der Rudergast, die Hand am plattingverzierten Bändsel des Glockenschlegels, die acht Glasen schlägt, ist hell. Er ist durchdringend und schneidend, aber irgendwie doch von melodischem Klang. Er weckt auch mich, der ich einer der wenigen sein werde, die vom Schicksal vorbestimmt sind, das tragische Ende der *Pamir* zu überleben. Er reißt mich unbarmherzig aus einem ohnehin schon unruhig gewesenen Schlaf, denn es war einiges los in den vergangenen Stunden der Nacht . . .

In allen Wachen wurden etliche Manöver gefahren.

Die lauten, mehr geschrienen als gerufenen Befehle der Wachoffiziere – die Befehle müssen ja über die Länge des Decks und auch vom Mann oben im Mast verstanden werden –,
das trappelnde Hin- und Hergerenne der Männer der Wache – bei allen Manövern werden alle Befehle im Laufschritt ausgeführt – und
das rhythmische »Hau-Ruck« der Kameraden, wenn es beim Dichtholen um die letzten Zentimeter geht,
sorgten seit den späten Abendstunden des Vortages und vor allem seit Mitternacht dafür, daß an einen tiefen ungestörten Schlaf nicht zu denken war.

Noch bevor das Echo der großen Glocke auf der Back ertönt und die Meldung des Ausguckpostens: »Auf der Back ist alles wohl, die Lampen brennen!« hinüber zum Hochdeck schallt, bin ich aus der Koje. Wir scheinen guten Wind zu haben, denn die Schräglage des Schiffes macht es mir fast unmöglich, in die Hose zu steigen, ohne mich dabei abstützend anzulehnen.

Ich bin schon fast angezogen, da erst poltert der Flötentörn den Niedergang hinunter. Ohne anzuklopfen, reißt der Seemann die Tür zu meiner Kammer auf. Er ist ziemlich außer Atem. Sein obligatorischer Weckruf: »Reise, reise . . .!« ist daher kaum zu verstehen.

Man braucht ihn gar nicht erst zu fragen, wie es oben an Deck aussieht. Er gibt von sich aus in Schlagworten einen Lagebericht: »Alle Obersegel und ein Teil der Stagsegel weggenommen, haben auf drei Knoten angebraßt. Machen gute Fahrt. Prima, primissima.«

»Primissima«, klingt es in mir nach und erinnert mich: Richtig, das ist ja einer von dem lateinschulbewehrten nautischen Nachwuchs, der hier an Bord seine erste seemännische Lehrzeit abreißt. Trotz der hinter ihm liegenden Anstrengungen, verursacht durch die vielen und immer schnellen Manöver während seiner Wachzeit, sprüht der Junge vor Begeisterung.

Sie ist das beste Zeichen dafür, daß die Trödelei der vorletzten Tage jetzt tatsächlich zu Ende ist, machten wir doch bei der müdemachenden Flaute mit Hilfe unseres Diesels bis gestern nur leichte Fahrt. Vergeblich hatten wir in diesen Tagen mit allen möglichen Manövern versucht, den auch nur kleinsten Windhauch auszunutzen.

Das ist nun vorbei.

Es scheint wirklich toll zu laufen.

Schiff und Besatzung werden wieder gefordert.

Schiff und Besatzung können wieder einmal zeigen, was in ihnen steckt: In der jungen lebensbejahenden Crew und in dem aus bestem Schiffbaustahl bei Blohm & Voss erbauten Schiff, dem trotz seiner 52 Jahre die höchste Klasse des Germanischen und des britischen Lloyds zugebilligt worden ist. Keiner der versierten Fachleute hatte da Bedenken.

Dieses handige Wetter ist ein schöner, verheißungsvoller Start für diesen neuen Tag. Es vertreibt nicht nur die mißmutigen Gedanken ob der vorausgegangenen Gammelei, es weckt die ermüdeten Lebensgeister. Jetzt, bei auf sieben bis acht zunehmenden Windstärken, werden alle Manöver noch schneller, noch exakter ausgeführt.

Für uns in der Kombüse bringt diese Art des Segelns eine Menge Mehrarbeit mit sich. Es grenzt manchmal schon an vollendete Artistik, bei einer derartigen Schräglage Spiegeleier zu braten, ein Gemüse zu legieren oder gar Brötchen zu backen. Doch diese Schwierigkeiten werden durch einen anderen noch größeren Vorteil wieder ausgeglichen: Perfekt muß an solchen Tagen das Essen gar nicht sein. Ist ein Spiegelei ausgelaufen und kaum noch von einem Rührei zu unterscheiden oder sind die Rundstücke von zwei Seiten angebacken, so bleibt die bordübliche Maulerei aus. Es wird mit solchem Appetit und so viel sichtbarem Vergnügen gegessen, daß man meinen könnte, es handle sich um ein Galamenü im »Waldorf Astoria«.

Überall wird gelacht und gescherzt, und die Freiwache hilft unaufgefordert – und ohne daß es eigentlich nötig wäre – bei Manövern, bei Arbeiten der Tagwache und sogar bei uns in der Kombüse.

Wetten über Stunden-, Wachen- und Tagesetmale werden abgeschlossen. Es werden die unmöglichsten Einsätze geboten: Vom Südwester über ein Paar Socken bis zum Hosenträger und der obligatorischen Buddel Köhm gibt es kaum etwas, was nicht gut genug wäre. Experten und besonders Unerschrockene setzen sogar eine Freiwache im Hamburger Hafen oder eine Freundin in Buenos Aires, die sie noch gar nicht haben.

Solche Tage sind Höhepunkte einer guten Reise.

In der Kombüse ist alles klar. Das Feuer ist durchgebrannt. Der bereits vom Flötentörn aufgesetzte Wasserkessel ist rück- und rutschfest mit Schlingerleisten gesichert, und die große Wanne mit den geschälten Kartoffeln ist so gekonnt zwischen Backtrog und Herd verstaut, daß nichts passieren kann. So gesehen, ist an diesem Samstagmorgen die Welt mal wieder in Ordnung, obwohl gerade er der arbeitsreichste Tag für die Kombüsenbesatzung ist. Samstags spätestens müssen für den Sonntag viele Dinge vorbereitet und vorgearbeitet werden, so daß es am Sonntag nur der notwendigsten Handgriffe bedarf, um alle an Bord zufriedenzustellen. Zwar ist der Donnerstag, was den Speisezettel und auch die Sondereinsätze der Freiwachen angeht, auch bei uns an Bord der »Seemannssonntag«, dennoch wird großer Wert darauf gelegt, daß sich auch der kalendermäßige Sonntag in puncto Essen von den anderen Wochentagen wohltuend deutlich unterscheidet.

Wie dem auch sei: Die Arbeiten, die jeden Morgen anfallen, werden routinemäßig und schnell erledigt.

Jetzt, um 06.00 Uhr, ist es an der Zeit, den an Bord als Kochsmaat geführten Metzger Ingo Hamburger zu wecken.

Dieser steht schon vor dem Spiegel und rasiert sich, als ich seine Kammer betrete. Eigentlich bin ich ziemlich erstaunt, daß er schon hoch ist, denn er gehört zu dem Schiffsvolk, das morgens einen mittelschweren Schiffskran braucht, um aus dem Reich der Träume in die irdischen Tatsachen gehievt zu werden. Warum sollte es ihm anders ergangen sein als mir. Ingo fühlt sich nicht nur als Metzger hier an Bord, sondern als ein echter Segelschiffmann mit der besonderen Neigung zur Funkerei. Jede freie Minute hockt er beim Funker in der Funkbude, hilft mit, Funksprüche zu entschlüsseln, und versucht sich in seinem besonderen Hobby: Wetterberichte zu analysieren.

Mit seinen Worten: »Endlich wieder frische Luft!« drückt er aus, was jeder an Bord empfindet. Gemeint damit ist nichts anderes als der allen verhaßte penetrante Gestank des Diesels, der uns bei Flaute in alle Ecken des Schiffes verfolgt. Das scheint jetzt vorbei, und eine Art Jagdfieber hat auch unseren Metzger erfaßt. Es wird wenig geredet zwischen uns, während wir die morgendlichen Arbeiten für das Frühstück oder auch schon für das Mittagessen vorbereiten. Es bleibt nicht viel Zeit zur Unterhaltung, wenn man mit nur zwei Mann – bzw. drei –, wenn der Koch auf dem Plan erscheint –, für das leibliche Wohl von 86 Mann zu sorgen hat, zumal unsere Verpflegung wohl mehr zu bieten hat als die sozusagen »beste Verpflegung« in etwa einem normalen Haushalt an Land.

Welch ein Unterschied zu den Windjammern von damals, wo es Hartbrot, salzig-ranziges Pökelfleisch oder Stockfisch, aber noch keine Konserven gab . . .

Morgens wird zum Kaffee und Tee nicht nur eine kräftige Milchsuppe geboten: Außer frisch gebackenem Brot mit Wurst, Butter, Käse, Marmelade und echtem Honig kommen zum Beispiel auch noch dicke Bohnen mit Speck, eine knakkige Bratwurst, ein Hamburger oder gar ein Stielkotelett mit Bratkartoffeln auf die blankgescheuerte Back.

So gegen 10.00 Uhr lockt es die immer und ewig ganz Hungrigen – und davon gibt es mehr als eine Handvoll an Bord –, nochmals bei einer Tasse Kaffee oder Tee ein belegtes Brot oder ein Brötchen zu verputzen, um dann bis zum Mittagessen durchzuhalten.

Das Mittagessen kann sich mit den Gerichten in jedem guten Restaurant an Land messen. Für den Magen einer Landratte würde schon die kräftige Suppe ausreichen, um den Hunger zu stillen. Nicht aber für einen Windjammerseemann, der den ganzen Tag über in frischer Seeluft harte körperliche Arbeit verrichtet.

Daß der Hauptgang aus Kartoffeln, einer reichlichen Gemüsebeilage, einem seemannshandtellergroßen Stück Fleisch und einer pikanten Soße besteht, ist selbstverständlich. Und noch selbstverständlicher ist es, daß ein kräftiger Nachtisch drin sein muß. Meistens ist es ein Pudding. Mit viel Zucker, versteht sich, und einer noch süßeren Soße. Oder aber es gibt so köstliche Sachen wie Yellow cling peaches oder Pineapples in heavy syrup, eingedost im sonnigen Kalifornien.

Der Nachmittagskaffee darf nicht fehlen, denn die Zahl der »Kaffeetanten« an Bord ist groß. So bleibt es nicht aus, daß die Kaffeerationen gerade zu dieser Tagesstunde reichlich bemessen sein müssen. Es ist erstaunlich, wie viele Stullen nicht gestrichen, sondern dick bepackt mit Butter und Konfitüre, jetzt schon wieder verzehrt werden.

Bei so viel gesegnetem Appetit ist es gar nicht verwunderlich, daß ein Abendbrot im landläufigen Sinne hier an Bord völlig deplaciert wäre. Ein ordentlicher Schlag Salzkartoffeln mit einem noch ordentlicheren Stück Fleisch und einer kräftigen und würzigen Soße reichen gerade aus, den ärgsten Hunger zu stillen.

Mühelos werden anschließend noch Unmengen von Brot und Käse und der schon fast legendär gewordenen »Albert-Ballin-Gedächtnis-Wurst« vertilgt.

Dies alles vorzubereiten, um es pünktlich auf die Back zu bringen, ist schon ein gerütteltes Maß Arbeit für uns drei in der Kombüse. Doch Gott sei Dank finden sich immer wieder einige freiwillige Helfer – meistens von den »alten« Kadetten –, die gerne in der Kombüse helfen. Eine Portion Pudding, ein Stück Kuchen, ein Ei oder ein Schluck vom kräftigen Mittschiffskaffee sind der Lohn für diesen Einsatz.

Doch wenden wir uns wieder dem 21. September zu: Es hat soeben sechsmal geglast: 07.00 Uhr ist es jetzt.

Eigentlich merkwürdig: Werner Eggerstedt, unser Koch, erscheint plötzlich auf der Bildfläche, obwohl er weder von uns geweckt wurde, noch daß es seine übliche Zeit ist.

Frozzeleien bleiben nicht aus, doch es ist erstaunlich, daß er nicht – wie üblich – leicht verärgert, sondern recht vergnügt reagiert. Warum soll es ihm auch anders ergehen als uns allen. Eggerstedt ist schließlich schon die dritte Reise an Bord. Er weiß meist schon im voraus, welches Essen er für bestimmte Tage vorbereiten muß, um die Besatzung auch in puncto kulinarischen Wohlbefindens bei bester Laune zu halten.

Über uns wird es unruhig. Die Stimme des Wachoffiziers hallt über Deck. Die Stiefel der Wache poltern über die Planken, und der Chorus der Kameraden zeigt, daß wieder ein Manöver gefahren wird.

Eigenartig, denkt jeder von uns. Es ist doch gar nicht üblich, so kurz vor Wachwechsel noch ein Segelmanöver zu beginnen. Die Ausnahme ist, wenn man sich in schwerem Wetter oder in einer unmittelbaren Gefahr befindet.

Doch das ist ja heute nicht der Fall. Oder?

Es bleibt keine Zeit, jetzt darüber nachzudenken.

Die Backschafter der aufziehenden Wache stehen wartend vor dem Schott. Es geht zügig weiter. Die Backschafter aus der Unteroffiziersmesse und dem Matrosenlogis, die Stewards aus der Kapitäns- und Offiziersmesse drängeln sich vor dem Süll. Jeder möchte nicht nur als erster versorgt werden, sondern auch die größte Portion oder den leckersten Bissen erwischen. Es herrscht Whooling, auch in der Kombüse, wo die Hände nicht ausreichen, um noch schneller zu bedienen.

In diesem Trubel registrieren wir den Wachwechsel nur dadurch, daß nun auch die Backschafter der Freiwache vor der Kombüse erscheinen und selbstredend die größte Portion verlangen, denn sie kommen ja direkt von der »Arbeit«. Sie sind die einzigen, die an diesem Tage schon etwas geleistet haben.

Heute ist die Whooling besonders groß. Warum? Wieso, weshalb? Wir merken die Schwierigkeiten eigentlich erst, als das Wasser aus der großen Wanne mit den geschälten Kartoffeln überschwappt, uns um die Füße spült und wir jetzt alle Mühe haben, uns auf dem schrägliegenden Boden zu halten.

Routinemäßig werden die Schlingerleisten auf dem Herd befestigt. Die Eisenringe über dem Koksfeuer werden schräg gesetzt. Der Inhalt der kleinen, bis an den Rand gefüllten Töpfe wird in größere Gefäße umgeschüttet, so daß er auch bei noch stärkerer Krängung des Schiffes nicht überschwappen kann.

Plötzlich – wir sehen uns erstaunt an: Gezwitscher wie von aufgescheuchten erregten Vögeln steht im Raum, dazwischen melodisch warme Flötentöne, dann wieder helles und schrilles Pfeifen, immer wieder überlagert, zerhackt und unterbrochen von knisternden und knackenden Geräuschen.

Diese Geräusche kommen aus der im Kombüsengang liegenden Funkbude. Der Funker ist schon auf? Jetzt? Zu dieser ungewohnten Stunde? Was hat das zu bedeuten? Nur bei prekärer Wetterlage werden auch außerhalb der Pflichtzeiten des Funkverkehrs Wetterberichte eingeholt.

Sollte sich dieser kräftige, fast schon stürmische Wind etwa zu einem Kuhsturm entwickeln?

Mit einem »bis gleich!« verholt sich Ingo Hamburger in

Richtung Funkbude, um zu sehen, was der Grund dieser frühen Tätigkeit seines Freundes ist. Auf der einen Seite ist es uns zwar nicht immer recht, wenn sich der dritte Mann in der Kombüse laufend zum Funker hin verdrückt, doch auf der anderen Seite ist es für uns sogar von Nutzen. Jede frühzeitige Information über Wind und Wetter und den daraus resultierenden Kurs erspart uns einen Haufen Arbeit, jede Menge Ärger und Verluste. Wir sichern bei solchen Meldungen dann nicht nur vorsorglich unsere Gerätschaften in der Kombüse vor einem Verrutschen und Herunterfallen, auch auf dem Herd befindliche Töpfe und Pfannen werden durch Schlingerleisten und zusätzliche Laschings festgezurrt. Nicht zuletzt sorgen wir dafür, daß die Bestände in den Proviant-, Tiefkühl- und Kühlräumen so verstaut werden, daß nichts verrutschen und zu Bruch gehen kann. Das ist bei uns zur Routinesache geworden, das bedarf keines besonderen Verschlußbefehls von der Poop.

Die Schräglage des Schiffes hat noch etwas zugenommen, und so müssen wir die Schlingerleisten untereinander noch besser befestigen, die ersten Eisenkeile unter die Töpfe schieben und zusätzlich Laschings von den Topfgriffen nach oben an die Kombüsendecke zurren.

So sind wir eigentlich gar nicht sehr erstaunt, als Ingo Hamburger wieder in die Kombüse kommt und uns mitteilt, daß wir mit ziemlich schlechtem Wetter zu rechnen haben. Ein Hurrikan rase von den Bermudas in Richtung Azoren über den Atlantik, und es sei nicht ausgeschlossen, daß wir in seinen Wirkungskreis hineingeraten. Wenn alles gutgeht, könnten uns zumindest die sturmwütigen Ausläufer erwischen. Hurrikan . . . na ja, das sind ein paar Windstärken mehr als so 'n frühherbstlicher Püster im Nordatlantik. Seine Ausläufer können auch nicht ärger sein als ein handiger Sturm. Das ist an Wind zwar nicht das, was wir erwartet haben – und, das nebenbei, wir in der Kombüse auch gar nicht so gerne haben –, doch ist er immerhin besser als die Gammelei der letzten zwei Tage. Schließlich ist es auch nicht das erste Mal, daß wir unsere bescheidenen, aber aus der Praxis bezogenen Fähigkeiten der Improvisation unter schwierigsten Bedingungen beweisen mußten. Gut denn, bis jetzt sind auch wir immer damit fertig geworden und haben dennoch alle an Bord zufriedengestellt.

Kaum haben wir unsere Vorsichtsmaßnahmen beendet, sind sie bereits überholt. Die Schräglage des Schiffes ist noch stärker geworden, und zum ersten Mal hören wir deutlich und bewußt das Tosen und Rumoren des zunehmenden Sturmes in der Takelage über Deck.

Die vorhin ausgewechselten Töpfe müssen nochmals durch noch größere ersetzt und die Schlingerleisten durch zusätzliche Laschings zur Luvseite vor dem Herausspringen gesichert werden.

Die in den Backöfen befindlichen Pfannen werden herausgenommen. Ihr Inhalt wird in Töpfe umgefüllt, die ebenfalls oben auf dem Herd befestigt werden. Quer durch die Kombüse – von Steuerbord nach Backbord vor dem Herd und wieder zurück vor dem Arbeitstisch – spannen wir in etwa Kopfhöhe einen Tampen, an dem wir uns mit einer Hand festhalten können, wenn wir vor dem Herd oder dem Arbeitstisch stehen. Auf den Boden streuen wir mit Salz vermischte feine Sägespäne. So gewinnen wir zusätzlichen und besseren Halt für unsere Füße.

Eine verdammte Arbeiterei mit weichen, federnden Knien, um die ziemlich heftigen Bewegungen des Schiffes auszugleichen. Wer da nicht aufpaßt, den schmeißt es um.

So hatten wir uns das heute morgen nicht vorgestellt.

Ingo Hamburger verschwindet wieder in Richtung Funkbude, und ich werfe zum ersten Mal aus dem Schott Vorkante Hochdeck einen Blick auf das Vorschiff und die Takelage. Jetzt erst merke ich, welche Gewalt der Sturm bereits angenommen hat. Ein uriges Tosen und Dröhnen liegt wie eine Glocke über dem Schiff, und wie aus weiter Ferne höre ich das Kommando: »Klar bei Obermars-Fallen!« Während ich noch darüber nachdenke, wie stark der Sturm wohl ist oder noch werden muß, wenn die Obermarsen gefiert werden, trifft eine harte Böe das Schiff.

Ich werde wie ein Spielball bis zum Niedergang Hochdeck geschleudert. Mit meiner gewaltsamen Landung an den kantigen Stufen ist ein irres wütendes Knallen in der Takelage und ein wütendes Scheppern in der Kombüse verbunden. Zur gleichen Zeit rauscht und brodelt es zu meinen Füßen im Leewassergraben: Eine schwere See – es ist die erste – ist schäumend vor Zorn über die Backbordreling eingestiegen. Ohne einen Blick in die Takelage zu werfen, klettere ich mit einiger Kraftanstrengung durch das Backbordschott, das hier in Lee jetzt ziemlich schräg zur Horizontalen geneigt ist, und gelange wieder in die Kombüse, denn schließlich liegt hier mein Verantwortungsbereich.

Einer der großen Kartoffeltöpfe hat sich trotz der Schlingerleisten, trotz der Keile und der Deckenlaschings herausgerissen. Er ist gegen das Stahlschott auf der Backbordseite geknallt und hat seinen Inhalt über den Fußboden ergossen. Mit dem Koch zusammen bergen wir den Topf, und in gemeinsamer Arbeit verkeilen wir ihn wieder auf dem Herd. Während wir noch damit beschäftigt sind, die Kartoffeln, die ja gerade erst aufgesetzt und somit noch nicht angekocht sind, aufzusammeln und abzuwaschen, werden wir – es ist ungefähr 09.30 Uhr – durch das schrille Lärmen der Alarmglocke elektrisiert.

Das bedeutet: »All hands an Deck!«

Das ist neu.

Das war noch nie da.

Wohl haben wir schon in anderen Situationen Manöver mit all hands gefahren, doch die Alarmglocke, die hatte man, solange ich hier an Bord bin, noch nie benutzt.

Während der Koch und ich in unserer Arbeit verharren und uns fragend und bestürzt zugleich ansehen, kehrt Ingo Hamburger in die Kombüse zurück und meint, als sei es das Selbstverständlichste auf der Welt: »Wenn wir so weiterlaufen, geraten wir wahrscheinlich direkt in das Zentrum eines Hurrikans.«

Hurrikan!? Das Wort trifft uns jetzt, angesichts des wütend zunehmenden Sturmes und der Bedrohung, in das gefürchtete Kernfeld eines Wirbelsturmes zu geraten, nun aber doch wie ein Hammerschlag.

Hier an Bord wurde sonst nur von einer Brise, einem handigen Wind, einem starken Püster und, wenn es ganz schlimm kam, von einem Kuhsturm gesprochen. Selbstverständlich sind uns Begriffe wie Taifun, Zyklon oder Hurrikan nicht fremd, und der eine oder andere an Bord, die älteren vor allem, hat ein solch böses Wetter sogar schon einmal miterlebt. Was aber die Winde im Zentrum eines Hurrikans für ein Segelschiff, wie unsere *Pamir* es ist, bedeuten und anrichten können, darüber haben wir uns bis zu dieser Stunde keine Gedanken gemacht. Doch zu einer Diskussion darüber, was diese Nachricht für uns und unser Schiff bedeutet, kommt es nicht.

Eine harte Böe trifft die *Pamir* wie der Schlag einer Riesenfaust. Wir stürzen an die Bullaugen und sehen, wie das Schiff stark nach Backbord krängt, wie sich eine riesige blau- und grünglasige, vom Schaum weiß geflammte Wasserwand über die Leeschanzung rollt und das gesamte Deck bis an die Leekimming der Luken überschwemmt.

Die Vortroppcrew bemüht sich immer noch vergeblich, die Obermarsrah zu fieren und das Obermarssegel dichtzugaien.

Und es bleibt beim Bemühen. Die Rah ist kaum um ein paar Zentimeter tiefer gesackt, so heftig wird sie in ihrem um den Mast greifenden Tonnenrack gegen den Mast gepreßt. Also muß der Winddruck, wenn man ihn in Kilogramm ausdrückt, schwerer sein, als die nicht leichte Rah schwer ist.

Oben legen gerade ein paar Mann nach beiden Seiten aus, um das Tuch nach dem Aufgaien sofort zu bergen.

Plötzlich klaffen drei lange messerscharfe Risse in dem grauen Segel. Mit lautem Knallen flappt das zerfetzte Tuch im Sturm wild hin und her und droht die Jungens von den Fußpferden der Rah zu schlagen. Die an Deck an den Gordings reißenden Kameraden werden, an den Tampen festgekrallt, mit jedem Flappen des Segels mit nach oben gerissen.

Sie machen auch nicht einen Zentimeter gut.

Auch die Jungens an den Fallwinschen bemühen sich vergebens, auch nur einen Pool herauszudrehen.

In dieser irren Situation ertönt der Befehl:

»Schmeiß los die Schoten Vorobermars!«

Eine Pause entsteht. Nichts geschieht.

Ist dieser Befehl nicht verstanden worden? Liegt es nur daran, daß die Männer einen solchen Befehl an Bord dieses Schiffes noch nie gehört haben? Lähmt sie der Schock des plötzlichen Erkennens, daß es viel schlimmer um das Schiff steht, als alle annehmen?

Sekunden später handeln sie wieder. Der Vorhandmann nimmt den Kopfschlag vom Koffeenagel und wirft entschlossen den Tampen los. Die so befreite Schotkette schlägt wütend gegen das Want und an den Pardunen und am laufenden Gut hin und her. Funken stieben, wenn der Stahl der Kette auf Eisen trifft. Ein Höllenlärm übertönt das Orgeln des Sturmes in der Takelage. Der Krach erinnert an die harten Dissonanzen auf einer Werft, doch ist er lauter, hundertfach, nein tausendfach lauter. Und schriller. Und durchdringender. Und bösartiger.

Es hallt wie ein Kanonenschlag, als von der Orkanfaust der erste große Fetzen aus dem Marssegel herausgerissen wird. Nur wenige Sekunden später: Mit einem ohrenbetäubenden Knall fliegen das Großstengestagsegel und das Vorstengestagsegel aus den Lieken. Die noch verbliebenen Reste des Segels knattern flammengleich wie zerfetzte Banner im Sturm. Und das Knattern erinnert an das Feuer aus gleich mehreren Maschinengewehren.

Befreit von dem Druck der davongeflogenen Segel, richtet sich das Schiff fühlbar und sichtbar ein wenig auf, so als ob die Besatzung, das Schiff und die Natur aufatmen, um sich ein paar Sekunden der Erholung zu gönnen.

In diesen Sekunden erlebe ich zum ersten Mal bewußt und detailliert das Inferno um mich herum. Die Töne einer gewaltigen Orgel überfluten mein Hörbewußtsein, und ganz deutlich vermeine ich die verschiedensten Tonlagen herauszuhören, wie sie vom Orkanwind an den spannschraubengestrafften Pardunen, Stagen und Wanten erzeugt werden. Durch das Rollen und Stampfen des Schiffes und der damit hin und her schwingenden Takelage, den Masten und den Rahen werden dem Sturm immer wieder andere Angriffsflächen geboten. Das bedingt ein Auf- und Abschwellen der Töne wie vom Furioso zum Moderato eines kompletten Sinfonieorchesters. Ein großes, ein faszinierendes, ein unheimliches Konzert.

Ein neuer gewaltiger Knall hoch oben – aber weit hinter mir – reißt mich aus dieser Betrachtung in die Wirklichkeit zurück. Wie ein riesiger grauer Vogel fliegt ein mir unendlich groß erscheinendes Stück Segeltuch nach Lee, wird drei- bis viermal hoch- und wieder heruntergerissen, flattert, als kämpfe es gegen die entfesselte Wut des Sturmes, wird von der brodelnden Gischt einer anrennenden See erfaßt, um augenblicklich von ihr verschlungen zu werden.

Mit einem schrill aufheulenden Diskant und ungeheuerlicher Wucht trifft uns eine weitere Böe. Die *Pamir* legt sich hart über, gewaltige Wassermassen stemmen sich spielerisch über die Leeschanzung hinweg und brechen donnernd über die Decks herein. Über das ganze Schiff – das Heulen des Sturmes weit übertönend – hallt das Bersten der noch verbliebenen Segel in sämtlichen Masten. Wieder scheint es so, als würde der Sturm den Atem anhalten. Das aber liegt wohl nur daran, daß durch die herausgeflogenen Segel so viel Winddruck von dem Schiff genommen worden ist, daß es sich wieder etwas aufzurichten beginnt.

Blechernes Geschepper aus der Kombüse, begleitet von nicht druckreifen Flüchen unseres Koches, passen nicht so recht in diese Orgie der Geräusche, doch machen sie mir klar, wo mein eigentlicher Arbeitsplatz ist.

Der Anblick, der sich mir, als ich mich in den Rahmen der Türpfosten klemme, in der Kombüse bietet, könnte einen Heiligen aus dem seelischen Gleichgewicht bringen.

Die Schlingerleisten, ein Teil der Töpfe und deren Inhalt sowie die Platten der Arbeitstische liegen an den Schotten in Lee oder sind sogar durch den Backbord-Kombüsengang hinausgeschleudert worden. Die mit Laschings an der Kombüsendecke festgezurrten Töpfe hängen – in sich bebend – wie schräg in den Raum stehende Pendel herunter. Sie machen erst so richtig deutlich, welche Schlagseite wir jetzt schon haben. In all dem Durcheinander von Töpfen, Brettern und sonstigem Geschirr hängt Werner Eggerstedt und bemüht sich mit vor Wut zusammengekniffenen Lippen krampfhaft, dieser Whooling zu entrinnen.

Ich rutsche über den glitschigen Küchenboden zu ihm nach Backbord hinunter wie von einem vereisten Berg, keile mich zwischen Tür und Arbeitstisch ein und helfe ihm aus seiner mißlichen Lage.

Jetzt erst sehen wir, daß ein Teil der eisernen Herdringe über dem offenen Koksfeuer ebenfalls herausgeflogen ist und brodelnd und zischend in den Suppen- und Speiseresten auf dem Kombüsenboden liegt. Während wir uns bemühen, wieder Ordnung in dieses Durcheinander zu bringen – sei es auch nur dadurch, daß wir die Essensreste an Deck schaufeln –, wischt eine von Luv kommende, durch die Kombüsenbulleyes eingestiegene Gischtfontäne über uns hinweg auf den Herd. Eine mächtige Dampfwolke hüllt uns und alles um uns herum in dichten Nebel ein. Die Bulleyes, mein Gott ja, die Bulleyes, sie müssen so schnell wie nur möglich geschlossen werden. Die Gefahr, daß unser Herd, der mit Koks beheizt wird, bei einem weiteren Wassereinbruch explodiert, ist zu groß.

Essen, Töpfe oder Gerätschaften auf dem Fußboden interessieren nicht mehr.

Erst einmal alle Schotten dicht, dann wieder die Ringe über das offene Feuer und das Schlingergestell neu verschalkt und gezurrt. Im Schlingergestell verkeilen wir aber nicht wie vorher unsere Töpfe mit dem Essen, sondern ausschließlich Ringe und Platten des Herdes so, daß sie auch bei ähnlich schweren Erschütterungen nicht mehr herausspringen können. Diese Arbeit ist nicht nur schwer, sie ist auch gefährlich. Wir müssen uns so darauf konzentrieren, daß wir das Knallen und Heulen in der Takelage über uns und das Stampfen und Schlingern unter uns nur unterschwellig registrieren.

So manche Brandblase an Armen, Händen und Oberkörper handeln wir uns ein. Dann haben wir es geschafft. Erst jetzt merkt Werner Eggerstedt, daß er sich beim Sturz mit den Essentöpfen seinen rechten Fuß verbrüht hat.

Für uns ist die Arbeit – zumindest, was das Kochen anbelangt – getan. Wir verschalken das Backbordschott der Kombüse so, daß bei einem erneuten Herausspringen der Herdringe oder anderer Gerätschaften weder Gischt noch Wasser in den Kombüsengang gelangen kann. Wir vergewissern uns noch, daß nach menschlichem Ermessen eigentlich nichts mehr passieren dürfte, und verlassen dieses Schlachtfeld in verschiedenen Richtungen. Werner Eggerstedt arbeitet sich in Richtung mittschiffs – er will sich eine Brandbinde vom Doktor holen – und ich hinaus an Deck in Richtung Hochdeck.

Wenn ich meinte, einem Inferno entronnen zu sein, so hatte ich mich geirrt. Das, was mich nach dem Öffnen des Luvschotts draußen an Deck empfängt, läßt mich fast erstarren. Die Geräusche um mich herum sind an der Grenze angelangt, daß man meint, sie gar nicht mehr wahrnehmen zu können.

Das Heulen des Sturmes in der Takelage, das Krachen und Knattern der großen und kleineren Segelfetzen und das Klirren und Schlagen der Schoten zwischen dem stehenden und laufenden Gut vermischen sich zu Dissonanzen, die fast unerträglich in den Ohren kreischen.

Das Schiff liegt jetzt mit etwa 40 Grad Krängung dwars zu einer gewaltigen, etwa zehn bis zwölf Meter hohen See und wird in einem stetigen Rhythmus auf und nieder gehoben. Die Leenocken der Unterrahen tauchen dabei fast ständig in die kochende See, gewaltige glasiggrüne Wassermengen überfluten die unteren Decks. Bis weit über die Höhe der Luken hinaus. Die Tür des Backbord-Lampenspindes ist von der See herausgerissen worden. Sie kreist in den gierigen Strudeln zwischen Luken und Wanten hin und her. Es scheint, als versuche sie vergeblich, diesem Chaos zu entrinnen. Mit jeder überkommenden See vergrößert sich diese Whooling. Farbentöpfe, Stellinge, Handspaken und laufendes Tauwerk verheddern sich in der kochenden See zu einem unentwirrbaren Durcheinander und machen die Leeseite des gesamten Vorschiffes zu einem nicht mehr betretbaren Territorium.

Ich hangele mich an dem schrägliegenden Niedergang, der noch im Windschutz der Schanze zum Hochdeck liegt, hinauf und gelange so zum Hochdeck. Als ich mich aufrichte, trifft mich der Sturm mit seiner ganzen Wucht. Mein Kopf wird wie von einer Boxerfaust getroffen, und durch den offenen Mund wird die Luft regelrecht gewaltsam in mich hineingepumpt, daß ich meine, es wird mir die Lunge zerreißen. Dann schleudert mich eine Windfaust an Deck hinter die Verschanzung.

Automatisch haben meine Hände Halt gesucht und Gott sei Dank auch gefunden. Das, was ich jetzt sehe, übertrifft alles, was ich bisher gesehen und beobachtet habe:

Die Backbordbrückennock liegt in der See, so schräg liegt das Schiff jetzt. Sie pflügt durch die brodelnde See, als versuche sie, die Wassermassen vor sich herzuschieben.

Die gesamte Leeseite des Hochdecks ist von den weißgeäderten Fluten überspült.

Die sonst so heile Welt scheint auf den Kopf gestellt. Überall, wohin ich auch blicke, bietet sich mir ein anderes als das sonst gewohnte Bild. Ich hocke auf dem schrägliegenden Deck wie am Steilhang eines Berges.

Sehe ich nach unten, sind da nicht die gewohnten Planken unter meinen Füßen, sondern eine brodelnde und kochende und zornige See, die zerstören, vernichten, verschlingen will.

Richte ich meinen Blick nach oben, so ist da nicht der vertraute Anblick der verwirrenden, aber dennoch mathematisch präzise und sinnvoll geordneten Takelage, der mich immer wieder faszinierte: Heute verliert sich die Sicht in einem milchiggrauen Schleier aus Dunst und Gischt, der über mir brodelt und mich von oben zu erdrücken scheint. Ich muß mich vollständig neu orientieren, ich muß regelrecht suchen, um die Takelage zu finden.

Welch ein Anblick:

Die Masten hängen wie Angelruten an einem Flußufer nach Lee hinüber.

Die weißgemalten Nocken der unteren Rahen schleifen durch die auf und nieder wogende See.

Von den Segeln, die am frühen Morgen noch standen, sind nur noch winzige Reste übriggeblieben: zerfetzte Fetzen; nicht mehr.

Das Ganze sieht aus wie ein von einem irrsinnig gewordenen Phantasten gemaltes Kolossalgemälde – und doch ist es rauhe und nackte Wirklichkeit.

Hinter der Luvverschanzung des Hochdecks hocken fast

sämtliche Kadetten. Gegenüber der Tür zum Kartenhaus hat sich unser Kapitän, Johannes Diebitsch, verkeilt.

Ich arbeite mich zu ihm vor.

Von diesem Platz aus kann ich das ganze Schiff – wenn auch durch den Dunst der salzigen Gischt und Brodem nur nebelhaft – von vorn bis achtern überblicken. Das, was sich mir darbietet, jagt mir eisige Schauer den Rücken hinunter.

Ich reiße mich von dem Anblick los und melde dem Kapitän. Ich muß schreien, damit er mich versteht, daß es heute nur Kaltverpflegung geben könne. Die Kombüse sei jedoch so gesichert, »... daß durch den Koksherd keine unmittelbare Gefahr zu befürchten ist«. Während meiner Meldung blickt Kapitän Diebitsch mit unbewegter Miene nach achtern, zum Besantopp hin. Dort arbeiten zwei Offiziere, mehrere Matrosen und auch einige Kadetten.

Offenkundig sind sie bemüht, den Besan auszuholen.

Wollen sie damit versuchen, das Schiff an den Wind zu bringen?

Ich sehe selbst wie gebannt nach achtern. Und ich merke gar nicht, daß ich noch immer keine Antwort vom Kapitän bekommen habe. Er zeigt auch nicht die geringste, nicht die leiseste Reaktion.

Die vom Sturm schwer bedrängten Männer arbeiten wie im Zeitlupentempo. Sie müssen sich – so scheint es – auf die Luvseite irgendeines Gegenstandes stemmen, um nicht fortgeweht zu werden. Andere Seeleute versuchen, eine Persenning ins Want zu ziehen. Es sind aber nur Zentimeter, die man das Tuch hinaufgezerrt bekommt.

Auf den Obermarsrahen des Groß- und Kreuztopps liegen jeweils sechs bis acht Seeleute. Auch zwei unserer Offiziere sind mit oben. Sie alle versuchen, Segelreste aus den Lieken zu schneiden, um den Winddruck auf das Schiff zu mindern.

Vergebliche Mühen.

Neunzig Prozent ihrer Kräfte müssen sie dafür aufwenden, sich an der schwankenden Rah festzuhalten, und die nur restlichen zehn Prozent reichen einfach nicht aus, die Messer so zu führen, daß man es schafft, die Segelreste gänzlich abzuschneiden.

Die alte Seemannsweisheit »Eine Hand fürs Schiff, eine Hand für dich« hat bei diesem Sturm und noch so gutem Willen des Menschen seine Bedeutung verloren.

Auf dem Hochdeck werden von den Kadetten kreuz und quer Strecktaue gespannt. Und dann sehe ich unseren Doktor, der einen Film mit dem Titel »Schiff von gestern, Kapitäne von morgen« drehte. Oben auf dem Kartenhaus, im Windschatten des Lüfters, hat er sich hingekauert und filmt. In akrobatisch verrenkter Stellung hockt er dort mit einem Stück Persenning in der Größe eines Badetuches über Schultern, Kopf und Kamera und scheint die Welt um sich herum überhaupt nicht wahrzunehmen. Auch einige Kadetten eifern dem Schiffsarzt nach. Sie haben ihre Kameras hervorgeholt und stehen jetzt an allerdings nicht ganz so waghalsigen Standorten und fotografieren ihre hinter dem Luvschanzkleid kauernden Kameraden.

Ist denn so etwas möglich?

Was ist eigentlich los?

Fahren wir kein »All-hands-Manöver« mehr? Kapitän Diebitsch schreit unserem Ersten Offizier, Rolf-Dieter Köhler, der sich unmittelbar neben der Tür des Kartenhauses am Pusterohr zur Funkbude postiert hat, mehrere Male etwas zu. Offensichtlich aber ohne Erfolg, denn Köhler bleibt, wo er ist.

Vier- bis fünfmal schrillt die Batteriepfeife des Kapitäns. Lang und anhaltend. Sie übertönt sogar das Getöse des Sturmes. In den Toppen wenden die bäuchlings auf den Rahen liegenden Matrosen die Köpfe und sehen aufs Hochdeck zum Kapitän. Mit wilden Armbewegungen und lautem Schreien, das nicht einmal von den unmittelbar danebenstehenden Männern verstanden wird, beordert Kapitän Diebitsch die Leute aus den Masten an Deck.

Hat er erkannt, daß der Einsatz der Männer dort oben keinen Nutzen mehr für Schiff und Besatzung bringt und daß die Leute nur unnötigen Gefahren ausgesetzt werden?

Im Zeitlupentempo arbeiten sich die Kameraden, auf den schwankenden, jetzt gefährlich schrägen Fußpferden stehend, in Richtung Mast und Wanten zurück. Man kann deutlich erkennen, welche ungeheure Kraft sie aufwenden müssen und welche Zeit erforderlich ist, um wieder sicher an Deck zu gelangen.

Währenddessen scheint sich das Inferno um uns noch weiter zu steigern. Oder?

Ich kann nicht mehr feststellen, ob der Sturm ab- oder zugenommen hat. Die *Pamir* liegt jetzt so hart über und direkt dwars zur See, daß sie kaum noch stampft oder schlingert und daß nur noch vereinzelte Gischtfetzen über die Luvseite hinwegfegen. Das gesamte Schiff ist von vorn bis achtern über die Mitte der Ladeluken ständig überflutet. Auch das Kartenhaus auf dem Hochdeck wird in Lee vom Wasser erreicht. Die um uns herrschenden Geräusche haben eine Stärke erreicht, die über das normale Reaktionsvermögen weit hinausgehen. Eine Verständigung ist nur noch durch Handzeichen oder dadurch möglich, daß man demjenigen, dem man etwas sagen will, direkt ins Ohr schreit, und dann bedarf es manches Mal noch der Wiederholung.

Die Leeseite des Achterschiffes unterscheidet sich nicht vom Vorschiff. Auch dort scheint es irgendwo Bruch gegeben zu haben. Die Reste der zertrümmerten Backbordtür zum Mannschaftslogis wirbeln in den tosenden Wassern zwischen dem von den Belegnägeln geschwemmten Tauwerk hin und her und schlagen splitternd auf die Luken, gegen Wanten oder Pardunen, gegen Nagelbänke und Aufbauten. Ich erkenne, daß nur der untere Teil des Eisenschottes zum Backbordniedergang angebracht ist und enorme Wassermengen immer wieder durch die offene Tür in das Mannschaftslogis schwemmen. Das wird eine schöne Bescherung geben, jeder weiß doch an Bord, welche Mengen Wasser eine einzige Woge allein durch ein kleines rundes offenes Bullauge pressen kann.

In das Logis war nicht mehr reinzukommen.

Da war auch nichts mehr rauszuholen.

Mittschiffs scheint jetzt ebenfalls irgend etwas nicht zu stimmen, denn aus dem Kartenhaus-Niedergang zum Mittschiff werden Pützen herausgemannt, die an Deck entleert werden und sofort wieder zurückwandern.

Wie ich später erst erfahre, war durch die Lüfter auf der Backbordseite Hochdeck Wasser in die Mittschiffsgänge eingedrungen. Es wurde aus dem Kartenhaus in den Mittschiffsgang eine Eimerkette gebildet, um das Wasser auszuschöpfen. Aber der Wassereinbruch war so stark, daß dieses Manöver gar keinen Zweck hatte. Innerhalb von ganz kurzer Zeit standen sämtliche Backbord-Kammern im Mittschiff unter Wasser.

Es lag alles im Wasser.

Soviel ich weiß, war das achtern in den Stammkammern genau dasselbe. Im Kadettenraum soll nicht so viel oder gar kein Wasser eingedrungen sein. In den Backbord-Kadettenraum seien noch Jungens reingegangen, um sich Kleidungsstücke herauszuholen . . .

Doch zurück zu meinen eigenen Beobachtungen:

Einer der drei Rudergänger, die das Ruder immer noch hart nach Luv gedreht halten, macht sich durch Pfiffe und Armbewegungen bemerkbar. Er gibt zu verstehen, daß er etwas vom Zimmermann will. Hermann Walter rutscht zum Ruder herunter. Der Rudergänger erklärt mit gestenhaften Bewegungen. Der Zimmermann folgt mit seinen Augen der ausgestreckten Hand und nickt. Dann läßt er sich an einem Tampen in Richtung Lee hinab. Sein Ziel ist die Luke der Segellast, die sich auf dem Hochdeck an Backbordseite befindet. Dort dürfte etwas nicht in Ordnung sein. Auch der Jungzimmermann Wilfried Kehr erscheint am Kartenhaus und beobachtet Hermann Walter abwartend. Dieser verschwindet ein-, zweimal im gurgelnden Wasser, zieht sich wieder hoch und winkt Wilfried Kehr zu sich heran. Deutlich ist jetzt zu erkennen, daß sich ein Teil der Abdeckpersenning über der Segellast gelöst hat und im Wasser hin- und hergerissen wird. Offensichtlich hat sich ein Keil aus der Verschalkung gelöst. Es besteht die Gefahr, daß weitere Keile durch die schlagende Persenning herausgedrückt werden.

Walter und Kehr haben sich zwei unserer »langen Kerls« herangeholt, und gemeinsam mit den Jungleuten spannen sie nun ein zusätzliches Tau vom Kombüsenskylight direkt zur Segellastluke hin. Die beiden Jungen werden im wahrsten Sinne des Wortes als »Live-Bändsel« gebraucht:

Mit einer Hand krallen sie sich an dem zusätzlich gespannten Seil fest, mit der anderen packen sie die Zimmerleute an Gürtel und Hosenbund und geben den beiden so den Halt, den sie benötigen, um beide Hände für ihre gefährliche Arbeit frei zu haben.

Alle vier stehen bis zum Bauch im Wasser, und alle paar Sekunden verschwinden sie völlig in der brodelnden See. Unglaublich, woher sie die Kraft und die Luft nehmen, um diese Arbeit erfolgreich zu beenden.

Kapitän Diebitsch greift ein: Mit schrillen Tönen der Trillerpfeife und beidarmigen Gesten ruft er die vier zurück. Entweder wird der Befehl nicht verstanden, oder etwas anderes ist passiert, denn die vier machen keine Anstalten aufzuhören. Sie kämpfen erbittert weiter.

Noch mehrere Male pfeift der Kapitän. Er winkt schließlich einen der Matrosen in Richtung Segelluke ein, der offensichtlich der gefahrvollen Arbeit der vier Mann ein Ende bereiten soll. Dies scheint indessen nicht mehr notwendig zu sein. Die vier arbeiten sich an den Tauen aus den Wasserwirbeln nach oben, lassen sich erschöpft auf das Deck fallen und bleiben dort schnaufend und spuckend liegen. Der erste Zimmermann ist dann auch der erste, der sich wieder rührt. Auf allen vieren kriecht er in Richtung Kapitän. Aus seinen Handbewegungen wird deutlich, daß er meldet, daß die Luke wieder dicht und diese Gefahr gebannt ist.

Inzwischen sind alle Offiziere, alle Matrosen und Kadetten auf dem Hochdeck versammelt. Sie verteilen sich wahllos hier und dort, wo sie gerade einen Halt finden. Auch die fotografierenden Kadetten und unser filmender Schiffsarzt, Dr. med. Heinz Ruppert, haben sich hinter der Verschanzung niedergekauert, und es hat ganz den Anschein, als hätte niemand etwas zu tun.

Mit einer Handbewegung und einem Befehl, den ich nicht verstehen kann, löst Kapitän Diebitsch die Eimerkette auf, und nach und nach klettern die Jungen den Niedergang hinauf und suchen sich zwischen den anderen Kameraden einen Platz, der einen einigermaßen sicheren Halt bietet.

Plötzlich kommt Bewegung in die Männer. Ein Befehl wird

von Ohr zu Ohr weitergegeben. Er erreicht auch den neben mir sitzenden Zimmermann. Dieser stößt mich mit dem Ellenbogen in die Seite und sieht mich fragend mit einem beunruhigenden, seltsam flackernden Blick an. Ich kann nur verständnislos zurückschauen und ihm durch ein Achselzucken und eine entsprechende Handbewegung zu den Ohren hin klarmachen, daß ich diesen Befehl nicht verstanden habe. Er beugt sich zu mir rüber und schreit mir ins Ohr: »Schwimmwesten anlegen!«

Wir sehen uns beide lange an. Ich weiß nicht mehr, was oder ob wir überhaupt irgend etwas gedacht haben. Irgend etwas war in unserem Kopf blockiert und schien sich energisch dagegen zu sträuben, diesen Befehl auszuführen oder gar dessen Sinn zu begreifen.

Einige der Matrosen haben inzwischen die Schwimmwestenkiste auf dem Judentempel des Vortopps erreicht. Die Kiste wird geöffnet, und die Schwimmwesten werden zum Hochdeck weiter gemannt. Diese Szene wirkt wie ein Zeitlupenfilm. Die Kameraden stehen ja nicht auf den Planken der Laufbrücke, sie hocken vielmehr auf deren Geländer zur Leeseite hin und halten sich krampfhaft am Luvgeländer fest. Ganz deutlich ist zu erkennen, wie schwer es ist, auch nur den Arm mit der Schwimmweste in der Hand zu heben, um sie dem Nebenmann weiterzugeben. Der Druck des Sturmes erfordert für jede Bewegung ein Höchstmaß an Kraft.

Zusammen mit dem Zimmermann kämpfe ich mich bis zum Luvschanzkleid vor, um mich am Verteilen der Schwimmwesten zu beteiligen, da wird mir auch schon eine Weste in die Hand gedrückt, die ich ohne Überlegen auch weitergebe. Die nächste schiebe ich mir unter die Kniekehlen und kauere mich wieder hinter das schützende Schanzkleid. Da schreit mir einer ins Ohr, daß es doch eigentlich Mittagszeit sei, und aus seinen Gesten erkenne ich, daß nicht nur er, sondern auch andere zu erkennen geben, daß man gerne etwas zu essen haben wolle.

Ich versuche nachzudenken, wie spät es eigentlich schon ist:

Ich komme nicht drauf.

Ich kann mich einfach nicht konzentrieren!

Dann wird mir mit untergründigem, eisigem Erschrecken klar: Du hast Angst. Nackte kalte Angst!

Warum eigentlich?

Nichts in den Gesichtern der Kameraden um mich deutet auf Angst oder etwa nur Unruhe hin. Ich reiße mich gewaltsam aus diesen Gedanken heraus, rappele mich hoch und mache mich auf den Weg. Entschlossen öffne ich das Schott des Niederganges zur Kombüse.

Im ersten Augenblick erschrecke ich über das Zwielicht und die fast unheimlich wirkende Ruhe, die hier unten herrschen. Die einzige Lichtquelle ist das Bulleye im Stahlschott der Backbordtür zum Kombüseneingang und die von mir offengelassene Tür zum Hochdeck. Alle anderen sonst lichtspendenden Bulleyes sind mit stählernen Blenden verschalkt. Unsere elektrische Anlage scheint ausgefallen zu sein. Außer einer Notbeleuchtung in der Funkbude brennt nirgendwo auch nur eine Glühlampe.

Die Tür des Niederganges fällt plötzlich und mit einem heftigen Krach über mir zu. Vor Schreck lasse ich mich fallen und lande genau auf der Backskiste, wegen deren Inhalt ich ja nach unten gekommen bin. Ich finde sofort Halt und bleibe in kauernder Stellung auf der Kiste hocken. Die Atmosphäre, der Eindruck hier unten machen mich regelrecht bewegungsunfähig. Ich schließe die Augen und horche. Das Knallen der zerfetzten Segel und der Lärm der losgeworfenen Schoten über mir an Deck hören sich hier an wie entferntes Schießen, und das Getöse des Sturmes in der Takelage wie ein Orgelkonzert aus einem nebelverhangenen Tal, dessen Töne nach oben in die Berge hinein nur verzerrt wiedergegeben werden.

Helle, schrill pfeifende und all den gedämpften Lärm um mich herum durchdringende Töne sind plötzlich da. Sie reißen mich aus dem lähmenden Zustand heraus. Ich komme wieder zu mir. Ich kann wieder denken.

Diese Töne ... sie kommen aus der nebenan grenzenden Funkbude.

Dazwischen höre ich Fetzen geschrienen Worte. Ich erkenne Ingo Hamburgers und Wilhelm Siemers, des Funkoffiziers, Stimmen. Diese beiden und ich!? Sind wir zur Zeit die einzigen Männer der Besatzung, die sich noch unter Deck befinden?

Die Dunkelheit hier im Gang, die Schräglage des Schiffes und die unheimlichen Töne aus dem Inneren des Schiffsleibes jagen mir einen Schauer nach dem anderen über den Rücken.

Wenn das Schiff jetzt kentert . . .

Es durchfährt mich siedendheiß.

Was habe ich da eben gedacht?

Es ist das erste Mal, daß ich diesen erschreckenden Gedanken offen und nüchtern klar vor mir selbst ausgesprochen habe. Habe ich mir damit unabwendbare Gewißheit verschafft?

Es packt mich jetzt wie ein Fieber. Ich reiße die Backskiste auf, stopfe sechs bis sieben Brote unter meinen Pullover und versuche – so gut das eben geht – schnellstens wieder nach oben zu gelangen. Mit eingezogenem Kopf und hochgezogener Schulter wuchte ich den Niedergang auf, pralle wie auf eine Wand und bleibe wie betäubt liegen. Das Getöse des Sturmes, das Aufschlagen der Seen auf den Schiffskörper und das Knallen und Rumoren in der zerzausten Takelage kommt mir jetzt so titanenhaft stark vor, wie ich es vorher nie empfunden habe. Dennoch arbeite ich mich mit viel Kraft, aber mühsam zur Verschanzung an meinen vorherigen Platz vor, wo auch Hermann Walter, der Zimmermann, hockt und mir behilflich ist, wieder eine rutschfeste Lage einzunehmen. Direkt hinter dem Zimmermann hängt der Kapitän. Mir fällt auf, daß er der einzige zu sein scheint, der sich noch eine aufrechte Haltung erzwingt.

Mit Hilfe des Zimmermannes beginne ich, das Brot zu verteilen. Als das letzte Stück weitergegeben ist, müssen wir feststellen, daß nicht jeder, der etwas haben wollte, auch etwas bekam. Jeder zweite ging leer aus.

Also muß ich erneut hinunter.

Irgend etwas in mir sträubt sich dagegen.

Doch als ich im Niedergang verschwinde und die Geräusche aus der Funkbude höre, gibt mir das die Kraft – oder, wenn man so will, auch den Mut –, vollends hinunterzusteigen. Dieses Mal bin ich nicht allein . . .

Vor der Kombüse – auf der Backskiste – hocken Werner Eggerstedt, der Koch, Kurt Richter, der Chief, und Wilhelm Siemers, Funker und Zahlmeister in einer Person. Sie führen ein leises Gespräch. Entweder kommt mir die Unterhaltung nur so leise vor, weil an Deck andere Phonstärken herrschen, oder aber der Funker will auf alle Fälle kein Zeichen aus der Funkbude versäumen, obwohl Ingo Hamburger dort offensichtlich auf der Wache ist.

Die drei stehen auf, damit ich an den Inhalt der Kiste herankommen kann. Sie lehnen und stemmen sich an die Schotten. Da höre ich, wie Kurt Richter den Funker fragt, warum man denn nur eine XXX-Meldung herausgegeben habe – und nicht gleich SOS!?

Ich versuche, klar zu denken: ein Funkspruch also, dem das Dringlichkeitszeichen XXX vorausgegangen ist und der besagt, daß Schiffe oder Menschen in Gefahr sind, und der verlangt, daß weniger wichtiger Funkverkehr unterbleiben muß. Was hatte in diesem Funkspruch gestanden? Wollte man, ähnlich wie damals im Kanal auf der ersten Ausreise, der Kadetten wegen, das äußerste an Vorsichtsmaßnahmen treffen? Schließlich ist eine XXX-Meldung noch lange kein SOS-Ruf, bei dem jeder andere Funkverkehr sofort zu unterbleiben hat.

So ganz nebenbei und fast unbewußt höre ich noch, wie der Funker fast resignierend sagt: »Ich habe von mir aus alles Menschenmögliche getan.« Und er fährt fort: »Vier Schiffe kennen unseren Standort. Eines dieser Schiffe ist nur vier bis fünf Stunden von unserer Position entfernt. Für den Fall, daß SOS gegeben wird, kann das erste Schiff in frühestens sechs Stunden hier sein.«

Es ist aber noch kein SOS gegeben worden. Also ist die Lage gar nicht so aussichtslos.

Jetzt können wir nur noch auf die Entscheidung von Kapitän Diebitsch warten, auf seinen vielleicht sogar letzten Befehl auf diesem Schiff.

Fast mechanisch klemme ich mir einige Brote unter den

Arm und schiebe mich nach oben. Irgend etwas hat sich in meinem Kopf verklemmt. Da ist sie wieder: die Angst! Diese lähmende Angst! Ich kenne sie nun bereits. Sie blockiert jeden Gedankengang, jede verstandesmäßige Reaktion, alles, was man tut, geschieht – je nach Temperament und Veranlagung – in diesem Zustand mit dem stoischen Gleichmut eines animalischen Wesens oder der panischen Hysterie eines, das irre geworden ist. Das wenigstens mache ich mir innerlich – und fast unbewußt – klar. Wie im Traum gelange ich an Deck.

Das Inferno um mich herum registriere ich kaum. Ich arbeite mich zurück an meinen Platz und beginne, wie schon vorher, zusammen mit dem Zimmermann das Brot zu verteilen.

Auf beiden Seiten neben uns sitzen die Kameraden. Sie kauen still vor sich hin. Ich habe eben das letzte Brot verteilt, da reicht mir der Zimmermann ein Stück zurück, das er – welch eine kameradschaftliche Geste in dieser Stunde der Sorgen ums Schiff und um sich selbst – zurückgehalten und mir zugedacht hat. Obwohl ich den ganzen Tag noch keinen Bissen verzehrt habe, verspüre ich nicht den mindesten Hunger. Trotzdem beiße ich ab und beginne, automatisch zu kauen. Es schmeckt nicht. Ähnlich scheint es dem Zimmermann zu gehen. Er sieht mich mit einem leisen Lächeln an, zuckt mit den Schultern und steckt den Rest von seinem Brot in die Tasche. Er knabbert und beißt auf dem letzten Bissen herum, so, als habe er ein Stück zähestes Leder zwischen den Zähnen.

Minuten später reicht er mir eine Schwimmweste zu. Er hält sie so hin, daß ich erkenne, daß er mir beim Anlegen behilflich sein will.

Erst jetzt sehe ich, daß alle Besatzungsmitglieder ihre Schwimmwesten bereits angelegt haben. Ist das ein Grund dafür, daß es plötzlich still um uns herum geworden scheint? Doch ich habe wenig Gelegenheit, darüber lange nachzudenken, denn als ich die Weste mit Hilfe von Hermann Walter angelegt habe, beobachte ich genau das Gegenteil: Eine plötzliche Unruhe hat einen Teil der Männer aller Altersgruppen befallen. Zu deutlich ist, wie sie sich nun wie ein Virus nach allen Seiten auszubreiten beginnt.

Unser Erster schiebt sich umständlich durch die Tür vom Kartenhaus. Mit beinahe komisch wirkenden Verrenkungen müht er sich ab, den Seenotsender neben die Tür an Deck zu setzen. Kapitän Alfred Schmidt, der außerplanmäßige I. Offizier an Bord, und einer der zunächst sitzenden Matrosen rutschen über das naßglänzende Deck zu ihm hin und beteiligen sich an einer Arbeit, deren Sinn und Zweck von uns aus nicht zu erkennen ist. Der Erste blutet stark an seiner Hand. Man läßt vom Gerät ab, zerreißt ein Taschentuch und wickelt es um seine Hand.

Woher es kam, ich weiß es nicht!

Aber irgendwie und von irgendwem meinte ich, die Order erhalten zu haben, Zigaretten und etwas Trinkbares zu holen.

Ich verspüre gar nichts, als ich mich mühsam den Niedergang vom Kartenhaus hinunterhangele. Ich bin noch immer wie benommen. Doch tief im Inneren rumort etwas und versucht, sich an die Oberfläche und in das Bewußtsein zu drängen. Es ist die Erinnerung an meine Rettung von einem schwedischen Frachter hoch oben im Norden in einem norwegischen Fjord. Ich sträube mich, daran zu denken, und ich versuche, die Gegenwart zu erkennen:

Es herrscht Zwielicht. Die einzige Lichtquelle ist die offenstehende Tür des Niederganges zum Kartenhaus. Das Geräuschinferno, das draußen herrscht, ist hier unten etwas gedämpfter, obwohl es immer noch eine Stärke hat, die weit über das normale Maß hinausgeht. Die Geräusche hier drinnen im Schiff stehen ganz im Gegensatz zu den äußeren Tönen. Das Schiff ächzt und stöhnt mit jeder Bewegung in anderen Lauten. Fast könnte man meinen, daß es sich wie ein verzweifeltes Seufzen anhört.

Mit der Taschenlampe leuchte ich den Niedergang zum Proviantraum aus. Mir wird schlagartig klar, wie schwierig es sein wird, bei dieser enormen Schräglage Getränke in Flaschen und Zigaretten nach oben zu schaffen. Ich werde beide Hände gebrauchen, um später überhaupt wieder hinaufzugelangen. Also muß ich mir irgendein Behältnis besorgen, das ich mir auf den Rücken binden kann. Mir fällt ein, daß wir hinter den Kühlmaschinen leere Kartoffelsäcke aufbewahren. Ein solcher Sack könnte diesem Zweck wohl gerecht werden. Ich stecke die Taschenlampe in die Hosentasche und hangele im Dunkeln nach unten. Ich bin diesen Weg so oft hoch- und heruntergesprungen, daß es mir nicht schwerfällt, mich trotz der extremen Verhältnisse gut zu orientieren. Unten angelangt – ich habe mit dem Fuß die Kühlmaschine ertastet und suche darauf für meinen Körper Halt – zerre ich die Taschenlampe hervor, knipse das Licht an und sehe mich um. Noch bevor der zitternde Strahl den Raum unter mir schwach erhellt, elektrisiert mich ein Geräusch. Ich halte den Atem an und höre bewußter hin. Was ich erst nicht glauben will – oder nicht glauben möchte –, ist wahr. Was ich höre, ist das Brodeln und Glucksen von Wasser. Die dabei verursachten Töne klingen so dumpf, als drängen sie aus einem tiefen Schacht zu mir herauf. Ich erstarre, und ich weiß heute nicht mehr, wie lange ich in meiner Stellung verharrte, bevor ich wieder einen klaren Gedanken fassen und ruhig überlegen konnte.

Wie kommt hier Wasser her?

Von oben kann es nicht eingedrungen sein, liegen doch diese Räumlichkeiten an der Steuerbordseite. Langsam tastet sich der Strahl der Taschenlampe über die zuckende und hin und her schwappende schwarze Wasseroberfläche. Die Tür des Kühlraumes, in den ich hinein will, ist bis über den Türgriff – also fast bis zur Hälfte – von Wasser bedeckt. Selbst der Sockel, auf dem die Kühlmaschinen verankert sind, wird von Wasser umspült. Aus dem Kühlraum noch etwas herausholen zu wollen, ist somit gescheitert. Unter den gegebenen Umständen ist es auch kaum noch möglich, an den Trockenproviantraum heranzukommen. Der Tiefkühlraum, dessen Tür schräg über mir hängt, kann für diesen Zweck auch nichts bringen. Sein Inhalt besteht zu neunzig Prozent aus tiefgefrorenem Rind- und Schweinefleisch und aus ebenso behandeltem Geflügel. Es bleibt mir also nichts weiter übrig, als den Rückzug anzutreten.

Ich weiß nicht, warum, aber ich wähle nicht den direkten Weg durch das Kartenhaus, sondern jenen an der Funkbude vorbei. Vielleicht sind es die fremdartigen Laute, die an mein Ohr dringen und die mich dazu veranlassen. Es sind englische

Worte, die Ingo Hamburger da schreit. Als ich die Funkbude passiere, zögere ich eine Sekunde. Ich erkenne, daß der Funker die Kopfhörer so aufgesetzt hat, daß nur ein Ohr von der Muschel bedeckt ist, und daß er heftig auf die Morsetaste einhämmert. Ingo Hamburger hat das Ohr am Pusterohr und schreit laufend irgenwelche englischen Worte ...

Ich bewege mich weiter.

Als ich neben der Backskiste stehe, fällt mir Hein Gummi ein. Hein Gummi ist ein Pekinese, den ich von einer deutschen Familie in Buenos Aires als Abschiedsgeschenk erhielt und der an Bord nur echte Freunde hat, vor dem Mast wie auch achtern. Wie oft schon war er der Anlaß zu manch fröhlichen Späßen bei der Besatzung. Die Tür zu meiner Kabine befindet sich direkt hinter dem Niedergang, und so kostet es mich nur eine kurze Drehung, und ich habe mich in der offenstehenden Tür verkeilt. Hein Gummi liegt auf jenem für unsere Begriffe absolut orkansicheren Platz, in bzw. auf den es ihn einmal unfreiwillig aus der oberen Koje hineingeschleudert hatte: Es ist das Handwaschbecken. Darin ruht er – egal, auf welchem Bug das Schiff steuert – wohl und geborgen auf einem handgestickten Kissen. Er sieht mich mit seinen großen, runden schwarzen Augen an, aber er bewegt sich nicht. Das entspricht ganz und gar nicht seinem Temperament. Auch auf mein »Hallo, Hein« reagiert er nicht.

Mir ist plötzlich sehr kalt.

Ich öffne mein Schapp, nehme meinen weißen Rollkragenpullover heraus und ziehe ihn an. Als ich die Tür wieder schließen will, fällt mein Blick auf eine fast noch volle Flasche guten alten Gordon's Gin. Ich stecke sie ein.

Ich sage – glaube ich – noch »Tschüs, Hein«, hangele zur Brotkiste und klettere nach oben.

Als ich die Tür des Niederganges aufstoße und einen Augenblick wie betäubt verharre, sehe ich Ingo Hamburger und den Funker aus dem Kartenhaus herauskriechen. Sie setzen sich mit dem Rücken zur Wand direkt neben die Tür.

Was hat das zu bedeuten?

Geben wir keine Meldungen mehr heraus?

Ist unsere Funkanlage defekt?

Ist die Gefahr vorbei?

Ein Blick in die Runde macht mir klar, daß es nicht die Gefahr ist, die schon vorbei ist. Ich will einfach nicht weiterdenken, und ich arbeite mich mit viel Mühe bis zu Kapitän Diebitsch vor.

Meine Meldung, daß der gesamte Raum vor und zu den Proviantträumen unter Wasser stehe, ruft ein leises Zucken in seinen Mundwinkeln hervor. Zum ersten Mal – so scheint es mir wenigstens – sieht er mich an und nicht durch mich hindurch.

Seine Mundwinkel verziehen sich nach unten, so, als wolle er lachen. Dann aber sagt er etwas, das ich nicht verstehe. Mit einem Achselzucken und einer Handbewegung werde ich entlassen. Ich arbeite mich an meinen Platz zurück. Ist es der Zimmermann oder irgendeiner der um mich herum kauernden Kameraden? Wer es auch ist, ich höre es ganz deutlich: SOS!

»Wir haben SOS gegeben.«

Es erschreckt mich nicht einmal. Habe ich nicht die ganze Zeit darauf gewartet? Haben mich meine Ahnungen nicht schon lange mit der düsteren ausweglosen Erkenntnis bedrängt, daß es keine Hoffnung mehr für das vom Hurrikan bedrängte Schiff gibt? Ahnungen, die sicherlich auch andere an Bord haben mögen. Ja, die anderen, die Besatzungsmitglieder, die Kameraden, wie reagieren sie?

Ich sehe mich um, um in deren Mienen zu lesen. Besonders die Gesichter der Offiziere und der Männer der Stammbesatzung versuche ich zu studieren.

Schließlich habe ich schon zweimal an Bord von Schiffen Situationen erlebt – und auch überlebt –, in denen SOS gegeben wurde, und dabei die verschiedensten Reaktionen der Besatzungsmitglieder beobachten können.

Eines jedenfalls wird mir sofort klar: Angst hat keiner der Besatzung der Viermastbark *Pamir*, zumindest zeigt sie keiner.

Sind sich die Kameraden der Gefahr, in der sie schweben, nicht bewußt?

Oder vertraut man der Stärke des Schiffes so uneingeschränkt, daß man an einen Untergang einfach nicht glauben kann oder will?

Aber gibt es da nicht einen ganz großen Unterschied zwischen einem Dampfer und einem Segelschiff?

Aber wer kennt den schon?

Ich habe einmal eine Strandung erlebt und war ein anderes Mal dabei, als die eigene Decksladung, die aus Grubenholz bestand, unser Schiff langsam, aber tödlich sicher zerschlug. Weder das eine noch das andere ist in unserem Fall gegeben.

Wie also können wir mit einem Segelschiff untergehen?

Die Schlagseite – der jetzt schwer in der See überliegenden *Pamir* – sagt ganz deutlich: Kentern!

Wir werden, wir müssen ja kentern . . .

Wie lange werden wir uns noch halten können?

Wieder sehe ich in die Runde.

Befehle werden nicht mehr gegeben. Der Kapitän steht wie versteinert auf dem Schäkel eines Braßblocks. Sein Blick ist nach vorn gerichtet, nach oben in die Takelage.

Unser Zweiter, Gunther Buschmann, blickt wie sachlich nüchtern interessiert in die Runde. Er scheint der einzige zu sein, der auch die kleinste Bewegung des Schiffes und der Takelage verfolgt, registriert und sie irgendwo einzuordnen scheint.

Und dann ist da noch Julius Stober, unser Segelmacher, den alle an Bord Jimmy nennen. Er, der 65 Jahre alt ist und seit 1911 – mit kleinen Unterbrechungen – als Segelmacher zur See fährt. Er hat die Arme über der Brust gekreuzt, den Rücken gegen eine Winsch gestemmt, den Kopf nach hinten zurückgelegt und die Augen geschlossen. Sein Gesicht wirkt entspannt, und er scheint zu schlafen.

Alle anderen um mich herum sehen wie gebannt in das brodelnde und kochende Wasser schräg unter uns.

Unsere Schlagseite hat sich noch weiter vergrößert. Ganz erheblich sogar. Die Backbordseite des Hochdecks ist bis über den Fuß des Kartenhauses ständig überschwemmt. Die Nocken der unteren Rahen pflügen wild schäumend durch die wütende See.

Eines der Rettungsboote, das Boot Nr. 6, ist von einem

Brecher herausgehoben worden. Es schlägt zwischen Mast und Wanten hin und her und wird von jeder Woge mehr und mehr zertrümmert.

Auch die anderen beiden Boote an Lee sitzen nicht mehr fest in den Klampen. Auch sie sind fast ständig völlig unter Wasser. Die schlagenden Seen haben die Befestigungen gelockert. Die Boote werden daher zwischen den Davits hin und her gewuchtet. Bei jedem neuen Schlag splittert Holz, und es ist wohl nur noch eine Frage der Zeit, daß auch sie gänzlich aus den Halterungen herausgerissen werden.

Das Schiff macht in der hochgehenden See kaum noch Bewegungen.

Es stampft nicht.

Es schlingert nicht.

Es liegt wie festgenagelt auf der Backbordseite.

In der Takelage ist noch alles in Ordnung. Es ist alles heil. Es ist nichts von oben gekommen. Das einzige, was kaputt ist, sind die losgeworfenen Schoten, die bei dem Hin- und Herschlagen beschädigt worden sind.

Ein paar Gordinge sind gerissen. Und ein paar Geitaue auch.

Das ist alles.

Die Schlagseite beträgt jetzt mehr als 50 Grad.

Mein Blick wandert zu den Steuerbordbooten. Sie hängen über uns. Fast unerreichbar. Man braucht kein Genie zu sein, um sich auszumalen, daß es unmöglich ist, diese Boote zu Wasser zu bringen.

Von irgendwoher scheint ein Befehl ergangen zu sein, denn es kommt Bewegung in die Reihen der Kameraden. Einige Männer der Stammbesatzung arbeiten sich mühsam zu den festgelaschten Schlauchbooten und den leeren Schwimmwestenkisten hin. Einige lösen, andere durchschneiden deren Halterungen.

Automatisch rutschen sie nach Lee und landen hoch aufspritzend im von Gischt überdeckten Atlantikwasser.

Jetzt geht alles sehr schnell.

Noch während sich diese Männer zum Hochdeck zurückarbeiten, geht ein fühlbarer Ruck durch das Schiff:

Das Schiff kentert.

Ich merke im ersten Augenblick nur, daß es mich noch mehr Anstrengung kostet, mich in meiner jetzigen Lage zu halten.

Rufe und Schreie.

Neben und vor mir verschwinden Kameraden in der See.

Andere bleiben noch in den Wanten hängen,

wieder andere hocken auf den Lüftern.

Dazu kommt die erschreckende Erkenntnis, daß ich, der ich einen Gording gepackt habe, plötzlich an einer senkrechten Wand hänge.

Diese Fakten machen mir deutlich, daß sich das Schiff auf die Seite gelegt hat.

Rechts neben mir, der ich einen Innen-Obermarsgording gepackt habe, hängt an einem Tampen der Zimmermann, links an einem Außen-Obermarsgording der Kapitän. Eben, vor ein paar Minuten, haben ihm der Zimmermann und ich die Schwimmweste umgebunden. Er ist der letzte, der sie anlegt.

»Jetzt«, brüllt er mich an, »los, laß dich fallen.«

Ein Blick nach unten läßt mich erkennen, daß ich, wenn ich in diese Whooling springe, mich nicht nur selbst, sondern wahrscheinlich auch noch andere Kameraden verletzen werde. Die meisten von der Besatzung haben sich – instinktmäßig fast – auf den Platz um den Kapitän konzentriert. Schauer durchrieseln mich wieder. Von oben bis unten. Und ich weiß, daß diese Reaktion in mir das Gefühl nackter Angst signalisiert.

Wie lange noch wird sich das Schiff in dieser tödlichen Lage halten können?

Das Deck bildet keinen rechten Winkel mehr zum Wasser, sondern es hat sich bereits leicht nach vornüber geneigt.

Die Mastspitzen sind bis zu den Oberbramrahen in der kochenden See verschwunden, und den Himmel kann ich wegen des hohen Schanzkleides des Hochdecks nicht mehr sehen. Langsam lasse ich mich, meine Hände noch immer um den Gording gekrallt, rutschen und komme einige Meter vom Deck entfernt ins Wasser. Das Steuerborddeck des Hochdecks hängt wie eine Brücke schräg über mir.

Wie von Panik erfaßt, kämpfe ich mit allen Kräften darum,

vom Schiff fortzuschwimmen. Schon nach den ersten Schwimmstößen kollidiere ich mit Kameraden oder mit auf dem Wasser schwimmendem Tauwerk.

Mir wird klar, daß ich hier nur heil herauskommen werde, wenn ich die Ruhe bewahre, wenn ich mir in aller Gelassenheit den besten Weg suche, um diesem auf und ab wirbelnden Tohuwabohu zu entkommen.

Ich bin gerade einige Meter geschwommen, als neben mir etwas ins Wasser stürzt. Auf der Wasseroberfläche treibt eine Mütze auf, eine Schirmmütze mit einem weißen Bezug. Sie gehört unserem Kapitän.

Und da ist er auch schon.

Er hebt die rechte Hand aus dem Wasser heraus, winkt mit dieser in Richtung Lee und schreit laut und deutlich:

»Weg vom Schiff! Nur weg vom Schiff!«

Das ist genau das, was auch ich will.

Ein Blick nach hinten läßt mich fast erstarren: Langsam, wie der Oberkiefer eines riesigen Wales, neigt sich das Deck der einst so stolzen *Pamir* der Wasseroberfläche zu, um mit einem satten Schwappen und einem entschlossenen Ruck vollends zu kentern.

Etliche Kameraden hatten sich – ich sehe sie noch vor mir – an Wanten und Pardunen festgeklammert, andere hatten sich in dem umhertreibenden Tauwerk verheddert, und wieder andere waren einfach nicht vom Schiff weggeschwommen.

Keiner von ihnen ist mehr zu sehen.

Überdimensional groß ragt der untere Leib des Schiffes aus dem Wasser heraus, und ich sehe mit Entsetzen, wie da drei Kameraden versuchen, auf den Schiffsleib zu klettern. Wird und kann das Schiff längere Zeit kieloben treiben?

Wird es von der Luftblase in den Laderäumen so viel Auftrieb erhalten, daß es nicht untergeht?

Wenn ja, dann wäre der Schiffsrumpf tatsächlich der beste Standort, um von den erhofften Rettungsmannschaften der alarmierten Schiffe bald gesehen und herausgeholt zu werden.

Noch schwimme ich in einer fast ebenen See im Leewasser der gekenterten *Pamir*. Mir kommt es vor, als umgebe mich eine himmlische Ruhe. Von dem infernalischen Getöse, das der Hurrikan in der Takelage des Schiffes verursacht hatte, sind die Ohren derart überfordert, daß man wohl kaum noch Töne zu unterscheiden vermag. Jetzt, da dieser irre Lärm fehlt und der Sturm kaum noch Widerstand am glatten Schiffskörper findet, scheint es mir still wie in einer Kirche.

Doch nur einen Augenblick!

Ein schriller Ton, der das dumpfe Brausen des Sturmes durchschneidet und Ähnlichkeit mit dem grellen, unheimlich hellen Pfeifen einer Lokomotive hat, veranlaßt mich, zurückzublicken.

Ungefähr Achterkante Hochdeck, bei Luke 3 wahrscheinlich, und zwar nicht in der Seitenwand, sondern im Schiffsboden, dort, wo an der Steuerbordseite die Rundung anfängt, glaube ich den Grund für dieses widerliche Geräusch zu erkennen:

Eine riesige, gelblich getönte Fontäne steigt in die Luft. Sie ist auch zu sehen, wenn ich im Wellental schwimme, und auch, wenn sich die *Pamir* in einem Wellental befindet und somit der Schiffsrumpf für mich nicht sichtbar ist. Welch ein mächtiger Druck muß dahinterstehen, wenn diese Fontäne trotz der Stärke des Hurrikans derart steil und derart weit in die Luft schießt. Um Dampf kann es sich bei dieser Fontäne ja nicht handeln. Bleibt also nur die Erklärung, daß es sich um Luft, und zwar – wegen der gelblichen Färbung – um mit Getreidestaub angereicherte Luft handeln muß, die aus irgendwelchen Öffnungen dem Schiff entweicht.

Welche Öffnungen gibt es unterhalb der Wasserlinie in der Rundung zum Schiffsboden hin, die es ermöglichen, daß dieser gelbliche Getreidestaub aus den Laderäumen entweichen kann?

Ist der Schiffsleib gerissen?

Haben sich an der Stelle, wo die Staubluft nach oben schießt, Platten gelockert? Sind dort beim Arbeiten des Rumpfes in der schweren See Nieten herausgesprungen?

Während dieser Überlegungen hatte ich nicht beobachtet, was in meiner unmittelbaren Nachbarschaft geschah. So hatte ich übersehen, daß der riesige, naßglänzende Schiffsleib langsam, aber spürbar näher kam. Der Schiffskörper mußte zudem beschädigt sein, denn der gesamte Teil, der schwarz gestrichen war – also normalerweise über der Wasserlinie lag –, ist jetzt, da die gekenterte *Pamir* tiefer als vor Minuten im Wasser liegt, nicht mehr zu sehen. So schnell kann doch ein unbeschädigtes Schiff nicht sinken . . .?

Ich reiße mich aus diesen Betrachtungen los und schwimme mit äußerster Anstrengung und sehr konzentriert vom Schiff weg. Nach kurzer Zeit merke ich, daß die Entfernung zur *Pamir* größer geworden sein muß, denn jetzt peitschen Gischtfetzen und Windstöße meinen Kopf und nehmen mir zeitweilig den Atem.

Noch einmal blicke ich mich um. Fast kann ich nicht glauben, was ich sehe:

Mit einer leichten Neigung nach vorne über den Backbordbug hinweg pflügt der Schiffskörper durch das schaum- und gischtbedeckte Wasser. Der umgekehrte Bug wird von den gewaltigen Seen überrollt, während diese am Mittschiffsteil zerbrechen und hochaufbrandend den Rumpf unter sich begraben. Nur das Achterschiff wird nicht überspült. Und die Schraube unseres Hilfsmotors dreht sich wie die Papierwindmühle am Stock eines kleinen Kindes. Nur etwas langsamer.

Einer meiner Kameraden – ich weiß nicht, wer es ist, denn ich kann ihn nicht erkennen –, der bisher immer noch in der Rundung des Schiffsbodens auf der Leeseite hockte, scheint sich jetzt nach achtern hin fortzubewegen. Seine beiden anderen Kameraden sind verschwunden.

Welche Überlegung mag ihn wohl gezwungen haben, sich diesen aussichtslosen Platz auszuwählen?

Wieder wende ich mich ab und arbeite mich mit kräftigen Schwimmstößen von dem sinkenden Wrack weg.

Soweit der Bericht von Karl-Otto Dummer über den schicksalhaften 21. September und das Ende der *Pamir*.

Blenden wir zurück auf den Ausgangspunkt der letzten Reise und auf das Einkommen der Viermastbark in der La-Plata-Mündung, welche die am 9. Juni 1957 von Spithead Reede als Zwischenhafen ausgelaufene *Pamir* – unter Vor-

und Kreuzmars-, Besan- und Stagsegeln segelnd – in den Vormittagsstunden des 22. Juni 1957 erreicht.

Ins Journal kommt:

»Ende der Reise, 10.50 Uhr, Recalada-Feuerschiff.

Schiff geht laut Lotsenanweisung vier Seemeilen südlich von Recalada-Feuerschiff vor Anker, um 1000 t Ballastsand zu löschen.«[1]

An Bord befinden sich 86 Besatzungsmitglieder. Für den bisherigen, jetzt in Urlaub befindlichen Kapitän Hermann Eggers ist im Einverständnis mit dem Vorstand der Stiftung »Pamir« und »Passat«, vermittelt durch Kapitän Fritz Dominik als Inspektor der Korrespondenzreederei Zerssen & Co., Kapitän Johannes Diebitsch als Vertreter eingestiegen. Diebitsch, der seit 1955 beim Verein zur Förderung seemännischen Nachwuchses in Bremen eine Landstellung bekleidet, hatte sich nach einer erbetenen Bedenkzeit dazu bereit erklärt, mehr noch, er hatte sich dazu bekannt, ». . . daß er diese Aufgabe mit Freude übernehmen würde«.[2]

Johannes Diebitsch, der am 12. Juni 1896 in der mitteldeutschen Elbestadt Magdeburg geboren wurde, hat sein Befähigungszeugnis zum »Schiffer auf Großer Fahrt«[3] im Februar 1925 als Abschluß einer langen, 14jährigen Berufslaufbahn und damit (unter anderem) auch grundlegende Kenntnisse in der Orkankunde erhalten. Sein seemännischer Werdegang hatte im April 1911 damit begonnen, daß er als Schiffsjunge auf dem Vollschiff *Riegel* angemustert hatte. Hier verblieb er auch als Leichtmatrose und von März 1913 bis Juni 1914 als Vollmatrose, um dann anschließend als Matrose auf der *Pamir* einzusteigen, die aber, wie auch in der Biographie des Schiffes nachzulesen ist, vom Herbst 1914 über fünf Jahre lang bei den Kanarischen Inseln auflag. Dessenungeachtet hat ihm diese Zeit vollauf genügende Kenntnisse von der Takelage und aller auf einem Großsegler vorkommenden Arbeiten vermittelt.

Von Oktober 1920 bis Mai 1922 war Diebitsch III. Offizier auf den Viermastbarken *Seefahrer* und *Majotte*. Von Juni 1922 bis Juli 1926 war er Offizier auf verschiedenen Dampfern und von August 1926 bis August 1927 Kapitän auf den

Dampfern *Leonore* und *Oberstrom*. Von August 1927 bis Januar 1928 war er II. Offizier auf einem Dampfer; von März 1928 bis April 1929 erst II. Offizier und anschließend bis März 1933 I. Offizier – also insgesamt fünf Jahre – auf dem Segelschulschiff *Schulschiff Deutschland*, einem Vollschiff des Deutschen Schulschiffvereins in Bremen. Indessen war er dabei nur während seiner Tätigkeit als II. Offizier mit nautischen und segeltechnischen Aufgaben befaßt, während er als I. Offizier mehr verwaltungstechnische Aufgaben hatte. Und da die DSV-Schulschiffe keine Fracht, sondern festen Ballast fuhren, wurden auch keine Kenntnisse wie in der Beladung von frachtfahrenden Segelschiffen gefordert. Ergo konnten auch solche nicht erworben werden. Auch nicht jene, bei der die Beherrschung der mit wechselnder Beladung verbundenen Stabilitätsfragen gefordert wird. Von März 1933 bis Oktober 1940 fuhr Diebitsch als II. und I. Offizier auf verschiedenen Dampfern und Motorschiffen des Norddeutschen Lloyd (NDL) und zwischendurch zwei Monate lang vertretungsweise als Kapitän vom MS *Hansestadt Danzig*. Danach, von Ende 1940 an, sah man Diebitsch als Offizier auf dem Hilfskreuzer *Kormoran*[4]. Nach dessen Untergang am 19. November 1941 geriet er in australische Gefangenschaft.

Der Kommandant der *Kormoran*, Kapitän z. S. a. D. Theodor Detmers, würdigte Diebitsch in einem Brief an den Verfasser:

»Der Leutnant z. S. (S) Diebitsch war ein prächtiger Offizier, wie ich ihn mir gar nicht besser wünschen konnte. Er war bei der ganzen Besatzung beliebt, immer gut gelaunt, humorvoll und mit vollem Einsatz bei der Sache. So suchte ich ihn als Prisenuntersuchungsoffizier aus, eine Aufgabe, zu der er als HSO[5] am besten geeignet erschien. Ich wurde nicht enttäuscht. Er blieb in dieser Stellung bis zum letzten Tage.«

Erst 1947 in die Heimat zurückgekehrt, fuhr Johannes Diebitsch, der Not der Nachkriegsjahre gehorchend, eine Zeitlang als Matrose auf einem schwedischen Schiff und dann auf dem Dampfer *Eschenburg*. Von März 1952 bis Juni 1953 war er I. Offizier auf dem Motorschiff *Michael*, und von Juni 1954 an führte er die Yacht *Xarifa* des Tiefseeforschers Hans Hass, einen Dreimast-Gaffelschoner mit einer starken Hilfsmaschine an Bord. Die Reisen hatten Westindien und die Galapagos-Inseln zum Ziel. Danach erhielt Diebitsch die bereits oben genannte Stellung an Land, von der er nun für die Führung der *Pamir* beurlaubt worden ist. Insgesamt hat Johannes Diebitsch, als er die Führung der *Pamir* übernahm, eine Seefahrtzeit von dreißig Jahren und ohne die Liegezeit der *Pamir* in den Jahren 1914 bis 1918 eine Segelschiffszeit von zehn Jahren und acht Monaten hinter sich. Daß er ein verantwortungsbewußter und zugleich vorsichtiger Seemann ist, hat er bei der Ausreise der *Pamir* mehrfach bewiesen. Jeden Abend hat er die Royalsegel, den Außenklüver, die Stenge-, Stag- und Toppsegel wegnehmen und festmachen lassen, um die Besatzung während der Nacht bei eventuell gegebener Notwendigkeit nicht an jene äußersten Plätze in der Takelage hinschicken und gefährden zu müssen. Auch in dem Pampero, den die *Pamir* auf der Ausreise zum La Plata antraf, hat er sich dadurch, daß er das Schiff beidrehte, besonders vorsichtig verhalten. Dem ihm gut bekannten Rechtsanwalt Kapitän Dersch gegenüber hat er sich vor Antritt der Reise dahingehend geäußert: »Sicherheit von Besatzung und Schiff stehen über allem. Um dieses zu gewährleisten, sind mir Kosten und Zeitverlust gleichgültig.«

Kapitän Diebitsch darf jedenfalls als ein erfahrener, im Frieden wie auch im Kriege bewährter Seemann gelten. Seine menschlichen Qualitäten sind ohnehin unbestritten. Er ist sich mit der Übernahme der *Pamir* auch der damit übernommenen großen Verantwortung bewußt gewesen. Das bewies er ja auch mit den oben dargestellten Maßnahmen und auch, daß er bei allem, jedem Segelschiffskapitän zuzubilligenden sportlichen Ehrgeiz, eine schnelle Reise zu machen, jede nur mögliche Vorsicht auf der Ausreise der *Pamir* nicht außer acht gelassen hat.

Fraglich muß es dagegen erscheinen, ob er genügend Erfahrungen hatte, um ein derartig großes frachtfahrendes Segelschiff in allen Lagen sicher und überlegen zu führen. Seine kurze Fahrzeit als III. Offizier auf den Segelschiffen *Seefahrer* und *Majotte* lag über 35 Jahre zurück. Und über die Zeit auf dem *Schulschiff Deutschland* ist das wesentliche bereits gesagt worden. Auch die Erfahrungen mit der Schoneryacht *Xarifa* können in meteorologischer Hinsicht für eine Reise mit der *Pamir* von Nutzen sein, schwerlich aber (oder gar nicht) hinsichtlich der Führung und Handhabung einer großen Viermastbark.[6]

Später, nach dem *Pamir*-Unglück, wird man beim Seeamt argumentieren, daß seine Erfahrungen schwerlich ausgereicht haben können, um sich ein absolut zuverlässiges Bild z. B. darüber zu machen, was man einer Viermastbark im schweren Sturm an Segeln anbieten kann und wann der Zeitpunkt gekommen ist, wo zweckmäßigerweise beigedreht werden sollte. So erscheint es durchaus einleuchtend, wenn der ehemalige Laeisz-Segler-Kapitän Hermann Piening vor dem Seeamt erklärt, daß er Kapitän Diebitsch »nicht gern« genommen, sondern lieber Ausschau nach einem Kapitän gehalten hätte, der über Erfahrungen in der Führung vergleichbarer Segelschiffe verfügte.[7]

Planmäßiger I. Offizier der *Pamir* ist der für die sechste Reise angemusterte, aus Dresden stammende Rolf-Dieter Köhler (29), der sein A5-Patent am 7. Juli 1955 ausgehändigt erhielt. Er ist zweifelsohne ein tüchtiger Seemann und ein Mann, der aus reinem Idealismus die zusätzlichen Gefahren und Entbehrungen der Segelschiffahrt auf sich genommen hat. Köhler war während seiner beruflichen Ausbildung vom 18. Januar bis zum 5. November 1945 Schiffsjunge auf dem nur einige Wochen in Fahrt befindlichen Schulschiff *Kommodore Johnsen* gewesen, so daß jene Monate nicht als wirkliche Fahrzeit gewertet werden können. Seine Jungmann-, Leichtmatrosen- und Matrosenzeit verbrachte er vom Mai 1946 bis zum August 1954 auf Motorschiffen und Dampfern. Auch seine Matrosenzeit auf dem Küsten-Motorsegler *Regina* kann ihm schwerlich Segelschifferfahrungen vermittelt haben, die einer Matrosenzeit auf einer Viermastbark gleichgesetzt werden können.

Nachdem er das Patent A5 gemacht hatte, fuhr er weiter auf Motorschiffen, und zwar als IV. und III. Offizier, bis er am 14. Mai 1956 auf der *Pamir* als II. Offizier einstieg. Am

11. Mai 1957 rückte er, von Kapitän Eggers der Reederei als besonders befähigter Offizier empfohlen, zum I. Offizier auf, da der bisherige Erste, Meier-Kaufmann, zum Besuch der Kapitänsschule abgemustert hatte. Köhler hatte bis dahin neun Jahre und acht Monate Seefahrtzeit. Auf größeren oder großen Segelschiffen hatte er – bis auf die Küsten-Motorsegler-Zeit – nicht gefahren, als er im Mai 1956 an Bord der *Pamir* kam. Später wird die berechtigte Frage aufgeworfen, ob er für die wichtige und verantwortungsvolle Aufgabe als I. Offizier über ausreichende Erfahrungen verfügen konnte. Zweifelsohne kann Erfahrung nur in der Praxis erworben werden. Sie benötigt auch eine gewisse Zeit. Andererseits kann man die Eignung für eine bestimmte Dienststellung an Bord auch weitgehend von der individuellen Befähigung und den Anlagen des Betreffenden abhängig machen. Und diese wurde im Falle von Rolf-Dieter Köhler ja von Kapitän Eggers in dessen Zeugnis aufgrund der Bewährung als II. Offizier hoch eingeschätzt. Vor dem Seeamt in Lübeck kommt später der Bundesbeauftragte, Kapitän z. S. a. D. Wesemann, nicht umhin, den gegen die Eignung Köhlers als I. Offizier geäußerten Bedenken »eine gewisse Berechtigung zuzusprechen«, nachdem sich der Kap-Hoornier-Kapitän Otto Lehmberg unter der Zustimmung seiner Rahseglerkameraden gegen die Auffassung verwahrt hatte, daß eine Segelschiffpraxis vor dem Mast, also ein »Von–der–Pike–auf–Dienen« auf Segelschiffen, für Segelschiffskapitäne oder Segelschiffsoffiziere entbehrlich wäre.

Als außerplanmäßiger Offizier ist für die 6. Reise der in Neumittelwalde geborene Seeschriftsteller, Kapitän Alfred (genannt Fred) Schmidt (56) gekommen. Er ist elf Jahre zur See gefahren, darunter ein Jahr und vier Monate auf Segelschiffen.

Seine erste seemännische Ausbildung erhielt er kurz nach dem Ersten Weltkrieg auf den Segelschulschiffen *Prinzess Eitel Friedrich* und *Großherzogin Friedrich August*. Von 1920 bis Ende 1923 fuhr er als Matrose auf verschiedenen Dampfern und vom März bis November 1924 als Matrose auf der Laeiszschen Viermastbark *Peking*.

Nach seinem A 5 war er bis Ende 1928 auf verschiedenen Dampfern der Hansa-Linie als IV., III. und II. Offizier tätig. Nach einer sechsjährigen Unterbrechung, während der er, und zwar am 2. Oktober 1931, das Kapitänspatent A 6 erwarb und auch als Seefahrtlehrer tätig war, fuhr er auf den Hapag-Dampfern *New York* und *Njassa* als Vierter. Ende 1948 war er drei Wochen lang als Kapitän eines KFK unterwegs, und von März bis August war er Kapitän des Motorschiffes *Crowlin*. 1952 hat Fred Schmidt, als Verwalter gemustert, an einer *Pamir*-Reise unter Kapitän Eggers teilgenommen, vor allem, um auf den Spuren von Heinrich Hauser ein neues *Pamir*-Buch zu schreiben. Von November 1955 bis April 1956 war er II. Offizier auf einem Dampfer und von Mai 1956 bis Juni 1957 Erster auf dem Motorschiff *Schauenburg*, um dann am 6. Juni 1957 erneut auf der *Pamir* anzumustern. Zu betonen ist, daß auch er in Verbindung mit dem Patent als Kapitän auf Großer Fahrt in der Orkankunde examiniert worden ist.

Planmäßiger II. Offizier mit einem A-5-Patent vom 5. Oktober 1956 ist seit dem 1. Mai 1957 der in Hamburg geborene Gunther Buschmann (26), der vier Jahre und vier Monate Seefahrtzeit nachweisen kann, davon drei Jahre und zwei Monate auf Segelschiffen. Er war nach einer fünfmonatigen Decksjungenzeit auf Dampfern am 1. August 1951 als Jungmann auf die *Pamir* gekommen.

Am 19. Juni 1952 zum Leichtmatrosen befördert, stieg er im Januar 1953 auf die Viermastbark *Passat* über. Hier wurde er Anfang März 1953 als Vollmatrose geführt. Nach dem Erwerb des Patents A 5 ist Gunther Buschmann am 8. Oktober 1956 auf die *Pamir* als III. Offizier zurückgekehrt, wo er am 1. März 1957 zum II. Offizier befördert wurde. Kapitän Eggers hat ihm unter dem 23. Februar 1957 ein hervorragendes Zeugnis ausgestellt, in dem es heißt: »Er ist ein umsichtiger Offizier, der die Gabe besitzt, die Jungen für ihren Beruf zu begeistern. Als WO ist er sehr zuverlässig. Besonders beim Segeln ist er durch seinen Überblick und sein schnelles Erfassen jeder Lage ausgezeichnet.«

Außerplanmäßiger (überzähliger) II. Offizier ist der für die 6. Reise als vierter nautischer Offizier gemusterte Kapitänleutnant der Marine der Bundeswehr Johannes Buscher mit bei reichlich sieben Jahren Seefahrtzeit nur einem Jahr Fahrzeit auf Segelschiffen. Am 2. August 1918 in Düsseldorf geboren, hatte er 1935 die Seemannsschule in Finkenwerder besucht, dann war er Schiffsjunge, Leichtmatrose und Matrose auf dem von dem Deutschen Schulschiff Verein (DSV), Bremen, bereederten Segelschulschiff *Schulschiff Deutschland*. Buscher bestand während des Zweiten Weltkrieges das Seeoffizier-Hauptexamen. Er fuhr besonders auf Minensuchbooten und war zuletzt U-Boot-Kommandant.

Buscher ist von der Marine der Bundeswehr für diese Fahrt auf der *Pamir* abkommandiert worden, denn er ist als WO für das im Bau befindliche Segelschulschiff *Gorch Fock* eingeplant.

Schiffsarzt auf der *Pamir* ist Dr. med Heinz Ruppert aus Kaiserslautern (38). Sein beruflicher Lebensweg ist in Verbindung mit dem Schicksalsweg der *Pamir* ebensowenig von gravierender Bedeutung wie der Werdegang der beiden Ingenieure: des I. Ingenieurs Kurt Richter (55) mit Patent C 3 vom 31. Oktober 1952 und des II. Ingenieurs Erich Halbig (42) mit Patent C vom 13. März 1951 sowie der beiden Ingenieur-Assistenten Günther Schinnagel (23) und Günther Krohn (21).

Als Funker und gleichzeitig als Verwalter fungiert der Glückstadter Wilh. Siemers (52), der bereits 1924 das Seefunkzeugnis II. Klasse erwarb. Sein letztes Patent datiert aus dem Jahre 1952. Von 1925 bis zu seiner Verwendung auf der *Pamir* hat Siemers mit unbedeutenden Unterbrechungen als Funker, vielfach auch als Verwalter, Zahlmeister und Funker in einer Person gefahren.

Der I. Bootsmann, Richard Kühl (68), ein aus dem Fischerdorf Stepenitz im Kreise Cammin stammender Pommer, musterte anno 1905 erstmals auf einem Schiff an. 1906 fuhr er einige Monate auf Rahschonern in der Ostsee, später nur noch auf Dampfern und Motorschiffen.

Kapitän Eggers, der ihn 1928 auf dem HSDG-Passagierdampfer *Monte Cervantes* kennenlernte, hat ihn, der über eine sehr große seemännische Erfahrung verfügt, bereits 1951 auf die *Pamir* geholt.

Der zweite Bootsmann, Helmut Lüthje (20) aus Büsum, fährt erst seit 1954 zur See und war 1955 neun Monate und 1956/57 sechs Monate auf der *Pamir*.

Weil er sich gut bewährte, ist er am 22. Mai 1957 zum zweiten Bootsmann befördert worden.

Der Lebensweg der fünf Köche und Stewards kann entfallen. Er ist für das Endschicksal der *Pamir* mehr oder weniger ohne Interesse.

Der in Hamburg geborene Segelmacher, Julius Stober (65), ist mit Unterbrechungen bereits seit 1911 als Segelmacher zur See gefahren, darunter in den Jahren 1920/21 einige Monate auf der Laeiszschen Viermastbark *Passat*. Seit Juli 1951 ist er auf der *Pamir*.

Der zweite Segelmacher, Gerd Holzapfel (20), ist ebenfalls ein Hamburger und seit 1955 auf der *Pamir*.

Der erste Zimmermann, Hermann Walter (21) aus Hamburg, hat seit 1955 auf der *Passat* und später auf der *Pamir* angemustert, und zwar erst als Leichtmatrose, seit Mai 1956 als Zimmermann.

Jungzimmermann Wilfried Kehr fährt seit 1956 zur See. Auf der *Pamir* ist er, der aus dem süddeutschen Heilbronn stammt, seit Mai 1957.

Als Vollmatrosen sind für die 6. Ausreise gemustert worden:

Volkert Arfsten (19), der, Flensburger von Geburt, seit 1955 auf der *Pamir* fährt und im März 1957 zum Matrosen befördert wurde;

Dieter Koopmann (22), aus Ridders stammend, ist seit November 1955 auf der *Pamir* und am 1. Mai 1957 zum Matrosen befördert worden;

Rolf Lühring (19), in Brake geboren und wohnend, ist seit Juni 1955 auf der *Pamir* und am 1. März 1957 zum Matrosen befördert worden;

Rolf Dellit (20), der, ein Kieler von Geburt, seit November 1955 an Bord ist, war noch Leichtmatrose, als die *Pamir* zur 6. Reise von Hamburg aus in See ging. Er ist während der Reise zum La Plata zum Matrosen befördert worden;

Hartmut Gundermann (18), an Bord der *Pamir* seit Juni

1955, war auf der 6. Ausreise ebenfalls noch Leichtmatrose. Zum Matrosen wurde der aus Brühl stammende Seemann am 10. August 1957 befördert, also knapp sechs Wochen vor dem Unglück.

Zur Zeit der Heimreise vom La Plata sind sieben Leichtmatrosen gemustert, und zwar:

Gerd Hein (20), ein Kieler, ist seit November 1955 an Bord und seit Dezember 1956 Leichtmatrose;

Helmut Schlüter (20), in Doberan geboren und in Braunschweig zu Hause, ist seit November 1955 an Bord und seit Februar 1957 Leichtmatrose;

Wolfram Leppert (19) aus Pölitz ist seit Juni 1956 an Bord und seit dem 10. August 1957 Leichtmatrose.

Für den in Bonn geborenen Herman Geller (20), für den Kölner Jürgen Schmitz (20) und den Kieler Günther Haselbach[8] (20) gelten dieselben Daten.

Hans-Georg Wirth (20), ein in Leer wohnender, in Neiße/Schlesien geborener Seemann, ist seit 1956 auf der *Pamir* und mit dem 1. Juni 1957 Leichtmatrose.

Zu den Genannten (1 Kapitän, 4 nautische Offiziere, [davon einer mit A 6, zwei mit A 5 und einer mit A 4], 1 Funkoffizier, 2 Ingenieure, 1 Arzt, 2 Ing-Assis, 2 Bootsmänner, 2 Segelmacher, 2 Zimmermänner, 5 Funktionäre [das heißt 3 Köche und 2 Stewards], 5 Matrosen und 7 Leichtmatrosen) kommen noch 30 Jungleute und 20 Decksjungen.

Nach der Schiffsbesetzungsordnung für Segelschiffe von der Größe der *Pamir* mußte diese Viermastbark an Bord haben:

1 Kapitän (A 6) und
mindestens 2 Seesteuerleute (A 5).

Nach den Bemannungsrichtlinien der Seeberufsgenossenschaft (SBG) von 1934 sind für Schiffe wie die *Pamir* vorgeschrieben: 4 Matrosen, 2 Leichtmatrosen, 2 Jungmänner. In den Zeiten um die Jahrhundertwende waren solche Großsegler noch – neben dem Segelmacher, dem Bootsmann und dem Zimmermann – mit 14 bis 15 Vollmatrosen und 8 bis 10 Leichtmatrosen besetzt. Zwischen den beiden Weltkriegen waren – neben Bootsmann, Segelmacher und Zimmermann sowie den Jungmännern und Schiffsjungen – 6 Vollmatrosen und 7 bis 9 Leichtmatrosen üblich gewesen. Vergleicht man diese Zahlen mit denen der *Pamir*, so ist die Viermastbark etwas schwach bemannt, eine Tatsache, auf die die Schiffsleitung bei allen Maßnahmen und Überlegungen Rücksicht zu nehmen hatte.

Auf den ersten Blick erscheint die Besatzungsstärke der *Pamir*, wie sie nach der 6. Ausreise gegeben ist, völlig ausreichend. Ein Verstoß gegen die gesetzlichen Bestimmungen der Schiffsbesetzungsordnung liegt nicht vor, im Gegenteil, es sind sogar mehr Offiziere als gefordert an Bord. Genauer betrachtet, spiegeln sich aber auch hier die Probleme beim personellen Wiederaufbau der deutschen Handelsflotte wider. Die Auswirkungen durch die jahrelange Unterbrechung der kontinuierlich fortlaufenden Ausbildung des Nachwuchses in den Kriegs- und Nachkriegsjahren sind unverkennbar[9].

Ebenso unverkennbar sind die mit erheblichen Geldopfern verbundenen Anstrengungen der erst 1955 gegründeten »Stiftung ›Pamir‹ und ›Passat‹«, die beiden Segelschulschiffe dennoch in Dienst zu halten, um die kriegsbedingte Lücke im nautischen Personalbestand möglichst schnell schließen zu können. Später, nach dem Untergang der *Pamir*, wird der Bundesbeauftragte des Seeamtes zu Lübeck über die 86 Mann starke Besatzung der *Pamir*, von der der größte Anteil aus Kadetten bzw. Offiziersanwärtern bestand, sein Bedenken so formulieren: »Zweifellos wäre es besser gewesen, wenn die Besatzung noch größere Segelschifferfahrung gehabt hätte.«

Und aus den Lehren, welche das Seeamt Lübeck im Januar 1958 ziehen wird, wird man noch deutlicher: »Segelschiffe sollten nur Kapitänen anvertraut werden, die entweder das Schiff aus längerer eigener Fahrpraxis als Wachoffizier kennengelernt haben[10] oder Schiffe ähnlicher Größe und ähnlicher Eigenschaften aus eigener Kapitänspraxis gründlich kennen.

Als Offiziere sollten auf Segelschiffen nur Männer angemustert werden, die selber eine gründliche Segelschiffausbildung – auch vor dem Mast – erfahren haben, denn die sichere Führung solcher großen Rahsegler erfordert eine umfassende

Spezialerfahrung und Kenntnisse, die eben nur durch eine lange und vielseitige Praxis erworben werden können. Dasselbe gelte auch für die Voll- und Leichtmatrosen, wenn im Augenblick einer tödlichen Gefahr für Schiff und Besatzung Seeleute mit See-Erfahrung und segeltechnischer Praxis gefordert werden, Attribute also, die durch eine noch so zahlreiche, noch so mutige und noch so einsatzbereite junge Mannschaft nicht ersetzt werden können.«

In der Tat, weder die Offiziere insgesamt noch die Stammbesatzung können auf größere Erfahrungen im Betrieb von Segelschiffen zurückgreifen –, und einem Vergleich mit den Windjammern von ehemals halten sie schon gar nicht stand.

Über das Schiff und seinen Lebensweg sei hier kurz vermerkt, daß die 3103 BRT große *Pamir* 1905 auf der Werft Blohm & Voss, Hamburg, für die Hamburger Segelschiffreederei F. Laeisz erbaut wurde und von 1905 bis 1921 mit der durch den Ersten Weltkrieg bedingten Unterbrechung (das Schiff lag während des Orlogs jahrelang in einer Bucht der Kanarischen Inseln) 16 Jahre lang regelmäßig nach der Westküste Südamerikas segelte. Die *Pamir* hat dabei 18mal das berüchtigte Kap Hoorn umrundet. 1921 wurde das Schiff an Italien ausgeliefert und 1924 von der Reederei Laeisz zurückgekauft. In den Jahren 1924 bis 1931 folgten weitere 18 Umsegelungen des wegen der über den südlich vorgelagerten Seegebieten praktisch permanent dahinziehenden Weststurm-Schlechtwetterfronten gefürchteten Kaps. Alsdann verkaufte Laeisz die *Pamir* aus Rentabilitätsgründen an den bekannten finnischen Reeder Gustav Erikson in Mariehamn, der, weniger durch Löhne und soziale Lasten beschwert, das Schiff mit – wenn auch bescheidenem – Gewinn noch mehrere Jahre in der Weizenfahrt von Australien und in der Erzfahrt von Neukaledonien einsetzte. Im Juli 1941 lief die *Pamir* den neuseeländischen Hafen Wellington an und wurde beschlagnahmt, da Finnland auf deutscher Seite kämpfte.

Während des Zweiten Weltkrieges und die nächsten Jahre danach machte die *Pamir* fünf große Reisen unter neuseeländischer Flagge. In diesen Jahren, genau von 1941 bis Oktober 1948, hat das Schiff einige sehr schwere Stürme und einen

Hurrikan, bei dem es 18 Segel verlor, gut und ohne Schaden und vor allem ohne Verluste an Menschenleben überstanden.

Nach einer Englandreise wurde die Viermastbark 1949 von der neuseeländischen Regierung an Erikson zurückgegeben. Infolge der stark gestiegenen Betriebskosten sah sich der legendäre finnische Segelschiffreeder 1950 nun doch gezwungen, die *Pamir* und die ebenfalls in seinem Besitz befindliche *Passat* an die Werft von Loo in Antwerpen zu verkaufen, wo man die Schiffe verschrotten wollte. Die Rettung kam quasi über Nacht. Der Lübecker Reeder Schliewen erwarb die beiden Viermastbarken am 1. Juni 1951 mit dem Ziel, sie im Einvernehmen mit amtlichen Stellen als frachtfahrende Segelschulschiffe herzurichten und wieder in Fahrt zu bringen. Die Schiffe wurden erst nach Lübeck und dann nach Kiel überführt. Noch im gleichen Jahr, 1951, wurde die *Pamir* auf der Howaldtswerft Kiel überholt und zum frachtfahrenden Segelschulschiff umgebaut. Hierzu war vorher auf Veranlassung des Bundesministers für Verkehr ein Arbeitsausschuß »Segelschulschiffe« gebildet worden[11]. Dieser hat für die künftigen Segelschulschiffe *Pamir* und *Passat* besondere Sicherheitsgrundsätze ausgearbeitet, nach denen die Überholung der Schiffskörper, der gesamten Takelage, der Einbau eines Hilfsmotors, die Prüfung der Stabilität, die wasserdichte Unterteilung und die Ausrüstung mit weiteren Rettungsbooten u. a. m. erfolgen sollte.

Die wichtigste Forderung des Ausschusses war dabei:[12]

»Die Schiffe sind so umzubauen, daß sie beim Vollaufen einer Abteilung noch schwimmfähig bleiben.«

An den Aus- und Umbauplänen wirkte besonders auch der Inspektor des Reeders Heinz Schliewen, Hamburg, Kapitän Grubbe mit (G. übernahm später die *Passat* als Kapitän[13]. Er übte auch später die Bauaufsicht aus.).

Auch Kapitän Otto Lehmberg, ehemaliger Führer des Segelschulschiffes *Kommodore Johnsen*, weilte einige Wochen in Kiel, um die Schiffe eingehend zu besichtigen, die Überholungsarbeiten zu beobachten und Ratschläge zu geben. Bei diesen Arbeiten, die unter der Aufsicht der Schiffs- und Maschineninspektion des GL standen, wurden sämtliche Platten der Außenhaut (etwa 250 bis 300) gebohrt, gemessen und geprüft. Die Ergebnisse der Bohrungen der Außenhaut wurden unter der Arbeitsnummer 74100 der Howaldtswerke niedergelegt.[14] 35 Platten mußten daraufhin erneuert werden.

Auch im Bereich des Oberdecks wurden Erneuerungen notwendig. Ferner wurden die stählernen Masten und die Rahen sowie die ganze Takelage äußerst gründlich mit allen Beschlägen überholt und, wo notwendig, repariert. Die Rahen wurden an Land gegeben und sicherheitshalber ebenfalls gebohrt. Das stehende und das laufende Gut wurde überprüft und zum großen Teil erneuert, desgleichen die Segel.

Da die *Pamir* unter der neuseeländischen Flagge bei Lloyds Register of Shipping klassifiziert worden war, entschloß sich der Reeder Schliewen, noch im Oktober 1951, als die Arbeiten bei Howaldt im Gange waren, auch die Klasse beim britischen Lloyd zu erneuern. Er wollte damit sicherstellen, daß diese Segelschiffe bei den britischen Versicherern nicht ungünstiger als Dampfer und Motorschiffe behandelt würden. Demgemäß wurden daher ab 22. Oktober 1951 auch die Experten vom Lloyds Register hinzugezogen.

Im Rahmen der Herrichtung zum frachtfahrenden Segelschulschiff waren noch folgende Veränderungen und Umbauten bzw. Einbauten notwendig:[15]

- ein Tieftank mit Längsschott und Tankdecke, von den Spanten 68 bis 87, der wechselweise für Ballastwasser oder Ladung genutzt werden sollte,[16]
- Bunkerquerschotte auf den Spanten 20 bis 22 und Bunkerlängsschotte von den Spanten 120 bis 125,
- eine Hilfsmotorenanlage mit Hilfsaggregaten nebst Fundamenten für den Hauptmotor, die Hilfsmaschinen und den Hilfskessel,[17]
- Frischwassertieftanks mit 175 t Fassungsvermögen von den Spanten 87 bis 90 und den Spanten 120 bis 125,
- für den Maschinenbetrieb notwendige Schmieröltanks, Tagestanks und Apparate,
- vier wasserdichte, bis zum Freiborddeck reichende Querschotte auf den Spanten 25, 47, 87, 120, die das Schiff mit dem vorhandenen Vorpiekschott in sechs Abteilungen unterteilte

(dabei entsprachen die Schottabstände unter Zugrundelegung einer Flutbarkeit von 33 % der Schottenkurve für ein Einabteilungsschiff der Fahrgastschiff-Verordnung aus dem Jahre 1932.),

- stählerne Mittellängsschotte außerhalb der Ladeluken von den Spanten 25 bis 27, 35 bis 37, 66 bis 79, 83 bis 102, 115 bis 133 und 139 bis 143,
- Deckshäuser für die Schmiede, die Zimmerei und das (hinter dem Kreuztopp) Lazarett,
- eine Bootsbarring für zwei weitere Rettungsboote,
- vier Rahmenspanten auf den Spanten 8, 11, 14 und 17 und
- die Anordnung einer Stufe im Querschott Spant 6/8 für die Stevenrohrlagerung.

Ferner wurden der Hintersteven für den Einbau einer Schraube und das Einplattenruder zu einem Verdrängungsruder geändert, die Poop von Spant 8 bis 25½ verlängert sowie zehn Raumbalken und 2 · 32 + 3 Stützen ausgebaut. Die Luken wurden zum Teil verstärkt, die Lukendeckel erneuert.

Die Offiziere, Unteroffiziere und das Bedienungspersonal wurden mittschiffs, die Stammbesatzung achtern im Oberdeck und die Schiffsjungen im Zwischendeck oberhalb der Maschine untergebracht.

Die Ausrüstung wurde ergänzt durch die Anordnung von acht kurzen Ladepforten mit Bäumen für eine Nutzlast für 2 t bzw. 2,5 t Tragfähigkeit bei 45° Baumneigung einschließlich der dazugehörigen vier Dieselladewinden.

Die Funkeinrichtung wurde auf den modernsten Stand gebracht (und letztmalig am 24. Mai 1957 für die Ausstellung eines neuen Telegrafie-Funksicherheitszeugnisses überprüft).[18]

Die Hauptfunkanlage (Hauptsender, Hauptempfänger) sowie der Empfängerteil des selbsttätigen Funkalarmgerätes und der Kurzwellensender wurden aus dem 220-V-Gleichstromnetz des Schiffes betrieben. Zum Betrieb des Notsenders und des Notempfängers sowie der Funkalarmanlage stand eine 24-V-Blei-Akkumulatorenbatterie zur Verfügung. Sie war in einem Kasten auf dem Ruderhaus aufgestellt und ermöglichte einen ununterbrochenen Betrieb der gesamten

Notfunkanlage von mindestens sieben Stunden, während nur mindestens sechs Stunden vorgeschrieben sind. Der automatische Alarmzeichengeber wurde von einem Uhrwerk getrieben und ermöglichte die Aussendung des Telegrafie-Alarmzeichens wahlweise über den Haupt- oder Notsender.

Das tragbare Funkgerät war schwimmfähig und enthielt einen Sender geringer Leistung für die Frequenzen 500 und 8364 kHz, einen entsprechenden Empfänger, eine Handtaste und eine automatische Taste zur Aussendung des Alarmzeichens und des Notzeichens SOS. Die Betriebsspannung für dieses Gerät wurde durch einen eingebauten Handgenerator erzeugt. Das Gerät wurde für einen schnellen Einsatz in jedem beliebigen Rettungsboot bereitgehalten. Die Sendeantenne war zwischen dem Großmast und dem Kreuzmast, die Empfangsantenne zwischen dem Kreuzmast und Besanmast verspannt. Eine Notempfangsantenne war aufgebracht; eine Notsenderantenne nicht, weil sie zwischen den Rahen nicht hinreichend hätte gesichert werden können. Sie wurde aber bereitgehalten. Der Funkraum befand sich mittschiffs auf dem Hauptdeck an Steuerbord. Für die Verständigung zwischen Schiffsführung und Funker wurde vor der Ausreise noch ein besonderes Sprachrohr zwischen Brücke und Funkraum eingebaut.

Die Funkanlage war in allen Teilen betriebsfähig. Sie entsprach in vollem Umfange den Anforderungen der Funksicherheitsordnung. Die Reichweite des Haupt- wie auch des Notsenders übertraf (besonders wohl infolge der großen Höhe der Sendeantenne) die Mindestforderungen der Funksicherheitsordnung ganz erheblich. Der Hauptsender mußte nach dieser Verordnung eine Reichweite von mindestens 150 sm, der Notsender eine solche von mindestens 100 sm haben. Tatsächlich ist einer der Notrufe der *Pamir* (21. September um 14.18 MGZ; 11.18 Bordzeit) auf der Frequenz 500 kHz von der Seefunkstelle »Hoornkap« in einer Entfernung von 600 sm noch mit lesbarer Lautstärke aufgenommen worden.

Die *Pamir* hatte sechs Rettungsboote an Bord, nämlich das Motorrettungsboot Nr. 1 (für 29 Personen) und die Ruderrettungsboote Nr. 2 (25), Nr. 3 (26), Nr. 4 (30), Nr. 5 (37) und

Nr. 6 (37). Danach war also ein Rettungsbootraum für 184 Personen vorhanden. Das war mehr als genug.

Es ist zwar immer schwierig, auf Segelschulschiffen die Rettungsboote unterzubringen, ohne dabei das stehende und laufende Gut der Takelage zu behindern, jedoch wurden mit der auf der *Pamir* gefundenen Lösung – vier Boote unter Davits, zwei auf Rollschlitten, die Vorschriften erfüllt. Die Boote waren ständig gebrauchsfähig und jederzeit verwendungsbereit.[19]

Im Normalfall konnten vier Boote sofort ausgesetzt werden, da diese unter den Davits standen. Zwei Boote mußten mittels Rollschlitten unter die hinteren Davitpaare gezogen werden.

Bei außergewöhnlicher Schlagseite und einer hohen See war indessen ein unversehrtes Zuwasserbringen der Boote praktisch nicht mehr möglich.

Außer den Rettungsbooten erhielt die *Pamir* zusätzlich noch drei Schlauchboote an Bord. Es handelte sich dabei um zwei von einer renommierten Firma stammende Doppelschlauchboote für zwölf Personen, wie sie von der SBG für Fischereifahrzeuge zugelassen sind, und um ein kleines Vier-Mann-Schlauchboot. Auch diese Boote sind voll ausgerüstet worden. Warum für den Fall ungewöhnlich starker Krängung und besonders schwerer See nicht noch mehr Schlauchboote zur Verfügung standen, ist bei der oben zitierten Erkenntnis unerklärlich.

Zu den Rettungsmitteln sind auch die 14 Rettungsringe (sechs davon mit Nachtlichtern) und je eine Schwimmweste für jedes Besatzungsmitglied einschließlich der 102 Reservewesten zu zählen. Es handelte sich um Korkwesten gemäß den Richtlinien der SBG vom April 1941. Schwimmwesten, wie sie in § 93 der Schiffssicherheitsverordnung vorgeschrieben sind, nämlich solche, die den Kopf einer bewußtlosen Person über Wasser halten können, waren unverständlicherweise nicht an Bord.[20]

Der besonderen Erwähnung verdient der 1951 auf der Howaldtswerft vorgenommene Einbau von einem Mittellängsschott für die Getreideverschiffung. Im Bereich der Luken bestand es aus Holzplanken. Diese Planken kamen erst 1952 an Bord. Die Längsschotte im Lukenbereich sind später, das sei vorausgeschickt, bei allen Getreideverschiffungen vor dem Beladen aufgebaut worden. Wurden die Planken nicht gebraucht, wurden sie im Zwischendeck gestapelt.

Zu den Erneuerungen und den Umbauten, die laut Kapitän Grubbe allein bei der *Pamir* rund 2,5 Mio. DM gekostet haben, bleibt abschließend zu sagen: Die *Pamir* erhielt im Dezember 1951 die höchste Klasse des GL mit + 100 A 4 und von Lloyds Register mit 100 A 1, wie es der Paragraph 19 der UVV (Unfall-Verhütungs-Vorschriften) für Schulschiffe vorschreibt.

Nach all den Instandsetzungs- und Umbauarbeiten läßt sich feststellen: Die *Pamir* ist wieder ein gutes und ein starkes Schiff. Es wurde an nichts gespart, um die höchste Klasse der beiden höchst kritischen Klassifikationsgesellschaften zu erzielen.

Am 15. Dezember 1951 wird die Viermastbark um Skagen herum von Kiel nach Hamburg überführt. An Bord ist auch der Bundespräsident, Professor Theodor Heuss.

Am 10. Januar 1952 ist es soweit. Die mit Zement in Säkken beladene *Pamir* ist klar zum Inseegehen. Ihr Kapitän heißt Paul Greiff[21]. Vor dem Kommando »Leinen los« sind noch zahlreiche Ehrengäste an Bord gekommen. Unter ihnen der Ministerpräsident Lübke, der Lübecker Bischof Pautke und der Kölner Erzbischof Kardinal Frings, der die Besatzung mit »Meine lieben Christen« anredet[22].

Über diesen Tag und das Auslaufen zur ersten Seereise wieder unter deutscher Flagge schreibt die gesamte deutsche Presse in euphorischen Zeilen. Aber auch viele Zeitungen der ausländischen Presse berichten über dieses Ereignis. Die »Kieler Nachrichten« sprechen von einem »triumphalen Abschied für die *Pamir*«, und die große katholische Wochenzeitung »Rheinischer Merkur« widmet dem Schiff und seiner Besatzung eine ganze Seite, auf der Guido Zöller unter dem Titel »Kardinal und Segelschiff« mit dem Untertitel »Frischer Wind in der christlichen Seefahrt« unter anderem schreibt:

Das Segelschiff lag vierzehn Tage lang vor Finkenwerder

am Diestelkai und nahm seine Zementladung. Den Hamburgern ist das Wiedersehen mit der braven Bark sehr ans Herz gegangen. Sie pilgerten in Scharen hin und waren ehrfürchtig wie vor einem Kleinodienschrein. Man muß wissen, daß die alten Fahrensleute nicht viel von großen »Pötten« halten, die mehr nach Öl als nach Seemann riechen. Dafür gehört ihre große Liebe dem Windjammer, dem Segelschiff. Einer stand davor, ein strammer, gar nicht alter Mann, und putzte sich vor Rührung das Nasse aus den Augenwinkeln. 1926 hat er auf der *Pamir* eine Rekordfahrt von Australien nach England mitgemacht. »In 72 Tagen!« sagte er, »und nicht im Leben hätt' ich dran gedacht, nicht die kleine Zeh' hätt' ich drauf gewettet, daß sie noch einmal auf dem Ozean auftauchen würde.«

Wer nicht dauernd die salzige Luft vom Meer her in der Nase hat und wer nicht mit der Seefahrt lebt, der kann schwerlich diesen Aufschwung der Gefühle verstehen.

Zur Verabschiedung lag der schlanke Viermaster, über die Toppen geflaggt, an der Überseebrücke vor St. Pauli. Alles war sehr feierlich, kein Nebelstreif trübte die Sicht zu den haushohen Hochsee-Kolossen, die reglos unter dem jenseitigen Uferwald der Kräne faulenzten. Freundliche Sonne ließ die grüne Turmhaube des Michel kräftig zum Hafen herunterblinken. Indessen flog das Möwenvolk elegant und wichtig über den schaukelnden Barkassen hinweg.

In offiziellem Schwarz stieg das prominente Hamburg an Deck. Als letzter und prominentester, von Kreuz und Ministranten geleitet, folgte der Kölner Erzbischof. Kardinal und Segelschiff, Purpurrot und Seemannsblau – die Kombination ist recht delikat geworden, seitdem die christliche Seefahrt auf anderen Kurs ging.

Man weiß von den drei Karavellen des Christoph Kolumbus, daß sie 1492 vor ihrer Ausfahrt aus Palos den kirchlichen Segen erhielten. Das ganze Mittelalter kannte keinen anderen Brauch. Spätestens aus dem 13. Jahrhundert datiert die Segensformel im Rituale Romanum, die beginnt: »Propitiare, domine, supplicationibus nostris et benedic navem istam et omnes, qui in ea vehentur.« (Sei gnädig, Herr, unserem Flehen und segne dieses Schiff und alle, die auf ihm fahren.)

Kardinal Frings sprach die Formel von einem Altare aus, der mittschiffs neben dem Ruder aufgebaut war. Er wandte sich mit einer kurzen Ansprache an die Mannschaft und ermahnte sie zur Pflichttreue und sittlicher Haltung. Und dann entließ er das Schiff, »nachdem es als letzte Fracht den Segen des Himmels aufgenommen hatte:

Glückliche Fahrt und glückliche Heimkehr in Gottes Namen!«

*

Es ist genau 14.30 Uhr, als auf der *Pamir* die Leinen eingeholt werden. Tausende und Abertausende säumen das Elbeufer. Eine Polizeikapelle der Hansestadt spielt das Abschiedslied »... Muß i denn, muß i denn zum Städtele hinaus ...« Flaggen und Taschentücher flattern im Winde, und nicht wenigen stehen Tränen in den Augen. Deutsche und ausländische Schiffe lassen ihre Dampfpfeifen oder ihre Typhone aufheulen. Die *Pamir*-Besatzung dankt mit einem brausenden »Hipp – hipp – hurra!« Es ist eisig kalt. Schneeregen fällt aus niedrig ziehenden dunklen Wolken. Der Himmel versagt der *Pamir* die Sonne.

Tage später bereits gerät die Viermastbark im Englischen Kanal in einen schweren Sturm, der erneut die gesamte Presse auf den Plan ruft mit Überschriften wie »Schulschiff *Pamir* in Seenot«. »Ankerkette gerissen«, »Britisches Passagierschiff *Empire Parkestone* bleibt in der Nähe«, »Sturmnacht vor der Themse«, aber auch »Barque rides out channel storm«, »Unnötige Sorge um die *Pamir*«, »Kritische Lage gemeistert«, »Wie sich die *Pamir* im Orkan bewährte« ...

Kapitän Fred Schmidt, der später auf der letzten Reise dabeisein wird, über die erste Fahrt der *Pamir* unter der Flagge der Bundesrepublik Deutschland in der Schiffahrts-Fachzeitschrift »Hansa«:

»... 12. Januar, 14.00 Uhr, Anker auf vor Cuxhaven. 17.55 Uhr Feuerschiff Elbe 1.«

Der Beginn der Ausreise wurde von vielen Zeitungen in

dramatischer Weise behandelt. Hier die nüchternen Tatsachen:

Nun lief die *Pamir* in den Wirkungsbereich einer Serie atmosphärischer Depressionen. 13. Januar abends weht voller Sturm aus WSW, zeitweilig in Stärke 10. Der Schiffskundige erkannte, daß die *Pamir* auch schwerstem Wetter durchaus gewachsen sein würde, genauso wie in früheren Jahren. Man darf jedoch nicht vergessen, daß sich das Schiff noch im Gebiet der Zwangskurse befand. Nachts vom 13. zum 14. Januar fliegen in einer Bö zwei Stagsegel weg. 15. und 16. stürmisch, wechselnd in Richtung und Stärke, doch äußerst ungünstig zum Erreichen der Dover-Straße. Das Schiff muß also anderen Wind abwarten, entweder unter Segeln oder vor Anker im Schutz von Land. Der Schiffsführer entschließt sich zu letzterem und legt die *Pamir* um 08.00 Uhr am 17. Januar etwa 7,5 sm südöstlich Kentish Knock Feuerschiff vor Anker. Gegen Abend geht der BB-Anker verloren. Die Ungunst des Ankerplatzes erkennend, fragt der Schiffsführer andere Schiffe und die Boote der englischen Küstenstationen, ob sie bereit seien, die Schiffsjungen notfalls abzunehmen. Im Morgengrauen des 18. werden Schwimmwesten ausgegeben und Vorbereitungen getroffen, die Jungen an Bord zu geben. Entgegen den Meldungen einiger Blätter, auch englischer, kam es jedoch nicht dazu. Auch sei hier ausdrücklich betont, daß von der *Pamir* kein SOS gesendet wurde.

18. Januar, 19.10 Uhr, wird der Stb.-Anker geslippt. Segel bei mit Kurs auf den Kanaleingang. Mitternacht Dover passiert. Mit allen dienlichen Segeln steuert die *Pamir* in den Kanal hinein, Fahrt zeitweilig 11 bis 12 Knoten bei mitlaufendem Motor. Sonntag, 20. Januar, 09.00 Uhr, kreuzt die *Pamir* die Linie Lizard–Ushant. Montag, 21. Januar, gegen 22.00 Uhr geht der Motor durch und wird gestoppt, da offenbar die Schraube verlorenging. Später wurde festgestellt, daß beide Flügel, etwa eine Handbreit von der Nabe entfernt, abgebrochen waren. Damit wird die Ausreise eine tatsächliche Segelschiffreise.

23. und 24. Januar: bestes Etmal der ganzen Reise (auch der mit Maschine durchgeführten Heimreise): 261 sm. Schiff

läuft bei NW-Wind in Stärke 7 bis 8 12 Knoten, zeitweilig 13 Knoten. In der Nacht vom 28. zum 29. Januar wird Las Palmas passiert. Am 15. Februar kreuzt die *Pamir* die Linie, 26 Tage vom Kanal, 34 von der Elbe. Südostpassat sehr flau, daher noch elf Tage bis Kap Frio. Abermals zwei Tage gegen Strom und in Flaute. Abends 19.00 Uhr am 28. Februar wird der Schlepper angenommen. Einlaufen in strömendem Regen in die Guanabara-Bucht. 23.00 Uhr fällt der Anker nach einer Reise von 39 Tagen ab Kanal, 47 Tagen von der Elbe und genau sieben Wochen von Hamburg.

Die Aufnahme der Besatzung seitens der Behörden und der Bürger von Rio war überaus herzlich. Man überschüttete besonders die Jungen mit Einladungen. Besichtigungen der Stadt; Ausflüge in die Umgegend und ins Gebirge mit Bussen, Autos, per Bahn; Gartenfeste und Tanzabende, Einladungen zum »Churrasco«, dem brasilianischen Spießbraten – alles großzügig und mit echt südamerikanischer Gastlichkeit geboten. So haben die *Pamir*-Jungen in den fünf Wochen der Hafenliegezeit mehr von Rio und Umgebung kennengelernt als die alten Seeleute anderer Schiffe, die zehn Jahre lang regelmäßig Rio anliefen. An Sonntagen stieg die Zahl der Besucher in die Hunderte.

Die Verstopfung des Hafens führte zu einer Liegezeit von 36 Tagen. Außer den auf der Hand liegenden Nachteilen brachte sie dem Schiff einen, der erst auf der Heimreise spürbar wurde. Fazit der Hafenzeit: im ganzen befriedigend. Denn die Entlöschung der Ladung verlief glatt. Man bewahrt der *Pamir* in Rio ein gutes Andenken. Der beschädigte Propeller wurde durch Taucher gegen die Reserveschraube ausgewechselt.

5. April 08.30 Uhr: Leinen los – 11.40 Uhr: Schlepper los. 8. April: Ankunft in Victoria (Espirito Santo). Hier nahm die *Pamir* eine volle Ladung Manganerz. Auch hier gastliche Aufnahme der Besatzung.

14. April: ab vom Erzkai – vor Anker auf Reede.

15. April 24.00 Uhr: Anker auf – Stagsegel werden gesetzt, Beginn der Heimreise. Sie litt, betrachtete man sie als Segelschiffsreise, unter Mangel an Wind. Allerdings wählte die

Schiffsleitung eine Route, die von der Segelschiffsroute abweicht. 17. Mai: Insel Terceira passiert, 32 Tage von Victoria. Am 27. Mai etwa 24.00 Uhr wird Lizard passiert, am 29. Mai 11.30 Uhr Dover. 30. Mai 10.00 Uhr Hoek van Holland. 14.30 Uhr: Schiff fest in Rotterdam.

Auf dieser Heimreise wurden etwa 5800 sm gutgemacht, von denen das Schiff ungefähr 700 sm nur unter Segeln zurücklegte. 11 bis 12 Tage lang – alles zusammengerechnet – fuhr die *Pamir* nur mit Motor und Stagsegeln, die Rahsegel waren während dieser Zeit aufgegeit oder auch richtig festgemacht. Die übrige Zeit wurden der Motor und alle dienlichen Segel gleichzeitig gebraucht.

Bemerkenswert rasch verlief die Reise von Rotterdam nach Bremen. 10. Juni 06.30 Uhr: Leinen los; 08.00 Uhr Lotse von Bord bei Hoek van Holland. 11. Juni 08.00 Uhr: Weserlotse an Bord; 10.00 Uhr: Roter Sand; 12.00 Uhr: Bremerhaven; 15.00 Uhr: Bremen. Man sieht, die *Pamir* kann es getrost mit full-powered Motorschiffen aufnehmen. Jetzt ladet das Schiff in Bremen Zement für Brasilien . . .«

Die zweite Reise beginnt am 20. Juni ab Bremen und endet, mit einer Ladung Weizen aus Buenos Aires an Bord, am 29. Oktober 1952 in Rotterdam, wo das Schiff wegen Zahlungsunfähigkeit des Reeders Schliewen »an die Kette« gelegt, das heißt gepfändet wird. Nach langwierigen Verhandlungen mit den holländischen Gläubigern[23] und der Bezahlung von 70 % der Schulden, die etwa 59 000 Gulden betragen, durch den größten Hypothekenbesitzer des Schiffes, der Landesbank und Girozentrale Schleswig-Holstein,[24] wird das Schiff für die Reise nach Hamburg freigegeben. In der kurzen Zeit zwischen der Freigabe und der Abfahrt ist das deutsche Konsulat als Sequester aufgetreten, eine Maßnahme, die getroffen wurde, um die *Pamir* der Verfügungsgewalt der Reederei Schliewen zu entziehen. So wartet denn auf die stolze Viermastbark auch in Hamburg der Gerichtsvollzieher. Dieser, ein Herr Jobmann, geht bereits bei Finkenwerder an Bord, um das Schiff aufgrund einer einstweiligen Verfügung in amtliche Verwahrung zu nehmen. 24 Stunden vorher hatte er das im Waltershofer Hafen von Hamburg aufliegende Segelschiff *Carl Vinnen*, das vor einiger Zeit ebenfalls von der Reederei Schliewen gekauft worden war, auf Anordnung des Hamburger Amtsgerichts beschlagnahmt.

Doch das Schiff, auf dem Kapitän Greiff den Nachwuchs der deutschen Handelsflotte »zu Gentlemen auf dem Wasser erziehen will«, wird vor dem Ärgsten, dem Verschrotten, bewahrt.[24a] Am 2. April 1954 wird die *Pamir* zwangsversteigert. Den Zuschlag erhält die Schleswig-Holsteinische Landesbank für 310000 Mark. Ein Jahr später – die *Pamir* liegt untätig im Hafen – wird ein Konsortium von 40 Reedern gebildet, das im Dezember desselben Jahres von der Landesregierung in Kiel als Stiftung »Pamir« und »Passat« mit Sitz in Lübeck anerkannt wird. Diese Stiftung übernimmt die *Pamir* von der Landesbank; die Reederei Zerssen & Co. wird Korrespondenzreeder. Bemerkenswert ist vielleicht, daß sich Deutschlands berühmteste ehemalige Segelschiffreederei, die Reederei F. Laeisz, nicht an dem Reeder-Konsortium beteiligt.

Die *Pamir* geht im Frühjahr 1955 in das Dock der Hamburger Stülckenwerft, um überholt zu werden, und tritt am 10. Februar 1955 in Ballast die Reise zum La Plata an, wieder mit dem Ziel, Weizen in Bulk zu laden. Dieser Reise folgen vier weitere nach Südamerika, auf zwei wird Weizen, auf den beiden anderen wird Gerste geladen. In allen Fällen kam das Getreide als Schüttgut an Bord.

Was nun die bereits erwähnten Getreideschotten angeht, so wurde die SBG im Oktober 1956 durch ein Schreiben des Bundesministers für Verkehr davon unterrichtet, daß Verhandlungen eingeleitet worden seien, um bis zur Herausgabe einer neuen Durchführungsverordnung zum Kapitel VI des Schiffssicherheitsabkommens 1948 – betreffend Getreideschotte – die Bestimmungen der Unfallverhütungsvorschriften für Kauffahrteischiffe (UVV §§ 157–159) weiterhin als maßgebend für Getreideverschiffungen vom La Plata durch Argentinien anerkennen zu lassen.

Zugleich war die SBG beauftragt worden, auf Antrag der Reeder nach entsprechender Überprüfung Bescheinigungen auszustellen, daß die genannten UVV-Bestimmungen erfüllt seien.

So hat denn die Firma Zerssen & Co. die Ausstellung einer solchen Bescheinigung für die *Pamir* und *Passat* beantragt. Da über die Getreideschotten weder Zeichnungen noch andere Unterlagen vorhanden waren, wurde für den 13. November 1956 eine Besichtigung der *Pamir* vereinbart und durchgeführt.[25]

Unter dem 16. November 1956 hat die SBG dann auch die nachstehende Bescheinigung ausgestellt:

»Das Segelschulschiff *Pamir* ist in allen vier Lukenräumen außerhalb des Lukenbereiches mit stählernen Mittellängsschotten in den Unterräumen und im Zwischendeck versehen. Im Zwischendeck befinden sich seitlich der Luken Trimmöffnungen von ausreichender Zahl und Größe. Einrichtungen für das Aufstellen von losnehmbaren Getreideschotten in den Unterräumen und im Zwischendeck im Bereich der Luken sind vorhanden.

Es wird hiermit bescheinigt, daß diese Einrichtung hinsichtlich ihrer Lage und ihren Abmessungen in allen Teilen den Vorschriften der SBG entsprechen.«

Am 24. November wurde der Fahrterlaubnisschein mit Gültigkeit bis zum 30. November verlängert. Vorher schon – im Mai und Juni 1956 – hatte Kapitän Sietas eine gründliche Besichtigung der gesamten Takelage, der Segel und der Ausrüstung zu Drahttauwerk und Segeltuch ohne irgendeine Beanstandung durchgeführt.

Wenden wir uns nach der Vorstellung der Besatzung, des Schiffes und seines Lebensweges, insbesondere der Biographie der *Pamir* unter der Flagge der Bundesrepublik Deutschland, der Funk- und Rettungsmittelausrüstung sowie der ladetechnischen Einrichtungen für die Getreidefahrt wieder dem seit dem 22. Juli in der La-Plata-Mündung südlich vom Recalada-Feuerschiff vor Anker gegangenen Segler zu, der, nachdem in dreitägiger Arbeit die 1000 Tonnen Sandballast über Bord geschaufelt worden sind, am Freitag, dem 26. Juli 1957, morgens in den Hafen von Buenos Aires einläuft und 08.45 Uhr am Getreidepier am Arsenal D anlegt und sicher vertäut wird.

Die Pamir, die, das sei noch einmal zusammengefaßt, unter

Kapitän Eggers schon fünf Heimreisen mit Getreide (drei mit Weizen, die beiden letzten mit Gerste) gemacht hatte, soll erneut eine Ladung Gerste an Bord nehmen.

Betreut von der argentinischen Maklerfirma »Agencia Maritima Sudocean«, welche den argentinischen Behörden die SBG-Bescheinigung für Getreideschüttladung im Sinne der Ordinanza maritima Nr. 21/955 vorlegen kann (die deutschen Sicherheitsvorschriften für Getreideschüttladungen sind also als Ersatz für die in Argentinien vorgeschriebenen Schutzschotte [shifting boards] für aus Argentinien mit Getreideladungen auslaufende Schiffe anerkannt worden), wird das Schiff für die Beladung vorbereitet. Ein Inspektor des »Instituto National de Granos y Elévadores« inspiziert die Laderäume auf ihre Sauberkeit und erteilt nach der Prüfung die entsprechende Bescheinigung. Noch im Laufe des Vormittages wird die Luke 2 ladebereit gemacht. Alle Räume sind bis auf die noch gefluteten Ballasttanks klar.

Sonnabend, der 27. Juli: Das Wetter ist trocken, der Himmel ist zeitweise bedeckt. Unter gleichzeitigem Aufbau der in voller Raumtiefe hinaufreichenden Getreideschotte[26] wird in den Luken 2, 3 und 4 sofort mit der Beladung begonnen. Diese geht in der Weise vor sich, daß jeweils ein größerer Posten Gerste durch die Rohre in die Laderäume geschüttet wird, der zunächst mit Schaufeln, teilweise auch mit Händen in alle Ecken und Winkel verteilt bzw. geschoben werden muß, ehe ein weiteres Quantum Gerste folgen kann. Die Aufsicht führen die Offiziere, insbesondere der Ladungsoffizier, der II. Offizier Johannes Buscher. An diesem Tage werden 700 t Gerste geladen, am nächsten Tage, am 28. Juli, der ein Sonntag ist, ruhen die Ladearbeiten. Dessenungeachtet werden die Ballasttanks gelenzt und von Mitgliedern der Besatzung gereinigt. Sie werden um 16.00 Uhr ladeklar gemeldet.

Am Montag, dem 29. Juli, und Dienstag wird das Beladen bei heiterem, trockenem Wetter fortgesetzt. Es kommen je 800 t und je 520 t in den Luken 2, 3 und 4 an Bord. Am Mittwoch, dem 31. Juli arbeitet die sich aus argentinischen Stauern rekrutierende Trimmgäng bewußt mit »a desgano«, was übersetzt soviel wie »mit Unlust« bedeutet. Der Grund für das passive Verhalten dieser selbstbewußten und eigensinnigen Spezialarbeiter für sachgemäßes Trimmen von losem Getreide (und auch vom Stauen von Getreide in Säcken) ist in Lohnforderungen und in einem gewerkschaftlichen Beschluß zu sehen. Als die Arbeiter, die mit dem Einschütten der Gerste befaßt sind, nach der Mittagspause wieder an Deck erscheinen, werden sie von den aufgebrachten Stauern nicht wieder an und schon gar nicht in die Ladeluken gelassen. So kommt es, daß an diesem Tage in den Luken 2, 3 und 4 nur 195 t Gerste an Bord der *Pamir* genommen werden. Auch am heiter-trockenen Donnerstag, dem 1. August beharren die Arbeiter auf ihrem »a desgano«. Mit dem Ergebnis, daß nur 275 t Gerste in die Luke 1 an Bord kommen.

Am Freitag, dem 2., am Sonnabend, dem 3., und Sonntag, dem 4. August, ruht die Beladung völlig.

Die Schiffsführung der *Pamir* bittet am nächsten Tag, am Montag, den 5. August die »Stiftung ›Pamir‹ und ›Passat‹« um Weisung. Daraufhin fordern über Funk Reedereien und Agenturen auf, den Ladebetrieb mit eigenen Mannschaften aufzunehmen. Notfalls könnten auch Soldaten angefordert werden. Auf der *Pamir*, wo man an diesem Tage schließlich resignierend auf die Mitwirkung der »mit Unlust« arbeitenden argentinischen Stauer verzichtet, werden 43 Mann der Besatzung zum Trimmen abgestellt. Die Männer, von denen doch ein großer Teil Jungens sind, stehen dabei nicht, wie es in der alten Praxis üblich war[27], auf einer über der Gerste ausgebreiteten Persenning, sie stehen beim Trimmen vielmehr auf bzw. im Getreide. Geräte wie jene, die von Kapitän Grubbe auf der *Passat* in Form von schneeschieberähnlichen Schaufeln eingeführt worden sind, gibt es auf der *Pamir* nicht. Die Jungen sind also gezwungen, mühselig mit den Händen zu trimmen. Und da diese Gerste wieder einmal sehr trocken ist, staubt sie beim Einschütten nachgerade fürchterlich, so jedenfalls, daß die Laderäume nach jedem durch die Rohre eingeschütteten Ladequantum wie in dichten Nebel gehüllt sind. Dabei muß von den Ersatztrimmern mit behelfsmäßigen bzw. gar keinen Atemschutzgeräten gearbeitet werden.

Können an diesem Montag noch 430 t Gerste in die Luken 2 und 3 geladen werden, so sind es am Dienstag, dem 7. August 280 t in den Luken 2 und 3, und am Mittwoch sogar nur 170 t, die durch die Luken 2 und 3 ins Schiff gelangen. Am Donnerstag, dem 9. August werden zusätzlich argentinische Soldaten eingesetzt. Sie trimmen die Schüttladung in der Luke eben und decken anschließend die Luke 2 bis zum Lukenschacht mit Säcken ab. Die jetzt 44 Mann der eigenen Besatzung trimmen in den Luken 3 und 4.

165,5 t Gerste sind der knappe Tageserfolg.

Am Freitag, dem 10. August kommen die restlichen 244,5 t in die Luken 1, 3 und 4 an Bord. In der Luke 1 wird die Schüttladung von den Soldaten mit 3 bis 4 Sackladungen abgedeckt; die Luken 3 und 4 werden von 44 Mann der eigenen Besatzung mit Säcken aufgefüllt.

19.30 Uhr ist Daddeldu. Die Lade-, Trimm- und Stauarbeiten, die wie jeden Tag morgens 07.30 Uhr begannen und mittags während der größten Tageshitze um zwei Stunden unterbrochen waren, sind nach einer kurzen »Fofftein« in den Nachmittagsstunden beendet.

Laut dem von Kapitän Diebitsch und dem Ladungsoffizier Buschmann unterschriebenen Ladebericht haben Besatzung und Soldaten »gut und schnell gearbeitet«. Nicht vermerkt wird, daß ein nicht geringer Teil der zum Trimmen herangezogenen Jungen lebhafte Klage über diese Art Arbeit geführt hat ... In den Briefen[28], die sie aus Buenos Aires an ihre Angehörigen schreiben, wird die Arbeit im Laderaum von einigen Jungen als »mörderisch« bezeichnet.

»... es gab keine Staubmasken, und die mit Werg gefüllten Taschentücher boten einen nur unzureichenden Schutz ...«

»... und die Lungen haben sich derart mit Gerstenstaub angefüllt, daß man abends mit fiebrigem Husten in der Hängematte lag ...«

»... und viele wurden arbeitsunfähig ...«

»... und die Gerste hat so stark gestaubt, daß man die hellen Sonnenbrenner auf zwei Meter Entfernung nur noch als matthelle Flecken erkennen konnte ...«

Andere Jungen haben sich über die ungewohnten Trimmarbeiten weniger Klageworte abgerungen; aber auch sie sind mehr oder weniger mißvergnügt und verstimmt darüber, daß »der in Vertretung eingestiegene Alte«, Kapitän Diebitsch, »an Bord einen (seinen von früher her gewohnten) strammen Schulschiffstil durchsetzen will«, der sich in allem – im Dienst und in der Freizeit – durch strengere Maßstäbe und Maßnahmen als bisher ausdrückt, so etwa in einer des öfteren durchgeführten Kontrolle der Fingernägel o. ä. Kapitän Diebitsch hat sich, auch das geht aus den Briefen hervor, außerdem durch einige vielleicht unüberlegte Äußerungen bei Teilen der Besatzung unbeliebt gemacht. Kritik kommt übrigens auch gegen einige andere Vorgesetzte zum Ausdruck.

Wieder andere Jungen haben in dem Trimmen »eine Arbeit wie jede andere« gesehen. Sie verhalten sich in ihren Briefen neutral, und nicht wenige schreiben sogar begeistert über ihre Arbeit, über das Schiff und seine Besatzung.

Immerhin trägt sich – auch das geht aus den Briefen hervor – eine nicht unerhebliche Anzahl von Mitgliedern der Stammbesatzung und auch der Kadetten mit der Absicht, nach Beendigung dieser Reise abzumustern.

Zugegeben, daß ein Arbeiten im Laderaum während der Beladung mit der in diesem Fall trockenen und daher staubigen Gerste kein angenehmer Job ist, aber schließlich ist das für andere Menschen – für die argentinischen Stauer in diesem speziellen Fall – sogar ein Beruf. Auch jeder Schiffsoffizier bekommt während seiner Fahrzeit immer wieder mit staubiger oder schmutziger Ladung zu tun. Das gehört einfach zu seinen Berufspflichten, so daß es nicht einmal eine verdammenswert zu nennende Zumutung ist, wenn junge Seeleute, zumal solche, die einmal selbst als Schiffsoffiziere oder Kapitäne Verantwortung tragen wollen, einmal bei der Beladung helfen. Noch dazu gegen eine Sondervergütung. Und obendrein noch freiwillig, sozusagen freiwillig, denn wer schon von den Jungen möchte gerne auffallen.

Später wird das Seeamt argumentieren, daß es auf diese Dinge nicht eingehen könnte. Es sei kein Aufsichtsorgan für die Schulschiffausbildung und nicht zuständig für den Erlaß von Richtlinien für die zweckmäßige Behandlung und Erziehung seemännischen Nachwuchses. Überdies, so das Seeamt weiter, gäbe es sicherlich wenige Seeleute, die in ihrer Schiffsjungenzeit nicht manchmal mißgestimmt oder gar verzweifelt gewesen sind, die nicht auf ihre Vorgesetzten geschimpft haben oder sogar die Seefahrt aufgeben wollten. Solche zeitweiligen Mißstimmungen bringe eine straffe Erziehung wohl mehr oder weniger mit sich. Das Seeamt hätte sich mit diesen Fragen nur dann zu befassen, wenn ein ursächlicher Zusammenhang mit dem Unfall denkbar gewesen wäre, etwa in dem Sinne, daß die Disziplin und damit auch die Ausführung der Befehle im Augenblick der Gefahr in Mitleidenschaft gezogen gewesen wäre. Davon könne offenbar keine Rede sein, selbst wenn die Besatzung dem allgemein sehr beliebten und verehrten Kapitän Eggers freudiger gehorcht haben sollte ...

Nicht ohne Bedeutung wird später die Argumentation sein, welche die »Stiftung ›Pamir‹ und ›Passat‹«, die Reederei Zerssen & Co., Hamburg, und die Witwe des Kapitäns Diebitsch in der Berufungsschrift gegen das Urteil des Seeamtes in Lübeck vor dem Bundesoberseeamt vortragen ([2], S. 17 bis 20):

Daß es durch das Nachsacken des Getreides zu einem Gesamtfreiraum von 500 cbm in den Laderäumen gekommen sein soll, wie vom Gutachter Kapitän Platzoeder berechnet, wird bestritten. Dieser Freiraum wird aber vom Seeamt als von eminenter Bedeutung für die Ursache der Katastrophe der *Pamir* gewertet werden: denn ohne Freiraum im Laderaum ist ein Übergehen der Ladung schlechterdings nicht möglich. In der Berufungsschrift dagegen versucht man zu beweisen, daß es einen Freiraum in dieser Größenordnung gar nicht gegeben haben kann. Infolge des Streiks habe sich die Beladung nämlich über zwölf Tage erstreckt. Und wenn man berücksichtigt, daß sich der entscheidende Sackungsvorgang schnell vollzieht – der Sachverständige Schütz wird von 24 Stunden sprechen –, »so muß das Getreide während dieser langen Beladungszeit schon weitgehend in sich zusammengesackt sein ...« »Demgemäß werden die Räume«, so stellen die Juristen fest, »durch weiteres Auffüllen aus dem Silo ›voller‹ gewesen sein. Der Sackungsvorgang wird sich daher bei

Reiseantritt schon sehr weitgehend vollzogen haben.« Ein Vergleich mit der gesackten Ladung in der *Passat*, die ja wenig später durch das Sacken und Übergehen der Getreideladung (Gerste) während eines schweren Sturms in Schwierigkeiten geriet, sei daher nicht tragbar, denn die *Passat* wurde in sieben Tagen beladen, wobei noch die Ungewißheit hinzukommt, ob das Getreide von gleicher Beschaffenheit wie jenes in den Laderäumen der *Pamir* war ([2] S. 17 bis 20).

Diesen Argumenten ist indessen entgegenzuhalten, daß das Getreide, wenn man den 24-Stunden-Vorgang des Sachverständigen auf beide Schiffe überträgt, auf der *Passat* bei einer Ladezeit von sieben Tagen mindestens sechs Tage gesackt sein muß, während die Gerste auf der *Pamir* bei der Ladezeit von zwölf Tagen bereits an elf Tagen, also in größerem Umfang, sacken konnte. Das heißt, auf der *Passat* blieb am letzten Tag noch $^1/_2$ und auf der *Pamir* dagegen – streikbedingt – weniger als $^1/_{12}$, genau nur 244,5 t Restladung. Zumindest diese Mengen sind später, also erst auf See, nachgesackt. Man kann also nicht sagen, daß auf der *Pamir* überhaupt kein Nachsackungsvorgang stattgefunden hat. Und wie gesagt, außerdem spielten noch andere Faktoren eine Rolle, so z. B. Qualität oder sonstige Beschaffenheit des Getreides, wie Feuchtigkeit und/oder Schmutz, Beladungsweise wie Pusten aus Rohren, Rieseln oder Rutschen vom Förderband, wobei auch die Höhe, aus der das Getreide in den Laderaum fällt, von Bedeutung ist; hinzu kommen mechanische Einwirkungen während der Reise, wie mehr oder weniger fortwährende und harte Erschütterungen . . .

Nicht minder schwerwiegend ist (später) die Frage, ob es den Berufstrimmern ob ihrer Unlust sowie den in der Trimmarbeit unerfahrenen Jungen und den eingesetzten, in solchen Ladearbeiten nicht minder unerfahrenen argentinischen Soldaten wirklich gelungen ist, die lose Gerste bis in alle äußersten Ecken und Winkel – besonders auch im Tieftank – zu trimmen, so daß nirgendwo noch Freiraum blieb. Dies ist eine gravierende Frage, die später auch der Bundesbeauftragte beim Seeamt in Lübeck angezweifelt hat. Das Trimmen war ja, wie oben bereits dargestellt, außerordentlich schwierig und beschwerlich. Bei einer Decksbalkenhöhe von 25 cm läßt sich eine solche Ladung in der Endphase der Beladung eines Raumes niemals völlig bis unter das Deck trimmen. Es werden immer gewisse Freiräume bleiben. Besonders in dem langgestreckten Tieftank ergeben sich beim Stauen und Trimmen von Getreide erhebliche technische Schwierigkeiten, so daß es als ausgeschlossen gelten darf, daß er – trotz allem Eifer der beaufsichtigenden, zweifelsohne verantwortungsbewußten Offiziere[28a] – restlos gefüllt ist.[29]

Auch wird später die Frage erhoben werden, ob die Vorrichtungen zum Bau der Längsschotten den Forderungen entsprachen. Nun, sie werden in kaum besserem und kaum schlechterem Zustand gewesen sein als auf der Viermastbark *Passat.* Sie sind zur gleichen Zeit angeschafft worden[30] und werden vermutlich durch den Gebrauch ebenso mehr oder weniger mitgenommen gewesen sein. Einige schadhafte Stellen sind dann ja auch (nach Eggers) auf der *Pamir* mit Persenningen abgedichtet worden. Auf der *Passat* ist auf der fraglichen Reise, auf der im Sturm die Ladung überging, einwandfrei festgestellt worden, daß »die hölzernen Längsschotten leckten«. Dies erfolgte vor allem auch an Stellen des Längsschottes, die schiffbaulich nicht geschlossen sind: Das sind die Durchführungsöffnungen für die Decksbalken und die Schlitze, die im Anschluß zum Mast vorhanden sind. Die Masten sind ja mit Holzkeilen im Oberdeck und Zwischendeck festgekeilt, und man hat offenbar aus Festigkeitsgründen vermieden, diese Längsschotte mit den Masten zu verbinden. Dadurch war dort ein Spalt von 30 bis 40 mm vorhanden.

Ferner zeigten sich zwischen den Holzplanken der Längsschotte im Lukenbereich offene Schlitze zwischen der obersten Planke und dem Scherstock und vertikal an den nicht vermeidbaren Grenzstellen mit Stahlbauteilen, durch die auf der *Passat* Gerste hindurchfloß, vorausgesetzt, daß der Raum an der anderen Seite leer war.[31] Noch schwerwiegender hatte sich auf der *Passat* vermutlich die freie, etwa 1,20 m hohe Fläche über den Holzschotten im Lukenbereich ausgewirkt, da dieses Schott nur bis zur Unterkante vom Lukenkranz reichte. Hier konnte die Ladung über die ganze Lukenlänge hinweg übergehen, das heißt, wenn es sich, wie hier, um Gerste handelte, regelrecht über das Schott hinwegfließen; auch hier ist vorauszusetzen, daß sich das Getreide innerhalb der seitlichen Räume verschoben oder gesetzt hatte.

Als Sofortmaßnahme sind dann im Nothafen Lissabon auf der *Passat* eingeleitet worden: Auf Anordnung des Vertreters der SBG sind die Längsschotte durch Auskleiden mit an den Enden angenageltem Rappeltuch gedichtet worden. Außerdem wurde ein durchgebogenes Längsschott noch mit Drahtstangen versteift. Der UVV § 159 ist zudem nicht klar ausgedrückt, wenn er fordert, daß die Längsschotte

- »möglichst dichtschließend«

aufgestellt werden müssen.
Klar und völlig unmißverständlich hätte es heißen müssen: Die beiden Raumhälften müssen

- »getreidedicht«

voneinander getrennt sein.

Es ist vielleicht an der Zeit, darauf hinzuweisen, daß Getreideladungen wegen der Gefahr, daß sie verrutschen oder übergehen könnten, von alters her gefürchtet sind. Dabei ist Gerste wegen ihres spezifischen Gewichtes und ihrer physikalischen Beschaffenheit und der damit verbundenen größeren »Flüssigkeit« noch gefährlicher als Weizen.[32]

Segelschiffe sind dabei noch bedeutend gefährdeter als maschinenangetriebene Fahrzeuge, weil sie oft längere Zeit in permanenter Krängung auf demselben Bug segeln, das heißt, entweder nach backbord oder nach steuerbord mehr oder weniger hart überliegen. Ist eine solche Krängung gradmäßig groß genug, wird loses Getreide reichlich Zeit finden, auch durch kleine Öffnungen und Schlitze »sanduhrartig« zur Leeseite hin hindurchzurieseln.

Die Seefahrer haben daher von jeher nach Mitteln und Wegen gesucht, um dieser Gefahr zu begegnen, und sie haben Erfahrungsregeln über Sicherheitsvorkehrungen entwikkelt, die teilweise ihren Niederschlag in schriftlichen Bestimmungen gefunden haben, deren Zweck dem der Unfallverhütungsvorschriften im Sinne der §§ 157 bis 159 UVV entsprach. Zweifelsohne haben die Längsschotte mit allem Zubehör, jedenfalls als sie neu eingerichtet wurden und auch noch zur Zeit ihrer Besichtigung, den Bestimmungen der §§ 157ff. UVV entsprochen. Zu den Sicherheitsvorkehrungen zählen ja auch die vorab erwähnten Längsschotte mit allem Zubehör. Inwieweit diese auch der Sicherheit von frachtfahrenden Segelschiffen genügen bzw. genügt haben, ist im Zusammenhang mit der *Pamir*-Katastrophe eine gravierende Frage.[33]

Es mag zutreffen, daß auch die sogenannten »normativen« Vorschriften des Kapitels VI des Schiffssicherheitsabkommens des Jahres 1948 gar nicht für Segelschiffe gelten sollten (weil in der Regel 3 »Schiffe ohne mechanischen Antrieb« ausgenommen sind). Wenn aber die »Väter« dieser Bestimmung die Segelschiffe haben ausnehmen wollen, so ist das sicherlich nicht deshalb geschehen, weil sie der Auffassung gewesen waren, Segelschiffe wären durch Getreideladungen weniger gefährdet. Vielmehr wird es doch wohl so sein, daß man frachtfahrende Segelschiffe in dieser Zeit, also um 1948, überhaupt nicht mehr in Rechnung gestellt hat. Oder man ist davon ausgegangen, daß auf Segelschiffen ohnehin die altüberkommenen Erfahrungsregeln beachtet würden, was für frachtfahrende Segelschulschiffe ganz besonders zu gelten hätte.

Soviel aber steht fest, einen wirklichen Schutz gegen die Gefahr des Übergehens einer Getreideladung kann nur eine (in der UVV nicht gegebene) Bestimmung haben:

jene,
daß Getreide auf Segelschiffen
– und Gerste erst recht –
nur
in Säcken verladen werden darf.

In der Blütezeit der Segelschiffe wurde Getreide ja auch nur in Säcken verschifft. Dabei wurde ein kleiner Teil der Säcke nicht selten aufgeschnitten, damit das daraus ausfließende Getreide auch noch die Freiräume zwischen den Säkken ausfüllen konnte. In den Getreideverschiffungshäfen der nordamerikanischen Westküste gab es für die Beladung von Segelschiffen sogar regelrechte Inspektoren, die jedes auslaufklare Segelschiff untersuchten, ob der Bestimmung, »Getreide nur in Säcken zu laden und Freiräume zwischen den Säcken mit losem Getreide gut (eben durch das Aufschneiden jeweils einiger Säcke) auszufüllen«, auch Folge geleistet worden war.

Im anderen Fall durfte das Schiff nicht in See gehen.

Hier ist nun später bei der Seeamtsverhandlung in Lübeck eingewendet worden, daß das Getreide früher nur deshalb in Säcken verladen worden sei, weil in den Verschiffungshäfen keine Silos mit modernen Ladeeinrichtungen vorhanden gewesen seien. Ehemalige Rahseglerkapitäne und andere Sachverständige sind sich aber darin einig, daß es sich um eine ganz bewußte Vorbeugungsmaßnahme gegen ein Übergehen von Getreideladungen gehandelt hat: »Wenn man die Säcke hätte einsparen und obendrein noch zusätzlichen Laderaum hätte gewinnen wollen, hätte man die Säcke ja auch an Bord entleeren und wieder an Land geben können.«

Um das Getreide dann im Löschhafen wieder (umständlich) in Säcke zu füllen?

Jedenfalls: Nach dem Ersten Weltkrieg kam der alte, bewährte Brauch der Beladung von Segelschiffen mit Getreide in Säcken mehr oder weniger aus der Übung. Dafür mögen ökonomische Überlegungen maßgeblich gewesen sein – aber auch wohl der Einfluß der Dampf- und Motorschiffahrt, die – wie erwähnt – bei dieser Art Ladung weniger gefährdet ist. Die lebendige Überlieferung war mit dem Erliegen der Frachtfahrt mit Großseglern mehr oder weniger abgerissen, und Schrifttum, in dem diese altvorderen Erfahrungswerte, wie z. B. die Maßnahme bei den Getreideseglern in den Westküstenhäfen Nordamerikas, deutlich gemacht wurden, gab es (noch [10]) nicht.

Dennoch hätte die alarmierende Tatsache, daß in den 30er Jahren das frachtfahrende Segelschulschiff *Kommodore Johnsen* durch Übergehen der Getreideladung in größte Gefahr geraten war (obwohl das Getreide auch hier noch mit einigen Lagen Säcken abgedeckt worden war), bei der Inbetriebnahme der *Pamir* und *Passat* als frachtfahrende Segelschulschiffe Konsequenzen haben müssen. Diese konnten nur so ausfallen, wie sie in den Lehren aus dem *Pamir*-Unglück vor dem Seeamt Lübeck ihren Niederschlag fanden:

»... 4. Getreide sollte nur in Säcken und beim Vorhandensein eines allen Beanspruchungen standhaltenden Mittel-Längsschotts verschifft werden, sofern nicht seitens der Seeberufsgenossenschaft Einzelanweisungen für jedes frachtfahrende Segelschiff herausgegeben werden, die auf andere Weise ein Übergehen der Getreideladung zuverlässig ausschließen.«

Doch wenden wir uns wieder der in Buenos Aires beladenen *Pamir* zu.

Hier sind nach dem Aufstellen der Mittellängsschotten vom 27. Juli bis zum 9. August 1957 insgesamt 3780 t Gerste geladen worden, und zwar in folgender Verteilung:

Luke 1: 275 t lose Gerste und als oberer Abschluß 60,86 t in Säcken (Σ 335,86 t)

Luke 2: 1270 t lose Gerste und als oberer Abschluß 40 t in Säcken (Σ 1310,0 t)

Luke 3: 1227,5 t lose Gerste und oben als Abschluß 99,64 t in Säcken (Σ 1327,14 t)

Luke 4: 753 t lose Gerste und als oberer Abschluß 90,5 t in Säcken (Σ 807,0 t)

Das ergibt 3525,5 t Gerste in Bulk und 254,5 t in Säcken. Die Gesamtladung beträgt damit netto 3780 t.

Auch der Tieftank, der seinerzeit eigentlich beim Umbau in Kiel nur eingebaut wurde, um für das Schiff günstigere Stabilitätsverhältnisse für das Verholen im Hafen zu schaffen,[34] ist mit Gerste beladen worden. Seine beiden Deckel sind geschlossen worden (im Gegensatz zur *Passat*, wo man sie bei der Heimreise offen ließ).[35]

Von fachlicher Seite wird das einmal beanstandet werden. Hier wird man[36] später einwenden, daß die Tanks hätten mit Wasser gefüllt sein müssen, dann aber gleichzeitig einschränken: »Es ist zu erwägen, ob der Kapitän vor der Beladung des Schiffes zu ermessen imstande ist, ob die Stabilität des Schiffes nach dem Beladen ausreichend sein würde (denn das Füllen der Tieftanks geschieht ja beim Beladen des Schiffes zuerst). Eine derartige Überlegung konnte dem Kapitän u. E. nicht abverlangt werden. Der Umstand, daß (wie bereits dargestellt) die *Pamir* (unter ihrer neuen Flagge) bereits auf fünf Reisen loses Getreide (zwei davon mit Gerste) in den Ballasttanks gefahren hatte, mußte einen Schiffsführer, der seine Reise in Vertretung machte, davon überzeugen, daß die Sicherheit (d. h. die Stabilität) des Schiffes ladungsmäßig gewährt war.«

Ferner heißt es hier:

»Abgesehen davon, daß Getreide in Tieftanks naturgemäß weniger gut getrimmt zu werden pflegt als in den Laderäumen, lehren uns die nachträglich gewonnenen Erkenntnisse, daß mit Wasser gefüllte Tieftanks die Gleichgewichtssicherheit (also die Stabilität des Schiffes) erhöht hätten. Eine derartige Maßnahme zu treffen, konnte indessen von keinem, der für das Laden des Schiffes praktisch verantwortlich war, unter den damaligen Umständen erwartet werden.«

Dieser entschuldigenden Feststellung vermag man indessen nicht pauschal folgen, zumal die jüngeren Kapitäne (wie z. B. der 1975 verstorbene Präsident der deutschen Kap Hoorniers Hans-Richard Wendt) bereits in Stabilitätsproblemen unterrichtet worden sind.

Jedenfalls: Daß das von Römer und Sietas später als notwendig erachtete Fluten der Tieftanks eine Verbesserung der Stabilität mit sich bringen mußte, war schließlich eine physikalische Selbstverständlichkeit. Sie ist aber auch aus den im Anhang dargestellten Hebelarmkurven des hier noch zu behandelnden Stabilitätsfalles 6 (Schiff mit homogener Ladung und vollen Vorräten, Wasserballasttank mit Wasser gefüllt) zu ersehen, da die Kurve gegenüber den Stabilitätsfällen 3 und 4 eine merkliche Verbesserung durch das Fluten der Tieftanks erkennen läßt.

Um den gleichen Tiefgang zu erhalten, hätte man 750 t Gerste an Land belassen müssen. Von diesen 750 t hätte man 350 t dem Tieftank und 400 t aus den übrigen Laderäumen entnehmen müssen.

Erst die Verbindung beider Maßnahmen:

- das Fluten der Tieftanks

- bei einer geringen Füllung der Laderäume

konnte eine wesentliche Verbesserung der Stabilität herbeiführen.

Professor Dr.-Ing. Wendel und Kapitän Platzoeder werden später, vor dem Seeamt [1], in ihrem Gutachten noch deutlicher: »Das Schiff wäre (bei mit Wasser gefülltem Tieftank) nicht gekentert, sondern mit einer Schlagseite von etwa 20° liegengeblieben. Möglicherweise hätte sich sogar eine beträchtlich kleinere Schlagseite eingestellt, weil auch unter Segeln die anfängliche Neigung, die das Übergehen der Ladung einleitete, viel geringer ausgefallen wäre. Im Seegang würde das Schiff gleichfalls nicht kentern, vermutlich auch dann nicht, wenn die Aufbauten für die Stabilität ausfielen.«

Zur Frage nach der Rollperiode, die Römer und Sietas als ungeklärt bezeichnen, kann später, nach der *Pamir*-Katastrophe, mit ziemlicher Sicherheit festgestellt werden, daß die Schiffsleitung vor dem Inseegehen Rollperioden gemessen hat, um zu ermitteln, ob die Anfangsstabilität durch die metazentrische Anfangshöhe[37] ausreichend gewährleistet ist.

Solche Messungen waren in den Kreisen der älteren Kapitäne im allgemeinen gar nicht Usus. Hier wurden vielmehr gefühlsmäßig erworbene Erfahrungen bevorzugt. In der alten Segelschiffahrtzeit war man ohnehin nur auf Erfahrungen angewiesen, und zwar – da eigene bekanntermaßen häufig teuer erkauft werden müssen – auf solche derjenigen Kapitäne, unter denen man als Offizier gefahren war, und auf die von diesen übermittelten Erfahrungswerte früherer Generationen. Man verließ sich bei der Segelführung und der Beladung auf bewährte überkommene und durch die eigene Praxis ergänzte Werte, so zum Beispiel auf die Faustregel: bei schweren Ladungen

ein Drittel im Zwischendeck, zwei Drittel im Unterraum,
Getreide nur in Säcken und
hinsichtlich der Bewegungen des Schiffes im Seegang auf das Gefühl »in den Knien«.

Schließlich trat für die Beurteilung der Stabilität neben den rein aus der Praxis gewonnenen Erfahrungsregeln immer mehr die Bedeutung der Rollperioden.[38]

● **Stabilitätsfall 1:**
Schiff in Ballast, 10 t Segel in der Last;

		Höhenmoment:
Leeres Schiff	2248,3 t	16344,6
Wasserballast	760,0 t	2200,0
Frischwassertanks	104,0 t	382,0
Treiböl	113,6 t	489,0
Hinterpiek	27,0 t	134,0
Maschinenölvorräte	6,0 t	28,7
Koks	3,0 t	21,0
Proviant	5,0 t	27,0
Besatzung	15,0 t	142,5
Stores	5,0 t	40,0
	3287,0 t	19809,8

Schwerpunkt H	= 6,026 m
mittlerer Tiefgang	= 4,24 m
MK	= 6,74 m
GK	= 6,026 m
MG	= 0,714 m

● **Stabilitätsfall 2:**
Ladezustand wie Fall 1, jedoch mit 500 t Ballast;

		Höhenmoment:
Fall 1	3287,0 t	19809,0
Sand im Raum	320,0 t	608,0
Sand im Zwischendeck	180,0 t	1328,0
	3787,0 t	21745,0

Schwerpunkt H	= 5,74 m
mittlerer Tiefgang	= 4,66 m
MK	= 6,44 m
GK	= 5,74 m
MG	= 0,70 m

● **Stabilitätsfall 3:**
Schiff mit vollen Vorräten und homogener Ladung in allen Laderäumen einschließlich im Wasserballast-Tank (also jener Fall, der speziell auf die 6. Heimreise der *Pamir* zutrifft).

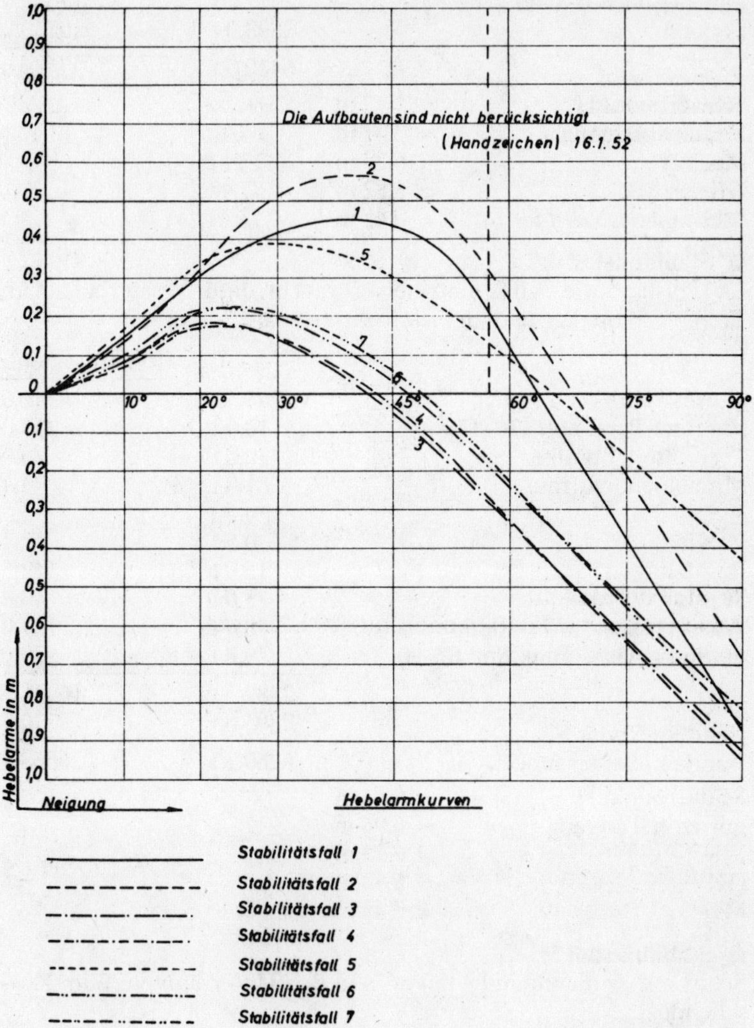

Die Hebelarmkurven für die von der Werft berechneten verschiedenen Stabilitätsfälle.

		Höhenmoment:
Fall 1 ohne WB-Tank	2527,0 t	17609,0
Ladung	3893,0 t	19730,0
	6420,0 t	37339,0

Schwerpunkt H	= 5,82 m
Freibordtiefgang	= 7,07 m
MK	= 6,27 m
GK	= 5,82 m
MG	= 0,45 m

● **Stabilitätsfall 4:**

Ladezustand wie Fall 2, Vorräte verbraucht, dafür Wasserballast im Treibmittelbunker und im Frischwassertank – Spt. 87–90

		Höhenmoment:
Leeres Schiff	2248,3 t	16344,6
Frischw.-Tank Spt. 120–175	10,0 t	15,0
Treibölseitenbunker	10,0 t	20,0
Maschinenölvorräte	1,0 t	4,4
Koks	0,5 t	3,5
Proviant	0,5 t	2,7
Besatzung	15,0 t	142,5
Stores	5,0 t	40,0
Wasserballast im Treibmittelbunker	48,0 t	187,0
dto in Frischw.-Tank Spt. 87–90	49,0 t	179,0
	2387,3 t	16938,7
Ladung	2893,0 t	19730,0
	6280,3 t	36668,0

Schwerpunkt H	= 5,84 m
mittlerer Tiefgang	= 6,94 m
MK	= 6,23 m
GK	= 5,84 m
MG	= 0,39 m

● **Stabilitätsfall 5:**

Schiff mit Zementladung, davon ⅔ in den Unterräumen, ⅓ im Zwischendeck;

		Höhenmoment:
Fall 1 abzüglich Wasserballasttank	2527,0 t	17609,0
Zement im Unterraum 0,9 t/cbm	2595,0 t	7332,0

Zement im Oberraum	1298,0 t	9270,0
	6420,0 t	34211,0

Schwerpunkt H = 5,33 m
Freibordtiefgang = 7,07 m
MK = 6,27 m
GK = 5,33 m
MG = 0,93 m

Stabilitätsfall 6:
Schiff mit homogener Ladung und vollen Vorräten, Wasserballast-Tank mit Wasserballast gefüllt.

		Höhenmoment:
Fall 1	3287,0 t	19809,0
Ladung	3133,0 t	16830,0
	6420,0 t	36639,0

Schwerpunkt H = 5,71 m
Freibordtiefgang = 7,07 m
MK = 6,27 m
GK = 5,71 m
MG = 0,56 m

● **Stabilitätsfall 7:**
Wie Fall 6, aber Vorräte verbraucht.

		Höhenmoment:
Fall 6	6420,0 t	36639,0
abzügl. Frischwasser-Tanks	94,0 t	367,0
Treiböl	103,0 t	469,0
Hinterpiek	27,0 t	134,0
Maschinenölvorräte	5,0 t	24,3
Koks	2,5 t	17,5
Proviant	4,5 t	24,3
	236,6 t	1036,1
	6183,4 t	35602,9

Schwerpunkt H = 5,75 m
mittlerer Tiefgang = 6,84 m
MK = 6,20 m
GK = 5,75 m
MG = 0,45 m

Neben die Erfahrungen mit den Rollperioden treten schließlich in jüngster Zeit von der inzwischen fortgeschrittenen Wissenschaft erarbeitete, in Hebelarmkurven und Stabilitätsblättern niedergelegte Erkenntnisse (bei deren Entwicklung die Rollperioden eine Rolle gespielt haben). Diese Erkenntnisse haben für die heutige Praxis um so mehr Bedeutung, als alle

rein erfahrungsmäßig gewonnenen Regeln über
die wirkliche Endstabilität
weniger aussagen können.

Zudem sind die lebendigen Überlieferungen mit dem Ende der Frachtsegelschiffahrt mehr oder weniger verlorengegangen und wie die frachtfahrenden Segelschiffe selbst unter dem Horizont versunken. Vorerst jedenfalls, denn noch wissen wir nicht, ob der zu erwartende Mangel an erdölgebundenen Treibstoffen und nuklearem Ausgangsmaterial nicht doch wieder Segelschiffe interessant werden läßt.

Nun müssen nach § 21 Abs. VI der UVV nicht nur bei Neubauten, sondern auch bei älteren Schiffen, »... soweit diese einem wesentlichen, die Stabilität beeinflussenden Umbau unterzogen worden sind, für die wichtigsten in Betracht kommenden Beladungsfälle und Tiefgänge die Hebelarmkurven der statischen Stabilität aufgestellt und dem Führer des Schiffes ausgehändigt und erläutert werden«.

Dieser Forderung folgend, haben die Howaldtswerke in Kiel nach den Umbauten auf der *Pamir* dann auch solche Unterlagen in Form von Stabilitätsblättern erstellt. Man sandte sie am 18. Dezember 1951 an den GL. Bereits am nächsten Tage ließ man »vervollständigte und korrigierte Stabilitätsunterlagen« folgen. In diesen sind (allerdings ohne Beifügung der Hebelarmkurven) sieben verschiedene Stabilitätsfälle behandelt worden.

Bei späteren Untersuchungen zum Ermitteln des Gewichtsschwerpunktes des Schiffes ohne Ladung ergaben sich einige Fehler in den Stabilitätsunterlagen der Werft. So hielten z. B. die bei einem am 12. Dezember 1951 durchgeführten Krängungsversuch ermittelten Werte von Schiffsgewicht mit 2248 t und einem KG von 7,28 m einer Nachprüfung nicht stand, da der beim Versuch vorhandene Trimm – wie damals üblich – nicht berücksichtigt worden und weil nach den Angaben der Werft mit einer freien Oberfläche im Wasserballasttank gerechnet worden ist. Das Gewicht des Schiffes betrug in Wirklichkeit 2300 t. Das KG lag anhand dieser Untersuchung, auf deren Einzelheiten hier nicht eingegangen werden soll (siehe [1], S. 169), für das leere seeklare Schiff mit Segeln in der Last bei 7,56 m und bei untergeschlagenen Segeln bei 7,59 m. Die so verbesserte Schwerpunkthöhe blieb aber immer noch etwa 0,2 m unter derjenigen der *Passat*.

Da aber bei dem Ergebnis aus einem Werftkrängungsversuch – insbesondere beim Umbau eines alten Schiffes – mit gewissen Ungenauigkeiten gerechnet werden muß, wurde später für alle nachfolgenden Berechnungen, so auch über den Gewichtsschwerpunkt der Ladung, die Gewichtsmomente der Ladung und die metrazentrische Anfangshöhe bei der Abfahrt aus Buenos Aires und am Unfalltag, ein KG von 7,54 m für das leere Schiff zugrunde gelegt, während der Schwerpunkt des Schiffes mitsamt Ausrüstung bei etwa 7,25 m (oder 7,28 bis 7,38 m) über dem Kiel und am Tage des Unterganges am 21. September 1957 bei 7,39 m gelegen haben wird.[39]

Damals, 1951, haben der GL und die SBG die vorstehenden tabellarischen Unterlagen durchgearbeitet und mit Vermerken versehen.

Von ganz besonderem Interesse ist in diesem Zusammenhang, daß der GL erst nach der *Pamir*-Katastrophe erfuhr, daß die *Pamir* (wie auch die *Passat*) Gerste als Ladung fuhr. Überhaupt ist der GL – das sei einer Schlußbetrachtung vorausgeschickt – während der ganzen Betriebszeit der *Pamir* und *Passat* nur in wenigen Fällen mit Stabilitätsfragen befaßt worden.

Am 17. Januar 1952 hat der GL die »berichtigten Stabilitätsblätter« (die vorstehenden Fälle sind bereits berichtigt) mit einem Kurvenblatt der SBG übersandt. Diese sind dann der inzwischen in See gegangenen *Pamir* nach Rio de Janeiro nachgeschickt worden. Dabei waren die Fälle 1 und 5 unverändert geblieben, die Fälle 2, 3, 4, 6 und 7 sind dagegen verändert worden. In dem hier speziell interessierenden Fall 3 mit einem MG von 0,32 m ist die metazentrische Höhe in 0,45 m verbessert worden.

Die Herleitung dieser Werte ist im einzelnen den Unterlagen nicht zu entnehmen.

Diese Stabilitätsblätter sind mit Sicherheit auch an Bord – sie haben sich jedenfalls, solange Eggers das Kommando führte, auf der *Pamir* befunden –, als sich die inzwischen mit Gerste beladene Viermastbark unter Kapitän Diebitsch zur Heimreise rüstet.

Erläuternde Vermerke enthalten die Blätter nicht.[40]

Lediglich das beigefügte Kurvenblatt trägt den mit Tinte geschriebenen Hinweis: »Die Aufbauten sind nicht berücksichtigt.« Das beinhaltet zwar eine gewisse Beruhigung, die indessen fragwürdig bleibt, da über das Ausmaß der günstigen Auswirkung der Aufbauten nichts gesagt ist. Auf jeden Fall ist aus den Kurven zu schließen, daß ohne die Auftriebskraft der Aufbauten schon bei einem Krängungswinkel von etwa 20° die Gefahr des Kenterns besteht. Zudem kann die Stabilität auch nur bei zuverlässigem Verschlußzustand als ausreichend angesehen werden.

Für Kapitän Diebitsch, der niemals als Kapitän oder verantwortlicher Ladungsoffizier auf frachtfahrenden Seglern gefahren hat und demgemäß über keine ausreichenden Erfahrungen auf diesem Gebiet verfügen konnte und der auch keine besonderen Verbindungen zu den Überlieferungen der Reederei Laeisz besaß, mußten Stabilitätsblätter[41] und Erläuterungen dazu von besonderem Wert sein. Ob Diebitsch sich damit beschäftigt hat, ist ebenso ungeklärt wie die Frage, ob er über die beim sogenannten Falmouth-Fall gesammelten Erfahrungen informiert gewesen ist.[42]

Was nun die unerläßlich scheinenden Erläuterungen der Kurven angeht, so wird es später in der Seeamtsverhandlung heißen: »Da dem Kapitän Eggers keine Erläuterungen erinnerlich sind, kann er solche auch nicht an Kapitän Diebitsch weitergegeben haben.«[43]

Wohl aber ist Diebitsch von Eggers über die Rollperiode der *Pamir* unterrichtet worden, wenn das Schiff, so wie jetzt auf der 6. Reise, Gerste geladen hat: »17 Sekunden sind bei dieser Ladung gut und ausreichend.«

Ob sich der I. Offizier, Rolf-Dieter Köhler, damit befaßt hat, kann später keiner der Überlebenden bezeugen. Auch hier bleibt es bei der der Wahrheit wohl am nächsten kommenden Annahme, daß es auch den I. Offizier beruhigt haben wird, daß sich das Schiff über fünf Jahrzehnte stabil gezeigt hat, und das auch bei den zwei Gersteladungen, bei denen auch der Tieftank beladen worden war.

Erst nach der Katastrophe wird von einem bekannten Fachmann für Schiffsstabilität, Baurat Dahlmann, in einer Zuschrift an das Seeamt darauf hingewiesen werden, daß die *Pamir* als »Schnellsegler« verhältnismäßig schmal gebaut gewesen sei. ». . . Schon aus diesem Grunde war die Notwendigkeit steter sorgfältiger Stabilitätskontrollen gegeben. Das sogenannte ›Gefühl in den Knien‹ konnte niemals ausreichen.«[44]

Im Rahmen der späteren seeamtlichen Untersuchungen werden durch das Gutachten von Professor Dr.-Ing. Wendel und Kapitän Platzoeder die späten, viel zu späten Erkenntnisse deutlich, daß (u. a.) der Tieftank (wie bereits oben angeschnitten) nicht mit Gerste beladen werden durfte.

Zweifelsohne hätte auch die Rendsburger Reederei Zerssen & Co. anders disponiert und mit Rücksicht auf einen Gewinn an Stabilität und damit an Sicherheit für Schiff und Besatzung auf eine durchaus erlaubte Beladung und damit auf die dadurch zu erzielenden zusätzlichen Einnahmen verzichtet. Auf Einnahmen, die aber notwendig waren, um den Schulschiffbetrieb aufrechtzuerhalten, denn staatliche Zuschüsse – etwa von Bonn oder seitens der Landesregierung – waren für diese Art der Ausbildung von nautischem Nachwuchs für die deutsche Handelsschiffahrt leider nicht vorgesehen.

Im Januar 1953 erklärte der Bundesminister Seebohm vor der Presse: Der Bund wird, wie bisher, keine Mittel für das Segelschiff *Pamir* (das ja um diese Zeit Gefahr lief, zwangsversteigert zu werden) geben. Sein Ministerium sei nur für die Ausbildungsvorschriften für Seeleute zuständig. Es müßten aber neue Wege gefunden werden, um der deutschen Handelsschiffahrt Segelschulschiffe zu erhalten. Das sei aber vornehmlich eine Sache der Küstenländer und des Deutschen Schulschiffverbandes (gemeint war wohl der Deutsche Schulschiff-Verein).

Man hätte sogar, wenn Fachleute und die SBG nur energisch darauf gedrungen hätten, auf eine Verladung der Gerste als Schüttgut verzichtet und eine kosten- und zeitintensivere Verladung des Getreides in Säcken in Kauf genommen. Notfalls hätte man, wenn seitens der verantwortlichen Dienststellen an Land darauf gedrängt worden wäre, auf Getreideladungen in der *Pamir* und der *Passat* überhaupt verzichtet, zumal darüber hinaus, wie noch dargestellt wird, über das Entstehen von Freiräumen durch das Sacken der Ladung ein weiterer, besonders schwerwiegender Risikofaktor hinzukam:

Ein Verrutschen der Ladung bei hart übergekrängtem Schiff.

Apropos »beigefügtes Kurvenblatt«: Um zu wissen, daß die Unverrutschbarkeit der Ladung für die Stabilität von entscheidender Wichtigkeit ist, bedarf es keiner Kurven. Es ist ein uralter Erfahrungswert, daß jede seitliche Verschiebung der Ladung zwangsläufig eine Stabilitätsminderung herbeiführt. Auch über die zulässige Segelführung können die Kurven nichts aussagen. Hier werden ausschließlich seemännische und seglerische Erfahrungen verlangt. Der Kapitän eines Segelschiffes muß wissen, wieviel Segelfläche sein Schiff bei den verschiedenen Windstärken ohne Nachteile zu tragen und zu verkraften vermag.[45]

Als die *Pamir* am 10. August 1957 zur Heimreise rüstet, schickt Kapitän Diebitsch den Ladebericht und den Stauplan ab. Aus nicht mehr klärbaren Gründen fügt er die von Kapitän Dominik eingeführte formularmäßige »Belastungsmeldung«, aus der auch das Gewicht des Brennstoffes, des Trinkwassers und der Ausrüstung zu entnehmen ist, nicht bei.

Von einer telegrafischen Nachforderung sieht Kapitän Dominik ab, denn die Menge der Ladung und der Tiefgang des Schiffes sind dem Ladebericht und dem Stauplan zu entnehmen. Der Bunkerstand ist bis auf etwa 10 t zu berechnen,[46] und der Frischwasserstand ab Buenos Aires steht einschließlich Waschwasser mit 131 t fest, weil die Schiffe stets am letzten Tage alle Tanks aufzufüllen pflegten. Die Ausrüstung war also bis auf 10 t bekannt, weil sie auf allen vorausgegangenen Reisen fast die gleiche war.

Über Norddeich-Radio geht am 11. August ein Funkspruch an die Reederei Zerssen & Co.: »15.15 anfang der seereise.«

Diesem FG folgt erst am 16. August eine neue, weitere Meldung des Inhalts: »position 34,19° süd; 43,01° west.«

Inzwischen soll, so nach der Aussage des später überlebenden, zum Leichtmatrosen beförderten Offizieranwärters Günther Haselbach, zwischen diesem und dem II. Offizier Gunther Buschmann ein für die spätere Beurteilung der Katastrophe nicht unwichtiges Gespräch stattgefunden haben:

Buschmann, der aufgrund längerer Bekanntschaft und wohl auch aus gegenseitiger Zuneigung zwischen dem beruflich bereits tätigen und dem angehenden Handelsschiffsoffizier in einem etwas vertrauteren Verhältnis steht und der an diesem Tage zur gleichen Stunde, als Haselbach Brückendienst hat, wachhabender Offizier ist, erzählt diesem über eine Arbeit, die er in der Freizeit vorgenommen habe. Er spricht über eine von ihm nach der Ausreise von Buenos Aires vorgenommene Rollperiodenmessung, die 20 s betragen habe, und die daraus abzuleitenden Stabilitäts- und Krängungsmomente. Er erklärt ihm die Berechnung und die Bedeutung einer Hebelarmkurve, an der er gerade an diesem Tag noch gearbeitet habe. Diese Kurve, die er übrigens ins Journal eingeklebt habe, sei »nicht allzugut« ausgefallen. Danach läge die Stabilitätsgrenze der *Pamir* bereits bei 37°.

»Ein Dampfer«, so habe Buschmann Haselbach versichert, »würde damit nicht in See gehen.«

Die Kurve, so erinnert sich Haselbach später, sei rot gezeichnet gewesen und »auf der einen Seite ein bißchen steil abgefallen«.[47]

Nimmt man an, daß Buschmann, der sich schon seit längerer Zeit mit der wissenschaftlichen Seite von Stabilitätsfragen befaßt hat und auf dessen Veranlassung wahrscheinlich die zur Berechnung einer Hebelarmkurve erforderlichen Pantokarenen an Bord geliefert worden sind, bei seiner Auswertung der Rollperiodenzeit von 20 s als K-Wert den bei den Falmouth-Versuchen ermittelten Wert 0,89 benutzt hat, so mußte er auf einen MG von 40 cm kommen. Die Tatsache, daß er das Blatt mit der Zeichnung der mit einem Rotstift gezogenen betont auffälligen Hebelarmkurve in das Journal eingeklebt hat, legt sogar die Vermutung nahe, daß es zwischen ihm und dem Kapitän zu Auseinandersetzungen gekommen ist, als er über die daraus abzuleitenden Gefahren für die Stabilität des Schiffes sprach. Zumindest ist diese Maßnahme als recht ungewöhnlich zu werten.[48]

Über die Reise durch den Südatlantik sind keine Besonderheiten zu berichten. Die *Pamir* meldete von Fall zu Fall ihre jeweilige Position, und die Reederei erinnerte am 19. August die Schiffsführung, die Ladungsüberstunden an die Jungen auszuzahlen. Ein anderes FT forderte auf, den Ziehschein Buscher rückwirkend zu überweisen.

Zwischen dem 30. August mit der gemeldeten Position 3,33 Süd und 27,20 West und dem 2. September mit Position 3,08 Nord und 27,09 West hat die *Pamir* dann den Äquator überschritten, wobei sie im Gebiet der äquatorialen Mallungen mit Motorkraft lief.

Man will heim, möglichst schnell heim, um sich nicht mühsam mit den unsteten, hin und her wechselnden und zudem noch flauen Winden dieses während der Herbstmonate etwas nach Norden verschobenen Kalmengürtels mit Segelkraft herum- und nur schrittweise voranquälen zu müssen. Gar so böse ist man den Mallungen nicht, denn der tägliche Regen lädt viele der Männer zu einem Brausebad ein. Aber auf die Tage hin gesehen, macht die feuchtwarme, drückende Hitze die Gemüter der Männer reizbar. Aus nichtigem Anlaß heraus kommt es hier und dort zu Wortgeplänkeln, die sich in einem Schwall von Gefühlen um sich selber drehen.

An diesem 2. September setzt sich das Rad des erbarmungslosen Schicksals, das die *Pamir* knappe drei Wochen später treffen soll, in Bewegung. Langsam noch, für einen, der sich mit tropischen Wirbelstürmen und hier insbesondere mit Hurrikanen auskennt, doch mahnend genug:

Passagierflugzeuge der PANAIR melden an diesem Tage, daß vor der afrikanischen Küste, südwestlich der Kap Verden, etwa in Höhe von Port Guinea, ein weit gedehnter Luftwirbel im Entstehen sei, der auf eine tropische zyklopische Störung hindeute.

Der Ort dieser Beobachtung liegt an diesem Tage nur rund 500 Seemeilen nordnordwestlich vom Standort der *Pamir* entfernt.

Am 3. und 4. September kreuzt die nach Westen ziehende Bahn dieser Störung dann jene Position, welche die Viermastbark einige Tage später, am 9. September, auf ihrem Nordwest-Kurs überqueren wird.

In diesen Tagen – also nach den ersten Meldungen durch die PANAIR-Flugzeuge – bildet sich – in dem verkehrsarmen Seegebiet von keinem Schiff beobachtet oder gar gemeldet – jener Wirbel aus, der sich bald schon als ausgewachsener Hurrikan zunächst immer weiter von der *Pamir* in allgemeiner West-nord-west-Richtung entfernt, um sich dann um die Septembermitte – allen normalen Regeln zuwider – nach Osten zu wenden, wo er nach wechselnden Kursen dem Segler nachgerade nachläuft, um ihn zu vernichten.

Das Hurrikan-Stadium – also Windstärken 12 und mehr nach der neuen Beaufort-Skala – dürfte sich am 5. September um die Mittagsstunden herausgebildet haben. Dieser Auffassung ist jedenfalls das National Hurricane Research Center in West Palm Beach in Florida. Enden wird dieses Stadium – wenn man nicht die Existenz des »Orkan-Auges«, sondern die Windstärke zwölf als Maßstab nimmt – erst am 23. September, und zwar in der Biskaya.[49]

Am 6. September wird dann auch der Dampfer *African Star* von dem zur Stunde noch unbekannten und daher auch noch namenlosen Hurrikan regelrecht überfallartig überrascht, sofern dieses Schiff nicht durch eigene Beobachtung gewarnt worden ist.[50]

An diesem 6. September erreicht die *Pamir* bei etwa 10° Nordbreite den ersehnten Nordostpassat, der sich aber ziemlich flau und zudem noch recht unbeständig zeigt, um auf dem normalen Seglerweg – weit nach Nordwesten ausholend – schnell Raum auf der Reise in die Heimat zu gewinnen.

Am gleichen Tage wird von der südlich des 20. Breitengrades liegenden und zuständigen Warnzentrale San Juan, Puerto Rico, die erste Warnung über den aus dem östlichen Atlantik anlaufenden Hurrikan ausgestrahlt. Von hier aus, das sei vorausgeschickt, werden von den insgesamt 62 »advisories« der Hurrikan-Warnzentralen des US Weather-Bureau die ersten 18 Meldungen verbreitet, während die Warnungen 19 bis 43 von der für die Zone vom 20. bis zum 35. Grad Nordbreite zuständigen Wetterzentrale Miami, Florida, und die restlichen Warnungen, also die Meldungen Nr. 44 bis 62, von der für den nördlichsten Warnabschnitt zuständigen Warnzentrale Washington, D. C., gefunkt werden. Darüber hinaus verbreiten auch andere Stationen derartige Hurrikan-Meldungen, so zum Beispiel die bei allen Schiffsführern und Funkoffizieren wohlbekannte und geschätzte Sendestelle Washington/NSS im Rahmen ihrer übergeordneten, großräumigen Wettersendungen für die Schiffahrt, die hier aus Wiederholungen, und zwar zum Teil aufgrund neuer Unterlagen von den Warnungen 44 bis 62 sogar viermal am Tage ausgestrahlt werden.

Erwähnenswert ist in diesem Zusammenhang vielleicht noch, daß der Nordatlantik, wettermeldungsmäßig gesehen, in verschiedene Zuständigkeitsbereiche fällt. Dabei liegt die Ostgrenze des von Washington aus betreuten Gebietes bei 35° Westlänge, so daß für die *Pamir* bei etwa 40° Westlänge in erster Linie die Washington/NSS-Berichte in Frage kamen. Dieses aus mehreren Gründen: a) weil nördlich der 30°-Nordbreite die Wetterstörungen in der Regel meist aus westlicher Richtung heranziehen, b) weil die USA eine direkte Hurrikan-Erkundung betreiben und c) weil außerdem die Washingtoner Atlantik-Wetterberichte am häufigsten, nämlich alle sechs Stunden und auf mehreren Frequenzen gut hörbar verbreitet werden.

Da im Gebiet südwestlich der Azoren eine gewisse Überlappung mit den Zuständigkeitsbereichen europäischer Wetterdienste besteht, seien diese der Ordnung halber vorab kurz erwähnt, wenn auch die letzte Position der *Pamir* eben noch außerhalb der Vorhersagebereiche von England und Portugal und stärker noch außerhalb des Bereichs von Frankreich lag. Der portugiesische Azorensender Horta-Radio erwähnt den Hurrikan erstmals am 19. September mit einer 24stündigen Voraussage für die Zone IV (30 bis 37° Nord, 30 bis 40° West); die von Portishead verbreiteten britischen Weather Bulletins melden den Hurrikan erstmals in der Sendung vom 20. September, da er zunächst noch erheblich außerhalb des bei 35° Nord und 40° West endenden Vorhersagegebiets steht, und die französische Station des Meteo Atlantique Est durch Radio Saint Lys (FFL) berichtet am 19. September, 19.00 Uhr: »avis de cyclone tropical en cours jeudi 19 septembre oh tu, n° 35 – centre et pression présumés: 980 mb 35 n et 56 w à oh tu – est 10 à 15 noeuds – tempête ou ouragan dans un rayon de 150 milles – peu de renseignements.«

Mit der Zugrichtung Ost wird dann bei einer Position des Zentrums von 35° Nord und 56° West erstmals eine ernste Gefahr für den Reiseweg der *Pamir* deutlich.

Außerhalb des Zuständigkeitsbereichs wird von deutscher Seite, wo seit dem August 1956 über Norddeich-Radio wieder ein Ozeanwetterbericht verbreitet wird, der Hurrikan erstmals am 19. September erwähnt, und zwar als Wirbelsturm unter 1000 34 N 52 W ONO ziehend, morgen etwa 35 N 45 W[51].

Am 20. September, 17.50 MGZ, heißt es dann darüber: »tropischer wirbelsturm 990 34 n, 48 w, langsam abschwächend, morgen 34 n, 43 w . . .«

Soviel über Wettermeldestationen und deren Bereiche in Verbindung mit der *Pamir* und deren Reiseweg.

Blenden wir zurück zu der ersten, durch die *African Star* ausgelösten Meldung eines Hurrikans, der zunächst – weil er für Washington der dritte größere Wirbelsturm dieses Jahres ist – unter der Bezeichnung »Hurrikan C« firmiert und erst später in CARRIE umbenannt wird, so darf gesagt werden, daß jeder Schiffsführer im südlichen und westlichen Nordatlantik in der Zeit vom August bis zum Oktober mit Wirbelstürmen rechnen muß, sind diese Monate doch die eigentliche Hurrikan-Saison[52]. Dabei ist der September als der Kernmonat mit der durchschnittlich größten Anzahl an Hurrikanen zu bezeichnen. Hier wiederum liegt das Maximum in der ersten Hälfte des Monats.

Nun, da der soeben in etwa 15½° Nord und 39½° West gemeldete Wirbelsturm in diese erste Hälfte des September fällt, wird er von den Meteorologen wie auch von den in der Orkankunde versierten Nautikern als ein nicht außergewöhnliches Ereignis betrachtet. Normalerweise verfolgen diese Hurrikane einen der US-amerikanischen Küste und Neufundland näher gelegenen Kurs, falls sie nach Norden bis Nordosten umbiegen und nicht über den Golf von Mexiko oder – und das macht sie so gefährlich – über das Festland der Vereinigten Staaten einschwenken.

Dort, wo später das *Pamir*-Unglück geschieht, als sich der Hurrikan CARRIE und die Viermastbark begegnen, liegt normalerweise der Kern des Azorenhochs mit seinen schwachen und veränderlichen Winden. Wer indessen die Monatskarten des Nordatlantischen Ozeans [6], das Handbuch des Atlantischen Ozeans [7] oder Schubarts »Praktische Orkankunde« [8] intensiv studiert, wird – und das ist für die weiteren Ereignisse relevant – darauf aufmerksam gemacht, daß auch das Seegebiet der *Pamir*-Unglücksstelle in Verbindung mit den Zugbahnen von Hurrikanen als Gefahrenzone nicht ausgeklammert werden kann. So heißt es in den Juni- und August-Monatskarten: »Die Grenzen der schraffierten Flächen (die das Hauptvorkommen von Hurrikanen kennzeichnen) sind als Mittel anzusehen und schließen das Vorkommen tropischer Orkane nicht aus.« In der September-Darstellung wird in der Kartenfolge sehr deutlich, daß die Ostgrenze des Hauptvorkommens in etwa 35° gerade in diesem Monat am weitesten östlich zu suchen ist und daß diese – wenn auch rohe – Begrenzungslinie fast den späteren Unfallort der *Pamir* berührt.[53]

Vor gar nicht allzulanger Zeit, im Oktober 1932, geriet hier auf 33° Nord und 39° West der deutsche Dampfer *Feodosia* unter Kapitän Jürgens in das Randgebiet eines schweren Wirbelsturmes. Dies eklatante Beispiel für eine irreguläre Zugbahn eines Hurrikans fand ganz besondere Erwähnung in Schubarts Orkankunde [8] wie auch in der Zeitschrift des Deutschen Hydrographischen Instituts (DHI) »Der Seewart«.

Zweifelsohne, das sind Ausnahmen. Aber Ausnahmen bestätigen die Regel. Jedoch: Die Wahrscheinlichkeit, im Raum zwischen 30° und 40° Nordbreite und 35° und 45° Westlänge einem Hurrikan zu begegnen, ist indessen gering genug. Nach einer Auszählung für den Zeitraum 1901 bis 1956 – also für mehr als ein halbes Jahrhundert – kam es bislang nur etwa siebenmal vor, daß ein Hurrikanzentrum das Zehngradfeld überquerte, in dessen Mitte die *Pamir* auf ihrer Heimreise in einen solchen Wirbelsturm hineingeraten wird. Und dieser Hurrikan wird nicht, wie gewöhnlich, aus dem Seegebiet östlich oder südöstlich der Bermudaregion herantoben. Er wird – in diesen Tagen in ununterbrochener Kontrolle der amerikanischen Luftaufklärung – völlig unprogrammäßig aus dem Bereich weit nördlich der Bermudas nach Nordosten in den Nordatlantik weiterziehen und nicht nach Westen in Richtung auf das amerikanische Festland einschwenken, nachdem er bereits in den Vormittagsstunden des 16. September in Höhe der Bermudas passiert hatte.

Der Fall CARRIE wird damit zur Ausnahme unter den Ausnahmen.

Damit muß ein Seemann aber leben,
gewohnt zu sein, stets
auch das Ungewöhnliche in Rechnung zu stellen.

Hat man auf der *Pamir* an diesem 6. September die erste Warnmeldung gehört?

Hat man den soeben erst erfaßten und durch Luftaufklärung beobachteten Hurrikan, der sich mit Generalkurs Westnordwest und (später) wechselnden Geschwindigkeiten auf die Bermudas zubewegt, in die tägliche Wetterkarte – wie sie Diebitsch-Vorgänger Kapitän Eggers seinem Funker abgefordert hatte – eingezeichnet?

Auf diese so außerordentlich wichtige Frage wird es einmal später vor dem Seeamt keine definitive, das heißt keine direkte Antwort geben. Wohl aber wird aus Aussagen eines der Überlebenden[54] bekannt werden, daß der Schlachter, der sich mit dem auf dieser Reise neu eingestiegenen Funker angefreundet hatte, diesem beim Zeichnen der Wetterkarten geholfen hat.

Der Bundesbeauftragte für das Seeamt, Kapitän zur See a. D. Friedrich Karl Wesemann, wird in Lübeck lediglich zu dem Schluß kommen: »... Da wegen der besonderen Bedeutung von Wetterberichten für ein Segelschiff die tägliche Aufnahme aller erreichbaren Wetterberichte eine Selbstverständlichkeit ist, wird man mit höchster Wahrscheinlichkeit damit rechnen können, daß auch auf der *Pamir* regelmäßig täglich Wetterberichte aufgenommen (worden) sind.«

Wesemann vermutete also nur, was Dummer später durch seine Aussage über die Verbindung des Schlachters zum Funker Siemers und dessen Interesse am Zeichnen von Wetterkarten bestätigte, was indessen in der später gedruckten Seeamtverhandlung daher auch nur bedingt, das heißt ohne Erwähnung des Wetterkartenhobbies des Schlachters, vermerkt wurde.

Damit dürfte die gravierende Frage beantwortet sein: Auch unter Kapitän Diebitsch wurden auf der Viermastbark *Pamir* Wetterkarten gezeichnet.

Fraglich bleibt nur:

Wann? Und wie oft?

In welchen Seegebieten?

Für welche Seegebiete?

Und auch ob der Hurrikan CARRIE bereits am 6. September, eingezeichnet in eine Bordwetterkarte, »auf dem Kartentisch im Kartenhaus der *Pamir* lag«?

Ungeklärt wird auch bleiben, welche Weisungen Diebitsch über die Aufnahme von Wetterkarten gegeben hat.

Bekannt und unstrittig dagegen ist, was insbesondere die Hurrikane im Atlantik angeht, daß sich die oben erwähnte Literatur an Bord befand und auch, daß sich Kapitän Diebitsch sehr für Meteorologie interessiert hat. Schubarts Orkankunde [8] kannte er, zu dieser Feststellung kam man in Lübeck beim Seeamt, »fast auswendig«.[55]

So hatte er sich vor Antritt der *Xarifa*-Reise beim Seewetteramt in Hamburg sehr eingehend über die zu erwartenden Wetterlagen informiert.[56]

Nichts ist daher naheliegender, als daß Diebitsch vor Antritt der Heimreise mit der *Pamir* die voraussichtlich zu erwartenden oder auch nur irgendwie möglichen Wetterlagen studiert und überprüft hat. Wenn ja, dann ist ihm die statistisch erfaßte Häufigkeit von Hurrikanen vor allem im Septembermonat gewißlich nicht verborgen geblieben. Und auch nicht die Tatsache zu erwartender regelwidriger Ausbrüche aus den normalen Zugbahnen dieser Wirbelstürme.

Wie war das noch, als Kapitän Eggers seinem Vertreter, Kapitän Diebitsch, seine Erfahrungen über die zu erwartenden Wetterbedingungen darlegen wollte: Diebitsch hatte energisch abgewinkt. Eine unmißverständliche Geste, daß er in dieser Beziehung keine Belehrung notwendig habe.[57]

Auch von Kapitän Fred Schmidt weiß man, daß diesem meteorologische Belange nicht fremd sind, im Gegenteil, er hat sich sogar intensiv damit befaßt.

Und da ist noch Günther Buschmann, der II. Offizier. Er hat sich, bevor er seinen Dienst als Zweiter auf der *Pamir* antrat, auf dem Seewetteramt im Wetterkartenzeichnen geübt.

Schließlich sind Wind- und Wetterkenntnisse nicht nur wegen der möglichst zu vermeidenden Stürme für einen Segelschiffsoffizier von eminenter Bedeutung. Er hat sie auch nötig, sehr nötig sogar, um rechtzeitig günstige Windverhältnisse für eine möglichst schnelle Reise herauszufinden und aufzusuchen. Wind und Wetter sind daher unter den Männern der Schiffsführung auf Segelschiffen das Thema Nummer eins.

Faustregeln zum Erkennen von Hurrikanen und deren Annäherung und Zugrichtung sind schon in alter Zeit ausgearbeitet worden, als es noch keine Wettermeldungen über FT gab. Durch kritische Beobachtung von Wolken, Sichtigkeit, Wind, Dünung und Barometer liegen Erfahrungsregeln für das Verhalten der Schiffsführung fest, um einen Hurrikan oder zumindest sein Zentrum ausmanövrieren zu können. Die Maßnahmen werden ja auch in den oben genannten Editionen [7, 8] ausführlich behandelt. Doch sind, wie schon gesagt, die

Zeiten, in denen die Schiffsführung vornehmlich nur auf die Beobachtung solcher Erscheinungen angewiesen war, längst passé, jedenfalls für den für die *Pamir* in Frage kommenden Meßbereich. Diese alten Hilfsmittel haben durch die enormen Fortschritte der jungen Wissenschaft der Meteorologie und die Einrichtung der zahlreichen Wetterstationen mit all ihren Hilfsorganisationen (einschließlich der Wetterschiffe) sowie durch die sorgfältig organisierte häufige FT-Abgabe von Wetterberichten längst, zumindest sehr an Bedeutung verloren.

Für jeden Nautiker sind daher auch die Meldungen von Washington/NSS von gravierender Bedeutung. Für ihn sind diese für die fraglichen Seegebiete, welche die *Pamir* nun ansteuert, ebenso wichtig wie zuverlässig. Das nicht nur, weil bekanntermaßen nördlich vom 30. Breitengrad die Wetterstörungen in der Regel aus westlicher Richtung heranziehen, sondern vor allem auch, weil die Amerikaner stets eine direkte Hurrikanwarnung mit Flugzeugaufklärungen betreiben, die an Zuverlässigkeit nicht zu überbieten sind . . .

Der 7. September 1957

Die Amerikaner fliegen den ersten Einsatz gegen den noch 8000 Kilometer entfernten Hurrikan, dessen westliche Zugrichtung auch eine Gefahr für die Landgebiete der USA erkennen läßt. Sein inneres Kerngebiet mit Windgeschwindigkeiten bis zu 75 sm/h und mehr hat einen Durchmesser bis zu 75 Seemeilen bei zunächst acht bis zehn Knoten Zuggeschwindigkeit und 192 bis 240 Seemeilen (bzw. 350 bis 450 Kilometer) je Tag. Auf dem Flughafen San Juan auf der Insel Puerto Rico landen und starten die schweren SC-54 Maschinen, auch auf den Azoren stehen Flugzeuge der 57. Seenotstaffel bereit, um beim Näherkommen des Hurrikans einzugreifen. An den Steuerknüppeln vornehmlich ehemalige Kriegsflieger, die in Europa, über Afrika und Fernost zahllose Kampfeinsätze geflogen haben, die in ihren Flugzeugen Erschütterungen gewohnt sind, wenn in nächster Nähe die Granaten der schweren Flak zerbarsten und die sie umgebende Luft taifunhaft in Bewegung brachte. Einer von ihnen ist der ehemalige Marineleutnant Parker aus Wisconsin [9]. Schon in den Vorjahren war er als Hurrikan-Beobachter eingesetzt. Seiner Schilderung, die in [9] veröffentlicht wurde, ist zu entnehmen: »Unser Ziel ist es, die tropischen Wirbelstürme anzufliegen. Für uns selbst ist dabei nicht mehr zu tun, als das ›Auge‹ zu finden und es zu durchfliegen. Unsere Apparate arbeiten sämtlich selbständig. Was wir bei einem solchen Flug messen, können wir erst nach der Überwindung der größten Gefahr hinterher ablesen und nach Washington melden. Während des eigentlichen Hurrikan-Fluges haben wir keine Sekunde Zeit, auf die Armaturenbretter und Meßnadeln zu sehen.

Für eine Annäherung an den Hurrikan gibt es zwei Anzeichen: Einmal sinkt die Barometerkurve jäh ab. Das ist die erste Warnung. Dann sehen wir – das ist die zweite Warnung – im Grenzbereich des Sturms mächtiges dunkles Gewölk, aus dem meist strömender Regen niedergeht. Plötzlich finden wir am Himmel eine einzige tiefschwarze Wolke, die wir das ›Ochsenauge‹ nennen. Sie gibt uns die Gewißheit, daß wir es mit einem echten, ausgewachsenen Hurrikan zu tun haben. Manchmal wandert sein Kessel nur zehn Kilometer in der Stunde, manchmal entwickelt er auch Reisegeschwindigkeiten von 30 km/h und mehr. Im Grunde besteht ein solcher Wirbelsturm nicht aus einem genauen Kreis, sondern aus einem mehr schleifenförmigen Gebilde wie etwa die Ziffer 6. Der eigentliche Wirbel dreht sich dabei immer wieder zum Kerngebiet zusammen. Dadurch schwankt zum Beispiel die Breite des Zentrums dauernd zwischen 130 und 240 km. Diesen Kern fliegen wir an. Das ist keineswegs eine gemütliche Sache. In dem Augenblick, da wir den Hurrikan nur anschneiden, ist um uns herum nichts mehr zu sehen. Die Maschine – auf deren Festigkeit wir vertrauen – wird wie ein trockenes Blatt im Herbststurm herumgeschleudert. Man muß ein perfekter Blindflieger sein, um die Orientierung zu behalten. Es ist wirklich ein sehr gefährliches Spiel, um nicht von einem Spiel mit dem Tode zu sprechen. Unsere Meldung vom 7. September sah hernach so aus: ›Hurrikan 07.32 Uhr – 17.30° Nord und 42.60° West, Stärke etwa 200 km/h. Richtung

WNW. Marschgeschwindigkeit 20 km, zunehmend. Richtung unverändert.‹ Aber die letzte Angabe ist stets nur eine Vermutung. Ein Hurrikan ist ob seiner Kapriolen unberechenbar . . .«

Aus einem Vergleich aller Einzelbeobachtungen der verschiedenen Wetterflüge, von denen die am 7. September erreichte Position die östlichste ist, die bisher von einem Hurrikan-Beobachtungsflugzeug im tropischen Atlantik angeflogen wurde, ergibt sich am Ende ein sehr genaues Bild über Umfang und Zuggeschwindigkeit eines einmal erfaßten Wirbelsturms.[58]

Dieser hier, der Hurrikan CARRIE, läßt mit den erwarteten Kapriolen auch nicht lange auf sich warten. Bereits am 10. September ändert er seine Zugrichtung stärker nach Nordwesten und am 11. um die Mittagszeit erst nach Norden und dann weiter nach Nordost. Bei den US-amerikanischen Küstenstationen atmet man auf. Es scheint so, daß sich CARRIE im Nordatlantik verlieren und schließlich abschwächen und totlaufen wird.

Inzwischen ist die *Pamir* auf ihrem Nordwestkurs an den Kapverden vorbeigelaufen und steht nun – sehr weit entfernt – in Höhe der nördlichsten Insel. Die letzte Positionsmeldung an die Reederei stammt vom 9. September mit 14.26 N und 27.30 W. Am 10. erging ein FT der Reederei an die *Pamir* des Inhalts: »meldet bedarf aller grade.« Der bis dahin letzte Funkspruch der *Pamir* geht am 11. September heraus: Die *Pamir*-Schiffsführung beantwortet die am Tage zuvor gestellte Frage mit: »bedarf absolut 5 nautiker, 2 ingenieure, 1 assistent, 1 zweiter ingenieur, 1 zweiter bootsmann, 3 matrosen, 2 leichtmatrosen, 27 neue jungen, bedingt 1 koch, 1 schlachter, 1 bäcker, 1 messesteward – ende.«

Für diesen 11. September liegt später beim Seeamt in Lübeck eine Beobachtung des Kapitäns des Dampfers *Castorp* vor, dem offenkundig die Warnungen vor dem Hurrikan bekannt gewesen sein müssen, denn er schreibt: »Trotz der großen Entfernung pflanzte sich die Dünung bis zu unserer Position fort, so daß das Schiff starken Rollbewegungen ausgesetzt war . . .«

An diesem 11. September hat CARRIE, dessen Zentrum etwa 330 sm entfernt ist und das sich während der Zeit 1000 Seemeilen östlich von Puerto Rico auf NNO-Kurs bewegt, nach [1], S. 72 sein Maximum mit 140 kn Windgeschwindigkeit erreicht. 140 kn entsprechen rund 260 km/h. Das ist eine ungeheuerliche, kaum noch vorstellbare Geschwindigkeit, mit der sich der Wind um das Zentrum herum bewegt.

Die *Pamir*, die von den Kap Verden ab den altbewährten klassischen Großsegler-Heimweg verfolgt, der mit Rücksicht auf den Nordwest-Passat erheblich nach Westen ausholt, kommt im Nordost-Passat nur langsam voran, denn der ersehnte Passat zeigt sich recht flau. Seine Windstärken bewegen sich um zwei bis drei der Beaufort-Skala gegenüber einem normalen Passat mit einer Windstärke vier. Die Windrichtung ist Nordost bis Ost und vorübergehend auch Ostsüdost.

Das Schiff hat alles verfügbare Tuch gesetzt, ein Dom aus mausgrauen Segeln, die sich pyramidengleich nach oben verjüngen. Abends läßt Diebitsch die Royals, die obersten Segel also, festmachen. Ob aus Vorsicht, um die Seeleute, unter denen sich ja viele in der ersten Ausbildung stehende Jungens befinden, beim eventuellen Zunehmen der Windstärke nicht während der Nacht in die Toppen schicken zu müssen oder ob aus ausbildungstechnischen Gründen, ist keinem der Überlebenden bekannt. Zumindest kommt in den späteren Aussagen der Überlebenden nicht die Sprache auf dieses Thema. Man möchte in diesem Zusammenhang eher auf eine übergroße Vorsicht schließen, die eher für und nicht gegen Diebitsch spricht.

Die Besatzung geht ihrem Dreiwachendienst nach, die Nichtwachgänger – sie heißen Tagelöhner – haben mit der Pflege des Schiffes zu tun, im Sinne des Wortes vollauf zu tun, denn auf einem solchen großen Rahschiff mit einer derart langen Fahrzeit ist naturgemäß immer etwas zu reparieren, zu konservieren oder auszutauschen. Dabei lernen die als Offiziersanwärter eingeschifften Jungen jede Menge echter Seemannschaft, etwa wie man Sisal- oder Hanftauwerk oder – noch schwieriger – unhandige Stahldrähte spleißt.

Ein Auge in einen solchen Drahtstrop zu spleißen, erfordert nicht nur das so gar nicht einfache Know-how, sondern auch Kraft und Geschick, will man sich dabei nicht die Finger oder gar die Hand verletzen.

Da sind weiter die aus Stahldrähten bestehenden Stage und Wanten zu konservieren, da müssen Blöcke aller Größen überholt werden, und da wird auch der Umgang mit dem Segelhandschuh beim Flicken von Segeln oder die Handhabung der Kleedkeule etwa zum »Bekleiden« auszuwechselnder Fußpferde verlangt.

Der 68 Jahre alte Bootsmann Richard Kühl ist dabei dem an Bord befindlichen Nautikernachwuchs trotz seines Alters, das seine Bewegungsfähigkeit doch schon ein wenig eingrenzt, ebenso ein wertvoller Lehrmeister wie der 65 Jahre alte Segelmacher Julius Stober, der, im blauen Hemd mit dünnen Streifen, wie es die Finkenwerder Fischer zu tragen pflegen, mit seinen rissigen Händen noch immer erstaunlich flink, ja beinahe elegant mit dem innen mit einer geriffelten Metallplatte versehenen Segelhandschuh in seiner Linken und der Segelnadel mit dem typisch scharfkantigen, dreieckigen Querschnitt in seiner Rechten umzugehen versteht. Ihm bei der Arbeit an Deck zuzuschauen, ist fast ein Genuß, wirken doch seine Finger und Hände so virtuos wie die eines Meisters im Klavierspielen, wenn dieser etwa ein Allegro con brio spielt. Das wirkt wie Musik. Das ist harte Arbeit gewordener Rhythmus. Ihm nur annähernd flott nachzueifern, bedarf langer Übung.

Nicht umsonst hat man Julius Stober trotz seiner Lebensjahre, die er hinter sich hat, auch für diese Reise wieder mit an Bord genommen. Weder er noch der ebenfalls nicht mehr junge Bootsmann wurden übrigens von der Schiffsführung bei der oben erwähnten Bedarfsmeldung für die nächste Reise der *Pamir* mit aufgeführt. Das sagt mehr aus als viele Worte. Für diese beiden Männer gibt es keinen Ersatz.

Für den 12. und 13. sind weder für die *Pamir* noch für den Hurrikan Besonderheiten zu vermerken. Die Viermastbark segelt weiter auf Nordwest-Kurs, der Hurrikan hält seine Nordnordost-Richtung bei. Das sind zwar zwei konvergierende Kurse, deren möglicher Schnittpunkt jedoch vorerst keine Gefahr bildet.

Lediglich für den 13. findet als »Besonderheit« noch ein FT der *Pamir* an die Reederei Erwähnung, wo man in Verbindung mit der Positionsmeldung 19.59 Nord und 33.32 West noch zusätzlich zwei Wünsche funkt: »bitte ziehscheine[59] buscher, scheer stoppen.«

Später, bei der Seeamtverhandlung, wird man für diesen und den folgenden Tag noch den Kapitän des deutschen Motorschiffes *Reinhart Lorenz Russ*, G. Stolzenburg, ansprechen, ob und was er von dem nordwärts ziehenden Hurrikan bemerkt und beobachtet habe, als er, wie sich anhand der von diesem Schiff gefahrenen Kurse rekonstruieren läßt, den Hurrikan im Westen seines Schiffes in 300 Seemeilen Abstand am 13. und 14. September passieren ließ. Seine Antwort, die ja auch hinsichtlich der *Pamir* wichtig ist, lautet: »Es wurde in der ganzen Zeit kein noch so geringes Anzeichen eines in der Nähe befindlichen Hurrikans (etwa drückende Luft, Himmelsverfärbung, Barometerfall, Dünung) wahrgenommen.«

Über die beiden genannten Tage ist für die *Pamir* und den Hurrikan CARRIE zu berichten: Die *Pamir* beharrt weiter auf ihrem Nordwest-Kurs. CARRIE dagegen, der nach wie vor von Wetterflugzeugen der US-Air-Force im mutigen, selbstlosen Einsatz laufend beobachtet und laufend von Washington NSS gemeldet wird, ist kurz vor Erreichen der Mittagsposition des 14. September in Richtung Westen abgeknickt und danach erst in westnordwestlicher und nach 00.00 Uhr in nordwestlicher Richtung weitergezogen. Damit zielt er genau auf das noch sehr ferne Washington ab. Der Luftdruck ist an den beiden Tagen mit 951 mb auf seinen bisher tiefsten Kerndruck abgesunken.

Während der Wind mit nunmehr nur noch 95 bis 100 kn die von Washington NSS für den 14. September vorausgesagte Geschwindigkeit erreicht, wird die Zugrichtung des Hurrikans mit weiterem Nordkurs dagegen falsch prognostiziert und auf sieben Knoten geschätzt.

Mehrfach taucht bei den Washington NSS jetzt als Ergebnis

der weiteren Luftaufklärung die ausdrückliche Warnung »Vorsicht« und sogar »Äußerste Vorsicht« auf. Für den 15. und 16. September, an dem sich die *Pamir* mit der Position 24.10° Nord und 38.12° West auf weiter gleichbleibendem Nordwest-Kurs meldet, weiß Kapitän G. Krome zu berichten, daß er sein Motorschiff *Burg Sparrenberg* den sich ebenfalls weiter auf Nordwest-Kurs voranbewegenden Hurrikan[60] auf der Ostseite im Abstand von etwa 300 sm passieren ließ: »Seine hohe und lange Dünung machte uns gerade genug zu schaffen.«

Am gleichen Tage hat sich das am 11. September aus New Orleans mit Zielhafen Antwerpen ausgelaufene, 4138 BRT große Motorschiff *Anita* (an diesem Tage stand CARRIE auf 20.36° Nord und 52.36° West – und zwar mit einer Windstärke von etwa 75 kn[61] im etwa 70 sm breiten Zentrum und einer Zuggeschwindigkeit von 6 sm/h) dem nordwestlich ziehenden Orkan bis auf 500 sm genähert. Dessen Kraft ist nach *Anita*-Kapitän Karl Sewenig inzwischen wieder von 100 bis sogar auf 125 kn angewachsen. Um jedem Risiko aus dem Wege zu gehen, wird auf der *Anita* noch in den Abendstunden des gleichen Tages, genau um 20.00 Uhr, der Kurs in Richtung Südost, also praktisch in einen Gegenkurs, geändert.

Nach G. Stolzenburg und G. Kromc wird offenbar, daß aus dem Hurrikan, während er einer nördlichen bis nordwestlichen Zugrichtung folgte, mehr Dünung in Richtung Westen als in Richtung Osten herausgelaufen ist. Dies in Übereinstimmung damit, daß der US-amerikanische Warndienst während dieser Zeit den Nordsektor des Orkanfeldes, also den Sektor mit östlichen Winden, immer als erheblich ausgedehnter als den südlichen mit seinen westlichen Winden angab. Hiernach ist es unwahrscheinlich, daß die weiter östlich als die *Reinhart Lorenz Russ* stehende *Pamir* von CARRIE überhaupt noch Dünung für die Zeit ab 13. bis zum 17. September (um diesen Tag vorauszuschicken) gehabt haben kann. Womit gleichzeitig der Beweis angetreten ist, daß man auf der *Pamir* zu dieser Zeit zumindest nicht durch eine verdächtige Dünung auf den Hurrikan hingewiesen worden ist.

Leider fehlen für diese (und die spätere) Zeit weitere Schiffswettermeldungen. Anscheinend sind während der sehr langen Bahn von CARRIE bisher (und auch später) nur sehr wenige Schiffe in sein eigentliches Orkanfeld hineingeraten oder haben wenigstens dessen Randgebiete beobachten können. Diese Feststellung könnte, so Rodewald in [1] – zumindest unmittelbar – mit ziemlicher Sicherheit der unaufhörlichen Kette jener Warnungen zugeschrieben werden, die aus den Flugzeugmeldungen resultierten und die erlaubten, auf die jeweilige Schwere des Hurrikans hinzuweisen, angefangen von dem bereits zitierten noch behutsamen Attribut »Vorsicht« bis zur handfesten, hochbrisanten Warnung »Äußerste Vorsicht«.

Für die fragliche Zeit sind dem deutschen Wetteramt aber eine ganze Reihe Kapitäns-Wetterberichte von deutschen Schiffen aus dem Nordatlantik zugegangen, die den laufenden Empfang der Warnungen vor CARRIE erkennen lassen und die mit Ausnahme der unglücklichen kleinen *Anita*, deren weiterer Weg noch dargelegt wird – eine sorgfältige Verfolgung der Wetterlage und der Bahn des Hurrikans erlaubten, um daraus konsequente und auch konsistente Folgerungen zu einer – zum größten Teil – erfolgreichen Umgehung des Wirbelsturmfeldes zu ziehen.

Rodewald [1] geht in der Klärung der Lage mit seinen Überlegungen noch einen Schritt weiter, wenn er analysierend sagt: Diese Räumung der Orkanbahn durch die (gewarnten) Schiffe kann geradezu dazu führen, daß kaum noch Schiffswettermeldungen eingehen, welche die Intensität des Wirbelsturms erkennen lassen. Um so mehr wird dann der Rückgriff auf die Flugzeugaufklärung Gebot.

Diese, war bei CARRIE bis zum 16. September sogar sehr aktiv.[61]

Nach dem 16. September wird sie geringer, denn mit dem für die USA ablandigen Abdrehen von CARRIE in Richtung NO bzw. Generalkurs Ost (Azoren) ist für die USA die Gefahr gebannt.

Trotz der fortschrittlichen Überwachung der Orkanbahn darf allerdings nicht übersehen werden, daß dem Warndienst noch Unzulänglichkeiten anhaften, die ein Schiff in die Gefahr bringen können, dennoch in den Hurrikan hineinzugeraten: Für den meteorologischen Dienst bestehen da zwei Hauptschwierigkeiten.[62]

1. Die Bildung oder die bevorstehende Bildung eines Hurrikans rechtzeitig zu erfassen, besonders in Gebieten mit wenig Schiffahrt und mit wenig Schiffswettermeldungen;
2. Die Bahn des Wirbelsturmes nach Richtung und Geschwindigkeit mit stets genügender Genauigkeit vorherzusagen, besonders für eine längere Zeit als zwölf oder 24 Stunden.

Die Gefahr für die Schiffahrt ergibt sich zu 1. naturgemäß am Anfang der Orkanbahn und zu 2. besonders am Ende der Orkanbahn, da sich dann die Geschwindigkeit des Fortschreitens oft erheblich steigert und ein relativ geringer Zugrichtungsfehler oder ein Fehler beim Nennen der Geschwindigkeit der Zugrichtung viel stärker ins Gewicht fällt als bei einer nur langsamen Wanderung des Hurrikans. Die Fahrtzunahme der Wirbelstürme ist nach Verlassen der 30er Breite oft so groß (siehe auch [15]), daß die Prognostiker mit ihren Vorhersagen »nicht nachkommen«. Das extremste Beispiel solcher Art von einem Orkan war der Hurrikan von Anfang Oktober 1954, der im mittleren Atlantik innerhalb von 24 Stunden von 40° Nord bis über 60° Nord heraufbraustc. Das entsprach einer unwahrscheinlich zu nennenden Zuggeschwindigkeit von 43 bis 72 kn. Bekanntlich überfiel dieser Hurrikan, der, zwar ein Kind der Subtropen, ein gefährlicher Vagabund – nämlich erst ein Trödler und dann ein Renner – aber kein echter tropischer Wirbelsturm war, damals das TS *Leipzig* der HAPAG, das sogar ins Zentrum geriet (A. Herz, der Kapitän: Hier war es vor allem die schwere Kreuzsee, die Schiff und Ladung bedrohte. Geholfen hat uns der Wind, der das Schiff vor uns besonders nach Passieren des Zentrums stützte).[63]

Einem Orkan im warnungslosen Frühstadium und im späten Renner-Stadium wird auch ein Motorschiff, geschweige denn ein Segelschiff, nicht aus dem Wege gehen können, wenn es sich in ungünstiger Position zu seiner Marschrichtung befindet. Solch ein Fall ist indessen für die *Pamir* gegenüber CARRIE zur Zeit nur bedingt gegeben.

Hat die *Pamir* – und diese Frage drängt sich wieder einmal immer stärker in den Vordergrund – in diesen und den nächsten Tagen überhaupt Kenntnis von dem Hurrikan CARRIE und seiner Zugrichtung gehabt? Anhand der Wetterlage und der Dünung in ihrem Fahrtgebiet gewißlich nicht.

Und über den Funk, den der neue Funkoffizier Wilhelm Siemers zu verantworten hat? Zumindest steht dessen fachliche Qualifikation außer Frage. Die hat er in über 30 Jahren Tätigkeit als Funkoffizier, davon viele Jahre auf Fischdampfern, zur Genüge bewiesen. Er wäre nicht auf die *Pamir* gekommen, wenn sein beruflicher Werdegang auch nur den Schatten einer Fehlhandlung oder Fehlleistung oder auch menschlich noch so verständliches Versagen ausgewiesen hätte.

Sein Vorgänger, der Funkoffizier Karl Heinrich Schröder, hat ihm an Bord der *Pamir*, das ist bekannt, eine Zusammenstellung der einzelnen Küstenfunkstationen mit ihren Wetterberichten und Sendezeiten zurückgelassen. Es ist einfach auszuschließen, daß Siemers von der Möglichkeit der Aufnahme von Wetterberichten der Küstenfunkstellen keine Kenntnis hatte.

Karl Heinrich Schröder, der Siemers vor dem Auslaufen der *Pamir* bei der Übergabe darauf hingewiesen hat, daß zu seiner Zeit mehr Wetterberichte als auf anderen Schiffen üblich aufgenommen worden sind, bezeugt später auch, daß er beim Empfang der Wetterstationen keinerlei Schwierigkeiten gehabt habe und daß keine nennenswerten atmosphärischen Störungen festgestellt worden sind. Zumindest habe er solche von anderen Schiffen immer bekommen. In diesem Zusammenhang erscheint immerhin die Äußerung erwähnenswert, die der Überlebende Haselbach bei seiner späteren Vernehmung in Kiel gegenüber Kapitän Eggers machen wird: »Meines Wissens hat Kapitän Diebitsch nicht so viele Wetterberichte gehört wie Sie!«

An diesem 16. September, an dem die *Pamir* auf ihrem Heimkehrweg mit Nordwest-Kurs noch immer und noch weiter nach Westen ausholt (vom 16. bis 18. September werden es noch drei Längengrade sein), offenkundig, weil nach Rodewald [1] die schwachen Winde dieser Zeit eine offenbar ausgeprägtere nördliche Komponente haben,[64] befindet sich CARRIE um die Mittagsstunden querab von den Bermudas, und zwar noch immer mit nordwestlicher Richtung, wie von Washington NSS 00.35 Uhr, 06.00 Uhr, 12.35 Uhr und 18.00 Uhr auch richtig vorausgesagt worden ist. Der Hurrikan entwickelt maximale Windgeschwindigkeiten bis zu 100 kn gleich 185 km/h und eine Marschgeschwindigkeit des Zentrums von elf kn.

Das Motorschiff *Kurt Bastian*, das aufgrund dieser und der vorausgegangenen Meldungen die Bermudas gleich zweimal anläuft, um dem Hurrikan aus dem Wege zu gehen, meldet später im Bericht seines Kapitäns L. Vellguth, »... daß die Wolkenbildungen im Zusammenhang mit dem Hurrikan, der die Inseln in Ostnordost in etwa hundert Seemeilen Abstand passierte, gar nicht so typisch waren wie in den Handbüchern und in der Orkankunde beschrieben. Vor allem trat die eigentliche Hurrikanwolke überhaupt nicht sichtbar in Erscheinung.«

Am 17. September, an dem die nunmehr auf nordnordöstlichem Kurs liegende *Pamir* noch immer in der Passat-Region segelt und die Schiffsleitung sich vor wettermäßigen Überraschungen sicher fühlen darf, erreicht der Hurrikan CARRIE, der etwa 1350 sm westnordwestlich der Viermastbark steht, mit 64.4 West seine westlichste Position und damit den Scheitelpunkt seiner allerdings nur wenig parabelähnlichen Bahn.

Um die Mittagsstunde dreht CARRIE dann zunächst nach Norden, wenig später nach Nordosten ab. Dieser Nordostkurs entspricht durchaus jahrelangen Erfahrungen, wonach auf dieser oder einer benachbarten Breite in der zweiten Septemberhälfte kein Hurrikan jemals über den 60. Meridian mit Ostkurs abgebogen ist.[65] Wenn also der Schiffsführung der *Pamir* das Vorhandensein des Hurrikans CARRIE durch Aufnahme einer oder mehrerer Warnmeldungen bekannt ist, braucht man an Bord des Seglers mit einer Begegnung mit dem Wirbelsturm jetzt nicht mehr zu rechnen. Obwohl CARRIE in den britischen Weather Bulletins for Shipping zum ersten Male erst in der Sendung vom 20. September zitiert werden wird, findet er in den von Portishead täglich um 11.30 Uhr ausgestrahlten Analysensendungen bereits mit dem 17. September mit der Position 34½° Nord und 64° West Erwähnung, und zwar ohne Barometerstand und ohne Zugrichtung.

Hier sei der weiteren Entwicklung vorausgegriffen: Eine Verfolgung des CARRIE-Zentrums anhand dieser Portishead-Analysen mit 36½° Nord, 60½° West für den 18. September und mit 35½° Nord und 55½° West für den 19. September macht deutlich, daß der Wirbelsturm ohne besondere Änderung seiner geographischen Breitenlage vom 17. auf den 18. September dreieinhalb und vom 18. auf den 19. September fünf Längengrade gutmacht. Eine Extrapolation mit einer Beschleunigung um einen Längengrad in 24 Stunden würde dann für den 20. September eine Position von 35° Nord und 49½° West und für den kritischen 21. September die Position 35° Nord und 42½° West ergeben und damit eine Position, die CARRIE tatsächlich am 21. September erreichen wird. Eine solche Auswertung der am 19. September um 11.30 Uhr MGZ ausgestrahlten Analyse hätte also ein ähnliches Ergebnis gehabt wie die des noch zu behandelnden NSS-Berichts vom 19. September 06.00 Uhr. Doch zurück zur *Pamir*-Reise.

Der 18. September.

Für diesen Tag ist vielleicht die allgemeine nordatlantische Wetterlage nicht ohne Interesse. Zunächst wird in der Nacht vom 17. zum 18. September, so Rodewald [1], in ungefährer Position 27° Nord, 40½° West das Südende einer hier nur noch schwach ausgeprägten nordatlantischen Kaltfront die *Pamir* passiert haben. Hinter dieser verlagert sich der Kern einer subtropischen Hochdruckzelle von Nordwesten her auf die Viermastbark zu. Der schwache passatische Nordostwind dreht damit bei etwa 1018 mb zeitweise auf Nord bis Nordwest.

Die allgemeine Wetterlage im Nordatlantik ist an diesem 18. so, daß ein kräftiges Tief von 935 mb in recht südlicher Position – nämlich nördlich der Azoren – liegt,[66] so daß bei den Azoren selbst bei relativ niedrigem Luftdruck um 1005 mb lebhafte Winde in Stärken fünf bis sechs vorherrschen. Ein weiteres, ostwärts von Neufundland und dem Kanal stehendes Tief verspricht sich diesem Tief anzugliedern und die kräftigen Südwest- bis Nordwestwinde im gesamten Seeraum um die Azoren auf absehbare Zeit aufrechtzuerhalten. Es fehlt also das durch das Neufundlandtief abgebaute und zurückgedrängte Azorenhoch, das in seiner Normallage südwestlich der Inselgruppe liegt, wo der Hochdruckkern im September 1022 bis 1023 mb beträgt. Der Druck bei den Azoren ist also gut 15 mb tiefer als normal. Zwischen dem südwärts zurückgedrängten Azorenhoch und dem nördlichen Tiefdrucksystem verlagert sich ein aus Nordwesten kommender Hochdruckkörper langsam ostwärts. Den üblichen Seglerweg zu wählen, der das Azorenhoch im Westen rundet, fehlt also in diesem Falle der Anlaß.[67]

Bei Kenntnis der Wetterlage kann daher am 18. September die eigentliche Passat-Periode als beendet gelten. Die Zirkulation um das relativ azorennahe Tief hätte normalerweise die *Pamir* dazu einladen können, jetzt nordöstlichen Kurs auf die südlichen Azoren abzusetzen, um somit so bald wie möglich in den Genuß stärkerer Westwinde zu kommen. Aber dazu ist die Position der *Pamir* nicht nördlich und auch nicht östlich genug. Für sie ist der Anschluß an die Luftströmung um das azorennahe Tief noch nicht gegeben, da anzunehmen ist, daß der Wind am 18. September zwischen Nordnordwest und Nordost hin- und hergependelt sein dürfte. Das erwähnte Hoch vor der erwähnten Kaltfront, das sich auf die *Pamir* zubewegt, läßt indessen das Ende der Passatzone windmäßig nicht deutlich werden.

Was nun CARRIE angeht, so beginnt der Wirbelsturm mit diesem 18. September seinen Kurs entscheidend zu ändern, was nicht ohne Prognosen geschieht. Von Washington NSS gehen an diesem Tage für CARRIE folgende Positionen und Verlagerungsprognosen in denWarnungen 06.00, 12.35 und 18.00 MGZ heraus:

- Position 04.00 MGZ 36.8° Nord; 62.0° West, Verlängerungsprognose: Nordost, 8 kn;

- Position 10.00 36.5° Nord, 59.0° West, Verlängerungsprognose: Ostnordost, 13 kn;
- Position 16.00 36.0° Nord, 58.0° West; Verlängerungsprognose: Ost, 11 kn.

CARRIE, der danach am 18. September, 04.00 Uhr MGZ die nördlichste Position erreichte, änderte seinen zuletzt verfolgten Nordost-Kurs in Wirklichkeit bereits in der Zeit vom 17. September 22.00 Uhr MGZ bis zum 18. September 10.00 Uhr MGZ in etwa östliche Richtung (nach [13]). Dieser Kurs kann nur als eine vorübergehende Bahnunregelmäßigkeit gewertet werden, auch oder gerade nach den amerikanischen Monatskarten. Dieser (erstmalige) östliche Kurs ist so ungewöhnlich, daß der britische Captain Thomson in einem Bericht schreibt: »... in my twenty years trading to Mexico and West Indies I have never seen a hurricane take such a track.«

Ein anderer britischer Kapitän mit fast 40jähriger Erfahrung in der Golf- und Westindienfahrt schreibt: »That hurricane CARRIE made the most astounding passage across the Atlantic.«

Am gleichen Tage – noch in den Vormittagsstunden – überschreitet der Orkan den kritischen 60. Längengrad West.

Wenn aber dieser von NSS prognostizierte östliche Kurs, dahin könnten nur alle Überlegungen gehen, keine vorübergehende Bahnstörung ist, muß CARRIE, dessen vorausgesagte Maximalwindstärke auf 74 bis 75 kn geschätzt wird und dessen schneller werdende Marschgeschwindigkeit 8 kn bis 13 kn betragen soll, der *Pamir*, die etwa 1000 sm südlich auf etwa 30° Nord und 40° West steht, ziemlich rasch näher kommen, vorausgesetzt, daß der Segler an seinem neuen, fast nördlichen Kurs festhält.

Damit deutet sich zum ersten Male
die Gefahr einer
Begegnung zwischen
CARRIE und der
Viermastbark an.

Doch weder nach der Wetterlage noch nach den in der

Bordliteratur niedergelegten Erfahrungen ist es wahrscheinlich, daß CARRIE den Ostkurs länger als zwei bis drei Tage beibehalten wird. Er wird nach der Üblichkeit wahrscheinlich erneut nach Ostnordost bis Nordost zurückschwenken. Dennoch meldet NSS für die nächsten Stunden, nämlich für 22.00 MGZ am 18. September und für 04.00 am 19. September, auch weiterhin eine östliche Zugrichtung.

Hierzu noch Rodewald in [1]: Wie die »Normalbahnen« der Hurrikane und viele Einzelbahnen zeigen, ist (wie bereits vorstehend gesagt) in der Breite um 35° Nord ein nordöstlicher Kurs bei Wirbelstürmen die Regel. Die vom 17. bis zum 19. September nach Ost und später nach Ostsüdost gerichtete Bahn des CARRIE ist also ein ganz seltener Ausnahmefall. Auf beliebige Dauer kann dieser Kurs jedenfalls, so auch Rodewald (in [1], S. 62) kaum beibehalten werden, da seine gedachte Verlängerung schließlich an die Westküste Afrikas zwischen Dakar und Port Etienne führen würde ... Außerdem liegt ja zwischen der *Pamir* und dem Hurrikan ein schützendes Hoch, das einen weiteren Ostkurs des Hurrikans unwahrscheinlich erscheinen läßt. Die große Frage ist:

Wann also wird CARRIE die von Fachleuten erwartete erneute Schwenkung in nordöstliche Richtung durchführen?

Und die andere Frage ist:

Wie stark wird die Schwenkung sein?

Der Schiffsführer »an der Front« steht hiermit einer zwiespältigen Situation gegenüber.

Nach der bisherigen Kenntnis über Orkanbahnen ist mit hoher Wahrscheinlichkeit damit zu rechnen, daß CARRIE noch in der Nacht vom 18. zum 19. September die zu erwartende Schwenkung nach Nordost bzw. Ostnordost vornehmen wird.

Zu allem Überfluß meldet die kanadische Station Lake Worth (WOE) einen Bericht, der eine Rückkehr zur Zugrichtung Nordnordost ankündigt. Sie gibt für den 19. September nachmittags, also für 24 Stunden später, sogar eine Sturmwarnung für die Großen Bänke südlich von Neufundland heraus: »... hurrican carrie has been moving east 12 knots this afternoon and is now 480 miles sse of sable x it is expected to receive nne this evening and give gale force winds to the grand banks area thursday afternoon.«

Diese Meldung, die also eine Rückkehr zur Zugrichtung Nordnordost ankündigte und die am 18. September um 21.30 Uhr vom deutschen Motorschiff *Griesheim* aufgenommen wird (und die möglicherweise auch vom *Pamir*-Funker Siemers erfaßt worden sein könnte), muß um so glaubwürdiger erscheinen, da sie mit den allgemeinen, das heißt bisherigen Kenntnissen über Orkanbahnen übereinstimmt. Zudem deckt sich die Meldung auch mit der 12.35 Uhr MGZ ausgestrahlten 10.00-Uhr-Prognose von NSS.

Das erwähnte deutsche Motorschiff *Griesheim*, das an diesem 18. September zwischen der *Pamir* im Südosten und dem Hurrikan CARRIE im Nordwesten nur 600 Seemeilen vom Hurrikanzentrum entfernt in See steht, berichtet (Kapitän R. Braumüller) später über typische Hurrikanmerkmale an diesem Tage, die der *Pamir* am nächsten Tage, so wird von einigen Stellen argumentiert, hätten ebenfalls auffallen müssen:[68]

»Außergewöhnlich gute Sicht, streifige zerzauste Cirruswolken, langsam fallendes Barometer, Herumgehen des Windes von Nord nach Südost und Süd, nachmittags dann Einsetzen von Regenschauern und Böen, drohend strahlende Sonne.« Es ist auch die *Griesheim*, die am gleichen Tage noch, am 18. September abends um 21.50 MGZ, die besagte WOE-Meldung aufnimmt, während die 22.00 MGZ-Meldung von NSS bei der 16.00-Angabe blieb ». . . roving towards the east . . . during the next 12 to 24 hours . . . «

Die *Pamir* selbst, die bis zum 17. September in der Passatzone gesegelt sein dürfte, befindet sich am 18. September in einem Seegebiet paradiesisch schönen Wetters. Die Sonne strahlt vom wolkenlosen Himmel über dem tiefblauen, kaum bewegten Atlantik. Bereits seit dem 17. abends haben sich nach dem Abflauen des Passats und dem Durchgang der Kaltfront schwache Westnordwestwinde in Stärken zwei bis drei, vielleicht auch schon südlicher bei 1020 mb aufgemacht. Der Luftdruck steigt, aber nur sehr wenig. Kapitän Diebitsch hat zur Unterstützung der schwachen Winde den Dieselmotor anwerfen lassen, um schneller voranzukommen. Man nutzt das gute Wetter, um die restlichen Segel zu schiften[69], denn das leichte Leinen für die Passatzonen muß jetzt dem Schwerwettertuch Platz machen. Die damit verbundenen zum Teil recht schweren wie auch akrobatisch schwierigen Arbeiten in der Takelage beanspruchen die Freiwachen der gesamten Besatzung.

Man nimmt aber die damit verbundene Plackerei gern in Kauf. Das Unterschlagen von Segel aus schwerem Tuch heißt:

Wir sind bald im nördlichen Atlantik und gar nicht so weit mehr von der Heimat. Den Amateurphotographen bieten sich prächtige Motive, wenn die wurstähnlichen Segel aus der Segellast an Deck geschleppt und in die Toppen gehievt werden, nachdem man das betreffende Passatsegel vorher schon von der Rah gelöst und über Taljen an Deck gegeben hat.

Der Bundesbeauftragte für das Seeamt wird später für diesen und die nächsten beiden Tage ausdrücklich vermerken: »Der Gedanke an einen tropischen Orkan mußte, solange man keinerlei entsprechende Nachrichten empfangen hatte, recht fern liegen, zumal man sich schon Meeresgebieten näherte, in denen solche Orkane zu großen Seltenheiten gehören. Außerdem ist ja wegen des räumlich begrenzten Bereichs der Fall selten, daß Schiffe in das Sturmfeld eines Hurrikans geraten . . . «

Soviel ist unstrittig: Von den später Überlebenden weiß zur Stunde niemand etwas über CARRIE. Wäre die Nachbarschaft dieses Hurrikans bekannt, konnte dieses nur über den Funker in Erfahrung gebracht worden sein, der, wie schon ausgeführt, die Mithilfe des Schlachters beim Zeichnen der Wetterkarten nicht ungern sah. Es ist schwer, daran zu glauben, daß der Kapitän den Funker, wenn dieser die Warnungen über CARRIE aufgenommen hat, und der Funker wiederum den hilfswilligen und an der Meteorologie interessierten Schlachter dahingehend vergattert haben könnte, über den Hurrikan CARRIE der Besatzung gegenüber absolutes Stillschweigen zu bewahren, »um keine unnötige Unruhe aufkommen zu lassen«. Es liegt vielmehr nahe und näher, daß man während dieser Schönwettertage auf die Aufnahme von

Wetterberichten ganz verzichtet haben könnte, oder ...? Doch darüber später.

Was im Augenblick noch akut interessiert, ist eine Begegnung der *Pamir* mit dem unter der Flagge der Warried Tankschiff Reederei[70] fahrenden Tanker *Esso Bolivar*. Der Tanker weicht etwas von seinem Generalkurs ab und geht etwas näher an die *Pamir* heran, denn ein Segelschiff im Atlantik ist zu einer echten Rarität geworden, und eine derart große Viermastbark besonders. Ein solches hochgetakeltes Schiff auf dem tiefblauen Atlantik schwimmen zu sehen, ist schon ein erregender Anblick. Es ist wohl aber für die Schiffsleitung der *Esso Bolivar* nicht so aufregend, daß man noch näher als 1,5 Seemeilen an die Viermastbark heranmanövriert, wie das andere Schiffe bislang taten, die sogar bis auf Rufweite herankamen. Dummer: »Dann sind wir immer in die Wanten geentert und haben rübergerufen ... das übliche: Wie geht's, wie steht's, wohin geht die Reise ... «

Es ist 15.30 Uhr MGZ und 13.30 Uhr Bordzeit auf der *Esso Bolivar*[71], als die beiden Schiffe auf genau 28° 10' Nord und 41° 10' West passieren. Auf dem Tanker schätzt man den Kurs der *Pamir* auf 350°. Auch vermutet man, daß die Viermastbark bei dem nur leichten Nordostwind mit Zusatz von Maschinenkraft segelt. Darauf läßt der Schaumstreifen hinter dem Heck des Seglers schließen.

Beide Schiffe dippen die Flagge zum Gruß. Und wer einen Photoapparat hat, läßt sich keine Phase der Begegnung entgehen, wenn auch jeder an Bord der *Esso Bolivar* bedauert, daß die *Pamir* heute nur Vorsegel, Stagsegel und den Besan führt und daß sich die Viermastbark nicht in ihrer ganzen vollen majestätischen Schönheit unter prallem Tuch an allen Rahen in allen Masten präsentiert.

Mehr geschieht eigentlich nicht. Man schweigt auf dem Tanker und genießt wohl den Anblick eines der beiden letzten noch fahrenden Vertreter einer schon praktisch versunkenen Epoche der Seefahrt. Für die Schiffsführung der *Esso Bolivar*, also für Kapitän Robrecht, steht es offenbar außer Frage, daß die Schiffsführung der *Pamir* Kenntnis von dem bedrohlich nahen Hurrikan CARRIE hat und auch, daß man seine Bahn ebenfalls anhand an Bord gezeichneter Wetterkarten verfolgt. Das erscheint der Schiffsführung des Tankers offenkundig so selbstverständlich, daß hier niemand auf den Gedanken kommt, den Kapitän des Großseglers etwa zu warnen. Vielleicht hätte der Funker der *Esso Bolivar* seinen Kollegen auf der *Pamir* nach CARRIE gefragt, wenn er mit diesem Funkverbindung bekommen hätte ... Umsonst, er bemüht sich vergeblich, auf sein Anrufzeichen eine Antwort zu bekommen, so oft er es auch versucht. Der Funker auf der Viermastbark reagiert nicht.[72]

Damit ist die Frage nach der Tätigkeit und Zuverlässigkeit des neu eingestiegenen Funkers auf der *Pamir* wie auch die nach der Funktionstüchtigkeit der Sende- und Empfangsanlagen erneut akut. Womit sich auch wieder die sorgenschwere Frage erhebt, hat man an Bord der *Pamir* den Hurrikan CARRIE jetzt im Griff? Oder hat man ihn nicht! Schließlich hat, wie bereits dargestellt, eine Fülle von Funkwetterberichten zur Verfügung gestanden, die sein frühzeitiges Erkennen möglich machten. Außerdem kann angenommen werden, daß auch Schiffe, die in das Sturmfeld des Hurrikans hineingeraten waren, bestimmungsgemäß durch Funksprüche Warnungen verbreitet haben.

Zunächst sei festgestellt, daß der Funker der *Pamir* verpflichtet war, auf See einen Hördienst von täglich mindestens acht Stunden auszuüben.[73] Das hatte zu Zeiten zu geschehen, die in der Vollzugsordnung für den Funkdienst für alle Seefunkstellen mit acht Dienststunden festgelegt worden sind. In der Wachzeitenzone F, in der sich die *Pamir* in den letzten Tagen befand, mußten folgende Funkwachen gegangen werden:

- von 00.00 bis 02.00 Uhr,
- von 12.00 bis 14.00 Uhr,
- von 16.00 bis 18.00 Uhr und
- von 20.00 bis 22.00 Uhr.

Es gibt zwar keine Vorschrift, die den Funker zwingt, von sich aus Wetterberichte und andere für die Schiffahrt wichtige Nachrichten aufzunehmen, die »an alle« ausgestrahlt werden. Es liegt allein bei der Schiffsführung, die Aufnahme solcher Nachrichten grundsätzlich oder von Fall zu Fall zu verlangen. Ist eine solche Aufforderung nicht ergangen, so macht sich der Funker durchaus keiner Pflichtverletzung schuldig, wenn er diese Nachrichten nicht aufnimmt.

Bei Warnmeldungen, die von Küsten- oder Seefunkstellen bei akuter Gefahr für die Schiffahrt unter dem Sicherheitszeichen TTT auf 500 kHz verbreitet werden, liegen die Verhältnisse aber anders. Diese TTT-Sicherheitsmeldungen müssen

von jedem Funker, der sie hört,
aufgenommen und
dem Kapitän
sofort
zugeführt werden.

Wegen der großen Gefahr der Wirbelstürme für die Schiffahrt dürfen bestimmte Küstenfunkstellen Meldungen über solche Stürme mit dem Alarmzeichen einleiten, damit alle im Bereich der Küstenfunkstelle befindlichen Schiffe sofort gewarnt werden. Die *Pamir* aber hat sich jedoch am Unfalltage und den vorausgegangenen Tagen außerhalb der Reichweite der für solche Sendungen in Frage kommenden Küstenfunkstellen befunden.

Und was den Funkverkehr mit anderen in der Nähe stehenden Seeschiffen angeht, so bedarf es in der Praxis im allgemeinen auch keiner ausdrücklichen Aufforderung seitens der Schiffsführung an den Funker, weil die Funker, wie bereits oben gesagt, sich aus eigenem Antrieb mit anderen Schiffsfunkern über Wind und Wetter zu verständigen pflegen. Vielleicht wollte das der Funker der *Esso Bolivar*, als er die *Pamir* vergeblich anrief.

Nicht vielleicht, sondern sicherlich, möchte man bekräftigen, denn ein in gar nicht so großer Entfernung mit Ostkurs herantobender Orkan ist Grund genug für einen Gesprächsstoff unter Funkern.

Hier drängt sich die Frage auf: Hat der *Pamir*-Funker während der vorgeschriebenen Zeiten Dienst getan? Oder war er mit anderen Aufgaben befaßt, die ihn – besonders in den Tagen des ausgesucht schönen Wetters vor der Katastrophe – zu stark ausgelastet haben könnten?

Nun, hierzu ist grundsätzlich zu sagen, was später bei der Seeamtverhandlung zur Sprache kommt:

Es ist häufig schon – besonders in den Kreisen der Funkoffiziere – Klage darüber geführt worden[74], daß den Funkern auf vielen Schiffen aus Rentabilitäts- oder, deutlicher, aus Sparsamkeitsgründen noch Verwaltungs- bzw. Zahlmeistergeschäfte übertragen werden. Es ist zu fürchten, daß die Funker durch solche Verwaltungsarbeiten von ihren eigentlichen Aufgaben abgelenkt, ja, mehr noch, sogar daran gehindert werden, sich ihren berufsgebundenen Aufgaben zu widmen.

Auch auf der *Pamir* hatte der Funker Wilhelm Siemers – ebenso wie sein Vorgänger Schröder – zusätzlich noch die Aufgaben eines Zahlmeisters zu erfüllen. Und das, obwohl er formell *nur* als Funker gemustert war. Das Seeamt erhielt mehrere Zuschriften, in denen die Besorgnis ausgedrückt wurde, daß der *Pamir*-Funker durch Überlastung mit solchen anderen, berufsfremden Arbeiten überfordert und an der Aufnahme von Wetterberichten gehindert war. Schließlich fallen gerade bei einer derart zahlreichen Besatzung relativ mehr Verwaltungsgeschäfte an. Auf den Schulschiffen des Deutschen Schulschiffvereins (DSV) war daher – wenn auch bei einer noch größeren Besatzung durch die üblichen rund 200 »Zöglinge« in den Kategorien vom Schiffsjungen bis zum »alten« Leichtmatrosen – ein Zahlmeister obligatorisch, obschon man hier wieder den Funkdienst einem der Ausbildungsoffiziere übertrug. Siemers-Vorgänger Schröder bekundete später, daß besonders die Heuerabrechnungen für ihn eine erhebliche Belastung bedeutet hätten. Wenn er auch die Proviantabrechnungen in den Häfen erledigen konnte, so nahmen ihn die verwaltungstechnischen Arbeiten doch sehr stark in Anspruch. Er sei mit diesen bei seinen unzureichenden kaufmännischen und buchhalterischen Fähigkeiten nicht »klargekommen«, und er habe immer einen sehr erheblichen Fehlbestand herausgewirtschaftet. Er sei, was die letzte *Pamir*-Reise angehe, der Auffassung, daß es durchaus denkbar wäre, daß sich der Funker in den ruhigen schönen Tagen vor dem 20. September zeitweise nur mit Verwaltungsarbeiten befaßt und keine Initiative zum Beschaffen von Wetterberichten entwickelt habe. »Aber«, so fügte er mit Betonung hinzu: »Daß er (also der Kollege Siemers) allerdings die Aufnahme von Wetterberichten vernachlässigt habe, wenn die Schiffsleitung solche ausdrücklich befohlen hat, muß als sehr unwahrscheinlich angesehen werden.«

Zu dem Komplex über die funktechnischen Anlagen auf der *Pamir* sei zunächst auf die bereits eingangs beschriebenen Geräte hinzuweisen. Danach war die Funkausrüstung der *Pamir* »erstklassig« zu nennen. Und Kapitän Eggers wie auch der Funker Schröder werden später vor dem Seeamt in Lübeck übereinstimmend bekunden, daß die Funksprüche von Washington NSS, Portishead, Saint Lys und Horta in den in Frage kommenden Seegebieten regelmäßig und einwandfrei empfangen worden sind. Nach Schröder war der Empfang auf der *Pamir* sogar besser als auf Motorschiffen, da keine Maschinengeräusche gestört haben.

Daß die Sende- und Empfangseinrichtungen, das sei den letzten Tagen bis zur Katastrophe vorausgeschickt, betriebsklar gewesen sind, ergibt sich aus dem über Norddeich-Radio auf Kurzwelle abgewickelten Telegrammverkehr und auch daraus, daß der Besatzung auch die Funkpresse übermittelt worden ist, wie später Überlebende berichten. Den Überlebenden ist auch nichts von irgendwelchen Störungen des Funkverkehrs bekanntgeworden. Hätte es solche gegeben, hätte wahrscheinlich der Schlachter, aufgrund seiner persönlichen Beziehungen zum Funkoffizier Siemers, zumindest zur Kombüsenmannschaft darüber gesprochen. Schließlich hat Siemers am Katastrophentag bis 15.03 Uhr noch Funkverkehr unterhalten.

Störungen an den Anlagen scheiden also aus.

Auch die Frage nach etwaigen funktechnischen Störungen in den fraglichen Tagen wird vom Seeamt eingehend untersucht werden, dahingehend, ob die Aufnahme der Wetterberichte von Washington NSS oder den erwähnten europäischen Wetterstationen beeinträchtigt sein konnte.

Die Untersuchungen des Funkamtes werden negativ sein, im Gegenteil, es wird versichert und belegt, daß die Bedingungen für den gesamten Funkverkehr normal und an einigen Tagen sogar sehr gut gewesen sind. Erst im Laufe der Nacht vom 21. zum 22. September hätten sich ionosphärische Störungen bemerkbar gemacht, die sich in den folgenden Tagen sogar noch verstärkten.[75]

Wenden wir uns nun wieder, nach dem Vorgriff auf die angefallenen funktechnischen Probleme, dem weiteren Ablauf der letzten Reise der *Pamir* zu.

Hier ist zunächst von Bedeutung, daß der Kurs des Seglers vom 18. September an noch mehr nördlich gelegt wurde und daß die Hurrikanprognosen von Washington NSS für das künftige Fahrgebiet der *Pamir* vom 18. September nachmittags an, bis zum 19. September vormittags für die nächsten zwölf Stunden immer ungünstiger werden, nämlich:

18. September, 18.00 MGZ: Ost 11 kn,
19. September, 00.35 MGZ: Ost 14 kn und
19. September, 06.00 MGZ: Ost 15 kn.

Es wird also eine progressive Erhöhung der Zuggeschwindigkeit von CARRIE ausgesprochen, wie sie, so Rodewald in [1], auf »dem polaren Ast« einer Wirbelsturmlaufbahn häufig vorkommt.

Wie noch am 18. September von den Meteorologen vermutet worden ist, auf nordöstlichen Kurs zurückzudrehen, wird mit der Lage-Uhrzeit 10.00 Uhr MGZ und der gefunkten Zeit von 12.35 Uhr MGZ für die Zugrichtung wieder ein Ostkurs genannt: » . . . moving the east at about 16 knots.« Als mögliche Zugrichtung heißt es dann aber weiter: » . . . it is expected to move eastsoutheast . . .«

Erstmalig wird von einem einfach unglaubwürdigen Ostsüdostkurs bei einer Zuggeschwindigkeit von sogar 16 bis 17 kn gesprochen. CARRIE wird dabei durch Maximalwindstärken von 75 kn nahe dem Zentrum, mit Orkanstärken bis 75 sm im Umkreis vom Zentrum und stürmischen Winden bis 250 sm vom Zentrum entfernt gekennzeichnet. Allen Schiffen, die in unmittelbarer Nähe der Bahn stehen, wird äußerste Vorsicht empfohlen. Zu dieser Zeit beträgt die Entfernung der *Pamir* von CARRIE immer noch rund 690 sm, während es nachmittags um 16.00 Uhr MGZ nur noch 605 sm sind.

Während noch die 06.00-Uhr-Prognose mit ihrem Ostkurs für das Gebiet um 35° bis 36° Nord und 40° bis 41° West die relativ ungünstigste Voraussicht für das zu erwartende Fahrtgebiet der *Pamir* erkennen ließ, machen die späteren Prognosen am 19. September, nämlich die oben genannte von 12.35 Uhr MGZ wie auch die NSS-Meldung von 18.00 Uhr MGZ (74 kn Windgeschwindigkeit, OSO Zugrichtung 13 kn), bei einer Weiterkopplung deutlich, daß die *Pamir* auf ihrem Nordkurs vor dem Hurrikan vorbeilaufen wird.

Bei Kenntnis dieser Lage steht die Schiffsleitung der *Pamir* vor der wohl folgenschwersten Entscheidung: Bleibt CARRIE auf diesem OSO-Kurs, besteht für die nach Norden strebende *Pamir* keine Gefahr, dreht der Hurrikan aber wieder nach Osten zurück – und das wäre durchaus natürlich –, wird die Lage kritisch.

Tragischerweise wird dann auch der oben genannte 06.00-NSS-Bericht nicht nur die erwähnten ungünstigsten Aussichten ergeben, sondern der Hurrikan wird tatsächlich einer solchen Erwartung – und nicht den späteren Prognosen – entsprechen. Aber selbst bei einer Beibehaltung des Ostkurses würde (nach [13]) die Entfernung zum Ausweichen jetzt noch ausreichend sein. Bis zur nächsten Meldung werden nur sechs Stunden vergehen. Zu diesem Zeitpunkt würde die Entfernung bei Ostkurs von CARRIE noch 480 sm, bei Ostsüdostkurs noch 435 sm betragen.

An diesem 19. September, an dem sich das umfangreiche Tiefdruckgebiet zwischen Neufundland und der Biscaya nur wenig verändert und die Rolle des den Hurrikan steuernden Hochs das Neufundlandhoch übernommen hat, befindet sich die *Pamir* zur kritischen Zeit 06.00 Uhr im Bereich jenes kleinen, mit seinem Kern etwa südwestlich liegenden Hochdruckgebiets, das am 18. September mit mehr als 1020 mb zwischen der Viermastbark und dem Hurrikan gelegen hatte und das nun, ostwärts wandernd, über den Schiffsort der *Pamir* hinwegzieht. Dabei herrscht auch an diesem Tage schönstes Wetter, für Stunden ist es bei westnordwestlichen Winden in den Stärken eins bis zwei und bei gleichbleibendem Barometerstand

fast windstill,
so windstill,
daß man in retrospektiver Sicht der späteren Katastrophe
sprichwörtlich
von einer Stille
vor dem Sturm
sprechen kann, denn:

Nunmehr liegt kein trennendes Druckgebilde mehr zwischen dem Hurrikan CARRIE und der Viermastbark *Pamir*.

Und die der Stille folgenden über West auf Südwest und über Südwest auf Süd bis Süd zu Ost drehenden leichten Winde leiten nun unmittelbar in die Luftzirkulation um den Hurrikan über.[76]

In Verbindung mit den Funkberichten ist dies ein Alarmzeichen höchsten Grades, das zum Handeln zwingt... Gleichzeitig mit dem ablaufenden Hoch beginnt das Barometer leicht zu fallen.

Der Kurs der *Pamir* wurde bekanntlich am 18. September von bisher Nord auf beinahe Nord zu Ost geändert. War diese Kurskorrektur eine Folge von Maßnahmen von Kapitän Diebitsch, um das Schiff damit etwas mehr östlich zu versetzen, da CARRIE am 18. wie auch an diesem Tage, dem 19., auf südöstlichem Kurs liegt?

Das erscheint recht unwahrscheinlich, entspricht doch diese Kurskorrektur nach Rodewald [1] genau dem mittleren (klimatischen) Seglerweg. Aus dem nun gesteuerten Kurs läßt sich nach Rodewald eine Reaktion auf CARRIE nur dann entnehmen, wenn der neue Kurs kein Normalkurs ist.

Im Zusammenhang mit recht gründlichen Untersuchungen der Dünung an diesen und den nächsten Tagen im Großraumbereich von und um CARRIE (Einzelheiten dazu siehe [1], wo Rodewald den Schluß zieht, daß eine Hurrikan-Dünung, die aus westlicher – und nicht aus nördlicher – Richtung hätte kommen müssen, nicht vorhanden war [es kann sich nur um eine Dünung von der Rückseite des starken mittelatlantischen Tiefs handeln]), kommt der Wetterwissenschaftler allerdings auch zu der Erklärung, daß diese Kursänderung der *Pamir* möglicherweise auch mit der an diesen Tagen vorherrschenden, auch von Schmidt [13] nicht bestrittenen nördlichen Dünung[77] in Verbindung gebracht werden könnte. Die Dünung müßte bei der weiter östlich stehenden *Pamir* schätzungsweise am 18. September ab 18.00 Uhr MGZ nördlich gewesen sein. Es wäre daraus zu folgern, daß eine Schiffslage »Kopf auf Dünung« die Rollbewegungen am geringsten gehalten hätte, womit ein gewählter Kurs in allgemeiner Richtung Nord vom 18. abends bis zum 20. mittags eine seegangsmäßige Erklärung finden könnte. Vielleicht hat man auf der *Pamir* die Dünung im spitzen Winkel, etwa ein bis zwei Strich nach Backbord vorn, genommen, um bei einem Kurs von etwa 5° und einer Dünung aus 345° eine Verminderung der Stampfbewegungen zu erzielen.[78]

Im übrigen (so Rodewald in [1]) ist das Vorhandensein einer nördlichen Dünung geeignet, die Aufmerksamkeit an Bord der *Pamir* hinsichtlich der Wetterlage in eine »falsche Richtung« zu lenken: weist diese Dünung doch auf das atlantische Tief im Nordosten und nicht auf einen aus Westen kommenden Sturm hin[79].

Ansonsten bleibt, was die Dünung als warnender Vorläufer für eine mit der Sturmbahn gleichlaufende Dünung betrifft, noch zu sagen, was bei Kapitän Schubart [8] nachzulesen ist: »... wir dürfen der Dünung keine andere Rolle zuweisen als die eines freundschaftlichen Warners ...«

Darüber, ob an diesem 19. September ähnlich typische Hurrikanmerkmale, wie sie am 18. September an Bord der *Griesheim* beobachtet wurden und wie sie bei weiterer Ostverlagerung von CARRIE eigentlich an diesem Tage im Bereich der *Pamir* zu erwarten sind, an Bord der Viermastbark beobachtet werden, gibt es keine Aussage. Die Überlebenden, junge und zum Teil erst angehende Seeleute noch, haben für solche, nur einem Fachmann bedeutsamen Anzeichen für einen nahenden Wirbelsturm kein bzw. noch kein Gespür.

Hierauf gibt es im übrigen eine interessante Antwort. Kapitän F. W. Schmidt [13] schreibt später in seiner Untersuchung: »Grundsätzlich können die bekannten Erscheinungen in der Luft durchaus als fragwürdig und keinesfalls immer als zuverlässig angesehen werden. Das gilt insbesondere, wenn sich ein Zusammentreffen mit dem Orkan in relativ nördlicher Breite abspielt, wie es bei der *Pamir* der Fall war. In diesen Breiten beginnt der Hurrikan seine typischen Eigenschaften zu verlieren, und damit verschwinden auch mehr und mehr die vorauseilenden typischen Erscheinungen.« So meldete für den 19. September 1957 Lake Worth mit dem Rufzeichen WOE u. a.: ». . . reconnaissance aircraft reports this afternoon indicate that there no longer a definite eye and may be losing the tropical characteristics . . .«

Auch die Erscheinungen beim Barometerstand kamen nicht rechtzeitig (das Barometer fiel erstmalig, und zwar geringfügig, am 19. nachmittags mit dem kleinen Hoch, das die *Pamir* südlich passierte, während der etwas zu tiefe Barometerstand am 18. nicht als Warnung angesehen werden mußte) und vor allem wohl am Anfang nicht mit der nötigen Deutlichkeit.[80]

Kapitän F. W. Schmidt wird später in seiner Untersuchung sagen: »Es ergibt sich [13] somit zusammenfassend, daß kein Anlaß zu der Vermutung besteht, daß die *Pamir* durch eigene Beobachtungen

- in der Luft
- am Barometer und
- auf dem Wasser

rechtzeitig gewarnt werden konnte.«

Auch seitens des NDL-Motorschiffes *Brandenstein*, welchem die *Pamir* am 19. September gegen 08.00 Uhr Bordzeit[81] begegnet, liegen keine diesbezüglichen Beobachtungen vor. Zur Frage der Begegnung der *Brandenstein* mit der *Pamir* wird Kapitän Walter Jäger später aussagen:

»Nach vorübergehenden Stoppzeiten am 12. und 16. September wegen einer Maschinenreparatur mußte am 19. September zur Auswechslung eines gerissenen Kolbens auf der Position 29.55° Nord und 41.19° West wieder gestoppt werden. Der Wind war zu dieser Zeit Südost 1.

Gegen 08.00 Uhr morgens am 19. September 1957 sichteten wir die *Pamir*, die nur Stagsegel führte. *Pamir* passierte in einem Abstand von ca. 8 sm ostwärts von der Position *Brandenstein*. Ihr Kurs war Nord.«

Die Position der *Brandenstein* – und damit der *Pamir* – erlaubt übrigens mit Kenntnis der am nächsten Tage von der *Pamir* gefunkten Positionsmeldung die Feststellung, daß die Viermastbark mit 6.8 kn Fahrt und einem Kurs von 50° unterwegs ist[82]. Wie wir von den Überlebenden wissen, mit Motorkraft, für deren Nutzung es in der Kapitänsorder Nr. 3, welche die Firma Zerssen & Co. unter dem 4. Mai 1956 herausgegeben hat, heißt: »Für die Segelschulschiffe ist das Erreichen des Ausbildungszwecks wichtiger als die termingerechte Ablieferung der Ladung. Es ist daher möglichst wenig mit Maschine zu fahren. Der Motor der Segelschiffe ist ein Hilfsmotor, der in erster Linie auf dem Revier, auf See aber nur unter ganz besonderen Verhältnissen, z. B. in den Mallungen oder wenn sonst das Etmal weniger als 100 sm in 24 Stunden beträgt, helfen soll. Selbstverständlich kann der Kapitän, wenn er es für die Sicherheit des Schiffes für erforderlich hält, die Maschinen brauchen.«[83]

Zu einer Funkverbindung zwischen dem Motorschiff und der Viermastbark kommt es nicht. Solche ist offenkundig von der *Pamir* auch nicht gesucht worden.[84]

Ein Austausch von Erfahrungen hätte aber jeder Funker als notwendig angesehen, wenn er, für ein Segelschiff in seinem beruflichen Bereich verantwortlich, Kenntnis von dem nahenden Hurrikan gehabt hätte. In einem solchen Fall ist doch jede noch so geringe Information äußerst wichtig, um für das Zeichnen der Wetterkarten ein möglichst klares und ein möglichst umfangreiches Bild über den tropischen Wirbelsturm und die allgemeine Wetterlage im Nordatlantik zu erhalten.

Und die Möglichkeit oder Vermutung, daß die Aufnahme der von Washington NSS gegebenen Warnungen durch den zwischen der *Brandenstein* und der Funkstelle Washington liegenden Hurrikan CARRIE gestört oder sogar unmöglich gemacht sein könnte, wird durch den Bericht des Motorschiffes *Brandenstein* widerlegt. Diese hat – auch, als sie in der Nähe der *Pamir* stand – die NSS-Warnungen dreimal täglich ohne Schwierigkeiten aufgenommen.

Wenn Kapitän Diebitsch (so später die Kapitäne E. Römer

und R. Sietas [3]) von dieser Wetterlage (also auch von dem zusammengeschrumpften Azorenhoch) Kenntnis hatte und wenn er am 18. September eine genügend nordöstliche Position gehabt hätte, um daraufhin einen nordöstlichen Kurs auf die südlichen Azoren absetzen zu können –,

dann wäre die *Pamir*

von dem Orkan verschont geblieben.

In diesem Stand der Dinge kann man, so die erfahrenen Segelschiffkapitäne E. Römer und R. Sietas [3], »bereits den tragischen Ansatzpunkt zu dem später folgenden dramatischen Geschehen erblicken«.

Vielleicht, so das Seeamt in Lübeck später im Hinblick auf das Erkennen der Wetterlage und des Hurrikans, hat man auf der *Pamir* jetzt nur noch Wert auf Wetterberichte von Horta gelegt, da man sich ja in den nächsten Tagen der Azoren nähern wird.

Spätestens jetzt hätte die Schiffsleitung mit dem 12.30-Uhr-Wetterbericht von Horta Kenntnis zur Lage von 06.00 GMT von dem bedrohlich werdenden Hurrikan CARRIE erhalten können und müssen. Der Funkspruch war unmißverständlich. Er lautete: »hurricane carrie 35,8° north, 54,8° west moving toward to east at forward speed about 17 miles per hour.«

An diesem Tage wird CARRIE erstmals auch im Ozeanfunk von Norddeich-Radio erwähnt, und zwar als »wirbelsturm unter 1000 34 n 52 w ono ziehend – morgen etwa 35 n 45 w – die angaben beziehen sich auf 12.00 mgz – in seinem bereich windstärken 9 gemeldet«.

Nun: am 19. September zieht die *Pamir* noch unter einem strahlenden seidenblauen Himmel ihre einsame Bahn. Es liegt nahe, daß niemand an Bord bei diesem Prachtwetter etwa auch nur einen Gedanken an einen herannahenden, in dieser Jahreszeit sehr wohl möglichen Hurrikan verschwendet, und wohl auch, daß man auf die Aufnahme von Wetterberichten verzichtet.

Und wenn dieses nicht zutrifft?

Wenn nun aber an diesem Tage wirklich die Wetterberichte und die Warnungen von CARRIE aufgenommen wurden und wetterkartenmäßig ausgewertet worden sind? Wie dann ist es zu erklären, daß die Besatzung nichts von der Existenz von CARRIE erfährt?

Das ist um so befremdender und fast mysteriös, da, wie schon dargestellt, der Schlachter dem Funker beim Zeichnen der Wetterkarten geholfen hat.[85] Diese so entscheidende Frage stellt sich erneut. Und sie mündet in die fast hundertprozentige Wahrscheinlichkeit ein, daß auf alle Fälle der Schlachter nicht geschwiegen hätte, das um so mehr, als Kapitän Diebitsch auch bei der Kombüsengäng nicht sonderlich beliebt war. Hier hätte wohl ein Befehl, über den vom Funker erfaßten Hurrikan zu schweigen, wenig Gegenliebe gefunden. Hinter vorgehaltener Hand hätte man sich sein Vorhandensein doch zugeflüstert.

Darin sind sich alle Persönlichkeiten, die der Autor in dieser Richtung befragte, einig. Auch die Tatsache, daß zwischen dem II. Offizier Günther Buschmann und dem Offiziersanwärter und Leichtmatrosen Haselmann ein fast kameradschaftlich vertrautes Verhältnis herrschte, könnte Aufschluß geben, ob die Schiffsleitung von dem Hurrikan rechtzeitig Kenntnis hatte. Wenn ja, dann hätte Buschmann Haselbach zumindest Andeutungen gemacht, wenn dieser schon so gravierende Fakten wie die für ihn zu lange und ins Journal eingetragene Rollperiode von 20 s bespricht.

Angenommen aber, die Schiffsleitung weiß an diesem Tage, daß aus dem Nordwesten ein Hurrikan, mit Zugrichtung Ost in Anmarsch ist,[86] dann bieten sich vier Möglichkeiten an:

1. Es kann angenommen worden sein, daß der auf Ostkurs gemeldete Hurrikan wieder auf Nordostkurs zurückschwenken wird. Damit würde er das Fahrgebiet der *Pamir* so weit nördlich passieren, daß eine Fortsetzung des Nordkurses der Viermastbark gänzlich unbedenklich erscheint.
2. Man erwartet von dem Hurrikan für die nächsten Tage einen rein östlichen Kurs und hält sich an den seemännischen Leitsatz, immer den ungünstigsten Fall anzunehmen. Dieser wird dazu führen, daß die *Pamir* in zwei Ta-

gen auf fast der gleichen Breite mit dem Hurrikan stehen wird. Demgemäß ist alles dranzusetzen, um unter voller Ausnutzung der Winde am Hurrikanrandgebiet CARRIE noch vor seinem Zentrum zu passieren, um wenigstens in den als »fahrbar« apostrophierten linken vorderen Quadranten des Wirbelsturms zu gelangen.

3. Man kommt anhand der späteren Meldungen über den von CARRIE unerwartet eingeschlagenen Ostsüdostkurs[87] zu der Überzeugung, daß nichts weiter übrigbleibt, als den Nordkurs unter Ausnutzung aller Mittel fortzusetzen.
4. Das Schiff wird beigedreht und wartet mit kleinsten Segeln die weitere Entwicklung von CARRIE ab.

Die erste Überlegung, sollte sie an Bord der Viermastbark je angestellt worden sein, wird später vom Seeamt, das sich ja nicht wie die Schiffsleitung der *Pamir* mit den Imponderabilien über die (absolut) ungewissen wechselnden Zugrichtungen von CARRIE konfrontiert sieht, sondern das ausgesprochen tückische Verhalten dieses Wirbelsturms bereits kennt, »als reichlich unvorsichtig« bezeichnet werden.

Aber auch für den 2. und 3. Fall wird man sagen, daß es »immerhin zu überlegen gewesen wäre, den Fall 4 vorzuziehen, das heißt, mit kleinsten Segeln beizudrehen, statt mit vielen Segeln (und wegen der Gersteladung an Bord im später sturmhaft stark aufbrisenden Wind gefährlich hart überliegendem Schiff) eine ebenso riskante wie dramatische Flucht über die Orkanbahn hinweg zu versuchen.

Auch der Meteorologe Dr. Rodewald wird später zu der Überzeugung kommen, »daß der Nordkurs der *Pamir* verfehlt war«.

Nun, man weiß von jeher mehr, wenn man aus dem Rathaus kommt.

Das Seeamt wird später weiter sagen. »Für die erste Tageshälfte des 19. September kann man den Nordkurs der *Pamir* nicht als einen Verstoß gegen die anerkannten Regeln der meteorologischen Navigation betrachten, wenn man annimmt, daß die Schiffsleitung geglaubt hat, auch eine südöstliche Zugrichtung des Hurrikans in Rechnung stellen zu müssen, und sich der Erfahrung bewußt gewesen ist, daß die

Zugrichtung und die Marschgeschwindigkeiten des Zentrums niemals mit Sicherheit vorauszusagen sind.«

Eben, das ist ja das Problem. Ergo war auch eine zu erwartende südöstliche Zugrichtung von CARRIE ebenfalls eine Unwägbarkeit, die wissenschaftlich (noch) nicht zu erfassen war und alle, auch gegenteilige Möglichkeiten offenließ. Wie heißt es in Schubarts Orkankunde, wo noch in Verbindung mit den typischen Unstetigkeiten der Windrichtungen, »die eine Aufstellung von Orkanregeln so schwierig machten«, Schütz fast resignierend schreibt: »Hieraus folgt aber auch, daß man einem Schiffsführer keine Regel für das Verhalten in Zyklonen geben kann. Weil man Ausnahmen von diesen Regeln nicht zu bestimmen weiß, daher muß man sich auf Ratschläge beschränken.«

Die vom Seeamt zum Fall *Pamir* gehörten ehemaligen Rahseglerkapitäne,

- unter diesen Hans-Richard Wendt als der letzte Fahrkapitän der Viermastbark *Padua*, der übrigens, was sein hohes Ansehen in den Reihen der Cap Hoorniers aller Nationen unterstreicht, noch vor seiner allerletzten Reise[88] als nächster GRAND MAT der AICH[89] vorgesehen war,
- unter diesen Kapitän Hermann Piening, der langjährige Inspektor der Hamburger Reederei F. Laeisz, der auf ebenso gründliche wie auch extreme Erfahrungen in der Fahrt auf großen Rahseglern zurückblicken kann. Als Kapitän und auch als Mannschaftsdienstgrad. So zum Beispiel war er Leichtmatrose auf »dem Stiefkind der Horn«, dem 1948 BRT großen Hamburger Vollschiff *Susanna*, das mit 100 Tagen hartem, ja verzweifeltem Kampf mit den aus westlicher Richtung wehenden orkanhaften Stürmen und mit den hohen, langen und erschreckend wüsten, antarktisch kalten Seen dieser Breiten die längste Ost-West-Umrundung vom Kap Hoorn[89a] durchgestanden hat. Von den 25 Mann Besatzung waren beim Einlaufen in den Westküstenhafen Caleta Buena noch ganze acht Mann für den harten Dienst an Deck tauglich[90]; weitere Einzelheiten siehe [10],
- unter diesen auch die Kapitäne Dietrich Ballehr und Theodor Schütze,

sie alle werden für diesen Tag, den 19. September also, übereinstimmend erklären, daß sie bei der gegebenen Lage den Nordkurs fortgesetzt haben würden. Das nicht, weil sie geglaubt hätten, daß der Hurrikan in sicherem nördlichem Abstand vorbeiziehen könnte, sondern im Gegenteil, weil sie unbedingt eben noch in den »fahrbaren« linken Quadranten des Wirbelsturms gelangen wollten.

Diesen zu erreichen, hieß indessen: hart östlich vor dem Hurrikan vorbeizusegeln. Aber wer weiß das im voraus so genau, daß das linke vordere Viertel von CARRIE überhaupt »fahrbar« im Sinne der üblichen Regeln ist bzw. sein wird? Sachkenner der Materie erinnern sich, was der Neufundland-Hurrikan vom 8. September 1952 lehrte: In diesen Orkan geriet die *Mai Rickmers* unter Kapitän F. Ahl, als sie vor dem Ostausgang der Belle-Isle-Straße stand und im linken vorderen Viertel etwa 20 Stunden lang von den hier heftigsten Windstärken in Stärke zwölf angefallen wurde, wobei sie schwere Schäden davontrug. Und wenn CARRIE keine nun ganz symmetrische Kreis-Zyklone mehr ist, sondern eine Asymmetrie in dem Sinne aufweist, daß bei den vorderen Vierteln der stärkste Wind im linken, also im »fahrbaren« Viertel weht?

Anders, diametral anders als die Überlegungen von Hans-Richard Wendt und von Hermann Piening sind die Maßnahmen, die Kapitän Otto Lehmberg für sinnvoll und richtig hält. Otto Lehmberg hatte seine praktischen Rahseglererfahrungen u. a. als Kapitän der frachtfahrenden Schulschiffe *Bremen*[91], der *Oldenburg*[92] und der *Kommodore Johnsen*[93] gesammelt, wobei hier interessiert, daß diese Erfahrungen im Hinblick auf die *Pamir*, was die Ladung und die Art der Beladung angeht, sogar sehr spezifischer Art sind. Otto Lehmberg war nämlich Kapitän auf der *Kommodore Johnsen*, als auf der Heimreise bei einem ausgewachsenen Kuhsturm mit orkanartigen Böen die Getreideladung überging. Das Schiff holte infolge der durch die verlagerte Ladung bedingten Krängung in der schweren See bereits so weit über, daß ab und zu die Nocken der Unterrahen in die See eintauchten. In einer irren Sisyphusarbeit haben dann Freiwillige – und nur solchen gab der Kapitän die Erlaubnis – einen Teil der Ladung als Gegengewicht umgestaut[94]. Bevor noch die durch SOS herbeigerufenen Schiffe auf der Position der Viermastbark erschienen, zeigten sich die ersten Anzeichen einer immer besser werdenden Stabilität. Einzelheiten über diese dramatische Fahrt und die »eigenhändige« Rettung aus einer schweren Gefahr sind in [12] aus der Feder von Kapitän Gottfried Claussen[95], der auf dieser Reise der I. Offizier der *Kommodore Johnson* war und von Kapitän Lehmberg in sein Kommando als künftiger Kapitän des NDL-Segelschulschiffes eingewiesen wurde,[95] nachzulesen.

Dieser auch in der Fahrt von Getreide[96] in bulk erfahrene Schiffsführer wird vor dem Seeamt in Lübeck über die Lage am 19. September erklären[97],

- daß er bei der Unsicherheit der Zugbahnen solcher Hurrikane einen Versuch, die Bahn von CARRIE zu kreuzen, für zu riskant angesehen hätte. Dann sagte er im Wortlaut weiter:

»Ich hätte an dem Flautentag (also an diesem 19. September) auf Südost- oder Südkurs beigedreht, um erst einmal abzuwarten.«[98]

Er stützt seine Überlegungen dabei auch auf die in den Handbüchern niedergelegten Erfahrungswerte, wenn er also beidrehen, auf-der-Stelle-treten oder gar in südöstliche oder südliche Richtung ausweichen will, notfalls, wie er ausdrücklich betont, auch mit Motorkraft. Schließlich würden ja die zitierten Erfahrungswerte für ein Abziehen des Orkans in nordöstliche Richtungen und auch für eine Beschleunigung der Zuggeschwindigkeit sprechen. Schließlich versichert Lehmberg:

»Die Schiffsleitung der *Pamir* hätte sich auf ihrer Position am 19. September relativ sicher und geborgen fühlen können. Jede Fortsetzung des Nordkurses mußte den Abstand von der zu erwartenden Bahn des Hurrikans verringern.[99] Die Wahrscheinlichkeit, daß CARRIE einen südöstlichen, also einen Kurs auf den derzeitigen Standort der *Pamir* einschlagen könnte, war nach den in den Handbüchern vermerkten Erfahrungen gering.« Soweit Otto Lehmberg, der 23 Kap-Hoorn-Umrundungen hinter sich gebracht hatte.

Man sollte annehmen, daß Kapitän Diebitsch bei der mehrfach bewiesenen Vorsicht diesen Weg vorgezogen hätte, wenn ihm CARRIE bekannt gewesen wäre. Die Kapitäne Römer und Sietas kommen in ihrer Veröffentlichung [3] zu dem Schluß: »Wir unterstellen demnach, daß die Schiffsleitung weder von dem Verlauf des Orkans noch von der später so verhängnisvollen Richtungsänderung auf Ostnordost im Lauf des 20. September unterrichtet gewesen ist.«[100].

Ernst Alexander Römer[100a], der Autor des Buches »Der Wind weht von Anbeginn« und überall – zu Recht – als moderner Joseph Conrad betrachtet, hat als Kapitän kein Segelschiff geführt, wohl aber war er nicht nur vor dem Mast segelschifferfahren. Er war II. Offizier auf der *Roland* von Wätjen und II. und I. Offizier auf der Laeiszschen *Parma*. Danach ging er an Land und war erst bei der Seewarte und später beim Hydrographischen Institut als Oberregierungsrat tätig. Er hatte sehr früh schon freundschaftliche Verbindungen zu Allan Villiers und schrieb auch häufig im Seewart des DHI und in der »Hansa«. Er starb am 25. Januar 1970.

Kapitän Sietas, der lange Jahre als Albatros Ehrenpräsident des Bezirks Elbe der Cap Hoorniers (AICH) war, fuhr als Kapitän auf den Seglern *Gustav* und *Greif*[101], beide bei Gebr. Vinnen bereedert.

Er war ein lebensfroher, ein fröhlicher Mann, der gern zu Späßen aufgelegt war. Nach seinem Ausscheiden aus der Seefahrt war er noch lange als Inspektor beim Germanischen Lloyd tätig.

Das Urteil dieser beiden Persönlichkeiten hat daher ebenfalls Gewicht.

Was aber geschieht wirklich an diesem 19. September:

Die Entwicklung der Lage scheint den Befürwortern eines Nordkurses sogar noch entgegenzukommen und Kapitän Lehmberg und Dr. Rodewald Unrecht zu geben. Zunächst, so sieht es aus.

Nach der Funkprognose von Washington NSS vom 19. September, 12.35 Uhr, die ja eine Verlagerung der Zugrichtung auf Ostsüdost mit einer Zuggeschwindigkeit von 16 bis 17 kn bei Windstärken von noch immer 76 kn im Zentrum versprach, drehte CARRIE tatsächlich bereits in den Vormittagsstunden des 19. erst von Ost auf Ostsüdost und danach sogar auf Südostkurs. Die Luftaufklärung vom 19. September 22.00 MGZ meldet CARRIE auch weiterhin auf Ostsüdost-Kurs.

War schon die Ostrichtung ungewöhnlich, so ist erst recht der Ostsüdost-Kurs völlig ungewöhnlich.

Das widerspricht allen Erfahrungen, solches ist in den letzten 66 Jahren bisher nicht ein einziges Mal beobachtet worden. Weder bei Schubart [8] noch im Segelhandbuch des Atlantischen Ozeans finden sich, soweit nicht schon erwähnt, Angaben über einen Bahnverlauf, wie ihn CARRIE jetzt zu nehmen scheint.

Nun, die bisher von NSS angegebenen Zugrichtungen waren in mehreren Fällen, und zwar gerade bei entscheidenden Schwenkungen, falsch angegeben worden. So zum Beispiel die Zugrichtung am 14. September 10.00 MGZ oder am 17. um 10.00 und um 16.00 Uhr MGZ.

Liegt hier nicht wieder eine Fehldiagnose vor?

Wenn die *Pamir* alle diese Meldungen angenommen hat, ist es andererseits gerechtfertigt, vor irgendwelchen Maßnahmen erst einmal die nächste Meldung von NSS abzuwarten. Jedenfalls war nach der 12.35-Uhr-NSS-Prognose die Aussicht der *Pamir*, auf dem eingeschlagenen Nordkurs von CARRIE freizukommen, wesentlich günstiger.

Jetzt bleibt der *Pamir*-Führung, wenn ihr der nunmehr nur noch 540 sm entfernte CARRIE bekannt ist, gar nichts weiter übrig, als den Nordkurs fortzusetzen. Wenn eine solche Verlagerung – statt 12 bis 24 Stunden – 48 Stunden anhält, wird man die CARRIE-Bahn vorweg recht glatt nach Norden gekreuzt haben.

Daran ändert sich auch mit der 16.00-MGZ-NSS-Meldung nichts: ». . . will more towards the east-southeast about 13 kn during the next 12 to 24 hours . . .« Bei Beibehaltung des Ostsüdost-Kurses wird CARRIE bereits in 43 Stunden hinter der *Pamir* vorbeilaufen. Noch erheblich größer wird der *Pamir*-Abstand, wenn CARRIE die zwischen 10.00 Uhr MGZ und 16.00 Uhr MGZ verfolgte Südost-Richtung beibehält. Hätte die *Pamir* beigedreht, würde sie genau vor dem Orkan auf dessen Bahn liegen und direkt ins Zentrum geraten. Da aber auch weitere Bahnschwenkungen durchaus möglich sind, ist ebenso völlig ungewiß, auf welche Seite die *Pamir* geraten wird, das heißt aber: es ist ebenso ungewiß, auf welchen Bug sie beidrehen müßte . . .

Kapitän Schmidt [13]: »Erst in 25 Stunden hätte das Außenfeld des Hurrikans die *Pamir* erreicht. Diese Zeit konnte besser genutzt werden, als jetzt schon beizudrehen.«

»Unter diesen Umständen war der Entschluß (entgegen der vorher von Schmidt durchbehandelten und verneinten Überlegungen, 1. nach Süden, Südwesten oder Südosten abzulaufen oder 2. den nördlichen Kurs fortzusetzen oder 3. beizudrehen), weiter nach Norden abzulaufen, der einzig richtige!«

Daß im Endergebnis nicht diese günstigen, sondern die Ostkursvoraussagen vom 19. um 06.00 Uhr eintreffen werden, muß bei einer Bewertung der am 19. getroffenen Maßnahmen außer Betracht bleiben.

Das Seeamt in Lübeck wird später die Frage untersuchen: Wie aber wäre der Reiseweg der *Pamir* seit dem 17. und 18. September, das heißt seit der Ostschwenkung, zu würdigen, wenn die Schiffsleitung alle Hurrikanmeldungen erhalten haben würde? Hier [1] heißt es:

»In den nautischen Handbüchern wird unter Hinweis auf die Erfahrung, daß die Zugrichtung und die Geschwindigkeit niemals sicher vorauszusehen sind, der Rat gegeben, den ungünstigsten Fall anzunehmen und demgemäß davon auszugehen, daß man sich in dem allgemein als besonders gefährlich geltenden rechten vorderen Quadranten befinde bzw. in Gefahr sei, in diesen hineinzugeraten. Wenn ein Schiffsführer zu der Überzeugung gekommen ist, mit dieser Gefahr rechnen zu müssen, dann muß er sich darüber schlüssig werden, ob der Hurrikan noch so weit entfernt steht, daß der Versuch riskiert werden kann, die voraussichtliche Bahn des Zentrums noch zu kreuzen, oder ob es richtiger ist, in Gegenrichtung (im vorliegenden Falle also nach Süden oder Osten) abzulaufen, um auf diese Weise aus dem Orkanfeld herauszukommen. Je weiter südlich die *Pamir* von der voraussichtlichen Hurrikanbahn stand, desto näher mußte die letzterwähnte Maßnahme liegen.

Bei rückschauender Betrachtung ist es klar, daß die Fortsetzung des Nordkurses für die *Pamir* verderblich gewesen ist. Noch am 19. konnte durch ein Beidrehen oder durch ein Ausweichen in südliche oder östliche Richtungen mit Sicherheit eine gefährliche Begegnung mit dem Orkanfeld vermieden werden. Selbst wenn man erst am 20. mittags beigedreht hätte, wäre die *Pamir* nicht so hohen Windstärken ausgesetzt gewesen.«

Noch etwas zu diesem 19. und überleitend zum 20. September. Der schon erwähnte Kapitän Sewenig hatte auf dem Wege von New Orleans nach Antwerpen bereits am 15. September, 20.00 Uhr, den Kurs seiner nur 4138 BRT großen *Anita* nach Südost geändert, um jedem Risiko einer Begegnung mit dem der Schiffsführung durch Funkwarnung bekannten Wirbelsturm CARRIE aus dem Weg zu gehen, das an einem Tage, da der Hurrikan sich noch in Richtung Nordwesten austobte. Als CARRIE dann am 16. den Bahnscheitel bildete, wurde wieder Ost gesteuert und am 17. Ostnordost, da der Orkan programmgemäß nach Nordosten abzog.

Völlig unprogrammgemäß schwenkte CARRIE dann am 18. September nach Südosten ein. Damit zeigt seine Kursrichtung wieder auf die Kursbahn der *Anita*.

»An Weglaufen war nicht mehr zu denken. Jetzt galt es, das gefährliche Zentrum unter allen Umständen zu vermeiden. Am 19. entschloß ich mich, die Orkanbahn mit Nordostkurs und voller Fahrt zu kreuzen, um in die linke vordere Hälfte der Orkanbahn zu kommen, die ja als die ungefährliche, also befahrbare Seite gilt.«

Die Lage ist jedoch bereits jetzt schon kritisch. Wenn der Hurrikan seine Bahn von Südost wieder auf Ost ändert, und mit einer solchen launenhaften unberechenbaren Änderung der Bahnrichtung muß ein Seemann rechnen, wird die kleine *Anita* ins Zentrum geraten.

Dann gnade Gott.

Dann hilft nur noch beten.

Nun, das Manöver glückt, am 20. braust CARRIE südlich

von der *Anita* vorbei. Die Entfernung kann nicht mehr als 50 bis 60 Seemeilen betragen, denn die *Anita* bekommt die volle Wucht des Hurrikans zu spüren.

Kapitän Sewenig läßt das Motorschiff, solange es in Anbetracht der gewaltigen See nur zu verantworten ist, volle Fahrt laufen. Als der Wind um 10.45 Uhr nach links zu drehen beginnt, geht man auf halbe Kraft herunter und hält den tobenden Orkanwind immer querein von Steuerbord. Zuletzt liegt als Kurs Westsüdwest an.

Von 11.00 Uhr bis 15.30 Uhr ist der Teufel los. Der Orkan heult in voller Stärke über die *Anita* hinweg, einer Stärke, von der Sewenig, der sie auf 13 bis 14 Windstärken der erweiterten Beaufort-Skala, das heißt auf gut 80 kn Windgeschwindigkeit schätzt, später sagen wird: ». . . wie ich es in meiner ganzen Seefahrtzeit kaum einmal erlebt habe . . .«

Die Sicht ist gleich Null,
die See ist gewaltig, und
das Deck steht ununterbrochen unter Wasser.
Das Barometer sinkt auf 995 mb.

Schon lange vor dieser schlimmsten Periode des südlichen Vorbeigangs des Zentrums hat Kapitän Sewenig alle nur möglichen Abwehr- und Sicherungsmaßnahmen getroffen.

Die Drucklüfter auf der Back und vor der Luke 3 sind entfernt, und alle elektrischen Lüfter sowie die Ladepfostenlüfter sind gut bezogen worden.

Schwere Sorgen machen jetzt nur noch die Persenninge von der Luke 3. Die Orkanfaust droht das schwere, gut verschalkte Tuch ab- und wegzureißen.

Es muß etwas geschehen. Die Luke muß gesichert werden, ehe eine See die Lukenabdeckbretter zerschlägt und herausschwemmt.

Kapitän Sewenig dreht die *Anita* mit dem Heck in den Wind und läßt die Maschine rückwärts laufen, um das Schiff in dieser Position zu halten, damit Männer seiner Besatzung die Luke 3 einigermaßen ungefährdet von überkommenden Seen mit Netzbroken sichern können. Während die Seeleute mit ihrer Schwerstarbeit trotz schwerstem Sturm und wildem Arbeiten des Schiffes ganz gut vorankommen, zeigt es sich, daß die *Anita* bei weitem nicht so gut liegt wie mit Querwind. Die Poop und das Mannschaftslogis werden bei der furchtbaren See durch unaufhörlich überkommende Brecher gefährdet. Die rasende, weißgeschäumte See droht alles kurz und klein zu schlagen.

Das sind bange Sekunden, bange, zu Ewigkeiten werdende Minuten, ehe die Luke 3 durch Netzbroken gesichert werden kann, so daß Kapitän Sewenig das Schiff wieder in die alte Beidrehlage bringen kann. Das aber kostet viel Mühe, denn der Druck auf das Ruder ist derart groß, daß die Ruderkupplung slippt und das Ruder nun allein mittschiffs mitläuft.

Der Schaden wird behoben, und am Ende glückt es doch, das Schiff zurückzudrehen und den Orkan in der bewährten Beidrehstellung abzureiten, in einer Stellung, die vielen Fachleuten nicht sympathisch ist, da der Wind fast querein kommt und die ungewöhnlich hohe See von fast querein gegen das Schiff anrennt, während die Maschine die Schraube zwischen langsamer und halber Fahrstufe dreht.

Gegen 16.00 Uhr wird ein Abflauen des Orkans beobachtet, und um 22.00 Uhr weht es nur noch in Stärken neun bis zehn. Die Quecksilbersäule im Barometer beginnt zu steigen.

Es ist überstanden, und Kapitän Sewenig kann später vermerken: »Dieser (oben genannten) furchtbaren Gewalt des 80-kn-Sturmes[102] hielt MS *Anita* in vorbildlicher Weise stand, ohne daß nennenswerte Schäden entstanden.

Gemessen an der haushohen See, lag die *Anita* sehr ordentlich. Sie rollte und schlingerte natürlich sehr, aber nicht mehr, als sie es schon bei weitaus leichterem Wetter getan hat. Die Ursache zu diesem vorbildlichen Seeverhalten ist diesmal in der günstigen Ladungsverteilung zu sehen. 23 % der gesamten Ladung befanden sich im Zwischendeck. Die Decks waren bis unter die Luken gefüllt . . .«

Dem von den Schiffsoffizieren Werner Müller und Johannes Sievers geführten meteorologischen Tagebuch der *Anita* ist zu entnehmen, daß der Orkan erst mit dem Krimpen[103] des Windes von Südost (150°) auf Ost (90°) einsetzte und seinen Höhepunkt erst mit dem Rückdrehen von Ostnordost auf Nordnordost, also völlig regelwidrig, im linken vorderen

Viertel erreichte. Der Südost auf der Vorderseite des Wirbels war sogar schwächer als der vorher angetroffene Südsüdwest- bis Südwind. Dieser wird in Stärke 9 (44 kn) angegeben, der Südost nur in Stärke 8 (37 kn).

Von dem Zeitpunkt, da die *Anita* Nordnordost-Orkan hatte, also am 20. September, 18.00 MGZ (15.30 Uhr Bordzeit), läßt sich von CARRIE ein Bild entwerfen, das in seinen wesentlichen Zügen bis zur Mittagszeit des 21. September gleichbleiben wird.

Zurück zur *Pamir*:

Nach der Großwetterlage ist das Tief zwischen der Biskaya und Neufundland stationär geblieben. Es hat sich sogar erheblich vertieft. Das CARRIE steuernde Neufundlandhoch hat sich nur wenig verflachend etwas weiter nach Ostsüdost verlagert. Das Azorenhoch hat sich etwas verstärkt und sich auch etwas nach Norden verlagert. In der Bordwetterkarte sind aber nach der Analyse von Portishead nur das Neufundlandhoch und CARRIE, nicht aber das Azorenhoch enthalten. Gerade diese Angaben sind aber für die Beurteilung des weiteren Weges von CARRIE von großer Bedeutung. Das kleine Hoch, das am Tage zuvor die *Pamir* vormittags passierte, hat mit seinem Kern den 25. Meridian nach Osten überschritten.

Die *Pamir* ist hinter dem abziehenden Hoch in den Ostrand des Hurrikans geraten, der laut NSS von 04.00 am 20. September ». . . will more towards southeast at a foreward speed of 12 kn during the next 12 hours«. Ähnlich lautete auch die 00.00-Uhr-Meldung vom 20. September von Saint Lys mit ». . . ese 12 noeuds tempête (Ausdehnung) 40 à 60 noeuds, rayon 200 miles de centre.«

Daß eine aus westlicher Richtung anlaufende Dünung nicht vorhanden gewesen ist, scheint Rodewald gesichert. »Wenn die erste Dünung von CARRIE aus etwa 250° am Nachmittag des 20. eintraf, so hatte sich um diese Zeit ein Durcheinanderlaufen der stärkeren Windsee aus 170° mit der Gegenrichtung 340 bis 350° ergeben, die dieses neue Wellensystem undeutlich machte.« Es kann wohl nach [1] angenommen werden, daß an diesem Tage gewisse atmosphärische

Vorzeichen aufgetreten sind und daß der Barometerfall eine echte Vorwarnung gewesen ist. Ob diese Vorzeichen, so das Seeamt später, so ausgeprägt gewesen sind, daß ein aufmerksamer, fachkundiger Beobachter allein aus ihnen auf die Annäherung eines Hurrikans hätte schließen können, bleibt sehr zweifelhaft und für immer ungeklärt.

Anhand des 04.00-MGZ-Berichtes (01.30 Bordzeit) vom 20. September ergibt sich nach Schmidt [13] die Lage, daß der jetzt nur noch etwa 450 Seemeilen entfernte Hurrikan bei Beibehaltung seiner Zugrichtung in etwa 36 Stunden in etwa 270 sm Abstand[104] hinter der *Pamir*, das heißt südlich der Viermastbark vorbeilaufen wird, wenn man die Fahrt des Seglers noch immer mit nur einem Minimum von 6 kn ansetzt.

So gesehen, steht es um die *Pamir* gar nicht schlecht.

So gesehen, findet auch der Entschluß, nach Norden zu laufen, seine (wenn auch nachträgliche) Rechtfertigung.

Das Schicksal des Segelschulschiffes scheint sich zum Guten zu wenden.

Ob die gute Stimmung, die sich bei den Offizieren durch einige Funktelegramme ausdrückt, auf die präzise Kenntnis der Position und Zugrichtung von CARRIE und damit auf eine laufend kontrollierte und ergänzte Bordwetterkarte zurückzuführen ist, möchte man ernsthaft bezweifeln. Jetzt hätte auch Kapitän Diebitsch, wußte er (und seine Offiziere) von der drohenden Gefahr durch CARRIE, keinen Grund mehr gehabt, die Existenz des Hurrikans vor seiner Besatzung zu verschweigen bzw. durch den Funker Wilhelm Siemers verschweigen zu lassen.

Wenn dem so wäre, dann mußte bereits die nächste NSS-Meldung den Optimismus dämpfen, denn hier, um 09.00 Uhr Bordzeit und 12.00 Uhr MGZ wird für 10.00 Uhr MGZ von Washington erstmals von einer Verlagerung der Bahnrichtung wieder in eine mehr östliche Richtung gesprochen: ». . . moving towards eastsoutheast at 12 kn – the storm is expected to continue moving about the same speed and turn more to east during the next 12 hours . . . this is still a dangerous storm . . .«

Die Windgeschwindigkeit im Zentrum wird mit »70 kn zunehmend« angegeben, und über die Ausdehnung ist zu erfahren: ». . . hurricane force winds extending outward 50 miles from the center . . .«[105]

Danach also wird die *Pamir*, die jetzt, um 10.00 Uhr MGZ, nur noch 385 sm vom Zentrum absteht, in etwa zehn Stunden, also um 20.00 Uhr MGZ (das heißt um 17.00 Boradzeit), in das Außenfeld des Orkans einlaufen. Sie muß von da an mit stürmischen Winden aus Ostsüdost rechnen.

Bleibt die Zugrichtung der CARRIE-Bahn auch weiterhin ostsüdöstlich, wird der Hurrikan in etwa 30 Stunden, also am 21. September, 16.00 Uhr MGZ (13.00 Uhr Bordzeit), in etwa 300 sm Abstand hinter der *Pamir* passieren, wenn deren Fahrt nunmehr bei den nun auffrischenden Winden etwa sieben Knoten beträgt.

Kapitän Schmidt [13] dazu:

»Von diesem Zeitpunkt an, also ab 10.00 Uhr MGZ, 20. September, gab es für die *Pamir* nur noch eine Möglichkeit des Entkommens: Sie mußte versuchen, mit dem ab Spätnachmittag bzw. Abend stürmisch auffrischenden achterlichen Wind und größtmöglicher Fahrt nach Norden weiterzulenzen, solange dieses der Wind noch zuließ, wobei soweit irgend möglich (soll wohl heißen, alle irgendwie möglichen) Segel geführt werden mußten . . .«

Bei dieser Lage ist ein Zurücklaufen ausgeschlossen.

Jetzt Umkehren heißt, gegen stürmische Winde über die Bahn hinweg vom fahrbaren Viertel in den gefährlichen vorderen Quadranten hineinzulaufen.

Mit einer entscheidenden Bahnänderung in nordöstlicher Richtung ist nach der letzten Meldung von NSS, die eine Vorhersage für die nächsten zwölf Stunden enthält, in dem nun noch verbleibenden Zeitraum bis zum Passieren bei aller Launenhaftigkeit von CARRIE kaum noch zu rechnen.

Der Ernst bereits dieser Lage spricht indessen nicht aus den Funktelegrammen.

Der außerplanmäßige II. Offizier, Kapitänleutnant Johannes Buscher, der als ehemaliger U-Boot-Kommandant für die neue Nachkriegs-*Gorch-Fock* vorgesehen ist und der sich auf der *Pamir* nach seiner früheren Zeit auf dem Schulschiff *Schulschiff Deutschland* weiteres segeltechnisches Rüstzeug aneignen soll, telegrafiert um 14.35 Uhr MGZ, also um 11.00 Uhr Bordzeit, als der südzuöstliche bis südsüdöstliche Wind auf vier bis fünf Knoten Beaufort zunimmt, nach Düsseldorf: »34 n 41 w – ankunft etwa 14 tage – hoffe euch gesund wiederzusehen – geld mitbringen nach hamburg – herzlichst dein hans.«

Wenig später, um 14.35 Uhr MGZ, schickt auch der Funkoffizier Wilhelm Siemers, offenkundig von Buscher dazu angeregt, ein FT: »bin trotz hitze gesund und munter – lebt ihr noch – zustand bethel – herzlichst dein willi.«

Auch der planmäßige Zwote, Gunther Buschmann, der unter den Offizieren am längsten auf der *Pamir* fährt, schließt sich um 15.00 MGZ (12.00 Uhr Bordzeit) an: »telegramm erhalten – große freude – noch lächerliche 14 tage – ebenfalls o. k. – laufen gute fahrt – grüße jungens und familie – alles liebe dein gunther.«

Die Telegramme machen eine echte Unbefangenheit deutlich. Nirgendwo wird der Funksachverständige Harder, der im Auftrage des Seeamtes alle privaten Funksprüche mit Zustimmung der Reederei Zerssen & Co. bzw. deren privaten Empfängern prüft, einen Hinweis auf den Hurrikan finden.

Das Seeamt später: »Sie würden nicht so (sorglos) abgefaßt worden sein, wenn die Schiffsleitung sich bewußt auf eine dramatische Flucht vor dem Zentrum eines heranrasenden tropischen Hurrikans befunden hätte.«

Dieser Interpretation ist nichts hinzuzufügen, höchstens noch die Feststellung, daß alle drei Telegramme von Norddeich-Radio empfangen wurden, das heißt, daß keine atmosphärischen Störungen für den Funkverkehr, zumindest nicht in dieser Richtung, vorlagen.

Die *Pamir* macht seit den frühen Morgenstunden gute Fahrt. Alles Tuch ist gesetzt. Auch die Royals stehen wieder prall und voll.

Um die Mittagszeit, als der letzte der so optimistischen Funksprüche von Wilhelm Siemers flott, fast elegant in die Morsetaste gedrückt wird (alle Kollegen, die später wegen seiner Funksprüche gehört werden, bestätigen, daß er eine »gute Handschrift« schrieb), nimmt der aus etwa Südzuost bis Südsüdost morgens in Stärke 4 bis 5 Beaufort wehende Wind ständig merklich zu. Das sind bereits die ersten Zeichen des nahenden Hurrikans.

Und um 16.00 Uhr MGZ, das heißt um 13.00 Uhr Bordzeit, dieses Tages ist es, daß NSS meldet: ». . . will more east about 13 kn next 12 to 24 hours . . . this is still a dangerous storm . . .«[106]

Mit dieser NSS-Meldung ergibt sich für die *Pamir*, deren Abstand vom Zentrum des Wirbelsturms um 16.00 Uhr MGZ 310 sm beträgt, eine völlig unerwartete, neue Situation; denn die erst um 12.00 Uhr MGZ vorhergesagte Bahnänderung in eine östlichere Richtung ist bereits jetzt, also nach vier Stunden, eingetreten. Die Lage spitzt sich erneut zu, da CARRIE mit einer von der Vorhersage abschweifenden Ostschwenkung wieder direkt auf den augenblicklichen Standort der *Pamir* zugedreht hat. Behalten *Pamir* und CARRIE ihre Kurse bei, wird der Hurrikan am nächsten Tag, am 21. September, gegen 18.00 Uhr MGZ (15.00 Uhr Bordzeit) in etwa 205 Seemeilen Abstand im Süden von der *Pamir*, also hinter der Viermastbark, passieren, vorausgesetzt, daß der Segler eine Durchschnittsgeschwindigkeit von etwa acht Knoten schafft. Kapitän Schmidt wird später argumentieren [13]: »Immer noch bestand für die *Pamir* die Möglichkeit, dem inneren Orkanfeld mit den schwersten Windstärken zu entkommen. Immer entscheidender aber wurde für das Schiff, mit größtmöglicher Segelführung und entsprechender Fahrt nach Norden zu lenzen. Ein Ablaufen nach Nordosten mußte unsachgemäß erscheinen, da nunmehr auf diesem Bahnteil mit einer zunehmenden Zuggeschwindigkeit des Hurrikans zu rechnen war und durch einen Nordost-Kurs der Passierabstand verringert worden wäre . . .«

Und das Seeamt wird später feststellen: »Nachdem sich die Schiffsleitung also am 19., wo sie noch die volle Entschlußfreiheit hatte, für einen weiteren Nordkurs entschieden hatte, war sie in eine Zwangslage geraten. Sie mußte jedenfalls annehmen, daß sie – soweit sie sich nicht zum Beidrehen entschloß – keine andere Wahl mehr hatte, als mit der jeweils höchstmöglichen Höchstgeschwindigkeit weiter nach Norden zu segeln bzw., solange der Wind flau war, mit Maschinenkraft zu laufen, um noch vor dem herannahenden Zentrum auf die allgemein als am ehesten ›fahrbar‹ geltende linke Vorderseite zu gelangen ...

... Die Beibehaltung des Generalkurses Nord war also, auch wenn alle Wetterberichte aufgenommen worden wären, aus der Sicht der Schiffsleitung begreiflich und bedeutete – mit den für den Vormittag des 19. September gemachten Vorbehalten – keinen Verstoß gegen die anerkannten Regeln der meteorologischen Navigation. Es ist der Schiffsleitung dann am 21. September ja auch gelungen, in den vorderen linken Quadranten zu gelangen ...«[107]

»... Ein Umkehren«, das stellt neben Schmidt [13] auch das Seeamt fest, »oder ein Ausweichen in südliche oder östliche Richtungen kann nun (da CARRIE seit dem 20. mittags direkt auf die *Pamir* zuläuft) nicht mehr in Betracht kommen.« Bei dem Südzuost- bis Südsüdostwind würde sie vor dem Orkan herlaufen und eingeholt werden. Nach Schmidt [13] kam auch ein Beidrehen nicht in Frage, und ein Ablaufen mit Backbord-Halsen in südwestliche Richtung hätte bei dem durch die schnelle Annäherung des Zentrums bedingten Schralen des Windes bald zum Westkurs gezwungen. Diese Kursänderung hätte in der gleichen Richtung dann ständig zugenommen. Die *Pamir* hätte sich danach schließlich dem Zentrum immer mehr genähert, bis sie zuletzt, auch noch auf dem falschen Bug liegend, (dann doch) zum Beidrehen gezwungen wäre und das Zentrum in nur 60 sm Abstand passieren konnte. Bei einem Versuch, durch erneutes Halsen auf den richtigen Bug zu gelangen, wäre sie dem Zentrum sogar noch näher gekommen. Bei dieser Überlegung wurde nicht berücksichtigt, daß die *Pamir* während der ganzen Zeit auch auf die Bahn zugetrieben wäre und daher noch ungünstiger gestanden haben würde. Auch diese Nachprüfung ergibt also, daß der Entschluß der *Pamir*, den Nordkurs fortzusetzen, richtig war.

Soweit Kapitän Schmidt in seiner Untersuchung, bei der

vielleicht noch der Hinweis angebracht gewesen wäre, daß der jetzt eingeschlagene bzw. gemeldete Ostkurs von CARRIE bei dem launenhaft tückischen Hurrikan überhaupt keine echt dauerhafte Grundlage für Vorausberechnungen zuließ.

Die Probleme zum richtigen Beurteilen der Lage werden noch deutlicher, wenn man die Meldungen und Vorhersagen des Deutschen Seewetterdienstes, die über Norddeich-Radio ausgestrahlt werden, kennt, so diese vom 20. September, 13.00 Uhr Bordzeit gibt diese Meldung bekannt: ». . . tropischer wirbelsturm 990 03448 abschwächend – morgen 03443.« Die hier für den 21. September aufgezeigte Position liegt mit rw 309° um etwa 145 sm falsch. Würde die Position, das sei dem Ablauf des Geschehens vorausgegriffen, gestimmt haben, hätte die *Pamir* am 21. September von CARRIE einen Abstand von 200 sm gehabt.[108]

Und wieder läßt CARRIE diejenigen, die ihn auf ihren Karten anhand der Wettermeldungen verfolgen, den Atem anhalten: Mit der 18.00 Uhr MGZ (Bordzeit 15.30 Uhr) ausgestrahlten 16.00 Uhr-NSS-Warnung beginnt eine weitere dramatische Phase der für die *Pamir* immer bedrohlicher werdenden Entwicklung: Nach Kapitän Schmidt [13] erscheint es wie »ein schicksalschweres Verhängnis«, daß CARRIE abermals eine Schwenkung, und zwar jetzt nach Nordosten hin, vollzieht.[109] Der Hurrikan verfolgt die *Pamir* in einer tragisch zu nennenden Hartnäckigkeit, er jagt sie in einer regelrechten Hundekurve[110], so also, wie ein Hund etwa einem quer vorbeilaufenden Tier nachläuft. Bei Kapitän Schubart [8] ist über diese neue, durch die neuerliche Schwenkung von CARRIE ausgelöste Lage der *Pamir* vom Grundsätzlichen her zu lesen:

»Änderung der Orkanbahn während des Ausweichmanövers: Dieser Fall ist einer der unangenehmsten für ein Schiff, wenn die Bahnänderung nach der ungünstigen Seite hin stattfindet. Oftmals haben solche unerwarteten Bahnänderungen die besten Überlegungen über den Haufen geworfen, und es ist das eingetreten, was vermieden werden sollte, nämlich mit dem Zentrum zusammenzutreffen.«

Um diese Zeit hat die *Pamir* bereits den äußeren Rand des

Hurrikanfeldes erreicht. An Bord des Seglers kann man die Fortbewegung des Hurrikans nunmehr aus eigener Beobachtung verfolgen. Ob die Schiffsleitung das auch tat, wird für immer im dunkeln verbleiben, wobei erneut festgestellt werden darf, daß auf einem Schiff kaum etwas verborgen bleibt, was mit seinem Kurs oder sonstigen navigatorischen Maßnahmen (insbesondere bei einem gefährlichen Wirbelsturm) in Zusammenhang steht.

Für diese Zeitphase sei erneut Kapitän Schmidt [13] zitiert, der die verschiedenen Möglichkeiten der *Pamir* in dieser Lage durchgerechnet hat:

»Die *Pamir* muß nun, den Wind von ein bis zwei Strich Steuerbord achtern einfallend, auf etwa rw 7° gelaufen sein.

Ein noch nördlicherer Kurs war bei der vorhandenen und unerläßlich notwendigen, relativ hohen Segelführung nicht möglich.

Den Wind von Backbord achtern einzunehmen, hätte für den Kurs eine bei der zu erwartenden Linksdrehung des Windes zunehmende Westkomponente ergeben, die eine Annäherung an den Hurrikan bedeutet hätte.

Ein östlicherer Kurs hätte eine Verringerung des Abstandes von der Orkanbahn zur Folge gehabt und damit eine Verringerung des Abstandes vom Hurrikanzentrum beim Passieren. Auch hätte ein derartiger Kurs (wie schon oben festgestellt) die Gefahr eingeschlossen, von dem Hurrikan bei einer zu erwartenden Zunahme der Geschwindigkeit eingeholt zu werden.

Es war also nach Lage der Dinge nach wie vor richtig, mit größtmöglicher Segelführung und Wind von Steuerbord achtern nach Norden abzulaufen ...«

Nach Kapitän Schubart [8] ähnelt die Situation den hier auf Seite 111 geschilderten Merkmalen: »... Fällt das Barometer dauernd, bläst der Wind immer aus gleicher Richtung, ist damit zu rechnen, daß das Schiff vor einem heranrückenden Orkan in dessen Bahnrichtung steht ... In diesem Falle muß ... ebenso verfahren werden, das heißt, das Schiff muß mit Wind von Steuerbord achtern auf Nordbreite lenzen und den Kurs nach Möglichkeit beibehalten ...«

Auf die *Pamir* trifft haargenau zu, was Kapitän Schubart in seinem Buch Orkankunde [8] niedergelegt hat. Die gegißten Positionen, Winde und Barometerstände vom 20. (wie auch vom 21.) September beweisen es:

1. Der Wind weht den ganzen Tag bis in die Nacht hinein aus südöstlicher Richtung (nämlich von 09.00 Uhr bis 15.00 Uhr Bordzeit aus Südzuost in Stärken 5 und später über 5 bis 6, ab 18.00 Uhr aus Südsüdost in Stärke 7, um 00.00 Uhr aus Südost in Stärke 7).

2. Im Dreistundenrhythmus fällt der Luftdruck von 1011 mb um 09.00 Uhr auf 996 mb um 00.00 Uhr.

CARRIE wird dabei in etwa 270° gepeilt. Sein Abstand verringert sich rasend schnell. Morgens um 09.00 Uhr betrug er noch 355 sm, um Mitternacht ist der Abstand auf 140 sm zusammengeschrumpft.

Entsprechend der zunehmenden Windstärke verhält sich die Schiffsleitung. Bereits in den frühen Nachmittagsstunden läßt Kapitän Diebitsch die Royal-Segel wegnehmen und festmachen. Während der 18.00-bis-20.00-Uhr-Wache werden, bei immer noch achterlich einkommenden Wind und vierkant gebraßten Rahen, auch die drei Oberbramsegel eingepackt.

Auf dieser Wache, die an Bord einfach die Sechs-Acht-Wache heißt und die jeder gern hat, weil auf sie eine »Filznacht« folgt, in der diese Wachgänger durchschlafen können, ist auch Folkert Anders. Später, im »Stern« [28], wird er aussagen: »Diese Wache war an einem Freitag. Seeleute sagen, Freitag sei ein schlechter Tag . . . Die *Pamir* lag so gut wie selten. Denn sie war ein Schiff, das Wind braucht. Die *Pamir* war ein Schlechtwettersegler . . .«

Der Himmel ist völlig mit Wolken in trister mausgrauer Farbe überzogen. Es herrscht eine mittlere Sicht. Ab und zu wird die *Pamir* von Regenschauern überdeckt, wobei die Sicht noch mehr abnimmt. Als der später überlebende Leichtmatrose Hans-Georg Wirth auf die 20.00-bis-24.00-Uhr-Wache aufgezogen ist, werden auch die Unterbramsegel weggenommen. Im Laufe der Wache wird auf den zweiten Knoten Backbord angebraßt.[111]

Auch der Leichtmatrose Klaus Fredrichs gehört zu dieser

Wache. Von ihm wissen wir, daß die *Pamir* während dieser Zeit gute Fahrt, ja sogar sehr gute Fahrt gemacht hat . . .

Bei dem starken raumen Wind, der alle gesetzten Segel prall voll stehen läßt, wird die tiefbeladene Viermastbark mit zehn, elf und schließlich sogar mit zwölf Knoten Fahrt durch die nachtdunklen Wasser des Atlantiks gepreßt. Schwanengleich fliegt die *Pamir* dahin. Wer vorn auf der Back auf Ausguck steht, dem bietet sich ein erregender Anblick, wenn der Bug das Wasser zerteilt, es kraftvoll zur Seite drückt, wo es sich, V-förmig aufschäumend, in der schräg von achtern auflaufenden See verliert. Von Südosten scheint auch noch eine Dünung dazwischenzulaufen.

Die See ist noch mäßig, aber immerhin schon stark genug, so daß das Schiff unter den anlaufenden, ziemlich langgestreckten Wasserbergen hart zu arbeiten beginnt. Es stampft im Rhythmus der See auf und nieder und giert schlingernd hin und her. Für diese Kombination zwischen Stampfen und Schlingern hat der Seemann eine treffende, eine bildhafte Bezeichnung gefunden, wenn er dieses Verhalten rollen nennt. Wer über die Poop hinweg zum Heck hinblickt, erlebt ein immer wieder neues Schauspiel der Windjammerfahrt . . .

- wenn das Heck im Wellental tiefer und tiefer einsinkt,
- wenn sich dahinter eine marmorn wirkende See aufbukkelt, die, einem Wasserwall gleich, das Achterschiff unter sich zu begraben droht und
- die sich dann unter dem sich sanft, aber ziemlich schnell anhebenden Heck hindurchwühlt und an den Seiten vorbeizulaufen scheint.

Am Ruder stehen zwei Mann. Sie müssen schon kräftig in die hölzernen Spaken greifen und einige Kraft aufwenden, wenn sie das Rad drehen müssen, um die *Pamir* auf dem befohlenen Kurs zu halten, immer, wenn das Schiff nach Lee ausbrechen will. Der Leichtmatrose Fredrichs vermerkt für diese Wache, daß die *Pamir* mindestens eine Stunde lang 13 Knoten Fahrt macht, was nur zu erreichen ist, wenn der Seegang noch nicht den für solche Geschwindigkeiten notwendigen Windstärken entspricht. 13 Knoten sind fast die Höchstgeschwindigkeit für das beladene Schiff, die sich zwischen 13 und 14 Knoten bewegt.

Ein solcher schon fast sturmhafter Wind ist wie Öl auf die Feuer der Begeisterung der Jan Maaten, die aufs baldige Wiedersehen mit Hamburg in wohl jedem der Männer entbrannt sind, seitdem das Tuch wieder pausbäckig voll steht, denn da ist keiner an Bord, der in Hamburg nicht einen Altarplatz hat.

Eine solche Brise nährt in jedem die tiefe Liebe für das Schiff, für das sich jeder mitverantwortlich fühlt. Selbst der Groll, den einige auf den neuen Alten bislang nicht abzuschütteln vermochten – wegen der Fingernägelkontrollen etwa und anderen kommissigen, bislang ungewohnten Maßnahmen an Bord eines frachtfahrenden Segelschiffs –, ist von diesem Wind wie lästiges Unkraut von dieser See untergraben. Die Windgeräusche in den Wanten und Stagen, auf denen Rasmus wie auf einer Harfe spielt, sind Seelenmassagen für die Männer und Jungs der *Pamir*.

Und als die Oberbramsegel weggenommen werden, steigt man nicht, springt man in die Wanten, schneller als sonst. Jetzt, da es stockdunkle Nacht ist, auf der die phosphoreszierenden Seen gespenstisch fahl herausleuchten, muß jeder Handgriff sitzen. Ohne Zögern legen auch die noch Jungen an Bord auf die in ihrem Rack arbeitende Rah aus. Vor Monaten noch hatte es für manchen schwere Selbstüberwindung gekostet, aus dem Want auf die schwankenden Fußpferde der Rah zu klettern. Da mußte jeder mit sich selbst fertig werden, um sich zu überwinden. Nachts vor allem. Das von den Gordingen und den Gaitauen zu Buchten aufgeholte Segeltuch schlägt im Wind hin und her, bauscht und bläht sich auf und nimmt hin und wieder vollends die Sicht. Brook für Brook packen sie es sich, die sie weit mit dem Oberkörper über die Rah überliegen, unter den Bauch, um das so geraffte Segel in die letzte Brook einzupacken und auf die Rah zu rollen, wo es mit Zeisingen festgemacht wird.

Allein das Herumlegen der Zeisinge um die dicke Rah verlangt akrobatisches Geschick und seemännische Gewandtheit. Mit dem rollenden Schiff arbeitet ja auch die Rah, deren weißgestrichene Nocken mal in die See hinab, mal in den nachtschwarzen Himmel zeigen.

So wird denn ein Topp nach dem anderen versorgt, bis alle drei Oberbrams festgezurrt auf ihren Rahen liegen.

Trotz weniger Segel beträgt die Fahrt noch immer zehn bis elf Knoten.

Der Wind weht noch immer aus südöstlicher Richtung.

Das bringt die erschreckende Gewißheit, daß sich der Hurrikan auf »Kollisionskurs« bewegt, das heißt, daß die Zugbahn von CARRIE nach Nordosten umgebogen ist.

Vorausgesetzt, daß man an Bord der *Pamir* diese Erscheinungen richtig deutet.

Daß das so ist, das beweist auch die Flugzeugaufklärung am 20. um 22.00 Uhr MGZ, das heißt um 19.00 Uhr Bordzeit auf der *Pamir*. Danach wurde das Hurrikanzentrum auf 34.5° Nord und 45.0° West beobachtet und gemeldet, nachdem es sechs Stunden vorher noch auf 33.2° Nord und 47.0° West geschätzt worden war. Diese neue Position liegt also 1.3° oder 78 Seemeilen nördlicher als die vorherige. Zugleich wird um 22.00 Uhr als Erwartung angegeben: ». . . moving slightly north to east . . .«

Das ist deutlich: ». . . etwas nördlicher als Ost ziehend . . .«

Die Hundekurve, da ist sie wieder. Da ist sie noch.

CARRIE verfolgt die *Pamir* noch immer in einer unbarmherzigen Hartnäckigkeit ohne Beispiel. Der Hurrikan steht nun etwas nördlicher als das Schiff selbst.

Nimmt man das Zentrum des Hurrikans für 00.00 Uhr MGZ auf 34.5° oder 34.6° Nord an und das der *Pamir* (nach nachträglicher Gissung) auf 34.3° Nord, so hat die Viermastbark damit nicht nur keine nördlichere Breite gewonnen als die zu erwartende Orkanbahn, sie hat sogar – gegenüber der Erwartung von 310 Seemeilen Abstand – gegenüber CARRIE etwas an geographischer Breite eingebüßt. Dazu kann man sich eine Abstandsverminderung von etwa 265 sm auf 185 sm von 18.00 Uhr bis 00.00 Uhr MGZ (15.00 Uhr bis 21.00 Uhr Bordzeit), das heißt um 80 sm in sechs Stunden, ausrechnen. Bei einer schematischen Weiterrechnung wird man bis zum Mittag 12.00 Uhr MGZ am 21. September auf 160 Seemeilen Distanzverringerung kommen.

Jetzt kann die Tendenz, noch gut vor dem gefährlichen Zentrum vorbeizukommen, um das »fahrbare« Viertel zu gewinnen, nur noch ein Wettlauf sein, gestützt auf den zunehmenden Südsüdostwind auf der Vorderseite der Zyklone, der auch weiterhin gute schnelle Fahrt erlaubt.

Es wird später nicht geklärt werden können, ob man auf der *Pamir* die Ergebnisse der 22.00-Uhr-MGZ-Flugzeugaufklärung um 00.35 Uhr MGZ des 21. September, als sie aufgenommen werden konnten, auch empfangen hat.

Der unter anderem von dem deutschen Motorschiff *Bischofstor* (Kapitän W. v. Zatorski) aufgenommene entsprechende Funkspruch von NSS (». . . moving towards the east at a foreward speed of about 20 knots – the storm is expected to continue moving towards the east or slightly north of east during the next 12 to 24 hours . . . this ist a dangerous storm . . .«) gab dabei CARRIE noch immer als »gefährlichen Sturm« mit Maximalwinden von 70 kn in der Nähe des Zentrums an.

Was man nicht wissen kann – und was erst durch eine nachträgliche spätere Analyse von CARRIE deutlich wird –, ist: Das sogenannte »fahrbare vordere Viertel« ist bei diesem Orkan, der alle Regeln verdreht, in bezug auf Windstärken eben nicht das günstigere Viertel.

Das hat seinen Grund, wie die Wetterlage von 20.00 Uhr MGZ erkennen läßt: Eine Azorenkaltfront zieht in Richtung auf den Hurrikan zu, dem zudem das den Wirbel steuernde Azorenhoch »fehlt«. Statt dessen liegt ihm in stärkerem Maße ein Neuschottlandhoch an. Bei dieser Situation kann das rechte vordere Viertel, das sogenannte »gefährliche«, zum windschwächsten werden, während das linke vordere und noch mehr das linke hintere Viertel des Wirbels die größte Sturmenergie aufweist ([1] S. 64).

Es sei hier auf den Bericht des *Anita*-Kapitäns Karl Sewenig, verwiesen, den die Reederei Ernst Russ dem Seeamt später zur Verfügung stellte und der deshalb so aufschlußreich ist, als man bereits am 20. September auch auf der *Anita* versucht hatte, in den »fahrbaren« Quadranten zu gelangen, der sich dann völlig regelwidrig als das gefährlichste Viertel des Wirbelsturmes erwies. Dies geschah am 20. etwa um 18.00 Uhr MGZ, also knapp 20 Stunden vor der *Pamir*-Katastrophe etwa 35° Nord und 45° bis 46° West, wobei das Zentrum von CARRIE – nach Schätzung des Kapitäns – die *Anita* höchstens südlich in 50 bis 60 Seemeilen Abstand passierte. Dabei wurde der nur 4138 BRT große – oder besser kleine – deutsche Frachter wahrscheinlich, weil näher am Zentrum, noch härter getroffen als später die *Pamir*.

Wie dem auch sei:

- Warum hat man an Bord der *Pamir* noch immer nichts getan, um rechtzeitig alle üblichen und notwendigen Vorsichtsmaßnahmen für Schiff und Besatzung zu treffen?
- Warum hat Kapitän Diebitsch noch immer keinen Verschlußzustand befohlen?

Glaubt er sich bereits vor dem Orkan, dessen spätere Bahn (Zentrum) die *Pamir* in Wirklichkeit erst um 01.00 Uhr MGZ (22.00 Uhr Bordzeit) kreuzen wird?

Dagegen spricht doch die noch immer zunehmende Windgeschwindigkeit und der wenn auch sehr langsam nach links drehende Wind, der um 01.00 Uhr morgens (04.00 Uhr MGZ) des 21. September aus Südost zu Ost in Stärke acht weht, während das Barometer weiter fällt, zu langsam für die geringe Entfernung vom Hurrikanzentrum auf um diese Stunde nur noch 105 Seemeilen.

Alle übrigen Wettererscheinungen nehmen den für die Lage typischen Verlauf. Dazu kommt eine jetzt immer stärkere, hohe, gewaltige Windsee und die aus Südwesten anrennende, jetzt schwere und grobere Dünung auf.

Auf der *Pamir* ist man für den 21. September vom Dreiwachen- auf das Zweiwachensystem übergegangen. Das ist nach dem Verlassen der Passatzone ein ganz normaler Vorgang; normal, da man sich ja nunmehr den Schlechtwettergebieten des Nordatlantiks nähert. So zieht denn der überlebende Leichtmatrose Klaus Fredrichs morgens um 04.00 Uhr Bordzeit nach kurzem vierstündigem Schlaf wieder auf Wache, während die anderen, ohne sich groß auszuziehen, in ihre Kojen und sofort in tiefen Schlaf fallen. Wie kampferprobte Krieger nützen sie jede Minute Schlaf, als sei er Medizin. Der Lärm an Deck stört sie dabei nicht.

Als Klaus Fredrichs das Deck betritt, stehen noch immer die gleichen Segel wie vor Mitternacht, nämlich: die Ober- und Untermarssegel, die Fock, der Innenklüver, das Vorstengestag-, das Großstengestag- und das Besanstagsegel, zwölf insgesamt.

Das Schiff liegt auf Steuerbord-Hals. Die Rahen sind nach H.-G. Wirth auf den zweiten Knoten angebraßt (entgegen der nicht vertretbaren Aussage von Haselbach, nach der sie noch vierkant standen).

Bemerkenswert für die Situation in dieser Stunde ist, daß, wie bereits vorn dargestellt, der um 04.00 Uhr geweckte Kochsmaat Karl-Otto Dummer sich nicht mehr freistehend anziehen kann. Eine solche Feststellung beweist doch, daß die *Pamir* unter dem Preß der angebraßten Segel jetzt schon ziemlich hart überliegt, möglicherweise bereits um so viele Grad, daß in den Laderäumen die Gerste »zu fließen« beginnt.

Gegen 06.00 Uhr läßt der Führer der 04.00-bis-08.00-Uhr-Wache, Kapitän Fred Schmidt, offenkundig mit dem auf Ostsüdost schralenden Wind auf den dritten Knoten anbrassen.

Der Wind hat noch mehr zugenommen. Es stürmt in Beaufortstärken acht bis neun. Jetzt müßte man an Bord, was den Hurrikan angeht, in Erwartung einer logischen weiteren Zunahme der Windstärke endlich den absoluten Verschlußzustand herstellen. Haselbach wird später lediglich berichten können ([1], S. 253): ». . . daß ab 06.00 Uhr gewisse Schlechtwettervorbereitungen getroffen worden seien, indem achtern die sogenannten Leichenfänger ausgebracht und an Backbord Strecktaue geschoren wurden; der Bootsmann soll auch irgendwann herumgegangen sein und gesagt haben, daß man an Deck ›alles klarmachen‹ sollte . . .«

Was die (später umstrittene) Krängung angeht, so hat auch der um 06.45 Uhr geweckte Schiffsjunge Karl-Heinz Kraaz, der in dieser Woche Dienst in der Matrosenmesse hat, erhebliche Schwierigkeiten nach dem Backschaftmachen. Bereits aufgebackte Teller und Tassen gehen über Stag, als die *Pamir* – offensichtlich als Folge der weiteren Manöver an Deck – noch mehr und in den zunehmenden Böen noch härter überkrängt.

Von Günther Haselbach wissen wir, daß Kapitän Schmidt morgens um 06.00 Uhr sogar noch weitere Segel setzen will.

Das aber unterbleibt, denn inzwischen ist Kapitän Diebitsch an Deck gekommen, der mit Fred Schmidt ein Gespräch führt, dessen Inhalt zweifelsohne das Vorhaben von Kapitän Schmidt ist, noch mehr Segel zu setzen, das vielleicht in der Absicht, den für eine vermeidbare Westkomponente noch guten Wind mit allen noch möglichen Mitteln auszunutzen.

Hieraus kann die Kenntnis von CARRIE abgeleitet werden, muß aber nicht; es kann auch sein, daß man um diese Zeit von dem herankommenden Hurrikan überhaupt noch nichts weiß.

Nach 06.00 Uhr Bordzeit werden bald weitere Manöver befohlen, jene also, die dem Kochsmaaten Karl-Otto Dummer in der Kombüse auffallen. Fred Schmidt läßt jetzt – sicher in Übereinstimmung mit dem Kapitän – auf den vierten Knoten anbrassen. Mit dem vierten Knoten hat die *Pamir* so hart wie nur möglich angebraßt. Der jetzt noch etwas vorlicher, gegen 08.00 Uhr (BZ) nun aus Ost zu Nord einkommende Sturm hat zur Folge, daß die Krängung noch größer wird, das, zumal auch der Sturm an Heftigkeit zugenommen hat. Nach der später gegißten Position (35.9° N, 40.3° W) und dem nachermittelten Barometerstand (991 mb) muß der Sturm von 06.00 Uhr (09.00 MGZ) bis 08.00 Uhr (11.00 MGZ) von den Stärken 9 bis 10 auf 11 zugenommen haben.

Diese Fakten, wie auch die vorstehend geschilderten Beobachtungen und Maßnahmen von dem Kochsmaaten Karl-Otto Dummer und dem Schiffsjungen Karl-Heinz Kraaz, sind für die Beurteilung der Lage von wesentlicher Bedeutung.

Wenn also lange vor Antritt der 08.00-Uhr-Wache eine derart starke Krängung gegeben war,

daß »man« Mühe hatte, sich anzuziehen,

daß aufgebacktes Geschirr über Stag ging und zerbrach und

daß in der Kombüse Schlingerleisten notwendig wurden, ist mit Sicherheit zu vermerken,

daß spätestens von diesem Zeitpunkt an die Gerste im Laderaum übergegangen ist. Ein Übergehen der Ladung setzte aber voraus, daß in den Laderäumen der *Pamir* größere Freiräume vorhanden gewesen sind.

Nach Kapitän E. Römer und Kapitän R. Sietas, die sich zunächst mit dem Sacken von Getreide während der Beladung und danach während der Heimreise befaßt haben und dabei Vergleiche mit dem Reederei-Schwesterschiff *Passat*[112] trafen, ist es wahrscheinlich, daß auf der *Pamir* die Ladung in noch größerem Maße gesackt war, als sie in den Sturm hineinlief. Kann nun die beträchtliche ladungsbedingte Schlagseite, welche die *Pamir* kurz vor ihrem Untergang aufwies, während der Reise »vorbereitet« worden sein?

Blenden wir auf die ersten Wochen nach der Ausreise zurück:

Das Schiff war allmählich in den Nordostpassat gelangt, der im südlichen Winter frischer zu wehen pflegt als der sommerliche Nordostpassat. Der Südostpassat wird zunächst mehr dwarsein und später, als das Schiff einen nördlicheren Kurs verfolgte, mehr achterlicher geweht haben. Auf dieser Strecke kann theoretisch ein Überrieseln der Gerste, die flüssiger als Weizen ist, bereits begonnen haben. Der Nordostpassat wehte naturbedingt und erwiesenermaßen flauer. Er kam jedoch schral, das heißt vorlicher ein als der Südostpassat und wird deshalb in annähernd gleichem Maße das Schiff nach Lee, das heißt nach Backbord, gekrängt haben wie im Südostpassat. Mit anderen Worten: Es kann sich eine echte, wenn auch geringe Schlagseite gebildet haben, die als solche von der Schiffsleitung nicht bemerkt wurde, weil das Schiff in beiden Passaten ständig nach Backbord übergelegen hatte.

Diesem Gedankengang steht freilich entgegen, daß die *Pamir* nach Verlassen des Nordostpassats am 18. und 19. September von zwei deutschen Schiffen gesichtet und sogar photographiert wurde. An beiden Tagen war, wie bereits beschrieben, so wenig Wind, daß die *Pamir* unter Schratsegeln und mit Benutzung der Hilfsantriebsmaschine lief. Beide Schiffe haben über ihre Begegnung mit der *Pamir* berichtet, ohne offenbar eine merkliche Schlagseite beobachtet zu haben. Es sei vermerkt, daß mit Schlagseite kein Überliegen des Schiffes durch Winddruck gemeint ist. Hört der seitliche Winddruck auf, so muß ein Segelschiff wieder auf ebenen Kiel zu liegen kommen, sofern sich eben infolge des vorhergegangenen Überliegens keine echte Schlagseite gebildet hatte (Übergehen der Ladung oder von Ladungsteilen). Nach den oben angestellten Erwägungen ist der Fall am 18. und 19. September vermutlich nicht eingetreten. Es bleibt die Möglichkeit, daß sich im Laufe des 20. September und in den Morgenstunden des 21. eine echte Schräglage entwickelt hatte. Um 03.00 Uhr des 21. September (MGZ) wird es mit Südost, Bft. 8, gebrist haben. Dieser Wind kam bei angenommenem nordnordöstlichem Kurs der *Pamir* ungefähr dwarsein und wird das Schiff bei der bezeugten Segelführung zu einem beträchtlichen Überliegen gebracht haben ...

Und wenn der Leichtmatrose Haselbach und nicht der Leichtmatrose H.-G. Wirth irrte, daß nämlich bereits auf der 20.00-Uhr-bis-24.00-Uhr-Wache am 20. September auf den zweiten Knoten angebraßt worden sei, dann wird die *Pamir* – bei stürmischen Windstärken 7 bis 8 und bei nordnordöstlichem Kurs aus erst Südost zu Ost und dann (ab 06.00 Uhr MGZ) aus Ostsüdost – also etwas achterlicher als dwars einkommendem Sturmwind – bereits in der Nacht zum 21. eine Schlagseite gehabt haben, die ein Übergehen der Gersteladung nicht ausschließt. Mit absoluter Sicherheit kann das jedoch für die Morgenwache am 21. gesagt werden, vorausgesetzt, daß sich genügend große Freiräume gebildet hatten.

In der am 30. September 1958 ausgefertigten Berufungs- und Beschwerdeschrift der Bremer Rechtsanwälte Dr. Schakkow, G. Lemke, Dr. Hobelmann, Dr. Willner, Dr. Schottelius, Dr. Köhler [2] für

1. die »Stiftung ›Pamir‹ und ›Passat‹«
2. die Reederei Zerssen & Co, Hamburg, und
3. die Witwe des Kapitäns Johannes Diebitsch werden, wie

schon dargelegt, größere Freiräume in den Laderäumen wie auch das Übergehen der Ladung bestritten.

Nun aber ist das Sacken von Getreide von vielen Faktoren abhängig. Darüber hinaus aber interessiert noch, daß in der Beschwerdeschrift unter Ziffer 3 dd Kapitän Eggers zitiert wird, da er von allen bei der Seeamtverhandlung anwesenden Sachverständigen über die größten Erfahrungen in der Verschiffung losen Getreides verfügte: »... Es ist ein Unterschied, ob man bei trockenem oder feuchtem Wetter lädt. Es ist so, daß die Ladung Gerste aus einem Trichter aus 25 m Höhe herunterkommt, dabei reißt sie sehr viel Luft mit. Ist die Luft feucht, bleibt die Feuchtigkeit natürlich im Getreide, und es klebt mehr; es hat dann eine größere Haftfähigkeit. Ebenso ist es, wenn gestaut wird. Eigentlich war die Gerste jedesmal anders. Wir hatten Gerste, die sah so aus, daß wir uns manchmal fragten, ist das Kleie oder Gerste? Dann hatten wir eine Sorte, wenn die ausgeschüttet wurde, dann war hinterher eine regelrechte braune Schicht darüber. Eine andere Gerste war wiederum von ganz anderer Beschaffenheit, sie staubte noch weniger als Weizen ...«

Damit sagte Kapitän Eggers genau das, was sich an Überlegungen anbietet: daß schwere (das heißt feuchte) Gerste schneller sackt als leichte. Und die Gerste, die auf der letzten *Pamir*-Reise an Bord kam, kann nur sehr trocken gewesen sein, das geht ja auch aus den Klagebriefen der Besatzungsmitglieder über den ungeheuren Staubanfall hervor. Geladen wurde auf der *Pamir* zudem nicht an zwölf aufeinanderfolgenden Tagen, wie es in der Beschwerdeschrift heißt, sondern an insgesamt nur neun Tagen, wobei nach drei Pausentagen wegen des Streiks die Restladung von Montag, dem 5. August, bis Freitag, dem 9. August folgte.

Daß es Freiräume auf der *Pamir* gegeben hat, dürfte daher absolut nicht strittig sein. In der Seeamtverhandlung wird es unter Hinweis auf Professor Dr.-Ing. Wendel und Kapitän Platzoeder heißen: »... Auf der *Pamir* müssen – über die sogar bei modernen Schiffen in gewissem Umfange häufig beobachteten Freiräume hinaus – *erhebliche* Freiräume vorhanden gewesen sein. Dafür sprechen schon die besonderen, beim Trimmen der Ladung in Buenos Aires aufgetretenen Schwierigkeiten.« – Die Beschwerdeführer werden in [2] unter Ziffer 3 b einwenden, daß die Schlitze in den Planken des Getreideschotts unter Kapitän Eggers stets vom I. Offizier Köhler dichtgestopft wurden (das heißt, daß er solches veranlaßte), warum also von Köhler nicht auch unter Kapitän Diebitsch ...

Das ist einleuchtend, obschon durch den Streik andere Verhältnisse geherrscht haben, das heißt, Köhler mußte sich ja auch noch um die Überwachung der »Hilfsstauer« kümmern.

Weiter heißt es: »... Ob eine offene Stelle über dem Schott (gemeint ist das aus Planken aufgebaute Mittellängsschott im Bereich der Luken) vorhanden war, ist ebenfalls nicht erwiesen. Wie Kapitän Eggers bestätigt, sind auf der *Pamir* die Schotten – entsprechend den Einrichtungen – stets bis Unterkante Lukendeckel durchgeführt worden. Es gibt keinen Anhaltspunkt dafür, daß es auf der Unglücksreise anders gewesen wäre. Richtig ist nur, daß auf der *Passat* die Schotten nicht durchgeführt waren, mithin dort eine offene Stelle war. Aber daraus einfach zu schließen, daß es auf der *Pamir* genauso gewesen sein muß, ist doch mehr als gewagt.« Niemand wird bestätigen, ob diese Planken in den Lukenrahmen eingesetzt gewesen sind oder nicht. Wenn nicht, dann ergab sich hier eine etwa 1,20 m hohe Fläche, über welche die Ladung über die ganze Lukenlänge übergehen konnte.

Im formularmäßigen Besichtigungsvermerk (der am 13. November 1956 in Hamburg durch die SBG durchgeführten Besichtigung) befindet sich Bl. 161 der Überholungsakte der SBG und auf Blatt 16 der Korr.-Akte ein eingehender Aktenvermerk, in dem es für den Bereich der Luken mit ihren losnehmbaren Mittellängsschotten u. a. heißt: »Der Plankenbereich in den Oberräumen erstreckt sich jeweils über die volle Deckshöhe.« Über Planken, die im Lukenkranz bis unterhalb der Lukendeckel eingesetzt werden konnten, wird in dem Besichtigungsvermerk nichts gesagt, obschon das wichtig genug gewesen wäre, denn das hätte ja gegenüber der *Passat* (siehe oben) zusätzliche Einbauschienen an den quergerichteten Lukenraumteilen erfordert.[113]

Darüber hinaus gab es noch einige andere Durchlässe, über die ebenfalls bereits (siehe Seite 75) berichtet worden ist und deren Durchlaßkapazität bei einer besonders trockenen und daher besonders »flüssigen« Gerste nicht unterschätzt werden darf, wenn der Böschungswinkel erst einmal erreicht ist.

Was die Schlagseite und damit den Ladungsübergang betrifft, so wird man in der Berufungsschrift unter c [2] abschließend zum Kapitel 3 – Ladungsübergang argumentieren:

»Eine beträchtliche Schlagseite für längere Zeit hat überhaupt nicht bestanden. Hierin liegt der wesentlichste und entscheidende Unterschied zum *Passat*-Vorgang. Denn innerhalb von nur 1½ Stunden (also von 11.30 bis 13.00 Uhr), während denen die *Pamir* mit großer Schlagseite lag, kann keine beträchtliche und bedeutsame Schlagseite entstanden sein ...«

Die Verfasser von [2], also die Juristen, sagen ferner, daß sich ein derartiger Ladungsübergang, so auch nach Aussage des Gutachters Professor Dr.-Ing. Wendel, nur allmählich vollziehen kann und auf der *Passat* tatsächlich auch etwa 24 Stunden bei fortdauernder großer, den Böschungswinkel des Getreides überschreitender Schlagseite in Anspruch genommen hat.

Dieser Feststellung begegnen später die Kapitäne Römer und Sietas [3] damit, daß die schwere Schlagseite auf der *Passat* nur 18 Stunden und die Windstärke 12 keine 48 Stunden, sondern nur zwei Stunden bestanden hat, während auf der *Pamir* eine Schlagseite nach Backbord um die Zeit nach 00.00 Uhr (MGZ) am 21. September (also um 21.00 Uhr BZ) bestanden haben muß. »... Seit diesem Zeitpunkt lag das Schiff also nach Backord über, und dieses Überliegen hatte sich bei weiterem Zunehmen des links herum holenden Windes verstärkt. Dieser Umstand wird das Übergehen der losen Gerste und damit die Entwicklung einer echten Schlagseite bewirkt haben ...«

Bis zum Kentern der *Pamir* – um dem Lauf der Dinge vorauszugreifen – werden noch 15 Stunden Überliegens vergehen: »Eine Differenz von drei Stunden gegenüber den 18

Stunden (der *Passat*), innerhalb derer sich die erstmals erkennbare Schlagseite auf der *Passat* gebildet hatte, dürfte praktisch keine Rolle spielen . . .«[114] Nach [2] sei die *Pamir* indessen auch in der Nacht zum 21. September ohne Schlagseite gesegelt.

Die Berufungsanwälte belegen das mit Aussagen von Haselbach, Wirth und Anders, nach denen erst auf der Wache von 07.00 Uhr bis 11.00 Uhr MGZ (also 03.00 Uhr bis 08.00 Uhr BZ) angebraßt worden wäre, und sagen: ». . . Aber auch danach ist ausweislich der Aussage des Zeugen Anders, dessen Wachzeit von 11.00 Uhr bis 15.00 Uhr MGZ (also 08.00 Uhr bis 12.00 Uhr BZ) lief, zunächst noch keine Schlagseite eingetreten. Es bestand auch nach der Bekundung des Zeugen Dummer lediglich eine kleine Schräglage, die nicht ungewöhnlich war. Erst gegen 11.45 Uhr MGZ (08.45 BZ) hat sich das Schiff nach dem Bericht Dummers etwas weiter als gewöhnlich übergelegt.

Das war der Zeitpunkt, in dem – nach der Aussage Dummers – die erste Bö einfiel . . .

Die Beschwerdeführer argumentieren dann noch weiter (auch das sei der Entwicklung vorausgenommen): »Der Zeuge Kraaz bekundet, daß zwischen 12.00 Uhr und 12.30 Uhr MGZ (09.00 Uhr und 09.30 BZ) das erste Wasser an Deck gekommen sei. Hieraus geht hervor, daß das Schiff um diese Zeit das erste Mal so weit eintauchte, daß Wasser an Deck kam. Das zeigt, daß die Schlagseite noch nicht beträchtlich war. Aber auch während der Zeit, in der die Segel zum Teil weggenommen wurden und zum anderen Teil von selbst wegflogen, hatte das Schiff noch keine erhebliche Schlagseite. Dies hat der Zeuge Haselbach bekundet, der für diese Zeit nur von ›etwas Schlagseite‹ spricht. Die Schlagseite konnte außerdem zu dieser Zeit noch gar nicht besonders groß gewesen sein, weil sonst die Segel nicht weggeflogen wären. Denn wenn ein Schiff mit Segeln auf der Seite liegt, streicht der Wind darüber hinweg, ohne die Segel wegzureißen. Allerdings vergrößerte sich die Schlagseite alsdann. Von größter Bedeutung ist aber, daß sich das Schiff nach Entfernung der Segel im Gegensatz zu der für seine These so entscheidenden

Annahme des Gutachters wieder etwas aufgerichtet hat. Denn der Zeuge Haselbach hat ausgesagt: ›Dadurch wurde der Druck von dem Schiff etwas genommen, und das Schiff richtete sich wieder etwas auf.‹

Erst während der Zeit, in der die Segel entfernt wurden oder von selbst weggingen, insbesondere aber danach – also nach 13.36 Uhr MGZ (10.36 Uhr BZ) –, erhielt das Schiff immer mehr Schlagseite und ging immer weiter über, so daß die ganze Leeseite unter Wasser geriet . . .«

Geradezu entscheidend sei es nach [16] gewesen, daß die große Schlagseite erst eintrat, nachdem das Schiff ohne Segel trieb, also die Zeit zwischen den Funksprüchen von 13.36 Uhr MGZ (10.36 Uhr BZ) und 14.01 Uhr MGZ (11.01 Uhr BZ).[115]

Nach Bekanntmachen der diesbezüglichen Punkte der Beschwerde- und Berufungsschrift [16] kann man hingegen nur wiederholen, was zur Schlagseite bereits vom Verfasser anhand der in der Seeamtverhandlung belegten Darstellung, den genannten Überlebendenaussagen (K.-H. Kraaz) und vor allem der ausführlichen Schilderung von Kochsmaat Dummer primär und sekundär zur Schlagseite festgestellt worden ist:

- Mühen beim Anziehen nach dem Wecken des Kochmaaten,
- Übergehen des Geschirrs bei der Backschaft vor 08.00 Uhr Bordzeit,
- Notwendigkeit des Einsetzens von Schlingerleisten in der Kombüse,
- Übergehen von Töpfen trotz der Schlingerleisten usw.

Auch eine Rekonstruktion des Kurses der *Pamir* und der Windrichtungen seit dem 20. September abends führt zu der Erkenntnis hin, daß zumindest um diese Zeit bereits auf den 2. Knoten angebraßt worden sein muß, wie auch der Leichtmatrose Wirth vor dem Seeamt ausgesagt hat.

Zurück zur *Pamir* in den Morgenstunden des 21. September.

08.00 Uhr: Die Wache ist aufgezogen. Zu denen, die jetzt an Deck gekommen sind, zählen auch der Leichtmatrose Hans-Georg Wirth und der Schiffsjunge Folkert Anders, die beide überleben werden.

Nach Günther Haselbach macht die *Pamir*, deren Rahen ja nun auf den 4. Backbord-Knoten[116], also hart angebraßt sind, in dem nunmehr aus Ost zu Nord[117] wehenden Sturm nur noch acht Knoten Fahrt. Die noch gesetzten Segel – und hier hat sich an der Zahl nichts geändert – werden also »hart am Wind« geführt. Noch immer versucht die Schiffsleitung – eben durch das so weit wie nur eben mögliche Hart-an-den-Wind-Gehen auf ungefähren 30°-Kurs – soviel wie möglich Nord zu machen. Das Schiff muß bereits zu dieser Zeit, da das Orkanzentrum nur noch (nach [13]) etwa 80 sm entfernt war, schlecht gesteuert haben. Das Beibehalten des Nordkurses kann erneut bedeuten, daß die Schiffsführung den Hurrikan CARRIE kennt, da sie noch immer im rechten Winkel von der Orkanbahn weglaufen will. Daß sich diese nähert, beweist der zunächst noch langsam nach links herumgehende Wind.

Vieles spricht dafür,

- daß die Schiffsleitung um diese Stunde der Ansicht ist, die Orkanbahnmitte bereits überquert zu haben,[118]
- daß Kapitän Diebitsch glaubt, einen vorhandenen, noch immer beträchtlichen Abstand vom Zentrum zur Vergrößerung des Abstandes von der Orkanbahn nutzen zu können,
- daß sich ein schulgerechtes Beidrehen, also über eine Halse, erübrigt.

Möglicherweise, so das Seeamt später, sind seine, also Diebitschs Entschlüsse sogar durch die Annahme beeinflußt worden,

- daß man es gewissermaßen »geschafft« habe,
- daß man sich bereits eindeutig im linken vorderen, also im »fahrbaren«, Viertel befinde,
- daß man sich immer mehr von der Orkanbahn entferne,
- daß man also keine hohen Sturmstärken mehr zu erwarten habe und
- daß man den Wind zur Fortsetzung der Reise ausnutzen könne.

So kann der Entschluß, die Segel entsprechend der Linksdrehung des Windes über Ost zu Nord immer mehr anzubrassen, auch verstanden werden.

»Eine derart optimistische Beurteilung der Lage erklärt

auch das bis jetzt noch immer unterlassene Herstellen des größtmöglichen Verschlußzustandes für die Aufbauten (und später die Zurückhaltung von SOS-Rufen) . . .«

Soweit das Seeamt.

Der Versuch dieser Erklärung befriedigt nicht.

Dieser Versuch hinkt, denn der noch immer aus ostsüdöstlicher Richtung wehende Sturm beweist doch, daß man noch immer im vorderen rechten Quadranten stehen muß, denn im linken müßte der Wind bereits auf Ost oder Ost zu Nord herumgegangen sein.

Zudem nimmt seine Stärke noch immer zu. Und noch immer fällt der Barometerstand.

Allenfalls die Annahme, daß die *Pamir* bei dem sich in etwas nördlicherer Richtung als Ost mit 13 kn fortbewegenden Hurrikan automatisch in Kürze von dem rechten in den fahrbaren linken Quadranten geraten werde, läßt eine Erklärung für das Verhalten und die Unterlassungen von Diebitsch zu. Vielleicht wird er sich gesagt haben: »Wenn der Wind hier im rechten Quadranten nicht viel stärker ist, wieviel weniger wird es dann im linken, ›im fahrbaren Viertel‹, wehen.«

Schließlich hat die Schiffsführung bei solchen durchaus möglichen Überlegungen daher auch den Befehl unterlassen, die neue Wache mit Ölzeug an Deck kommen zu lassen. Die Jungens sind erst später eigens zu diesem Zweck zurückgeschickt worden.

Das Seeamt wird weiter für diese Stunde folgern: »Mit einem Beidrehen (unter kleinsten Segeln) hätte man auf alle Fälle die Lage vermieden, in welche die *Pamir* dann geraten ist: nämlich mit relativ vielen (um nicht zu sagen zu vielen) Segeln dem plötzlich noch weiter stark zunehmenden Wind ausgeliefert zu sein. Dennoch konnten beachtliche Gründe für ein Weitersegeln nach Norden sprechen, und der Entschluß hierzu würde auch dann nicht als ein Verstoß gegen die Regeln der sogenannten Orkanstrategie zu bezeichnen sein, wenn die Schiffsleitung über die wirkliche Lage im Bilde gewesen wäre, also gewußt hätte, daß es zwar gelungen war, die Orkanbahn zu kreuzen, daß das Zentrum aber in nur geringem Abstand südlich vorüberzog.«

Wenn man sich unter solchen Umständen zum Weitersegeln entschloß, dann konnte nur ein Lenzen mit steuerbordachterlichem Wind in Frage kommen. Dabei hätten die Segel aber rechtzeitig, das heißt vor dem zu erwartenden Auftreten von Orkanstärken, bis auf eine ganz kleine Sturmbesegelung verkürzt werden müssen. Wenn (und solange) das Hurrikanzentrum noch so weit entfernt war, daß mit dem Einsetzen von Orkanböen nicht zu rechnen war, mußte die *Pamir* zwar die zum Erzielen einer hohen Geschwindigkeit erforderlichen Segel führen. Je näher aber das Zentrum rückte, desto größer wurde das mit der Führung so vieler Segel verbundene Risiko, wobei auch noch die recht geringe Zahl sturmerprobter, in der Takelage voll einsatzfähiger Matrosen und Leichtmatrosen in Rechnung zu stellen war.

Für jeden Führer eines Segelschiffs – gleichgültig welcher Größe und unabhängig von den besonderen Stabilitätsverhältnissen – ist es nichts weiter als eine selbstverständliche Vorsichtsmaßnahme, daß er bei heraufziehendem Sturm die Segelfläche so weit verkleinert, daß er zuverlässig hoffen kann, sein Schiff werde der Gewalt des Sturmes widerstehen können. Das muß natürlich noch in gesteigertem Maße bei der Annäherung eines tropischen Orkans gelten. Je sicherer die Schiffsleitung sein konnte, dem Zentrum eines Hurrikans mit seinen spezifischen Gefahren (plötzliches Umschlagen der Sturmrichtung usw.) entronnen zu sein, desto weniger konnte es gerechtfertigt erscheinen, angesichts der auch im nahenden Orkanfeld zu gewärtigenden extremen Windstärken das mit der Führung vieler Segel verbundene Risiko in Kauf zu nehmen. Auch der Gedanke, daß man die Segel hätte stehen lassen dürfen, bis sie von allein wegflogen, und daß sich die Segelfläche automatisch regulieren würde, wäre abwegig, zumal die Segel und das stehende und laufende Gut der *Pamir* in vorzüglicher Verfassung gewesen sind[119].

Die Juristen der Beschwerdeschrift [2] werden sich später an einem Formfehler aufhalten und dem Seeamt vorwerfen, ». . . wie sehr es die Problemlage verkannt hat . . .«, wenn es, wie oben ausgeführt, in Verbindung mit einem Weitersegeln nach Norden heißt, ». . . wenn man sich unter solchen Umständen entschloß, dann konnte nur ein Lenzen mit steuerbordachterlichem Wind in Frage kommen ...«

Die Beschwerdeführer werden berichtigen: »Aus dem Widerspruch, der in dieser Ausführung liegt – nämlich: wenn schon *Nordkurs*, dann *nur* Lenzen (mit westlichen und danach südlichen Kursen) –, geht hervor, daß das Seeamt auch diesen in den verschiedenen Kursen liegenden Unterschied zwischen Lenzen und Ablaufen vor der Bahn nach Norden gar nicht gesehen hat. Mit diesem doppelten Blick vorbei konnte es daher auch nicht zu einer sachkundigen Abwägung des Für und Wider kommen.«

Die Juristen haben recht; dieser Formfehler ändert indessen nichts an der Tatsache. Alle als Zeugen vom Seeamt gehörten Rahseglerkapitäne sind sich einig:

Zu dieser Stunde, also frühmorgens am 21. September (als klar wird, daß der Sturm bei linksdrehenden Winden und noch immer fallendem Barometerstand noch immer zunimmt), mußte ein Segel nach dem anderen geborgen werden.

Schnellstens.

Mit all hands.

Kapitän Hans Richard Wendt wird mit voller Zustimmung seiner Berufskameraden, den Kapitänen Dietrich Ballehr, Hermann Piening und Theodor Schütze, erklären: »Bei dem zunehmenden Sturm wäre bei einem Bergen immer weiterer Segel nicht einmal eine ins Gewicht fallende Fahrtverminderung verbunden gewesen, das jedenfalls, wenn man weiterhin raume Kurse gesteuert hätte ...«

(Dabei hätte das Schiff natürlich keinen etwas nordöstlichen Kurs in etwa 30° halten können, sondern es hätte mit den nach links drehenden, also schralenden Winden langsam über rechtweisend Nord in nordwestliche Richtung abfallen müssen, um um 08.00 Uhr BZ bei gegißtem OzN-Wind auf Nordwesten-Kurs gezwungen zu werden. Aber auch ein nordwestlicher Kurs, der die *Pamir* schneller an die Orkanisobaren des in nördlicher als Ost dahinziehenden Hurrikans herangeführt haben würde, hätte der *Pamir* bei hoher Fahrt zumindest nicht weniger, wenn nicht mehr Nord als die Fahrt mit hart angebraßten Rahen eingebracht, zunächst jedenfalls, solange der Wind nicht noch weiter nach Norden herumging [erst um 11.00 Uhr wehte der Wind aus Nordost].)

Hans-Richard Wendt wird weiter darlegen: »Ich hätte schließlich nur noch das Groß-Untermarssegel stehengelassen. Bei Windstärke zwölf aus achterlicher Richtung hätten mit Sicherheit bis zu zwölf Knoten Fahrt erreicht werden können.

Ich hätte es darauf ankommen lassen, daß dieses Segel aus den Lieken flog. Dann hätte ich eben vor Topp und Takel[120] weiter gelenzt . . .!«

Dabei soll der in der Berufungsschrift [2] herausgearbeitete Einwand vom Albatros-Kapitän Lehmberg nicht überhört werden, wenn er zum Lenzen sagt: »Lenzen vor dem Wind ist immer eine sehr gefährliche Angelegenheit. Wenn man sich aber dazu entschlossen hat, muß man möglichst viel Segel setzen, damit das Schiff nicht von achtern überrollt wird. Das habe ich bei Kap Hoorn gehabt; wir mußten lenzen, konnten aber nicht mehr beidrehen, da die See von achtern her haushoch über das Heck fiel und sämtliche Aufbauten und Bootssteven glatt wegrasierte. Es kommt darauf an, möglichst den Widerstand gegen eine kommende See dadurch zu brechen, daß man dem Schiff mehr Fahrt gibt, denn die See brandet gegen einen festliegenden Felsen mit größerer Wucht, als wenn sich der Gegenstand in derselben Richtung mit fortbewegt . . .«

Dagegen ist nichts einzuwenden, höchstens festzustellen, daß Hans-Richard Wendt auch unter dem Groß-Untermarssegel noch eine sehr hohe Fahrt erwartete.

Der andere Einwand der Beschwerdejuristen [2]: die *Pamir* hätte sich bei der ständigen Kursänderung über Westen und schließlich nach Süden, die der Drehung des Windes zu folgen hat, auf die Orkanbahn zubewegt, ist retrospektiv leicht zu entkräften, denn ein mehr südlicher Kurs wäre erst hinter der Orkanmitte zu erwarten gewesen, denn erst im hinteren Viertel dreht der Wind naturgemäß über Nordost auf Nord und schließlich Nordwest herum und zwingt ein lenzendes Schiff in südlichere Bahnen.

Um die achte Morgenstunde, um die es hier geht, führt die *Pamir* aber noch immer zehn bis zwölf Segel, das Wörtchen »bis« deswegen, weil später nicht mit Sicherheit geklärt werden kann, wie viele Segel wirklich gesetzt gewesen sind. Unstrittig sind dabei die sechs Marssegel, die Fock, ein Klüver, während bei den Stagsegeln, die aber wegen ihrer relativen Kleinheit auch relativ bedeutungslos gewesen sind, keine Klarheit zu erzielen ist.

Es ist schon richtig, daß ein so großes Segelschiff, wenn es hart am Winde gut und schnell vorankommen will, soviel Tuch wie nur irgendwie vertretbar setzen muß. Es ist aber auch einleuchtend, daß durch ein derart scharfes Anbrassen eine beträchtliche Schlagseite entsteht. Und die Schlagseite wird nur noch größer und schwerer, je mehr der Wind – und das trifft ja auf die *Pamir* während der Morgenstunden nach 06.00 Uhr zu – zunimmt.

Das Seeamt dazu:

»Das Anbrassen der Rahen und das Dichtholen der Schoten hat die Gefahr noch vergrößert. Wenn Kapitän Diebitsch Schubarts ›Orkankunde‹ [8] fast auswendig gekannt hat, dann ist es nicht unwahrscheinlich, daß das starre Durchhalten des Nordkurses, welches das immer schärfere Anbrassen der Rahen usw. erforderte, auf den bei Schubart auf Seite 120 gegebenen Rat zurückzuführen ist, den rechtwinklig von der Orkanbahn abführenden Kurs so lange wie möglich zu halten, obwohl

- der Wind dabei allmählich
- querein und schließlich
- von vorne kommen

mußte.

Wenn Diebitsch diesen Ratschlag bei seinen Maßnahmen im Sinne gehabt hat, dann hat er ihn mißverstanden oder einfach zu schulmäßig befolgt ...«

Alle ehemaligen Rahseglerkapitäne sind sich später einig:

- Sie hätten nicht angebraßt.
- Sie hätten, wie schon oben gesagt, weiter gelenzt.

Auch bei Schubart [8] ist dem Ratschlag, »... so lange wie möglich den rechtwinklig von der Orkanbahn abführenden

Kurs (durch immer schäferes Anbrassen) zu halten . . .«, großes Gewicht beizumessen, denn er fährt fort: »In vielen Fällen wird es sich im strengen Sinne so, wie hier empfohlen, nicht durchführen lassen, denn beim Kurshalten werden wohl meistens Wind und See zu schwer werden, um sie querein vertragen zu können; dann muß man wiederum abhalten und mit dem Wind von Steuerbord achtern lenzen . . .«

Wenn zu der starken Krängung auch noch Stabilitätsprobleme akut werden, wie

- Übergehen der Ladung,
- Wassereinbrüche in den Aufbauten,
- keine Möglichkeit, durch Fluten des Tieftanks auftretende Stabilitätsminderungen zu kompensieren,

dann ist

- die Katastrophe da!

Es leuchtet auch einem Laien ein, daß einsetzende Böen, wie sie auf der *Pamir* um diese Stunde zu erwarten sind, das Schiff zu einer weitaus größeren Krängung zwingen, wenn sie die mit angebraßten Rahen und dichtgeholten Schoten hart am Winde segelnde Viermastbark packen, als wenn sie auf das mit raumem Wind lenzende Schiff treffen. Das ergibt sich einmal schon aus der unterschiedlichen Größe der von Segeln, Takelage und Schiffsrumpf dargebotenen Angriffsfläche. Logischerweise vermindert sich die Fahrtgeschwindigkeit bei einem Schiff, das am Winde segelt, gegenüber einem mit raumem Wind segelnden Schiff mit zudem möglicherweise noch weniger Tuch unter den Rahen.

So erzielt denn die *Pamir* um die achte Morgenstunde des 21. September auch nur noch höchstens acht Knoten gegenüber den 13 in der Nacht bei raumem und dazu noch weniger starkem Wind.[121]

Je geringer die Fahrt des Schiffes ist und je seitlicher die Orkanböen einfallen, desto mehr muß sich die Gewalt einer Bö in reine Krängung umsetzen. Desto größer ist die Gefahr, daß das Segelschiff – erst recht, wenn es noch relativ viele Segel führt, was ja auf die *Pamir* zutrifft – einfach auf die Seite gedrückt wird und so seine Manövrierfähigkeit völlig verliert, wie es Stunden später bei der *Pamir* der Fall sein wird.

Zurück auf die *Pamir*.

Zwischen 08.00 Uhr und 08.30 Uhr Bordzeit stürzt der Schlachter fast außer Atem in die Kombüse und berichtet mit vor Erregung lauter Stimme, um den Sturmwind zu übertönen: »Also der Funker sagt, wir sollen alles bestens feststauen und Schlingerleisten anlegen, denn ein Hurrikan ist gemeldet. Wir werden wahrscheinlich in diesen Hurrikan hineinkommen.«

Werner Eggerstedt, der Koch, hebt beschwichtigend die rechte Hand, so als wolle er sagen: Nur keine Aufregung, und dann zeigt er auf die bereits eingesetzten Schlingerleisten.

»Ich mein' ja auch nur. Kommt aus der Richtung von den Bermudas, der Hurrikan. Kann sein, daß uns die Randläufer erwischen.«

Hurrikan, ein fast melodisches Wort, das dennoch schwer auf der Zunge liegt. Ein Hurrikan ist schlimmer als ein noch so schwerer schwerer Sturm. Schlimmer als beim Kap Hoorn kann's dabei wohl aber auch nicht wehen. Daran denkt zunächst jeder. Nun, Kap-Hoorn-Stürme hat die *Pamir* doch genügend an der Zahl abgeritten – und überstanden, denn die Viermastbark ist ein starkes Schiff.

Und die, die sich in der Lebensgeschichte des Schiffes auskennen, werden sich erinnern:

Am 17. Februar 1945, als die *Pamir* unter Neuseelands Flagge fuhr, war sie über Nacht in einen unangemeldeten tropischen Wirbelsturm geraten. Über diese gefährliche Begegnung berichtete seinerzeit der III. Offizier, O. F. Renner, unter dem Titel ›The Last of Here Breed‹ im »New Zealand Mercantile Marine« [18] »Sie stand (auf der Reise von Vancouver nach Wellington) südwestlich von Rarotonga[122]. In dieser Nacht, genau um 10.30 Uhr, als das Barometer plötzlich beängstigend fiel, begann man sofort, die Zahl der Segel zu verringern. Als gegen Mitternacht das Barometer weiter fiel, setzte plötzlich heftiger Regen ein. Der Wind nahm schnell an Stärke zu. All hands wurden an Deck befohlen, um die aufgegaiten Segel zu bergen. Eine halbe Stunde später wehte der Wind bereits in Stärke elf. Es stand eine schwere See. Und das Barometer fiel immer noch.

Mit Rücksicht auf die noch unerfahrene junge Crew befahl Captain Champion die Männer zurück an Deck. Ein weiteres Arbeiten in der Takelage konnte er aus Sicherheitsgründen nicht mehr verantworten. Um 01.30 Uhr war der Orkan auf Nordwest zurückgedreht und blies nun »greater than force 12 in the squalls«. Die Segel, die noch standen, flogen aus den Lieken, außer jenen vom Kreuztopp, wo man die Schoten für die Sicherheit des Schiffes losgeworfen hatte. Captain Champion entschloß sich, die *Pamir* auf Backbord-Halsen beizudrehen – und während er das tat, flogen auch die Vorsegel weg.

Um 02.00 Uhr – das Barometer stand auf 28.86 – drehte der Wind nach Südwesten zurück und wehte ständig in Stärke 12. Die Lenz-Pardune vom Großmast brach, und das Steuerbord-Rettungsboot wurde aus den Laschings gerissen und ging seitwärts über Bord.

Um 03.30 Uhr – das ›Glas‹ war inzwischen auf 29.21 gestiegen – nahm die Orkanstärke schnell ab. 18 Segel – einschließlich einiger, die bereits auf den Rahen festgemacht worden waren – gingen während dieser kurzen Hurrikanbegegnung verloren.[123]

Die Crew hatte sich großartig verhalten und den Wirbelsturm gut überstanden, aber die Erinnerungen an diese Furie eines Hurrikans wird keiner der Jungen je vergessen . . .«

Und Pat Pattery wird in seinem Bericht »Iron Men on 40-Year Ship« [19] sagen: ». . . we huddled in the lee of the works amidships and waited for her to broach too. There was a regular hurrah's nest, everything threshing mad. The worst moment was, when we thought we'd lost the mainm'st.[124] You come through by the hand of God it seems.«

Ein anderer Bericht, jener vom Able Seemann H. Martin West (nach [17]):

»Die Royals waren eben geborgen worden, und die Höllenwinde brachen in die noch stehenden Segel und hetzten das Schiff vor sich her. Segel flogen aus den Lieken, und das Schiff begann beängstigend zu stampfen und zu rollen. Captain Champion gab den Befehl, gewisse Segel zu kappen. Was nicht niet- und nagelfest in der Takelage festgemacht war, kam von oben und fiel an Deck, wo eine unglaubliche Whooling herrschte ... Bei diesem Zwischenfall hatte die *Pamir* bewiesen, daß sie als ein starkes Schiff bezeichnet werden durfte ...«

Unter dem gleichen Kapitän hatte die *Pamir* auf der 7. Reise querab von Cape Flattery einen zehnstündigen »schrecklichen Kampf ums Überleben«, als sie hier in einen 75-Knoten-Orkan geriet – in einen der schwersten Stürme in ihrem 40jährigen Leben. Sie gewann diesen Kampf dank der vorzüglichen Seemannschaft der Besatzung. Der III. Offizier Renner berichtete: »We then reduced down to nothing but the lower topsails and hang on. The wind blew like hell until about 10 o'clock, sometimes reaching force 10 or 11 velocity or 75 miles an hour ...«

Wenn man an Bord der *Pamir* unter dem Gros der Besatzungsmitglieder auch keine so detaillierten Einzelheiten über die verschiedensten Sturm- und Orkanbegegnungen der Hamburger Viermastbark weiß, so ist dem von Blohm & Voss mit Liebe und Sachverstand aus bestem Material[125] erbauten Schiff nachgerade der Ruf nachgelaufen,

- ein starkes Schiff zu sein,
- ein Windjammer, der sich auch in schwierigen und bedrohlichen Lagen bewährt hat.

So nimmt man denn an Bord die Warnung vor dem Hurrikan ohne Angst vor dem, was da auf das Schiff zukommen könnte, gelassen fast, zur Kenntnis. Die Kardinalfrage ist: Ist diese Hurrikanwarnung die erste überhaupt, die man an Bord der *Pamir* aufgenommen hat? Wenn die Schiffsleitung, wie es nach all dem Gesagten den Anschein hat, vorher keine Warnnachrichten aufgefangen hat, sondern wirklich erst in den Morgenstunden dieses 21. September, so könnte dieses – das sei noch einmal wiederholt – darauf zurückzuführen sein,

- daß man sich bis zum 17. Juni in der Passat-Zone vor wettermäßigen Überraschungen sicher gefühlt hat und
- daß es sich jetzt bei einem immer noch zunehmenden Wind um eine ganz normale Depression handele, die erst jetzt ihre Erklärung gefunden hat, nämlich:
- daß dies die Auswirkungen um das Sturmfeld eines tropi-

schen Wirbelsturms sind. Die Zeit vom Aufziehen der neuen Wache (08.00 Uhr) bis zu dem Zeitpunkt, »als es losgeht« und danach, als – und zwar erst, nachdem das erste Segel, der Innenklüver, mit einem Knall aus den Lieken geflogen war – der Befehl zum Alle-Mann-Manöver gegeben wird, ist genau auf die Minute nicht mehr in den Griff zu bekommen. Schiffsjunge Folkert Anders spricht von einer bis zwei Stunden nach Antritt der 08.00-Uhr-Wache. Nach Aussage des Schiffsjungen Heinz Kraaz wird das Alle-Mann-Manöver zwischen 09.00 und 09.30 Uhr »geklingelt[126]«, wonach er sich auf seine Manöverstation am Vortopp begibt . . .

Das wiederum deckt sich mit den Zeiten von K.-O. Dummer.

Man darf daher feststellen, daß die *Pamir* gegen 09.30 Uhr erstmals von der ganzen Wucht einer der ersten schweren Böen getroffen wird.

Bei diesen (nach Zeugenaussagen) sehr plötzlich einfallenden Orkanwinden holt die *Pamir* weit über, sicherlich krängt das Schiff jetzt weit über 30° hinaus.[127]

Das ist in Verbindung mit dem (erst) jetzt gegebenen Allhands-Befehl wohl auch die Zeit, da der Befehl zum Spannen der Strecktaue in der Luvseite ergeht.[128]

Die Frage nach den von dieser Zeit an durch den Orkan und die See einerseits und die Krängung des Schiffes andererseits bedingten Wassereinbrüchen in die Räume der Aufbauten ist für die Endbeurteilung der *Pamir*-Katastrophe von ganz erheblicher Bedeutung, ebenso auch die Frage nach dem Zeitpunkt des Befehls, den Verschlußzustand herzustellen, der wahrscheinlich auch erst *nach* dem All-hands-Manöver gegeben worden sein könnte.

Hier nun – im Zusammenhang mit den Wassereinbrüchen – werden Juristen später in ihrer Berufungsschrift und Beschwerdeschrift [2] argumentieren, daß diese Wassereinbrüche nicht auf menschliches Versagen oder irgendwelche Unterlassungen beim Herstellen des Verschlußzustandes zurückzuführen seien, sie seien vielmehr möglicherweise ». . . die Folge von Schäden am Schiffskörper infolge der starken Beanspruchungen (des Schiffes) – vielleicht auch durch irgendwelche Hindernisse im Wasser« ([2], S. 35). Weiter heißt es in dieser Schrift: »Wenn aber der Schiffskörper keine Risse erhalten haben sollte und wenn der Wassereinbruch (in Wirklichkeit gab es nicht einen, sondern mehrere, d. V.) nicht dadurch erfolgt sein würde, könnte daher nur die Folgerung gezogen werden, daß die Verschlüsse nicht standgehalten haben...[129]«

Andererseits werden die Verfasser der Berufungs- und Beschwerdeschrift später nicht bestreiten, daß der Verschlußzustand »relativ spät« hergestellt worden sei. Leider sagen sie nicht, was sie konkret ausgedrückt unter dem »relativ« verstehen, denn einen Zeit- oder Abwicklungspunkt beim Geschehen an Bord der *Pamir* nennen sie nicht.

Ein Vergleich der Aussagen Überlebender in der Berufungsschrift mit den Zitaten in der Niederschrift über die Seeamtverhandlung macht deutlich, daß »höhere Gewalt« als Ursache für die folgenschweren Wassereinbrüche in die Aufbauten auszuschließen ist, folgenschwer deswegen, weil durch das Vollaufen der Aufbauten die sich bei einer Stabilitätsberechnung für die *Pamir* ergebende Hebelarmkurve »lebensbedrohlich« verflacht und verkürzt wurde.

Unklar erscheint dem Verfasser lediglich, wann die Räume in den Aufbauten von den später Überlebenden in Ausführung des Verschlußbefehls aufgesucht wurden, nämlich ob vor oder nach den Manövern, die für das Wegnehmen und Bergen der Segel von Diebitsch befohlen worden sind, oder – was wahrscheinlicher ist – vor und nach den Manövern an Deck.

Nach der Berufungsschrift ([2] S. 27) habe nach dem Zeugen Wirth (der zum Beispiel erst nach dem Davonfliegen des Innenklüvers hört, »daß die *Pamir* in einen Hurrikan reinläuft«)[130], bereits »gegen 10.00 MGZ(!?) Wasser in den achteren Kammern ›bis unter die zweite Schublade‹ gestanden, obwohl ausweislich der gleichen Bekundung die Bullaugen geschlossen und heil waren. Lediglich die Blenden waren noch nicht vorgeschraubt. Sie zu schließen, war die Aufgabe unter anderem auch gerade des Zeugen Wirth. Aber selbst als die Blenden vorgeschraubt worden waren, drang, wie sich ebenfalls aus der Aussage von Wirth sowie auch aus der Bekundung des Zeugen Haselbach ergibt, weiteres Wasser in die Kammern. Schließlich standen die achtern im Schiff liegenden Kammern und der Waschraum bis zur Bullaugenhöhe voll Wasser . . .«

Zunächst kann die in [2] angegebene Uhrzeit MGZ nicht stimmen, denn die Uhrzeit 10.00 MGZ wäre 07.00 Uhr Bordzeit, also eine Zeit, während der Wirth noch gar keine Wache hatte und auch noch kein All-hands-Befehl gegeben worden war.

Weiter aber: In der Niederschrift der Seeamtverhandlung [1] ist auf der Seite 118 aufgrund der Aussage von Wirth nachzulesen: »Aber in dieser Zeit (hier also erst nach den dem All-hands-Befehl folgenden Manövern an Deck, wie Segel bergen usw., und erst nachdem sich die ganze Leeverschanzung schon unter Wasser befand) seien schon die ganzen Kammern an der Backbordseite vollgelaufen, desgleichen das Waschhaus und die Toiletten. Ungefähr bis zur halben Höhe seien diese Räume alle voll Wasser gewesen. Er sei dann mit anderen Kameraden durch das Schiff geschickt worden, um die Bulleyblenden dichtzuschrauben. Er wisse genau, daß dies(es) erst um diese Zeit herum (also – siehe oben – nach den Manövern um die Segel) geschehen sei. Das Wasser habe ungefähr bis über die zweite Schublade gestanden, als sie sich dranmachten, die Blenden dichtzuschrauben . . .«

Hier nun ist weiter von wesentlicher Bedeutung, was in [1] über die Aussage des Schiffsjungen Heinz Kraaz im krassen Widerspruch zu der Berufungsschrift der Juristen (S. 30) zu der Lage in den achteren Kammern (» . . . jedoch war dieses Wasser nicht durch die Bullaugen eingetreten, denn diese waren dicht und nicht eingeschlagen . . .«) zu lesen steht: ». . . Geschirrwaschen sei unmöglich gewesen. Auf Backbordseite habe man nachtsüber die Bullaugen offengelassen. In der Zimmermannskammer und in den achteren Kammern auf Backbordseite sei Wasser durch die Bullaugen eingedrungen. Darum hätten sie sofort alles fest verschließen und die Blenden runtermachen müssen. Dabei habe er mitgeholfen. Als zwischen 09.00 Uhr und 09.30 Uhr zum Alle-Mann-

Manöver (über die Alarmglocke) geklingelt worden sei, habe er sich auf seinen Posten am Vortopp begeben ...« Dann folgen Einzelheiten zum Segelbergen und dann der Satz: »Er selbst habe geholfen, auf Luvseite Strecktaue zu spannen.«

Während Wirth also die Räume erst nach den Segel-Berge-Manövern beging, hat dies der Schiffsjunge Heinz Kraaz, wenn man die Reihenfolge der Darstellung als Geschehensablauf wertet, offenkundig bereits vorher getan.

Auch nach K.-O. Dummer ([1] S. 11) gab es achtern Wasser in den Kammern (nachdem er für die Mittschiffskammern sagte: »Es lag alles im Wasser ...«): »Soviel ich weiß, war das achtern in den Stammkammern genau dasselbe.«

Wie dem auch sei – ob nun die Begehung der Aufbautenräume *vor* dem Bergen der Segel oder *hinterher* erfolgte – unstrittig ist, daß in den achteren Kammern an der Backbordseite Wasser durch die hier noch offenen Bullaugen eingedrungen ist. Und der Hinweis in der Berufungsschrift, daß das Wasser bei der späteren Untersuchung der Kammern durch den Leichtmatrosen Haselbach mit der strittigen Uhrzeit 12.15 Uhr Bordzeit[131] in den Backbord achtern liegenden Kammern wie auch im Waschraum »bis zur Bullaugenhöhe« gestanden habe, macht ja deutlich, daß der Wasserspiegel durch die Bullaugenhöhe bestimmt worden sein muß. Möglich, daß trotz der Verschlußmaßnahmen bei den sich hetzenden Befehlen das eine oder andere Bullauge noch gar nicht geschlossen worden ist ...

Nach [2] stand auch der Mittschiffsgang unter Wasser, »von dem man nicht wußte, woher es kam ...«.

Ebenso widersprüchlich dazu ist die Aussage eines am 29. September auf Tonband aufgenommenen und später widerrufenen Protokolls von Heinz Kraaz, aus dem zu entnehmen ist, daß die Mittschiffsräume (zumindest im genannten Teil) noch begehbar gewesen sind:

»Ich ging runter mittschiffs und half dem alten Bootsmann. Er wollte sich was überziehen. Dem habe ich noch in seine Kammer geholfen. Er konnte ziemlich schlecht laufen. Er war schon alt und sehr krank, Bootsmann Kühl. Er hat noch die Aufsicht gehabt. Arbeiten konnte er nicht. Das Schiff lag sehr schräg, und Bootsmann Kühl konnte allein nicht mehr gehen. Dann gingen wir durch die Uffz-Messe. Ich habe dem Bootsmann Kühl noch seinen Pullover gebracht, und den hat er angezogen.«

Vielleicht ist der Widerspruch über die Frage »Wasser oder kein Wasser in den Mittschiffsaufbauten« die Ursache für den Widerruf dieses Protokolls gewesen.

Daß in die Mittschiffsaufbauten Wasser eingedrungen war, bekräftigt auch Karl-Otto Dummer, der sogar wußte, was man nach den Juristen in [2] »nicht wußte, woher es kam«. Weiter Karl-Otto Dummer: »Da war dann auch durch die Lüfter auf der Backbordseite Hochdeck Wasser in die Mittschiffsgänge eingedrungen. Ich weiß nicht, welche Lüfter das (gewesen) sind, ich hörte nur, daß durch die Lüfter Wasser eindringt.« Siehe auch das Thema Eimerkette.

Ferner heißt es bei Dummer (in [1] S. 111): »Aber die Mittschiffskammern der Offiziere waren alle unter Wasser ...«

Nach [2] stand im Offiziergang ebenfalls Wasser, das sich dann in den Kammern der Offiziere und Stewards sammelte. »Woher es kam und ob es noch weiterlief, konnte nicht festgestellt werden, obwohl Einströmungsgeräusche hörbar waren ...«

Hingegen waren nach [2] die Logis, die Unteroffiziersmesse und die Kadettenräume »ohne Wasser«. Sie müssen es auch noch nach dem Bergen der Segel gewesen sein, denn auch der Schiffsjunge Folkert Anders (nach [1] S. 119) habe, weil er und seine Kameraden nach dem Loswerfen der Fock völlig durchnäßt waren, »... sich mit seinen Kameraden mit Erlaubnis eines Offiziers – über Deck hangelnd – in ihre Messe begeben und sich dort umgezogen«. Ihr Logis sei zu diesem Zeitpunkt noch trocken gewesen.

Nach der Berufungsschrift [2] bestätigen alle überlebenden Zeugen, daß alle Skylights geschlossen gewesen sind.

Nach Haselbach ([1] S. 107) sei »... sehr viel Wasser durch das Skylight beim Niedergang eingedrungen ..«.

In der Berufungsschrift [2] heißt es: »... Die Ventilatoren (gemeint sind hier die Lüfter) sind nach Aussage des Zeugen

Haselbach aus dem Wind gedreht und mit Segeltuchbezügen abgedeckt worden ...«

Dagegen steht die oben bereits zitierte Aussage von Dummer, nach der durch die Lüfter Wasser ins Schiff drang.

Nach [2] sind nach Haselbach und Wirth die sogenannten Schwanenhälse (die der Entlüftung der Laderäume dienen) »mit Persenningen oder Holzpfropfen verschlossen worden ...«.

Schon das Wörtchen »oder« macht diese Feststellung in der Berufungsschrift zweifelhaft.

Nach [2] seien auch die Entlüfter durch Klappen mit Gummi wasser- und luftdicht abgeschlossen worden; dazu meinte Wirth: »... daß (wir) sie aber dicht gehabt haben, denn wir hatten ja Getreide ...«

Was die Ausgüsse, Ausflüsse und Speigatte angeht, so sind sie mit Klappen versehen worden, die sich nur nach außen öffnen und als Rückschlagsklappen gegen die See abschlossen. Lediglich die mittschiffs gelegenen Toiletten des Kapitäns, I. Offiziers und Arztes haben zusätzlich und übervorschriftsmäßig je einen Schieber vor der Rückschlagklappe gehabt, mit dem man die Abflußleitung ganz abschließen konnte. Später wird man die von Dummer beobachtete, aus dem gekenterten Schiff heraustretende Luft-Wasser-Fontäne auf die hier nicht geschlossenen Schieber zurückführen, was die Verfasser der Berufungsschrift nach der Seeamtverhandlung als »unhaltbar« bestreiten.

Nach [2] waren alle Türen dichtgemacht, mehr noch: »... auch die zusätzlich vorhanden gewesenen eisernen Klappschotten waren vorgelegt, allerdings mit einer Ausnahme: Backbord achtern ist das eiserne Oberschott nicht vorgeklappt gewesen ... Da diese eisernen Schotten übervorschriftsmäßig waren, bedeutet es keinen Mangel an vorgeschriebenem Verschlußzustand, wenn eines nicht vorgelegt war ...«

Nach Haselbach ([1] S. 127) konnte von den eisernen Schutztüren nur noch die untere Hälfte eingesetzt werden. »Der Zimmermann und der 2. Bootsmann haben vergebens versucht, auch noch die obere Schutztür einzusetzen ...«

Bei Wirth ist (in [1] S. 116/117) nachzulesen: »Große Brecher hätten das Backbordschott (Holztür) zur Poop eingeschlagen.« Wirth meint, daß beide Eisenschutztüren noch gar nicht eingesetzt gewesen seien. Erst nachdem die Backbord-Holztür eingeschlagen war, habe man die Eisenschotten vorgebracht. Aber in dieser Zeit ». . . seien die ganzen Kammern an Backbord-Seite vollgelaufen, desgleichen das Waschhaus und die Toiletten. Ungefähr bis zur halben Höhe seien diese Räume alle voll gewesen . . .«

Das ist eine klare Aussage, zu der abschließend noch Karl-Otto Dummer zitiert werden soll: ». . . wir standen in der Kombüse. Es kam etwas Gischt über, aber wir hatten die Bullaugen noch alle offen. Auch die Luvseiten-Bullaugen waren noch nicht geschlossen . . .«

Soviel zu den stabilitätsmindernden Wassereinbrüchen, die unstrittig sind.

Als auf der *Pamir* um 09.00 Uhr die ersten der schweren Orkan-Böen einkamen und mit dem Davonfliegen des Innenklüvers die Alarmglocke für All-hands auch die Männer in der Kombüse, wo bei der jetzt starken Krängung bereits ein Topf aus den sichernden Schlingerleisten sprang, an Deck berief, als in dieser plötzlich sehr bedrohlichen Lage der II. Offizier Buscher den Kapitän fragt, ob er SOS geben soll, und dieser verneinend abwinkt, wird zunächst versucht, die Obermarssegel wegzunehmen.

Das ist, während weitere Segel, Schratsegel nämlich,[132] davonfliegen, ein vergebliches Bemühen, denn die Fallwinschen laufen nicht, da der Winddruck auf die Segel und damit der Preß auf die Rahen und deren Racks in Verbindung mit der Krängung derart stark ist, daß sich die an sich recht schweren Rahen nicht mehr fieren lassen. Sie müssen daher heruntergehievt werden. Was auch nur unvollkommen gelingt.

Auch die Versuche, die Fock aufzugaien, zeigen keinen Erfolg. Die Männer, Mannschaftsdiendstgrade wie Offiziere, die sich nach Haselbach »äußerst furchtlos und diszipliniert verhalten«, kämpfen bis an den Rand physischer Erschöpfung. Sie arbeiten zeitweise bei den überkommenden Seen im Wasser, das jetzt bei der starken Krängung des Schiffes bis zur Leekimming der Luken reicht. Sie werden dabei mit den Gordings, wenn sie nicht loslassen, regelrecht mit hochgezogen, immer, wenn eine neue Bö einfällt. Kapitän Diebitsch sieht ein, daß das sinnlos ist. Er läßt die Schoten der Obermarssegel loswerfen. Aus ihrem Halt losgelöst, schlagen die Segel wild hin und her. Eines nach dem andern reißt und zerfetzt. Kapitän Diebitsch hat persönlich sechs Mann von der Stammbesatzung auf die Rahen geschickt, um diejenigen Obermarssegel aus ihren Lieken zu schneiden, die vom Wind zerfetzt wurden, während man einige andere, im Vortopp vor allem, noch festmachen kann.

Jetzt aufzuentern, jetzt auf die um über 30° geneigten Rahen auszulegen,

wo sich der Orkan in dem zum Teil bereits zerrissenen Segeltuch austobt,

wo die losgeworfenen Schoten hin und her, auf und nieder gepeitscht werden,

erfordert sehr viel Mut.

Mut, ein Wort, daß im Sprachschatz der Männer an Bord der *Pamir* ausgelöscht zu sein scheint. Was Mut erfordert, ist hier seemännische Selbstverständlichkeit.

So entern sie zunächst in den Vortopp auf – und das Entern ist kein Entern im Sinne des Wortes mehr –, sie müssen sich – auch der II. Offizier Gunther Buschmann[132a] ist dabei – in Luvseite von der Sturmfaust wütend ans Want gepreßt, langsam und mühsam von Webeleine zu Webeleine hinaufschieben, wobei der Weg über die jetzt nicht mehr überhängenden Püttings dankbar als Erleichterung hingenommen wird. Dann – rauf auf die Rah, deren Schräglage sie erst überwinden müssen, ehe sie darangehen können – die eine Hand am Jackstag, in der anderen das Messer – das »angenähte« Tuch von der Rah abzuschneiden. Wie Flammen aus der Hölle fliegen die Fetzen davon.

Ein paarmal muß Kapitän Diebitsch jene Männer zurückpfeifen, die sich zu weit nach außen – zur Nock hin – wagen, wo die losgeworfenen Schoten mit ihren eisernen Schäkeln bösartig und lebensbedrohlich hin und her schlagen.

An Deck ist es während dieser Zeit, so erinnert sich Karl-

Heinz Kraaz, nicht mehr möglich, sich ohne Festhalten, ohne Festkrallen, zu bewegen. »... Schließlich habe ich mich an der Luvbrücke eingeklemmt und von dort aus gesehen, wie die Schoten losgeworfen wurden, so daß die Segel frei umherschlugen und von selbst vom Sturm zerrissen wurden ...«

Das ist die Zeit, da die Kochmannschaft die Kombüse verläßt, nachdem vorher – unter dem Druck der Krängung – die Töpfe aus den Schlingerleisten regelrecht herausbrachen und man inzwischen auch die Feuer im Herd gelöscht hatte. Dummer macht seine Meldung beim Kapitän, eilt auf das Hochdeck und hilft mit, die Strecktaue zu spannen.

Das ist ungefähr auch die Zeit, da der Leichtmatrose Haselbach erstmals – und zwar von dem 2. Bootsmann Lütje – erfährt, daß es sich bei dem Sturm um einen Hurrikan handele. Lütje habe dabei berichtet, von dem II. Offizier Buschmann erfahren zu haben, daß man gegen Mittag das Auge dieses Hurrikans erwarte.

An Deck, auf dem Vorschiff, balgen sich Matrosen, Leichtmatrosen und Jungen noch immer mit verzweifelten Kräften mit der störrischen Fock ab. An den erfolglosen Versuchen, dieses große breite Segel aufzugaien und normal zu bergen, beteiligt sich auch der Schiffsjunge Folkert Anders. Immer, wenn eine der hoch und breitbrüstig herantobenden Seen dumpf rumorend über die Luvreling bricht, versinken sie in kochendem, wirbelndem, strudelndem Wasser. Wer hier nicht aufpaßt, den schwemmt es, gnadenlos und voller Wucht, gegen die Nagelbank oder quetscht ihn darunter.

Folkert Anders, der beim Alarm nur noch seinen Trainingsanzug überstreifen konnte, ist einer von denen, die auf der Fockrah das aufgegaite Segel einpacken und festmachen sollen. Später wird er im »Stern« darüber berichten [28]: »Wir waren mehrere. Wir kletterten die Leitern hinauf. Als wir die Segel einnehmen wollten, blähten sie sich zu Ballons. Der Wind war schon so stark. Es muß schon ein Hurrikan gewesen sein. Wir schafften es nicht mehr ...

Mit uns war einer der beiden Ersten Offiziere in der

Fock: Der Seeschriftsteller Fred Schmidt. Trotz seiner 56 Jahre riskierte er mehr als wir. Keiner von uns wird je etwas auf ihn kommen lassen.«

Am Ende müssen sie auch hier aufgeben.

Man nimmt auf Befehl der Brücke die Tampen der Schoten vom Koffeenagel und läßt sie, die das Segel sonst über die Schothörner – über die beiden unteren Ecken also – steif halten, einfach fliegen, das in der Hoffnung, daß der Orkanwind das Segel jetzt zerreißt. Aber das Tuch ist nicht nur stark, es ist auch brandneu. Nirgendwo zeigt sich bis jetzt ein Riß. Ein paar Mann, die aufentern, schneiden es schließlich vom Rahliek ab.

Als der Schiffsjunge Folkert Anders aus dem Vortopp von der Fockrah herunterklettert, rutscht er aus. Jemand hält ihn fest: Kapitän Fred Schmidt, von dem F. Anders später sagt [28]: »Ein kleiner, aber umsichtiger Mann. Umsichtiger als die meisten. Er stellte mich fest aufs Deck, und er sagte freundlich lächelnd zu mir: ›Dicker, jetzt wird es ernst.‹ Ich antwortete: ›Damit muß man sich wohl abfinden, wenn man diesen Beruf wählt.‹ Fred Schmidt nickte. ›Vielleicht . . .‹ oder so etwas Ähnliches habe ich verstanden.«

Nach den Obermarssegeln, der Fock und den davongeflogenen Stagsegeln ist der schlimmste Druck von dem gequälten Schiff genommen. Die *Pamir*, die bei der noch relativ großen Beseglung bis jetzt über 35° Schlagseite hatte, richtet sich auf, aber nur etwas und kaum spürbar, viel, sehr viel weniger, als alle an Bord mit ihrem Kapitän erhofft haben – und wie es normalerweise auch der Fall ist.[133]

Da dies aber nicht geschieht, muß das Schiff irgendwie eine stabilisierende Krängung haben. Allein mit den teilweise in Leeseite vollgelaufenen Aufbauten ist sie nicht zu erklären. Unstrittig kommt hier der Hebelarm des krängenden Moments einer Ladungsverschiebung zu den Hebeln des Winddruckmoments noch hinzu. Allein schon aus der Kurve »Schiff ohne Segel plus übergegangene Ladung« ergibt sich eine Neigung von etwa 24 bis 26°.

Vielleicht könnte man den mit Gerste beladenen Tieftank fluten, um die Stabilität zu verbessern. Das aber setzt voraus, daß der Tieftank auch geschlossen ist. Ob das so ist, wird wohl ebensowenig wie die Frage geklärt werden, ob man auf der Brücke überhaupt an ein Fluten des Tieftanks gedacht hat. Das Seeamt, das heißt die Sachverständigen Kapitän Platzoeder und Prof. Dr.-Ing. Wendel, wird später folgern ([1] S. 166): »Für Segelschiffe von der Art der *Pamir* erscheint es ferner empfehlenswert, bei Beladungsfällen mit relativ geringer Stabilität den Tieftank mit Wasser zu füllen oder auf andere Art die Stabilität zu vergrößern. Es würde eine zusätzliche Sicherheit bedeuten, wenn in die Aufbauten Wasser eindringt und sie zur Stabilität nichts mehr beizutragen vermögen.«

Warum, diese Frage drängt sich auf, hat man das nicht schon vorher überdacht und gefordert?

Wenn es stimmt, daß die Neuseeländer vor dem Einsatz der ihnen überlassenen *Pamir* in das Schiff zusätzlich 600 t Ballast eingebracht hatten, dann ist das fast genau die Menge, die normalerweise ein gefluteter Tieftank erbringt. Die 600 t der Neuseeländer sind doch kein Zufallsergebnis gewesen.

Doch zurück zur Stabilität der *Pamir* am Unglückstag zwischen 10.00 Uhr bis 11.00 Uhr Bordzeit:

Auch könnte die von achtern auflaufende südöstliche Dünung – die indessen von keinem der überlebenden Besatzungsmitglieder beobachtet worden ist[134] – zu einem Stabilitätsverlust geführt haben . . .[135]

Die Windstärke hat – und das ist unstrittig – mit Überschreiten der 995-mb-Isobare des Hurrikans (und das dürfte gegen 09.00 Uhr Bordzeit gewesen sein) noch zugenommen. Es weht jetzt – gegen 10.30 Uhr Bordzeit – mit mindestens elf bis zwölf Windstärken nach der Beaufort-Skala. Und in den Böen des jetzt fast nordöstlich wehenden, vorlicher als dwars einkommenden Orkans ist er um ein Mehrfaches stärker. Überkommende Brecher der von querein anrennenden See haben an Backbordseite die Niedergänge von der Pop und Achterkante Hochdeck wie morsche Kistenbretter weggeschlagen.

Das Boot Nummer 6 ist unter dem Ansturm der überkommenden Brecher bereits aus den Halterungen gerissen, jeden

Augenblick kann es über Bord gehen. Erstmals empfinden einige der Männer, daß Gefahr droht . . .

Ein Boot weniger . . .

Wann sind es mehr, die sich Rasmus holt . . .

Die Tür vom Lampenspind unter der Back ist regelrecht zu Kleinholz zertrümmert worden, und ihre Reste sind wie die Trümmer der Niedergänge fortgeschwemmt.

Das Schiff zeigt sich bei der großen Schlagseite sehr rank. Seine Eigenrollperiode ist also sehr groß. Die Wellenschrägen der Windsee addieren und subtrahieren sich zu der Neigung des Schiffes. Dadurch entstehen periodisch um etwa 15° größere Winkel gegen das für die Bewegung der Gerste – und daß sich die Gerste bewegt hat, ist nicht auszuschließen – entscheidende Scheinlot. Wenn also infolge von Freiräumen und den erwähnten Durchlässigkeiten Gerste übergeht, dann erfolgt dieses Übergehen also noch schneller, als aus dem Winkel gegen den Horizont zu schließen ist. Die gleichfalls periodisch erfolgende Verringerung des Winkels gegen das Scheinlot bringt wohl unter Umständen das Übergehen der Gerste zeitweilig zum Stillstand, hat jedoch keine Bewegung in der entgegengesetzten Richtung.

Inzwischen werden auch die Untermarssegel weggenommen, das heißt, man versucht sie zunächst erst einmal aufzugaien. Hier und dort gelingt es auch mit All-hands am Tampen, einen der Gordinge dichtzuholen und damit das Segeltuch buchtförmig unter die Rah zu bringen, wo es sich im Sturmwind krümmt und windet. Am Ende bleibt aber auch bei einigen Untermarssegeln nur der Weg, das Tuch von den Rahen zu schneiden. Und wieder dürfen hierbei – und das ist ein ausdrücklicher Befehl des Kapitäns – nur die Seeleute vom Stamm in die Wanten. Daß die Wanten überhaupt noch begehbar sind, beweist doch zu dieser Stunde, daß der Orkan noch lange nicht jene Windstärken erreicht hat, die bei einem Wirbelsturm durchaus möglich sind. Im Hurrikan DORA als Beispiel wird man im Frühjahr 1958 ziemlich genau Angaben ermitteln über die maximalen Windstärken eines Orkans wie auch über die Stärken seiner Spitzenböen. Seine mittlere Windgeschwindigkeit wird bei 100 kn liegen, die Maximalstärken bei 120 bis 130 und die Spitzengeschwindigkeiten in den Böen gegen 180 bis 190 kn. Die Steigerung zur Spitzengeschwindigkeit beträgt dabei 80 bis 90 %. Auf CARRIE übertragen, müßte man bei der gegißten Maximalgeschwindigkeit von 70 kn Spitzengeschwindigkeiten von 120 bis 130 kn in den Böen haben. Die Herren, die später die Berufungs- und Beschwerdeschrift zur Seeamtverhandlung vorlegen, sind überzeugt, daß die mittlere Geschwindigkeit von CARRIE 70 bis 90 kn betragen habe, während man die Spitzengeschwindigkeit auf 170 kn ansetzt.

Das erscheint allen, die ähnliche Situationen auf Segelschiffen erlebt haben, erheblich überhöht. Kein Mensch könnte noch bei 90 kn gleich 160 km/h und noch viel weniger bei 130 kn gleich 240 km/h in die Wanten steigen und aufentern. Da kann sich kein Mensch mehr auf den Fußpferden einer Rah halten, deren Schräglage ja noch zusätzliche Kräfte erfordert. Nach Rodewald darf die Windgeschwindigkeit um diese Stunde auf höchstens 80 kn[136] angesetzt werden.

Auf der *Pamir*, auf der die letzte Phase ihres Kampfes schon begonnen hat, versuchen um diese Zeit andere Männer, den Unterbesan zu setzen. Es ist klar: Kapitän Diebitsch will das Schiff in dieser hoffnungslosen Lage noch in den Wind drehen. Er will versuchen, die *Pamir* beizudrehen, richtiger, er will im Beigedreht-Liegen verharren, um damit auch die aus Ostnordost einfallende fürchterliche Windsee (die nach Walden [21] auf eine Höhe von mindestens 13 bis 14 m – nach [1] dagegen nur auf etwa 10 m bei einer Wellenlänge von im Mittel 100 m – geschätzt worden ist) mehr von vorn zu bekommen, obschon dann von querein die weniger starke Dünung einkommen wird,[137] die jetzt noch aus Südosten anläuft.

Die Orkanregel für Segelschiffe würde indessen ein Beidrehen auf Backbord-Halsen erfordern. Nach der oben eingehend dargestellten Entwicklung ist die Viermastbark aber durch die Umstände auf den Backbord-Bug gezwungen worden, ein Beidrehen auf Backbord-Halsen würde ein Halsen des Schiffes notwendig machen, das aber ist bei der hohen südlichen Dünung und der schweren gewaltigen Südost-See in dem in Hurrikanstärke wehenden Sturm unmöglich, denn das Schiff, dessen Ruder jetzt hart nach Luvseit überliegt, steuert nicht mehr.

Kapitän Schmidt [13] später: »... und wäre wohl auch nicht abgefallen. Außerdem hätte das Halsen das Schiff noch näher an das Zentrum herangebracht. Diese durch die Umstände erzwungene Lage wurde dem Schiff zum Verhängnis ...«[138] Das Seeamt [1] später: »Wenn die Schiffsführung sich über den Ernst der Lage im klaren gewesen wäre, dann hätte sie viel früher den vollständigen Verschlußzustand herstellen, die Segel bis auf ein Stengestagsegel und den Sturmbesan bergen lassen und hätte beigedreht. Zur Unterstützung hätte hierbei auch der Motor mit benutzt werden können, wie es zum Beispiel auf der *Passat* geschehen ist. Natürlich wird man mit einem 900-PS-Motor im Sturm keine Fahrt machen können, aber wenigstens Schraubenstrom auf das Ruderblatt erzielen, um besser anluven und Kurs halten zu können. Auch der Gebrauch von Öl hätte von Vorteil sein können ...«

Um diese Zeit,

- da aus dem Sturm Orkanstärke geworden ist,
- der Wind langsam von Osten nach Norden herumgeht,
- die *Pamir* fast genau nördlich vom Zentrum von CARRIE steht und
- das Schiff sich auch nach dem Verlust sämtlicher Segel nicht nur nicht mehr aufrichtet, sondern immer mehr nach Backbord überkrängt (was der Bundesbeauftragte vom Seeamt später mit ... »das kann m. E. nur durch das teilweise Übergehen der Ladung und anschließenden Wassereinbruch erklärt werden ...« kommentiert), wird – und zwar um 10.36 Uhr Bordzeit (13.36 MGZ) – auf Befehl von Kapitän Diebitsch erstmals ein Notruf von dem Funker der *Pamir* abgesetzt. Wilhelm Siemers, der wegen der Krängung nicht mehr auf seinem Stuhl sitzen kann und sich haltsuchend (nach Dummer) »... irgendwo zwischengeklemmt« hat, darf aber keinen SOS-Ruf aussenden, das hatte ihm einer der Jungen von der Brücke aus durch das Sprechrohr durchgerufen. So geht dann als erstes FT in dieser bereits hoffnungslosen Lage lediglich eine Meldung mit dem Dringlichkeitszeichen XXX heraus, und

zwar des Inhalts: »fourmastbark pamir drifting in heavy hurricane without sails in position 35.57 n – 40.20 w x please ships in vicinity give position x answer 480 khz.«[139]

Eine solche Meldung besagt, daß ein Menschenleben oder ein Schiff in Gefahr ist und daß weniger wichtiger Funkverkehr unterbleiben muß. Eine solche XXX-Meldung ist aber schwächer als eine echte Seenot-Meldung, bei der jeder andere Funkverkehr sofort zu schweigen hat. Die Meldung fällt in die Zeit, in der in der Wachzeitzone F, zu deren Bereich die *Pamir* gehört, die Funker unbedingt Wache gehen müssen.[140]

Zudem wurde diese XXX-Meldung nicht auf der internationalen Notfrequenz 500 kHz, sondern auf der Frequenz 480 kHz verbreitet, offenkundig weil auf der 500-kHz-Frequenz ein meist sehr intensiver Verkehr herrscht.

Auf das XXX-FT meldet sich sofort, nämlich um 10.45 Uhr (13.45 MGZ) das US-amerikanische Schiff *Penn Trader*, das auf der Position 36.20 Nord und 38.55 West steht und auf 500 kHz an die *Pamir* funkt: ». . . kann ihre position am 22. um 01.00 uhr erreichen.«

Die *Pamir* antwortet 10.45 Uhr (13.45 MGZ), worauf die *Penn Trader* noch einmal ihre Position durchgibt, was vom *Pamir*-Funker mit einem O. K. bestätigt wird.

Draußen an Deck hat man es aufgegeben, den Unterbesan zu setzen. Den Fuß des Segels haben sie – unter diesen Seeleuten ist auch der Leichtmatrose Wirth – noch fast ganz ausholen können, der Kopf jedoch bleibt fest. Da helfen auch die vereinten Kräfte nicht. Sie kommen gegen den Orkandruck nicht an. Man versucht jetzt, zusammen mit Kapitän Schmidt, zwei Bootspersenninge in das Luvwant des Besantopps anzubringen. Auch der später überlebende Schiffsjunge Folkert Anders ist dabei. Wenigstens dieses Manöver gelingt.

Nur nützt es nichts – nicht mehr, muß man wohl sagen.

Zeitlich einzuordnen sind jetzt auch die Maßnahmen, um den Versuch zu unternehmen, das in die Backbordgänge eingedrungene Wasser – Kapitän Diebitsch ist sich also sehr wohl der Stabilitätsminderung durch auch diesen Wassereinbruch in die Aufbauten bewußt – über eine Eimerkette wieder auszuschöpfen, ein Vorhaben, an dem auch der Leichtmatrose

Fredrichs beteiligt ist. Diese Maßnahme wird jedoch bald schon wieder als sinn- und nutzlos aufgegeben.

Immer wieder – und in immer kürzeren Abständen – quält sich der II. Offizier Buscher aus der Leetür vom Kartenhaus heraus an Deck, um Kapitän Diebitsch die Lage des Krängungsmessers zu melden.

Hatte er eben noch 35° und dann 37° gerufen, so sind es bald bereits 38°. Bei 40° endet die Anzeige am mechanischen Krängungsmesser.

Als für das Schiff, dessen Krängung jetzt über 40° beträgt, nichts mehr getan werden kann, wartet alles – auf des Kapitäns Befehle – ruhig und besonnen.

Dummer: »... also von Verwirrung oder Aufregung oder Angst war keine Rede.«

»Die Stimmung«, so der Schiffsjunge Karl-Heinz Kraaz, »ist nicht schlecht.«

Einige Kadetten, das beobachtet auch Hans-Georg Wirth, haben ihre Photoapparate herausgeholt und versuchen, auch als sich das Schiff immer mehr überlegt, noch Aufnahmen zu machen. Von der Luvseite kommen schon seit geraumer Zeit – genaugenommen seit der Phase, da die Schlagseite größer als normal bei angebraßten Rahen war – keine Brecher mehr über die Reling. Nur noch Gischt und Schaum. Die ganze Backbordseite dagegen steht bis weit über die Mitte unter Wasser, das im Rhythmus des Arbeitens des Schiffes und der hochlaufenden See wild an Deck hin und her tobt. Dabei wird auch die Persenning der Segellast losgezerrt, die dann, wie von Dummer bereits berichtet, unter unsagbarer Aufopferung des Zimmermanns und einiger Seeleute wieder dichtgeschalkt werden kann.

Der Leichtmatrose H.-G. Wirth beobachtet, daß sich der I. Offizier Köhler an dem Seenotalarmgerät, einem gelben Kasten, zu schaffen macht, wobei er sich die Hände derart verletzt, daß sie bluten.

So harren sie aus,

• ohne Angst,
• ohne auch nur auf den Gedanken zu kommen, das Schiff könnte sinken.

Das wird später auch der Schiffsjunge Karl-Heinz Kraaz bezeugen, der sich wie viele andere unter das Schanzkleid von Steuerbord Hochdeck verkrochen und hier einen einigermaßen trockenen und zudem ruhigen Platz ausgesucht hat, wo er sogar eine Zigarette anzünden und rauchen kann.

Das Schiff liegt jetzt ohne Segel quer zu einer See, die mit grünweißen, fast haushohen Wellenbergen heranrollt. Die *Pamir* macht keine Fahrt mehr. Sie vertreibt nach Lee, der wütenden Windsee und der von schräg nach achtern einkommenden Dünung völlig preisgegeben.

Die Windstärken dieser Phase des Hurrikans, die seit dem 11. September wesentlich zurückgegangen sind, nämlich von 140 kn eines »severe hurricane« bis auf nur noch 70 kn eines »still dangerous storm«,[141] dürften noch immer bei der mittleren Höchstgeschwindigkeit, also bei 70 kn, liegen, wobei mit Sicherheit in einzelnen Böen auch wesentlich größere Windstärken zu verzeichnen sind.

Windstärken, wie sie später, wie bereits berichtet, in der Berufungsschrift vorgetragen und begründet werden, also von über 100 kn und in den Böen von sogar bis zu 170 kn, also von so übermächtigen Orkanwinden, die ein Schiff

- auch vor Topp und Takel bzw.
- bei kleinster Besegelung,
- bi einer nicht verrutschten Ladung,
- bei einwandfreiem Verschlußzustand der Aufbauten,
- bei besterzieltem Stabilitätszustand, das heißt im Falle *Pamir*:
- bei geflutetem Tieftank,
- bei bester Führung des Schiffes hätte vernichten müssen,

ist die *Pamir* in dieser Endphase, wollte man den Begriff der »höheren Gewalt objektiv fassen«, so das Seeamt ([1] S. 285), bestimmt *nicht* ausgesetzt gewesen. Eine ganze Reihe von Indizien spricht gegen die in der Berufungsschrift genannten Windstärken und damit gegen eine höhere Gewalt. Das geht auch aus den Aussagen der Überlebenden hervor. Insbesondere ist hier die Tatsache zu nennen, daß nach Haselbach nach dem Festmachen bzw. Herausfliegen/Abschneiden der Segel noch einmal Männer in den Toppen waren, um einige der losgerissenen Segel wieder festzumachen.

Die Darlegung des Seeamtes, daß auch das Rauchen an Deck, das Photographieren, das Essen und Trinken dafür sprechen würden, daß keine höhere Gewalt im Sinne von Windstärken, wie sie bereits geschildert wurden, vorlag, sind für die Bewertung der Orkanstärken wohl weniger überzeugend, denn die Männer und Jungen hielten sich ja in Luv hinter dem Steuerbord-Schanzkleid auf, wo sie vor dem Hauptansturm der über die herausragende Luvbordwand abgelenkten Sturmwinde wie auch vor der über das Schiff hinwegfegenden Gischt hinreichend geschützt gewesen sind.

Die Sicht haben die Überlebenden »zunächst nicht als schlecht« bezeichnet. Erst nach langen Vorhaltungen wird der Zeuge Haselbach einräumen, »daß die Sicht wohl doch nicht mehr als eine Schiffslänge betragen habe ...«

Und den Schilderungen ist nicht zu entnehmen, daß, wie sonst bei voller Orkanstärke beobachtet, »Himmel und See ein ununterscheidbarer Schaum und Gischt« und die Sicht gleich Null gewesen ist. Bei voller Orkanstärke tritt nach Berichten von Seeleuten, die solche erlebt haben, sogar Atemnot auf.[142]

Der Mensch kann dann praktisch nicht viel mehr tun, als sich dort festzuklammern, wo er gerade steht.

In der Seeamtverhandlung wird den Überlebenden auch ein Absatz aus der schon des öfteren zitierten Schubartschen Orkankunde ([8] S. 33) vorgelesen, in der es heißt: »Wolken, Regen und der Gischt des Meeres ist eine Masse. Sie werden vom Sturm gemischt und gejagt. Ihre Berührung mit der Haut ist stechend ... Von Stärke des Sturmes kann nicht mehr gesprochen werden. Es ist Wut ... Das Schiff ist in allen Fugen erschüttert ... Es wird fest auf das Wasser gedrückt. Die Wellen können nicht mehr brechen, da ihre Köpfe in Gischt zerstäubt weggeweht werden, aber ihre Bewegung ist nicht aufgehoben. Sie wälzen sich durcheinander und über das Schiff hin wie an eine Klippe schlagend. Man ist nicht mehr imstande, zu gehen oder zu stehen. Unter dem Schutz des Schanzkleides kriecht man auf dem Deck entlang. Wer stehen muß, ist festgebunden . . .«

Die Jungen werden dazu nur ein mildverzeihendes Lächeln übrig haben. Sie bewerten die Schilderung als glatte Übertreibung, und Haselbach wird sich äußern: »Das ist doch ein Witz«, um halblaut noch hinzuzufügen: »Welcher Idiot hat das geschrieben?«

Auch der Umstand, daß die Schiffsleitung in ihrem XXX-FT die Wendung »heavy hurricane« gebraucht hat, läßt keinen Schluß auf die wirkliche Stärke des Sturmes zu. Weder der Kapitän noch die Offiziere, Kapitän Schmidt einbezogen, haben mit Hurrikanen genug Erfahrungen nachzuweisen, um eine Unterscheidung zwischen einem normalen und einem schweren Hurrikan zu treffen. Sie haben auch keine Meßinstrumente an Bord, die eine derartige Differenzierung zulassen.

Das Seeamt wird noch hinzufügen ([1] S. 288): »Sie wußten aufgrund der jedenfalls am Morgen empfangenen Meldungen, daß es sich um einen Hurrikan handelte, und jeder Schiffsführer, dessen Schiff durch einen Hurrikan in eine so schwierige Lage gekommen ist und sich genötigt sieht, um Hilfe zu rufen, wird geneigt sein, den Hurrikan als einen ›schweren‹ zu bezeichnen. Auch die Schiffsleitung (der offenbar nicht der Gedanke gekommen ist, daß die Ladung übergegangen sein könnte) hat, wie aus der lange geübten Zurückhaltung (bei den Notrufen) hervorgeht,[143] die Gesamtlage bis zur letzten Viertelstunde vor dem Untergang noch zuversichtlich beurteilt.«

Kurzum: An Bord der Pamir spricht um diese Stunde, also gegen 11.00 Uhr Bordzeit, ja die gute, fast unbekümmert zu nennende Stimmung dafür, daß dieses so ist, daß man (also auch und vor allem die Schiffsleitung) die Gesamtlage noch immer optimistisch sieht. Und trotz der Tatsache, daß sich die Viermastbark nach dem Bergen bzw. dem Verlust aller Segel kaum aufgerichtet hat, ist offenkundig nichts unternommen worden, die Laderäume auf ein Übergehen der Ladung zu überprüfen. Das war ohne große Probleme zu arrangieren, denn man konnte in die Laderäume nicht nur durch die Oberdecksluken einsteigen, sondern zum Beispiel auch auf dem Wege über den Proviantraum.

Jetzt wäre eigentlich auch die letzte Chance gegeben, die Masten zu kappen, was so einfach nun wiederum nicht ist: denn mit dem Übergehen der Masten und Rahen nach dem Zertrümmern der Luvseiten-Spannschrauben zur Seeseite hin wird es ja notwendig, auch die Leespanten zu zerschlagen, um die neben der Leeseite in die See gestürzte Takelage vom Schiff zu lösen. Die Leeseite der *Pamir* aber liegt bei dem schwer übergekrängten Schiff im Wasser. Mag sein, daß es bei der dünenden See möglich ist, wenigstens an die oberen Teile der Spannschrauben heranzukommen, wenn sich für diesen lebensgefährlichen Job überhaupt Seeleute finden, woran bei der *Pamir* gewißlich nicht zu zweifeln ist.

Zweifelhaft bleibt nur, wenn man den späteren Feststellungen des Seeamts folgt, ob es mit Bordmitteln überhaupt möglich ist, die starken Spannschrauben zu zerschlagen. Sicherlich, möchte man sagen, denn sie sind ja für eben solche Fälle aus leicht zerstörbarem Gußeisen hergestellt.

Aber, so wird das Seeamt später einwenden: »Ob ein Durchschlagen der Wanten[144] oder ein Zertrümmern der Spannschrauben, wenn es technisch überhaupt möglich gewesen wäre,[145] den Erfolg gehabt hätte, daß sie nicht große Teile der Besatzung töteten und das Deck zerschlugen, ob es möglich gewesen wäre, die Masten und Rahen, selbst wenn sie ins Wasser gestürzt wären, so vom Schiff zu lösen, daß sie nicht wie Rammböcke die Außenhaut einstießen, ist mehr als zweifelhaft.«[146]

Diesen Bedenken vermag der Autor nicht zu folgen. Abgesehen davon, daß genügend Beispiele aufzuzählen sind, bei denen (auch bei großen Segelschiffen) das Kappen der Masten das Schiff vor dem Kentern bewahrt hat, besteht bei einer permanenten (nicht einmal so großen) Krängung keine Gefahr, daß Mastteile und Rahen an Deck stürzen, da sie ja überhängend von oben kommen. Auch werden die schweren stählernen Masten und Rahen kaum als Rammböcke wirken, da sie in der See durch ihr eigenes Gewicht nach unten gezogen werden und nicht aufschwimmen, wie etwa Rahen aus Holz.

Das Problem scheint einzig und allein im Lösen der über Bord gegangenen Takelage zu liegen, wenn, wie bei der *Pamir*, die Leeseite im Wasser liegt und sich wahrscheinlich erst »aufrichtet«, wenn die nach unten zerrende Takelage gekappt ist. Wahrscheinlich ist sogar, daß sich ein Schiff nach dem Kappen der bei einer Krängung wie Hebelarme wirkenden hohen Masten (auch bei einer Topp-und-Takel-Takelage wirkt sich ja der Orkanpreß aus) trotz der über Bord hängenden Tagelage aufrichtet, wenigstens so weit, daß man auch an die Spannschrauben der Leeseite herankommen kann ...

Und Öl, das die See etwas beruhigen könnte ...? Ob man an Bord überhaupt den Versuch gemacht hat, wird später niemand bestätigen können.

11.00 Uhr (14.00 MGZ) ist es, als die *Pamir* wieder funkt, dieses Mal eingeleitet mit dem Notzeichen SOS: »here german fourmastbarque pamir at position 35.57 n 40.20 w – all sails lost – lopside 35 degrees – still gaining – ships in vicinity please communicate – master.«

Auffallend ist, daß Kapitän Diebitsch nicht um Hilfe, sondern vorerst nur um Kontaktaufnahme bittet. Die Schiffsleitung sieht es offenbar als ausreichend an, daß ein Schiff – die *Penn Trader* – Kurs auf die *Pamir* genommen hat, um der Viermastbark in ihrer hilflosen Lage beizustehen. Man rechnet an Bord einfach nicht mit dem Untergang des Schiffes, wie sonst ist es zu erklären, daß die Schiffsleitung nicht uneingeschränkt und in der dringlichsten Form um Hilfe bittet?[147]

11.01 Uhr (14.01 MGZ): Mit dieser Zeit geht ein neues FT ab, das der Funker der *President Taylor* aufnimmt. Das FT hat fast den gleichen Wortlaut, weicht aber mit einer gravierenden Feststellung von dem ersten SOS-Ruf ab »... here broken formastbarque ... in heavy sees at position ...«

1.02 Uhr (14.02 MGZ) ruft die *Penn Trader* die *Pamir*. Diese funkt sofort zurück: »please take course and proceed to us – master.«

11.04 Uhr (14.04 MGZ) wiederholt die *Pamir* ihren SOS-Ruf von 11.00 Uhr (14.00 MGZ).

Das Wort »broken«, das auch soviel wie »broken down«[148] bedeuten kann, wird später zum Gegenstand heftiger Reaktionen der Beschwerdejuristen. Diese versuchen zu belegen, daß nach ihrer Meinung nicht allein die »höhere Gewalt« (des Hurrikans) auf das Schiff eingewirkt hätte, sondern auch, daß die *Pamir* infolge der außerordentlich starken Beanspruchungen durch die Orkansee und die Hurrikandünung in Verbindung mit den Hurrikanwinden Schäden am Schiffskörper selbst erhalten hätte.[149]

Diese Behauptung, in deren Zusammenhang bemängelt worden war: ». . . seltsamerweise ist das Seeamt der Bedeutung dieser Funksprüche überhaupt nicht nachgegangen . . .«[150], findet in der Berufungsschrift eine Stütze in den Aussagen von Haselbach, ». . . daß mittschiffs ein Wassereinbruch stattgefunden habe . . .«, und des Zeugen Fredrichs, ». . . daß das Wasser mittschiffs immer stärker zugenommen habe, so daß man das Wegtragen (des Wassers) als nutzlos aufgegeben habe, obwohl durch das Kapitänsschott und unter der Tür – woher das Wasser beim Eindringen hätte kommen können – nur wenig Wasser hervorgetreten sei. Das Wasser sei nicht zu verfolgen gewesen . . .« Das deutet doch, so die Juristen, stark auf Risse in der Außenhaut.

Jetzt schon die Aussage von Dummer zu bewerten, ist verfrüht, denn Dummer war zu dieser Zeit noch gar nicht im Proviantraum.

Über die Wassereinbrüche mittschiffs ist ja bereits ausführlich berichtet worden. Hier werden möglicherweise bei dem viel zu späten Verschlußzustandbefehl, der in die Zeit der überlebenswichtigen Manöver fiel, eines oder mehrere Bullaugen offen geblieben sein. Dessenungeachtet können Schäden am Schiffskörper nicht vollends ausgeschlossen werden. Das Seeamt schließt das ja auch nicht aus, wenn es sagt:

»Daß durch Materialmüdigkeit[151], Korrosion oder etwa mangelnde Längsfestigkeit hervorgerufene Leckstellen, Risse und dgl. den Untergang zumindest hätten beschleunigen können, ist nicht zweifelhaft. Dr. Wachs, Vorsitzender der ›Stiftung ‚Pamir und Passat'‹, hat als Zeuge bestätigt, daß die Außerdienststellung der *Pamir* (wegen ihres Alters und damit in Rechnung zu stellender Materialermüdung) ins Auge gefaßt gewesen sei, jedoch noch nicht für die nächste

Zeit, sondern erst für das Jahr 1960, wo eine Klassenerneuerung fällig gewesen wäre. Schon die Arbeiten, die im Jahre 1956 für die neue Klassifizierung ausgeführt werden mußten, hätten rd. 400000 DM gekostet, und es sei vorauszusehen gewesen, daß sie im Jahre 1960 noch eine wesentlich höhere Summe erfordert hätten . . .«

Weiter heißt es in [1]:

»Daß das Alter des Schiffes gewisse Auswirkungen gehabt hat, zeigen schon die 45 Platten, die im Jahre 1951 erneuert werden mußten, und das beweisen auch die bei den späteren Besichtigungen festgestellten – ebenfalls teilweise auf Korrosion zurückzuführenden – Schäden. Alle Reparatur- und Erneurungsarbeiten sind aber unter Aufsicht der Klassifikationsgesellschaften durchgeführt worden, und es kann davon ausgegangen werden, daß bei den zahlreichen Besichtigungen alle Mängel festgestellt und daß auch alle festgestellten Mängel sachgemäß und gründlich beseitigt worden sind . . .«

Daß das Seeamt diesen Fragen sehr gründlich nachgegangen ist, beweisen weitere Passagen: ». . . daß der II. Offizier Buschman noch im Rettungsboot zu Haselbach geäußert haben soll, er führe das Kentern auf das Eindringen von Wasser zurück. Damit ist offenbar das in die Aufbauten eingedrungene Wasser gemeint gewesen. Natürlich kann die Möglichkeit, daß bei der schweren Beanspruchung früher oder später irgendwelche Schäden im Unterwasserschiff in der Außenhaut eingetreten sind, nicht mit Sicherheit ausgeschlossen werden. (Im April 1952 war einmal ein festgestellter Plattenriß von 40 cm Länge auf die Einwirkung von schwerer See und schlechtem Wetter zurückgeführt worden.) Die entstandene und ständig zunehmende Schlagseite und das schließliche Kentern erklärten sich aber erschöpfend durch die später noch zu erörternden physikalischen Vorgänge.

Durch die im Jahre 1951 bei Howaldt eingebauten 4 neuen wasserdichten Schotten und das vorhandene Vorpiekschott war das Schiff in sechs Abteilungen unterteilt worden mit der Wirkung, daß es auch beim Vollaufen einer Abteilung seine Schwimmfähigkeit behalten mußte. Dies entsprach einer von der SBG in Anlehnung an die Vorschriften für Fahrgastschiffe gemachten Auflage. Sie ist auch in dem erteilten Klassenzeichen zum Ausdruck gekommen. Die Schottenkurve entsprach den Vorschriften für Einabteilungsschiffe gemäß Fahrgastschiff-Verordnung 1932. Die Schotten genügten also den verschärften, für Fahrgastschiffe geltenden Vorschriften, was auch wieder verschärfte Aufsichtsbestimmungen nach sich gezogen hat . . .«

Wenden wir uns wieder der *Pamir* am 21. September 1957 zu, wo der draußen an Deck stehende Kapitän Diebitsch (nach Dummer steht er um diese Zeit an der Nagelbank) einen der Kadetten als Läufer eingesetzt hat. – Dieser Junge hält die Verbindung vom Kapitän zu dem Sprechrohr[152] im Kartenhaus[153] aufrecht. Im Funkraum wartet der Metzger Ingo Hamburger am anderen Ende und gibt nun seinerseits die Brückenbefehle oder -wünsche dem Funker Siemers weiter, so wie dieser dem Kapitän die Reaktion der zu Hilfe gerufenen Schiffe meldet. So arbeitet sich denn der Kadett vom Kapitän ins Kartenhaus und vom Kartenhaus zum Kapitän hin und her, denn gehen kann man schon lange nicht mehr auf dem schrägen Deck.

11.12 Uhr (14.12 MGZ) meldet sich die *Tank Duke*. Sie bestätigt den Empfang des SOS-Rufes und gibt ihre Position mit dem Vermerk: ». . . stand by after order from dkef . . .«

Auf deutsch und ohne Kurzzeichen heißt das: »Halte mich bereit nach Order von der *Pamir*.«

11.15 Uhr (14.15 MGZ) treten weitere Schiffe in den Notverkehr ein. Die bereits erwähnte *President Taylor* teilt mit, daß sie mit elf Knoten Geschwindigkeit auf dem Wege zur *Pamir* stehe. Da dieses Schiff 119 sm absteht, wird es, wenn die Elfknotenfahrt auch im Seegang im Nahbereich der *Pamir* beibehalten werden kann, mindestens zehn bis zwölf Stunden dauern, ehe der Amerikaner an Ort und Stelle Hilfe bringen kann.

11.18 Uhr (14.18 MGZ) funkt die *Penn Trader* an die *Pamir*: »wir sind jetzt auf dem wege zu ihnen – geben sie uns die windrichtung und die windstärke an – wir sind 70 sm von ihnen entfernt.«

Pamir-Funker Wilhelm Siemers wiederholt den SOS-Ruf.

11.20 Uhr (14.20 MGZ) beantwortet Siemers die Anfrage der *Penn Trader*. Kein Zeichen von Hast, Nervosität oder gar Angst spricht aus den Morsezeichen, die jetzt in den Äther gehen und lauten: »hier wind nno – hurrikan stärke 5 . . .« Der Ruf kann nur eine Verstümmelung sein. Die Zahl fünf ist in ihrer Bedeutung und in Verbindung mit dem Hurrikan unklar.

11.25 Uhr (14.25 MGZ): Die *President Taylor* funkt der *Pamir*: »sos – erhalten.«

Es läuft also alles gut, viel besser, viel hoffnungsfroher als erwartet, denn um 11.26 Uhr (14.26 MGZ) meldet sich ein weiteres Schiff, die *Cristal Bell*. Sie gibt ihre Position mit 39.54 N, 44.17 W an, ihre Geschwindigkeit sogar mit 14 kn. Ihr Funker teilt mit, daß man am nächsten Tage um 17.00 MGZ an der Unfallstelle eintreffen könne. Und sie fragt weiter an: »wünschen sie weitere hilfe?«

11.27 Uhr (14.27 MGZ) antwortet *Pamir*-Funker Siemers auf Kapitän Diebitschs Befehle: »sie können die reise forsetzen – brauche ihre Hilfe nicht. – danke.«

Diese an sich unverständliche Antwort kann nur aus der Erkenntnis des Kapitän Diebitsch resultieren, daß die *Cristal Bell* viel zu weit absteht; zumindest sind die anderen Schiffe, die sich bis jetzt gemeldet haben, früher zu erwarten, wenn man sie braucht . . .

10.30 Uhr (14.30 MGZ) ist wieder die *President Taylor* im Äther: »sos erhalten – bitte wiederholen sie ihren standort.«

11.32 Uhr (14.32 MGZ): *Pamir* an *President Taylor*: »standort 35.57 n 40.20 w.«

11.35 Uhr (14.35 MGZ): Der *Tank-Duke*-Funker vermerkt in sein Tagebuch über das nächste FT in Sachen *Pamir*: »halten uns noch in bereitschaft.«

Das Adverb »noch« verwundert nicht, denn bis jetzt erging keine Bitte um Hilfeleistung an dieses Schiff.

Einen besseren und stärkeren und überzeugenderen Beweis dafür, daß Kapitän Diebitsch die Lage für die *Pamir* noch immer nicht als lebensbedrohlich ansieht, gibt es wohl kaum.

So ist denn auch die Antwort so, daß ein fremder Kapitän daraus noch keine akute Gefahr für die deutsche Viermastbark entnehmen kann. Sie lautet:

11.42 Uhr (14.42 MGZ): *Pamir* an *President Taylor*: »FT erhalten – bitte bereithalten – warten.«

11.50 Uhr (14.50 MGZ): Auch die *Tank Duke* wird in ihrem Hilfsangebot in Verbindung mit einem berichtigten Standort vertröstet: »bleiben sie auf 500 khz bereit.«

Nur zwei Minuten später, 11.52 Uhr (14.52 MGZ), ändert sich das Bild. Die *Pamir* wendet sich an die *President Taylor*: »please proceed to us immediately – master.«

Der Grund dafür?

Das schwer bedrängte Schiff,

- auf dem Männer und Jungen der Besatzung inzwischen auf des Kapitäns Befehl Schwimmwesten angelegt haben,
- auf dem der Schiffsjunge Folkert Anders auf dem Hochdeck noch eine der vorher von Dummer verteilten Zigaretten raucht und beobachtet, daß sich die *Pamir* »ganz langsam immer weiter auf die Seite legt«, und sich ganz nebenher, aber für immer unvergeßlich in sein Hirn eingräbt ». . . daß an der Schwimmweste ein Bändsel fehlt«[154],
- da Fredrichs und Haselbach beobachten, daß der Seegang nur aus einer Richtung kommt,
- da auch der Leichtmatrose Wirth feststellt, daß der Wind ohne merkbare Böen stetig von Steuerbord weht,
- da nach dem Leichtmatrosen Haselbach die Laschings der Schlauchboote und der leeren Schwimmwestenkisten durchgeschnitten werden und ein Ausbringen der schweren hölzernen Rettungsboote bei der jetzigen Krängung unmöglich scheint.

Die *Pamir* krängt weiter, immer weiter über. Jetzt schon tauchen beim Einfall von Böen die Nocken der breit ausladenden Unterrahen in die See, schleift die Backbordbrückennock beinahe durch das Wasser, immer wenn das Schiff im Rhythmus der Wellen noch stärker überlegt. In immer kürzeren Abständen. Bis es kaum noch und bei weiterer Krängung überhaupt nicht mehr aus dem Wasser kommen wird . . .

Kann die *Pamir* kentern? Eine Frage, die nicht wenige an

Bord bewegt. Das Schiff ist doch voll beladen, liegt also schwer in der See ... Kentern? Nein, nie.

Man wird mit dieser Schlagseite weitertreiben und dann sehen, wenn der Sturm nachläßt, was zu tun ist, um die Krängung zu beseitigen.

Nun, es gibt sogar tröstliche Beispiele, auch solche, daß ein Segler in schwerem Sturm regelrecht auf die Seite geworfen werden kann, ohne vollends zu kentern.

Eines der Beispiele ist das bremische Vollschiff *Viktoria*. Am 26. November 1878 geriet der Segler auf ungfähr 17° Nord und 50° West in einen der seltenen Novemberorkane. Am 25. nachmittags hatte das Schiff unter »entsetzlichen orkanartigen Böen« [22] vor Großuntermarssegel beigelegen und war nachher nach Westen gelenzt. Für den Nachmittag des folgenden Tages trägt der Wachoffizier ins Journal: »... Nachmittags orkanartige Böen mit dichtem Regen, Donner und unaufhörlichen Blitzen; die ganze Luft ein beständiges Flammenmeer ... 06.00 Uhr (d. h. 18.00 Uhr) voller Orkan, der das Schiff ungefähr eine Viertelstunde lang völlig platt auf die Seite legte ...«[155]

Kurzum: die *Victoria* überlebte.

Das Beispiel zeigt, daß auch ein weitaus kleinerer Segler, als die *Pamir* es ist, einem Orkan allein nicht zum Opfer zu fallen braucht und daß sich ein von der Wucht eines Orkans auf die Seite gedrücktes Schiff wieder aufzurichten vermag.[156]

Doch welche Ereignisse müssen hinzutreten, um ein Segelschiff zum Kentern zu bringen? Man denkt dabei fürs erste an das Übergehen von Ladung und Ballast. Selbst derartige Vorkommnisse haben, auch in Verbindung mit schwerem Wetter, in den wenigsten Fällen zum Untergang des Schiffes geführt. Ein Beispiel dafür schildert der Hamburger Kapitän Gustav Schroeder [23], wie er an Bord einer kleinen Bark in einem Südseeorkan im Jahre 1905 das Übergehen von mit Steinen vermischtem Sandballast erlebte, und zwar mit einem Schiff, in dem beim Einnehmen des Ballastes in Honolulu weder ein Längsschott gesetzt noch der Ballast gelascht worden war. Die Bark lag vor Topp und Takel bei und schlingerte heftig in der wilden See. Plötzlich geschah es:

»Das Schiff holte mit einem Ruck furchtbar weit nach Backbord über, gleichzeitig ein Rummeln und Dröhnen im Laderaum, eine Erschütterung wie bei einem Erdbeben – das Schiff kam nicht wieder hoch . . .«

Die Lukenkimming zeigte sich beinahe waagerecht. Nachher wurde festgestellt, daß der Ballast so weit übergegangen war, daß man an Steuerbord die ganze Bordwand bis untenhin sehen konnte, während er an Backbord das Zwischendeck berührte. Nachdem der größte Teil der Riggen über Bord gegangen oder geworfen worden war, gelang es der sehr tüchtigen Mannschaft, den Ballast zurückzutrimmen, bis das Schiff unter Notriggen seine Reise nach der Westküste fortsetzen konnte.«

Römer und Sietas dazu: Bei diesem Fall ist die Frage ohne Belang, ob der Ballast nicht übergegangen wäre, wenn man ihn nach Seemannsbrauch gehörig abgesichert oder, wenn die Bark mit einem Orkan zu tun gehabt hätte; es soll lediglich gezeigt werden, daß auch dieser kleine Segler trotz seiner erheblichen Stabilitätseinbuße nicht zum vollständigen Kentern zu bringen war.

Ein drittes Beispiel geht das Übergehen einer Getreideladung in Säcken an: Es betrifft die britische Viermastbark *Hougomont*, die im Jahre 1917 mit einer Getreideladung von 3500 ts von Sydncy aus mit Order für Montevideo in See gegangen war. Das Schiff geriet bald in schweres Wetter, so daß die Segel gekürzt werden mußten. Morgens um 02.00 Uhr fiel eine sehr schwere Bö ein. Das Schiff holte heftig über. Großsegel sowie die Bagien und die Vor- und Großobermarssegel wurden geborgen. In dem Bericht des II. Offiziers H. H. Selmer [24] heißt es weiter: »The wind by this time was blowing more than a full gale, the list on the ship was now particularly noticeable and seemed out of all proportion to the canvas she was carrying.«

Das Schiff hatte, solange es hart wehte, eine Schlagseite von 45 Grad. Als der Orkan nach vier Tagen wieder abgeflaut war, blieben 35 Grad. Der II. Offizier wurde nun in den Raum geschickt, um den Zustand der Ladung festzustellen. »When I go through the ventilator and stood on the cargo, I was surprised to find that I almost stand uprigth, though before we left Sydney the ship had been full.«

In zehntägiger harter Arbeit wurde die übergegangene Ladung zurückgestaut, und die Reise konnte mit zehn Grad Schlagseite fortgsetzt werden. Beachtlich erscheinen die Schlußbemerkungen des II. Offiziers: »The suddenness of the shift of cargo during the heavy squall, was not noticeable. If this should have happened in the *Pamir* it is not surprising that no trace of her was found so shortly after her call for help . . .«

So gesehen, scheint die Lage der *Pamir* doch noch nicht hoffnungslos . . .

Dennoch: Die Krängung nimmt immer noch zu.

Die weißgemalten Rahnocken tauchen jetzt immer öfter ein. Die Nock der Leebrücke schleift immer tiefer durch das Wasser. Und der Wind hat weiter geschralt. Er weht jetzt aus nordnordöstlicher Richtung. Damit ist Kapitän Diebitsch klar, daß das Zentrum des mit etwas östlicher als Nord vorausgesagter Zugrichtung über den Atlantik ziehenden Hurrikans jetzt genau im Süden vorbeiziehen muß.[157] Damit gerät die vor Topp und Takel hilflos in der schweren hohen See liegende *Pamir* in das linke vordere Viertel des Wirbelsturms, das, und das wurde bereits mehrfach dargestellt, normalerweise das »fahrbare Viertel« ist. Doch bei diesem tückischen Hurrikan, der alle Regeln im Sinne des Wortes in den Wind schlägt, ist das Gegenteil der Fall. Von allen Quadranten, das hatte die *Anita* bereits an sich erfahren, weht es bei CARRIE im linken vorderen Viertel am härtesten, seitdem die *Pamir* mit dem Unterschreiten der 991-mb-Isobare in die Schwerstwetterzone geraten ist.[158]

Die Verbeugungen der *Pamir* vor den Urgewalten der anrennenden Orkanfurie werden – zur Backbordseite hin – immer tiefer. Zwar liegt das Schiff unter stärkstem Preß in der See, aber dennoch wirken sich die haushohen Seen aus, die von Luv her den Schiffsrumpf unterlaufen und schäumend und kochend vor Wut davonzulaufen scheinen. Nach Luv hin – wenn man schon den Mut hat, über die schräg in das triste Grau der Wolkenmassen hineinragende Luvreeling hinwegzusehen – wirken die Seen wie die Rücken vorzeitlicher Ungeheuer, wild-schön fast, denn zwischen den weiß marmorierten Gischtstreifen leuchtet korundblaues Wasser heraus, das in den höheren Lagen so pastellen grün aussieht, als sei's flüssig gewordener Smaragd. Es kommen aber keine Brecher mehr über die Luvseite über, denn die Seen treiben jetzt das Schiff vor sich her, das nicht mehr wie ein Fels im Wasser ruht, seitdem das Tuch davongeflogen ist. Sie poltern dumpf gegen den gequälten Leib der *Pamir*, der zu stöhnen scheint, der ächzt und erbebt unter den Hieben, die Rasmus in despotischem Zorn austeilt. Wer sich im Luvwant nur etwas höher zieht, der ertrinkt in einer Orgie von Lärm, wie ihn keiner an Bord je zuvor erlebte. Es jault, es orgelt, es pfeift in allen Tonlagen. Wer sich hier hineinwagt, erstickt im satanischen Druck der Orkanwinde, dem reißt es, wenn er nicht auf sich aufpaßt, den Kopf nach hinten. Wie von einer gewaltigen Faust getroffen.

Manchmal ist ein verzweifelt schrilles Schreien in der Luft, wie Angstschreie gequälter Lebewesen, dazwischen tönt es unterirdisch wie von tausend dumpfen Trommeln.

Die Männer und Jungen der *Pamir* harren weiter aus im Schutz der Luvreling, und sie vertrauen weiter unbeirrbar fest darauf, daß ihre *Pamir* diesem Ansturm widersteht. Es ist eine zuversichtliche, eine fast gläubige Ergebenheit in die Stärke dieses Seglers, der so oft die Hölle vor Kap Hoorn überwand.

11.52 Uhr (14.52 MGZ) gibt Kapitän Diebitsch den absoluten Hilferuf frei. Siemers, der trotz der starken Krängung auf seinem Posten im Funkschapp bleibt und in großartiger Einsatzbereitschaft seinen Dienst versieht, hämmert, an die Adresse des Kollegen auf der *President Taylor* gerichtet, dieses FT in die Taste: »please proceed to us immediately – master.«[159]

11.54 Uhr (14.54 MGZ) geht der Hilferuf an alle raus: »sos – sos – sos – de dkef – rush rush to us – german fourmastbarque broken – pamir danger of sinking – master.«[160]

11.55 Uhr (14.55 MGZ) antwortet die *President Taylor* der *Pamir*, den SOS-Ruf erhalten zu haben.

11.57 Uhr (14.57 MGZ) funkt die *Pamir* erneut an alle: »now speed ship is making water – danger of sinking.«[161]

Noch in der gleichen Minute bestätigt die *President Taylor* den Empfang auch dieses Funkspruchs.

12.00 Uhr Bordzeit (15.00 MGZ) ist es, als der Leichtmatrose Haselbach mit anhören kann, daß Kapitän Diebitsch den I. Offizier Köhler fragt: »Was sagt das Barometer?«

Köhlers Antwort ist beruhigend: »920 steigend.«[162]

Das heißt, es steigt seit einiger Zeit, seit jenem Zeitpunkt, als es – um 10.00 Uhr etwa – mit 990 mb den niedrigsten Stand erreichte und damit die Kulmination dieser Hurrikanisobare.[162a]

Was nun den Hinweis »making water« im 11.57 Uhr-FT angeht, so dürfte er seine Ursache in der Beobachtung des Kochsmaaten Dummer haben, der kurze Zeit – höchstens aber eine halbe Stunde – vor dem Kentern nochmals »nach unten« in den Proviantraum gegangen ist, um noch Zigaretten und ein paar harte Getränke zu holen. Hier an Steuerbordseite – also in Luv – entdeckte er ja (wie bereits im vorderen Teil auf der Seite 36 ausführlich geschildert) Wasser und daß die Tür des Kühlraums, in den er ja hineinwill, bis in Höhe des Türgriffs unter Wasser steht. Dummer hat sich dann schnell zurückgezogen und hat nach einem Umweg über seine Kammer dem Kapitän darüber Meldung gemacht, was er sah. Hier ist zweifelsfrei der Schlüssel für den Inhalt des 11.57-Uhr-FTs zu suchen.

12.03 Uhr (15.03 MGZ) geht ein neuer Funkspruch von der *Pamir* heraus, den die *President Taylor* aber infolge Fremdstörungen nicht aufnehmen kann.

Man ist versucht, daraus zu folgern, daß dieses FT mit dem Kentern der *Pamir* in Verbindung zu bringen ist. Das ist aber nicht so, denn nach K.-O. Dummer fand dieser ja, als er sich nach dem vergeblichen Einstieg in den Proviantraum noch einen Rollkragenpullover aus seiner Kammer geholt hatte, den Funker und den Schlachter neben der Tür in der Luvseite vom Kartenhaus, wo alle an Deck hockten. Warum Wilhelm Siemers den Platz vor seiner Funkanlage verließ, hat auch Dummer nicht erfragt. Er hat lediglich vermutet, daß die Anlage irgendeinen Defekt hatte, den Siemers mit Bordmitteln nicht mehr reparieren konnte.

Dieses FT ist und bleibt das letzte Lebenszeichen der Viermastbark *Pamir.*

Jetzt ist nichts, gar nicht mehr auf dem Schiff zu tun. Zwar berichtet, wie schon erwähnt, der Leichtmatrose Haselbach später vor dem Seeamt, daß er »eine halbe Stunde vor dem Kentern der *Pamir*« mit einigen Kameraden noch einmal im Vortopp gewesen sei, um einige (der vorher dennoch festgemachten) Obermars- und Untermarssegel, die sich wieder losgeschlagen hätten, wieder festzumachen, »das sei ihnen aber nicht gelungen ...« ([1], S. 238)[163].

Es erscheint ziemlich unwahrscheinlich, daß zu dieser Zeit – bei diesem Schwerwetter und dieser Krängung – noch Besatzungsmitglieder in den Vortopp geklettert sind, wenn aber, dann kann der Sturm schon gar nicht in Windstärken über zwölf Knoten (wie auch Kapitän F. W. Schmidt [13] behauptet) geweht haben. Die gleiche Auffassung vertreten auch die Kapitäne E. Römer und E. Sietas in [3]. An Land kann ein voller Sturm (Beaufort 10) Bäume entwurzeln, Windstärke 11 zeitigt Zerstörungen schwerster Art, bei Orkanstärke 12 werden Verwüstungen angerichtet. Es sei nur an die zerstörenden Wirkungen von Hurrikanen über Westindien und Florida erinnert ... Wellblechdächer werden abgedeckt und Hunderte von Metern weit durch die Luft getragen. Bei Windstärke 12 ist die Luft mit Schaum und Gischt angefüllt. Die See ist vollständig weiß davon. Die Sicht ist stark herabgesetzt; jede Fernsicht hört auf. »In dem von uns beobachteten Westindischen Orkan war die Takelage bis zur Royelrah hinauf mit einer Salzkruste überzogen ... Nach dem Dargelegten glauben wir, daß bei der *Pamir* mit einer an Sicherheit grenzenden Wahrscheinlichkit kein voller Orkan, sondern daß es etwa mit Windstärke 10 geweht haben wird.«

Dennoch ist sehr viel Wahrheit in dem, was Kapitän F. W. Schmidt über die letzte Stunde vor dem Untergang der *Pamir* (in [13] S. 28) folgert: »Es kam zu der aus Ostnordost laufenden, gewaltigen Windsee eine schwere, hohe Dünung etwa ein Strich von Backbord achtern ein. Es addierten sich zur Zeit des Untergangs folgende Erscheinungen:

1. Eine hohe, gewaltige Orkansee lief etwas achterlicher als querein von Steuerbord.
2. Schwerer Winddruck einer Orkanwindstärke 13 bis 14 lag auf der Takelage von etwas vorderlicher als querein von Steuerbord.
3. Eine hohe, mächtige Dünung lief etwa 1 Strich von Backbord achtern ein.
4. Die hohe Dünung konnte mit einem tiefen Tal gerade an Backbord-Seite achtern eintreffen, wenn die schwere Orkansee mit einem Wellenberg von Steuerbord anlief.
5. Es besteht durchaus die Möglichkeit, daß infolge von Resonanzerscheinungen das Schiff schwere Schlingerbewegungen ausführte.
6. Die im ganzen mit achterlicher Komponente laufende See und Dünung müssen von achtern über Deck laufend – die Dünung vor allem bei der Krängungslage auch von Lee überkommend –, das Vorschiff stark überflutet und runtergedrückt haben.«

Karl-Otto Dummer dazu:

Zu 1.: Ja.

Zu 2.: Windstärken dieser Art erscheinen ihm und anderen Überlebenden fraglich. Sie decken sich auch nicht mit den Beobachtungen und Meldungen der Hurrikanjäger.

Zu 3.: Nicht beobachtet, so später auch Haselbach und besonders Fredrichs, der von seinem Standort in der Luvbrükkennock diese dauernd beobachtet hat ([1] S. 120): »Sie alle haben den Eindruck gehabt, daß die See nur aus einer Richtung, und zwar quer von Steuerbord gekommen sei und daß der Sturm auch konstant, also ohne Stärke und Richtungsunterschiede von Steuerbord eingekommen sei (was ja ganz natürlich ist, denn die vor Topp und Takel schwimmende *Pamir* drehte ja mit).

Zu 4.: Das ist nach meinen Befragungen von Nautikern theoretisch möglich und kann auch, da sich danach Dünung und Windsee vermischt haben müssen, so gewesen sein.

Zu 5.: Schiff schlingerte kaum noch; nur Haselbach ([1], S. 120) meinte später, daß das Schiff auch leicht stampfende Bewegungen gemacht haben muß.

Zu 6.: Ja, die Wellen kamen auch von Lee über und überfluteten besonders das Vorschiff stark.

Kapitän F. W. Schmidt dazu noch: »So befand sich das Schiff in einer hoffnungslosen, verzweifelten Lage, in die es durch eine verhängnisvolle, schicksalhafte, trotz aller Erfahrungen nicht vorauszusehende Entwicklung geraten war und in der es übermächtigen Gewalten preisgegeben wurde, gegen die menschliches Werk und menschliches Können versagen mußten ...«

... nunmehr versagen mußten, müßte es korrekterweise heißen.

Diese Einschränkung deckt sich auch mit den Überlegungen der Kapitäne Römer und Sietas [3], die da sagen: »Wir haben uns vorzustellen, daß die Viermastbark von dem Wirbelsturm überfallen worden ist und ihre Führung nicht mehr in der Lage war, die Regeln für das Manövrieren in einem Orkan in gegebener Taktik zu befolgen. Damit erübrigt es sich unseres Erachtens, irgendwelche Erwägungen über die zweckmäßigste Segelführung bzw. darüber anzustellen, ob das Schiff hätte beigedreht oder durch Lenzen in das fahrbare Viertel gebracht werden sollen. Der Schiffsführung war (durch das zu späte Erkennen des Hurrikans und die zu spät eingeleiteten Maßnahmen: weniger Segel, notfalls vor Topp und Takel beigedreht, totaler rechtzeitiger Verschlußzustand ...) das Gesetz des Handelns entrissen und das Schiff der totalen Einwirkung des Sturms preisgegeben.

Jetzt ist in die Aufbauten der Leeseite – in der Poop wie im Mittschiffsaufbau – so viel Wasser eingedrungen, daß die Aufbauten – obwohl eingetaucht – keinen Auftrieb mehr erbringen, was für die physikalische Erklärung in der Weise erfaßt werden kann, daß man die Stabilitätshebelarmkurve »mit Aufbauten« schrittweise in die weit ungünstigere Kurve »ohne Aufbauten« übergehen läßt. Die krängenden Momente dagegen bleiben in voller Größe bestehen. Das Kurvenbild zeigt, daß schon die Kurve »ohne Segel« + übergegangener Ladung keine Schnittpunkte mit der Stabilitätshebelarmkurve »ohne Aufbauten« mehr aufweist.

Das Schiff wird und muß also kentern, sobald der Auftrieb

der Aufbauten durch eingedrungenes Wasser aufgehoben wird ... Tatsächlich liegen die Verhältnisse wohl noch ungünstiger, vor allem was das noch schnellere Übergehen der Gerste angeht.

Wie es an Bord um diese Zeit aussieht, hat Dummer bereits geschildert. Es interessieren vielleicht noch ein paar andere Aussagen: Nach Wirth [1] ist noch alles »heil an Bord«. Daß Wasser unter der Poop in den Maschinenraum gelaufen sei, hält er für ausgeschlossen, denn das Schott dafür befand sich an Steuerbord. Ob die mit Gummieinlagen versehenen Klappen, mit denen die Entlüfter wasser- und luftdicht abgedreht werden konnten, verschlossen waren, wisse er nicht. Kurz vor dem Kentern seien noch Zigaretten und Schnaps ausgegeben worden ...

In diesen (letzten) Minuten werden auf Befehl von Kapitän Diebitsch die Laschings auch von dem Rettungsboot losgeworfen, in dem Haselbach später Zuflucht findet. Das Boot arbeitet in den überkommenden Seen schwer auf und nieder. Dabei stößt es so heftig gegen die Klampen, daß vier Löcher in den Boden gestanzt werden.

Haselbach, der sich später noch sehr genau an den auf der kleinen Nagelbank festgeklemmten gelben Kasten mit dem Notsendegerät erinnert, dessen versuchte Inbetriebnahme auch ein Beweis dafür sein könnte, daß die große FT-Anlage ausgefallen ist, klammert sich in dieser Endphase schließlich an das Fockstag in der Luv-Brückennock. Sich mit einer Hand festkrallend, zieht er sich vorsorglich bereits die Gummistiefel aus.

Nach Haselbach ist es gegen 13.00 Uhr, als die *Pamir* ruckartig kentert: »Das Schiff lag dann etwa eine halbe Minute auf Backbordseite. Während dieser Zeit stürzten viele Besatzungsmitglieder nach der Leeseite. Wahrscheinlich sind sie beim völligen Umschlagen nicht mehr unter dem Schiff herausgekommen.«

Auch nach Dummers Bericht lag das gekenterte Schiff nur eine kurze Zeit im rechten Winkel zur See, um schließlich weiter zu drehen und damit vollends zu kentern. In jedem Fall lag sie so länger als nur eine halbe Minute, vier, fünf oder auch sechs Minuten etwa, ». . . denn dann wäre ja keiner von uns Überlebenden von dem Schiff weg und aus der Trümmerwhooling der Takelage herausgekommen«.

Folkert Anders, der Schiffsjunge, der sich zuletzt an einem Niedergang festgehalten hatte, sitzt auf der Steuerbordseite, ganz obenauf. Und die Reling, die vorher den Himmel wie ein Gefängnisgitter geteilt hatte, rollt beim Kentern über und taucht in die See. Folkert Anders ist eingeklemmt und berichtet später in [28]: »Ich weiß nicht, wie tief ich tauchte. Ich weiß nur, daß ich alles versuchte, mich frei zu machen, mich frei zu schlagen mit Händen und Füßen. Ich kam frei. Die *Pamir* mußte schon weitgehend gekentert gewesen sein oder schon kieloben getrieben haben, als es mir gelang, mich aus der Reling zu lösen. Meine Korkschwimmweste drückte mit Gewalt nach oben – und sie scheuerte mein Kinn auf. Ich weiß nicht, wie die anderen freigekommen sind . . . Als ich auftauchte, war die Wasseroberfläche voll von Köpfen. Viele waren es sicher nicht, die beim Kentern ertrunken sind . . .«

Aber nur zehn Minuten später sieht das anders aus. Und das ist grauenhaft. Da versinkt einer nach dem anderen. Sie haben Wasser geschluckt und sind besinnungslos geworden. Ihre Köpfe, die in den altmodischen Schwimmwesten keinen Halt nach vorn haben, kippen vornüber.

F. Anders hält sich an einem Riemen fest. Kurz darauf erkennt er Sönke Andresen, seinen besten Freund, im Wasser. Andresen ruft: »Da links schwimmt ein Boot.«

F. Anders sagt: »Vor uns schwimmt auch eins.«

S. Andresen brüllt zurück: »Das ist ja kaputt.«

Das Rettungsboot, das F. Anders entdeckt hat, ist wirklich zerschlagen. Aber er denkt, zu einem heilen Boot werden viele schwimmen, und entscheidet: »Ich bin mehr für das Wrack . . .«

Günther Haselbach findet sich drei Meter neben der Bordwand in der See wieder. Er wird von einem seiner Kameraden in ein treibendes hölzernes Rettungsboot gezogen, in jenes, das vor dem Aufschwimmen die vier Lecks im Bootsboden erhalten hatte . . .

Wie Karl-Otto Dummer, so macht auch der Leichtmatrose

Die Viermastbark *Pamir* unter neuseeländischer Flagge auslaufend aus dem Hafen von Wellington, New Zealand. Es sind erst die Unter- und Obermarssegel des Vortopps und des Großtopps gesetzt, während im Kreuztopp nach der Kreuzuntermars gerade das Kreuzmarssegel losgemacht wird.

Photo: Alexander Turnbull Library, Wellington, New Zealand

Die *Pamir* unter vollem Tuch bei schräg von achtern einfallendem Sonnenlicht, so daß nur die Stagsegel hell erscheinen, ein schönes und interessantes Bild, das der Photograph vom Daily Mirror im Kanal aufnahm.

Photo: Daily Mirror Newspaper, London

Von London nach Belfast segelte die *Pamir* ohne Schlepper, ausgehend von Belfast jedoch benötigte sie zwei dieser bulligen, wendigen Helfer, die in jedem Hafen der Welt zu finden sind.

Photo: The Times, London

Links oben: Kapitän Fred Schmidt, zweiter I. Offizier auf der letzten Reise der *Pamir*. Er war nicht nur ein großer Seeschriftsteller, sondern auch ein hervorragender Seemann. – Links unten: Lebendige Vergangenheit verkörperte an Bord der *Pamir* der alte Segelmacher Julius Stober, der seit über 40 Jahren die Meere der Welt befuhr. Wenn er sein Garn spann, war er von den Kadetten umlagert.

Oben: Erster Bootsmann Richard Kühl, ein Seemann alter Schule, auf dessen Erfahrungen und Praxis die Schiffsführung trotz seines hohen Alters nicht verzichten wollte. – Kapitän Johannes Diebitsch, der für den erkrankten Kapitän Eggers auf der letzten Reise einsprang, ein qualifizierter Nautiker und Seemann, der einst als Matrose auf frachtfahrenden Großseglern fuhr.

Photos: STERN (4)

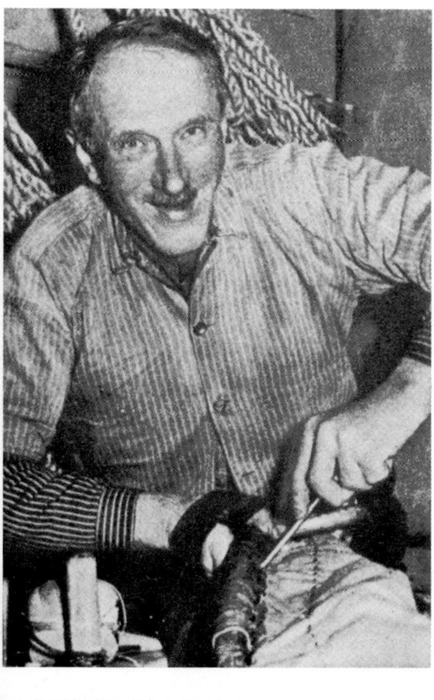

Oben: Kronprinzessin Elizabeth und ihr Ehemann, Prinz Philip Mountbatten, Herzog von Edinburgh, an Bord der *Pamir*, als diese 1949 mit einer Getreideladung in 60000 Säcken von Port Victoria (Australien) nach England kam.

Photo: The Times

Unten: Die *Pamir* vor der neuseeländischen Küste unter neuseeländischer Flagge auslaufend beim Segelsetzen.

Photo: John Pascoe (Alexander Turnbull Library, Wellington, New Zealand)

Die fünf aus dem Rettungsboot Nr. 5 trugen Khaki-Uniformen und stehen winkend an der Reling in der Nähe des Hecks, als der US-amerikanische Truppentransporter im Morgennebel des 28. September in Casablanca eintrifft. Von links nach rechts: Hans Georg Wirth, Klaus Fredrichs, Karl-Otto Dummer, Karl-Heinz Kraaz und Folkert Anders.

Photos: (2): dpa, Frankfurt/Main

Bild unten: Ein anderes Bild der fünf Geretteten auf der *Geiger*, wo gleich nach deren Festmachen eine Pressekonferenz stattfand. Von links nach rechts: Klaus Fredrichs, Karl-Otto Dummer, Karl-Heinz Kraaz, Folkert Anders und Hans Georg Wirth, den sie HaGe an Bord nannten.

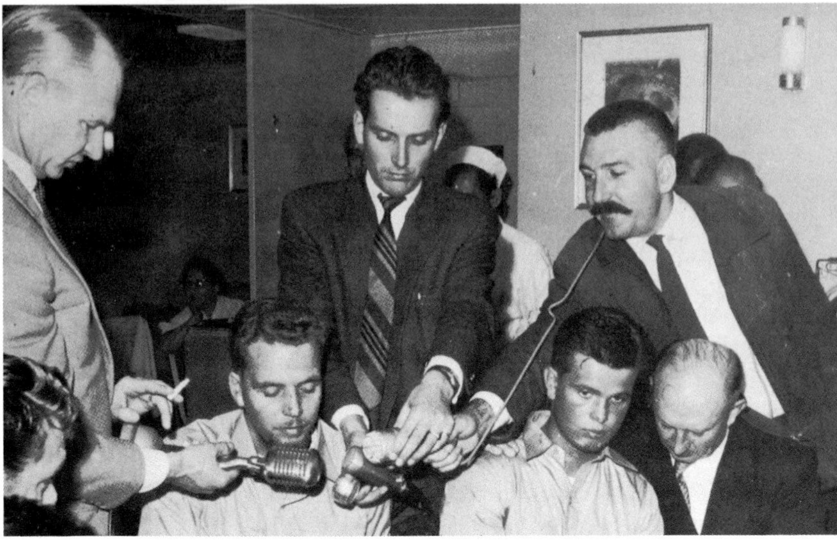

Oben: Karl-Otto Dummer gibt auf dem US-amerikanischen Truppentransporter *Geiger* eine Schilderung über den Verlauf der Fahrt im wracken Rettungsboot und seine und seiner Kameraden Rettung, an die er so fest glaubte, daß die andern nicht verzweifelten und überlebten. – Rechts: Folkert Anders mit seinem von der Illustrierten STERN nach Casablanca eingeflogenen Vater, Kapitän Anders. – Unten: Kochsmaat Karl-Otto Dummer verabschiedet sich von dem Kapitän der *Geiger*, Herman W. Lotz aus New York City. Er dankt ihm zugleich im Namen seiner Kameraden für die kameradschaftlich herzliche Betreuung. Rechts im Bild ist Klaus Fredrichs zu sehen.

Photos: Ullstein Bilderdienst (oben), dpa (unten)

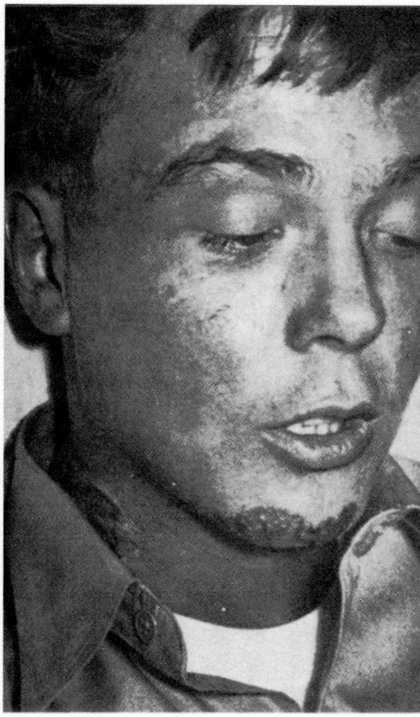

Oben links: Von der Pranke der See gezeichnet, so schrieb der STERN-Reporter unter dieses Bild von Klaus Fredrichs. Die Wunden stammen von der Schwimmweste, die am Kinn und Hals »schabte«. Seewasser vergrößerte sie. – Oben rechts: Günther Haselbach in Begleitung einer als Dolmetscherin fungierenden Passagierin des französischen Dampfers *Achilles* nach dessen Ankunft in San Juan auf Puerto Rico.

Photo: STERN

Von der Weltöffentlichkeit gejagt, so stand es unter diesem Bild im STERN. 170 Reporter aus der ganzen Welt, die »erste Garnitur« der Weltpresse, drängten sich über die schmale Gangway des US-amerikanischen Truppentransporters *Geiger*, um die ersten Bilder von den Überlebenden aus dem *Pamir*-Rettungskutter Nr. 5 zu schießen.

Photo: STERN

Gedenktafel für die Opfer des Segelschulschiffes *Pamir* in der Hamburger Katharinen-Kirche, gekrönt von einem Albatros, dem Symbol der noch lebenden Kap Hoorniers. Die weihevolle *Pamir*-Gedenkstätte in der St.-Jacobus-Kirche in Lübeck, wo am Rettungsboot Nr. 2 (Günther Haselbach) immer wieder Kränze von Schiffsbesatzungen und maritimen Verbänden zum Gedenken der *Pamir*-Opfer und aller auf See Gebliebenen niedergelegt und deren Schleifen aufbewahrt werden.

Photo: W. Bindseil & Sohn, Hamburg (oben), Wilhelm Castelli, Lübeck (unten)

Hans-Georg Wirth, der mit anderen Kameraden unter Mitnahme eines Rettungsringes losgeschwommen ist, als ihm das Wasser bis zur Brust hochgestiegen war, eine Beobachtung ([1], S. 118–119): »Als sich das Schiff um 180 Grad gedreht hatte, ist die Luft mit einem laut pfeifenden Geräusch, das trotz des Sturms zu hören ist, aus irgendwelchen Rohrleitungen entwichen . . .«

Kieloben schwimmt das Schiff noch etwa 20 bis 30 Minuten, ehe es versinkt. Mit ihm der eine Seemann, der sich auf dem hinteren Schiffsboden gerettet glaubte . . .

*

Daß das Schiff eine Weile mit den Masten auf dem Wasser gelegen hat, ist nicht überraschend.[164] In dieser Lage werden vermutlich die Luken undicht. Auf jeden Fall sind jetzt ein Teil der Raumlüfter sowie Türen und Niedergänge zu den Aufbauten völlig unter Wasser, ein etwa ebenso großer Teil ist über Wasser, so daß Wasser in das Schiff eindringen und Luft entweichen kann. In dieser Lage laufen die unter Wasser befindlichen Teile ganz schnell voll, und auch in den zuunterst liegenden Teil des Schiffsrumpfes dringt Wasser ein.

In der jetzt oben befindlichen Seite des Rumpfes sammelt sich Luft, die Gerstenladung fällt auf die unten liegende Bordseite, zumindest im Bereich der Getreideschotte, die der jetzt von oben drückenden Last kaum noch standgehalten haben.

Beim weiteren Eindringen von Wasser vom Deck her wird die Auftriebsresultierende zum Schiffsboden hin wandern. Es entsteht ein Kräftepaar, welches das Schiff weiter dreht. Nach dem Eintauchen der Masten geht das Schiff sehr schnell in die gewichtsstabile Kieloberlage über. Daß es in dieser Lage nicht lange schwamm, sondern sank, hat seine Ursache wohl darin, daß für das kieloben von Luftblasen getragene Schiff die Längsstabilität geringer wird als die Querstabilität: Die Verhältnisse sind also gerade umgekehrt wie für das aufrecht schwimmende Schiff. Eine in Längsrichtung geneigte Lage begünstigt dann wiederum das Eindringen von weiterem Wasser. Gekenterte Schiffe sinken meist über den Bug oder das Heck. Zum schnelleren Sinken werden auch Öffnungen im Schiffsboden beigetragen haben. Es sei hier an die Beobachtung von K.-O. Dummer wie auch auf jene von Hans-Georg Wirth verwiesen.

Möglich ist, daß die von Dummer an der Luvseite beobachtete, mit Getreide gesättigte Luftfontäne von einer leckgesprungenen Außenhautplatte herrührte. Das würde auch das Eindringen von Wasser in den an der Luvseite gelegenen Proviantraum erklären. Zu einem Sinken hätte dieses Leck auch dann nicht geführt, wenn dadurch der ganze Raum vollgelaufen wäre, denn die *Pamir* war mit so vielen Querschotten versehen, daß ruhig ein Raum vollaufen konnte, ohne das Schiff in Gefahr bzw. zum Sinken zu bringen. Der Verfasser hat es im letzten Weltkrieg mehrfach gesehen [27], wie schwer es ist, ein beladenes Schiff durch Geschützfeuer in Höhe der Wasserlinie zu versenken – und wie lange es dauert, bis ein dadurch an mehreren Stellen aufgebrochenes Schiff erst einmal kentert und nach dem Kentern meist sehr langsam versinkt.

*

Wenden wir uns nun wieder Karl-Otto Dummer zu, der über seine dramatische Fahrt im wracken Rettungsboot und den Kampf ums Überleben seiner Kameraden wie auch (zunächst) über die Zeit im aufgewühlten Wasser des Nordatlantiks berichtet: Plötzlich werde ich von einer gewaltigen Woge emporgehoben und in einem irren Tempo ein Stück vorangetrieben. Ein herrliches Gefühl, ohne anstrengende Bewegungen dennoch eine Fortbewegung zu spüren. Getöse erfaßt einen Sekundenbruchteil mein Gehör. Mein Kopf wird wie von einer brutalen Ohrfeige auf das Wasser geschlagen. Nun ist ein unirdisches Brausen und dumpfes Rauschen um mich herum, das mir fast meine Besinnung und meine Reaktionsfähigkeit nimmt. Ich werde durcheinandergeschüttelt. Mein Körper fliegt wie willenlos hin und her. Und dann scheint er in einen tiefen Abgrund hinabzustürzen. Statt des im Unterbewußtsein erwarteten Aufpralls, schlägt es nun von allen Seiten wie mit Riesenfäusten auf mich ein. Kaum eine Stelle meines Körpers wird nicht getroffen. So unerwartet ich von dieser Situation überrascht worden bin, so schnell ist sie auch vorbei. Mein Kopf ist wieder über Wasser, ich bekomme wieder Luft.

Instinktiv hatte ich den Atem angehalten und offensichtlich – und das trotz meiner Reaktionsunfähgkeit – kein Wasser geschluckt oder sonstigen Schaden genommen. Um mich herum ist es so still wie in einer Kirche, und so sanft und behutsam wie in einer Wiege fühle ich mich vom Wasser getragen. Jetzt sehe ich auch, daß ich nicht alleine bin. Rechts und links, neben und auch vor mir, ragen einzelne – oder auch mehrere – Köpfe aus dem Wasser. Dazwischen schwimmen irgendwelche Teile, die nur von Bord stammen können.

Wieder werde ich – wie schon vorhin – von einer neuen Welle emporgestemmt, werde mit erhöhter Geschwindigkeit wie von einem Sog nach vorne gezogen. Fast im gleichen Augenblick packt mich – gleichsam wie mit einem Schlag – erneut die orkanhafte Sturmfaust und preßt meinen Kopf unter Wasser. Wieder ergreifen mich unzählige Hände, die langfingrig an mir zerren und ziehen. Doch dieses Mal rolle ich mich schnell zusammen, indem ich beide Knie vor die Brust ziehe, meine Arme um sie schlinge und den Kopf fest auf die Knie drücke. Wieder fahre ich in die Tiefe, werde – wie eine Ratte von einem wütenden Hund – hin und her geschüttelt und komme wieder in ruhigeres Wasser. Bevor ich mir dessen genau bewußt bin, komme ich mit dem Kopf wieder über die Wasseroberfläche. Ich schnappe hastig und heftig nach Luft und spucke Seewasser. Dieses Mal bin ich nicht so hart wie zuvor gebeutelt worden, doch habe ich erheblich mehr Salzwasser geschluckt. Das Herauspusten verursacht Schmerzen in meiner Brust. Ich sehe um mich, entdecke hier und dort einige Kameraden, die ähnlich wie ich prusten und husten und sich an Gegenständen festgekrallt haben.

Ich muß mich unbedingt unter Kontrolle bringen und versuchen, einen der schwimmenden größeren Gegenstände zu erreichen, um mich mit anderen Kameraden zu vereinigen.

Dazu gehört zunächst, die Bewegung der See zu ergründen, um nicht allzuviel Kräfte zu verschwenden. Wieder werde ich wie in einem Lift in die Höhe gehoben. Zwangsläufig muß nun der Augenblick folgen, wo mich Rasmus mit seiner vollen Pranke trifft: Ich hole so tief wie möglich Luft, nehme den Kopf unter Wasser und kugele mich – wie gehabt – zusammen. Das Rauschen um mich herum, das Reißen an meinem Körper und die dann rasende Talfahrt lassen mich erkennen, daß ich in den Kamm einer brechenden Woge geraten bin.

Ich muß also damit rechnen, daß sich dieser Vorgang wiederholt. Als ich in der Talsohle aus dem Wasser auftauche, bin ich direkt stolz auf mich, denn ich habe weder Wasser geschluckt noch viel Kraft gebraucht, um ohne Schaden aus dem Brecher herauszukommen.

Nicht weit vor mir sehe ich einen Pulk von sechs bis sieben Mann. Die Kameraden scheinen sich an irgendeinem Gegenstand festzuhalten. Sie winken mit den Armen, und hin und wieder glaube ich, auch einige Wortfetzen zu hören. Ob sie allerdings mich oder andere um mich herum schwimmende Kameraden meinen, kann ich nicht feststellen. Eines ist mir klar: Du mußt versuchen, an die Gruppe der anderen Überlebenden heranzukommen.

Einige Schwimmstöße beim Heraufklettern auf die nächste Woge und wieder einige Schwimmstöße mit der sich immer mehr aufsteilenden See gaben mir das Gefühl, als würde ich zehn, zwanzig und noch mehr Meter zurücklegen. Dann, als die See ihre größte Höhe erreicht und reißend und zerrend unter mir durchläuft, heißt es wieder:

untertauchen,
zusammenkugeln,
abwarten bei der Talfahrt und
wieder den Kopf aus dem Wasser.

Das klappt soweit recht gut, doch jedes Mal, wenn ich auftauche, habe ich eine andere Situation vor mir. Durch das Hinabstürzen in der überbrechenden Welle geht jede Richtungsorientierung verloren. Wenn ich meine, ich hätte den Kameraden gerade noch vorne rechts gesehen, so kann es passieren, daß er jetzt links hinter mir schwimmt. Als ich dieses

Mal auftauche, versuche ich mit Handzeichen und Schreien, die mir zunächst Schwimmenden auf den von mir entdeckten Pulk aufmerksam zu machen. Ich will sie veranlassen, ebenfalls dorthin zu schwimmen. Es scheint, daß ich verstanden worden bin, denn wir drehen die Gesichter in die gleiche Richtung, und die Entfernungen zueinander sind – so kommt es mir vor – geringer geworden. Es ist einfach unbegreiflich und auch nicht zu beschreiben, welche Kräfte uns in diesem Wasser fortbewegen. Der Kamerad, neben dem ich gerade noch geschwommen war, ist nach dem Auftauchen plötzlich fünf bis zehn Meter von mir entfernt. Dafür taucht ein anderer, den ich gar nicht gesehen hatte, neben mir auf. Nach jeder Talfahrt und jedem Wiederauftauchen versuche ich, mich neu zu orientieren. Durch Handzeichen und Schreie hoffe ich, die Kameraden zusammenzuhalten und in die gleiche Richtung zu dirigieren. Während einer dieser bösen Tal- und Tauchfahrten wird mir erschreckend klar und bewußt, daß der Augenblick, da mich zum ersten Mal die Faust des Sturmes gepackt und unter Wasser gedrückt hatte, jener Moment gewesen sein muß, da die *Pamir* endgültig in den Fluten verschwand. In der Sekunde solchen Erkennens wird mir deutlich, in welcher Situation ich mich eigentlich befinde: Einige tausend Meter Wasser unter mir und zigtausend Meter Wasser in jeder Richtung um mich herum.

Panik des absoluten Verlorenseins droht meine Kräfte zu lähmen, doch der nächste »Wellenritt« fordert mir wieder größte Aufmerksamkeit ab. So wird denn diese eben noch schreckliche, erdrückende und beinahe lähmende Erkenntnis einfach überrollt, so abrupt, wie eine zugeworfene Tür zuschlägt, unterbrochen.

Endlich habe ich es geschafft. 14 oder 15 Mann haben sich in diesem Pulk vereinigt. Eine Holztür – vermutlich stammt sie vom Backbordniedergang zu den Mannschaftslogis –, einiges Tauwerk, zwei Riemen und drei Rettungsringe bilden das »Floß«.

Die nächste Welle: Ich halte mich an irgend etwas Festem an diesem »Floß« fest und will diese See – wie ja schon mehrmals geübt – abreiten. Aber da gibt es plötzlich Schwierigkeiten. Oben angelangt, kann ich zwar den Kopf untertauchen, doch ein Zusammenkugeln des Körpers, ohne das »Floß« loszulassen, ist nicht mehr drin. So stecke ich den Kopf unter Wasser und klammere mich am »Floß« fest.

Die Talfahrt beginnt. Wie beim ersten Mal wird mein Körper hin und her gerissen. Er wird jedoch nicht nur gestoßen und geschüttelt, sondern kollidiert mehrmals mit den weichen Körpern der Kameraden oder den harten Teilen des »Floßes«. Im Augenblick, als ich denke, es müßte vorbei sein, trifft mich ein fürchterlicher Schlag an die rechte Hüfte. Schmerz durchzuckt meinen Körper bis in die Zehen. Mir wird übel. Nur mit äußerster Kraft kann ich mich festklammern.

Endlich Luft.

Ich hänge an einem Riemen, und mit mir noch einer. Unser »Floß« ist auseinandergerissen und treibt in einem Umkreis von fünf bis zehn Metern – zerlegt in lauter Einzelteile – um mich herum. An jedem dieser Teile hängen ein oder mehrere Kameraden. Wir verständigen uns durch Handzeichen und auch durch Schreie. Aufs neue bilden wir einen Pulk und mühen uns gemeinsam ab, durch Ineinanderstecken der einzelnen Gegenstände und das Herumschlingen des vorhandenen Tauwerks wieder ein floßähnliches Gebilde zustande zu bringen.

Diese »Arbeit« geht erstaunlich rasch vor sich, aber ehe wir es uns versehen, werden wir wieder von einer der gewaltigen Seen emporgehoben. Unsere Arbeit scheint im Kentern dieser Welle zunichte gemacht zu werden. Laut schreie ich, als wir emporgehoben werden: »Tauchen! Tauchen!« Ich packe mit einer Hand einen Teil des Floßes, mit der anderen den neben mir schwimmenden Kameraden an der Schwimmweste, stecke den Kopf unter Wasser und ziehe die Knie leicht an.

Wir haben Glück.

Fast unbeschädigt tauchen das Floß und danach auch wir aus dem Wasser auf. Unverzüglich beginnen wir damit, die Verbände unseres Floßes mit Tampen zu festigen.

Inzwischen sind noch zwei Kameraden – oder sind es drei – zu uns gestoßen. Wir sind jetzt fünfzehn oder sechzehn Mann. Auch die nächsten Seen können wir gut meistern. Unsere

Technik – eine Hand am Floß, eine Hand am nächsten Kameraden – bewährt sich. Es ist gar nicht so anstrengend, wie ich zuerst vermutete. Nach jedem Auftauchen sehen wir uns in der Runde um, winken anderen, weiter entfernt schwimmenden Kameraden zu, um sie zu bewegen, zu uns zu kommen. Mit vereinten Kräften versuchen wir sogar, zu einem in nächster Nähe schwimmenden Kumpel hinzusteuern. Irgendwie gibt uns das Enganeinandergeklammertsein das starke Gefühl einer Geborgenheit. Wieder sind zwei Kameraden bis zu uns gelangt, und wir bemühen uns nun, auch den Dritten zu uns heranzuziehen. Dann sind wir bei ihm. Jetzt erkennen wir ihn. Es ist Julius Stober, unser alter Segelmacher, den wir Jimmy nennen.

Jimmy hat sich mit einem Rettungsring und dem Riemen aus einem unserer Boote in eine Lage manövriert, daß man meinen könnte, er läge auf einer Liege. Wir winken und rufen. Als Antwort steckt er seinen langen dünnen Arm in die Luft, dann winkt er mit seinen knochigen Fingern ab. Augenblicklich erinnere ich mich daran, wie ich ihn in den letzten Stunden an Bord beobachtet hatte. Unvergeßlich ist der Eindruck, den er auf mich gemacht hatte, so als würde er in dem zufriedensten Schlaf seines Lebens liegen. Auch jetzt strahlt sein Gesicht die Gelassenheit und die Zufriedenheit eines Menschen aus, den nichts, aber auch gar nichts mehr überraschen oder überrumpeln kann.

Die nächste Welle läßt uns nicht so unbeschadet wie die, die vorangegangen sind. Wieder werden wir auseinandergerissen und stark durchgeschüttelt. Als wir auftauchen und uns abmühen, unser »Floß« wieder intakt zu bringen, vermissen wir zwei Kameraden. Soviel wir auch Ausschau halten, sie werden nicht mehr gesehen.

Ein Aufschrei geht durch unsere Reihen. Wie gebannt folgen wir den richtungweisenden Armen und Händen einiger unserer Kameraden. In gar nicht einmal so weiter Entfernung – etwa in etwa 25 bis 30 Metern – sehen wir ein nicht übermäßig besetztes Rettungsboot, in dem acht bis zehn Mann pullen. Offensichtlich nach einem Kommando.

In dem Boot ist bestimmt für uns noch Platz.

Ob alle gleicher Meinung sind?

Mir jedenfalls ist klar, daß wir über eine längere Zeit hinaus mit diesem unserem »Floß« keine guten Chancen zum Überleben haben werden.

Sechs oder sieben unserer Kameraden lösen sich dann auch von unserem »Floß« und schwimmen mit einem: »Na los, kommt!« in die Richtung auf das Boot mit den pullenden Kameraden.

Ich weiß heute nicht mehr, was mich bewog, nicht auch hinüberzuschwimmen.

War es einfach Angst vor der Entfernung?

Oder waren es Bedenken wegen der Anstrengung, die es kosten würde, um diese doch gar nicht so weite Entfernung zu überbrücken?

Oder war es einfach nackter Instinkt, der mich warnte?

Noch zweimal sehen wir das Boot.

Dann nicht und niemals wieder.

Auch andere, weitere Überlebende kommen seit diesem Zeitpunkt nicht wieder in Sicht.

So weit unser Auge reicht, sehen wir nichts als Wasser.

Wir sind noch dreizehn Mann.

Das »Floß« stabilisieren, den Kameraden neben sich sichernd an der Schwimmweste packen und den nächsten Brecher abreiten . . .

So geht es ein um das andere Mal.

Wie lange, ich weiß es nicht . . .

Wie oft, ich weiß es nicht . . .

Und wieder ein Schrei!

Da, eine Hand durchzuckt beschwörend die Luft.

Ein Boot!

Gerade eben kann ich – etwa 30 Meter querab – noch etwas braungetöntes Längliches in der gischtenden See erkennen, bevor es wieder gilt, einen Brecher ohne Schaden abzureiten.

Als wir aus den Wassermassen wieder emportauchen, schreien und kreischen alle wild durcheinander:

»Ein Boot!«

»Ein leeres Boot!«

Dort, ganz in der Nähe.

Dort war es doch. Gerade noch eben.

Doch so angestrengt wir auch suchen, ein Boot ist, so weit unser Auge reicht, nicht zu sehen.

Doch dann entdecken wir es wieder.

Jetzt sind wir dessen sicher: Dort, ganz dicht bei uns, schwimmt ein unbemanntes Rettungsboot.

Wir wundern uns nicht einmal, warum es keine Besatzung hat. Wir fragen uns nicht, weshalb wir das Boot denn nicht schon vorher gesehen haben. Wir stellen einfach nur fest: Dort, zum Greifen nahe, ist ein Rettungsboot, das auf uns nur zu warten scheint.

Doch erneut verlieren wir es aus den Augen.

Dort, dort in der Richtung muß es sein.

Dorthin müssen wir schwimmen!

Nein, in dieser Richtung kann es nur sein . . .

Jeder von uns wähnt das Boot in einem anderen Sektor. Es wird uns schließlich klar, daß wir mit einem wilden Drauflosschwimmen nichts erreichen können. Wir müssen Ruhe bewahren und in Ruhe Ausschau halten.

Unsere Nerven werden auf eine harte Probe gestellt.

Bei der Suche nach dem Rettungsboot haben wir zwangsläufig die Verbände unseres »Floßes« vernachlässigt. In einer der nächsten hohen Seen werden wir elendiglich durcheinandergeschüttelt und zusammen mit unserem »Floß« auseinandergerissen. Einzeln tauchen wir auf. Wir sind drei, fünf oder sogar acht Meter voneinander entfernt. Wir vergessen das Rettungsboot in diesem Augenblick, denn wir merken nur zu deutlich, wie sehr uns unser primitives »Floß« geholfen hat, Kräfte zu sparen, und es ist uns allen – wenn vielleicht auch nur intuitiv – klar, daß wir diese Kräfte so weit wie möglich schonen müssen.

Schon fast routinemäßig stecken wir wieder unser »Floß« zusammen und machen dabei die entsetzliche Entdeckung, daß einer von uns zwischen Rettungsring und Tauen hängt und kein Lebenszeichen mehr von sich gibt. Zu dritt halten wir seinen Kopf über Wasser, schütteln ihn und schreien ihn an.

Keine Reaktion!

Wir wissen, daß wir ihm nicht helfen können. In der nächsten sich brechenden See wird er fortgespült, und die Frage: »Wo ist er geblieben?« will keiner von uns beantworten, obwohl wir die Antwort wissen. Zum ersten Mal an diesem Tag wird mir deutlich, wie nahe der Tod neben uns steht.

Neben jedem von uns.

Bevor wir eine Möglichkeit haben, dieser nüchternen Realität nachzugehen oder sie auszuspinnen, elektrisiert uns der Freudenschrei:

»Das Boot!«

Wir sehen es wieder:

Das Boot.

Unser Boot.

Jetzt treibt es mit uns auf gleicher Höhe und auch im gleichen Wellental. Die Entfernung ist offenkundig nun gar nicht mehr so groß wie vorhin, und als irgendeiner schreit »los, hin«, scheinen dies alle – außer mir – für einen Befehl zu halten. Sie lösen sich von »unserem Floß« und schwimmen auf das Boot zu.

»Halt. Nehmt Rettungsringe und Riemen mit.« Diesen Ruf – oder Rat – hört – oder zumindest befolgt keiner. Ich ziehe einen Riemen aus unserem ramponierten »Floß« und versuche gerade vergeblich, auch noch einen Rettungsring herauszulösen, als mich die nächste Welle nach oben reißt, wo das Wasser explosionsartig in flammend grellweißen Schaum zerbirst.

Ich muß meine ganze Konzentration wieder darauf verwenden, in dem Brecher keinen Schaden zu nehmen.

Als ich wieder auftauche, halte ich den Riemen noch immer fest in beiden Händen, bin aber einige Meter vom »Floß« entfernt.

Sofort kümmere ich mich um die Kameraden. Ich sehe, daß sie in unterschiedlichen Entfernungen – aber Gott sei Dank alle in einer Sichtlinie – einzeln und mit mir abgewandten Gesichtern auf das Boot zuschwimmen, das auch ich jetzt wieder erspähe. Direkt neben mir – höchstens zwei Meter entfernt – schwimmt Günther Schinnagel. Er ist der einzige, der mir sein Gesicht zuwendet und auf mich zuzuschwimmen scheint.

Doch da erkenne ich, daß er die Augen geschlossen hält und daß er nur so viele Schwimmbewegungen macht, wie notwendig sind, um sich eben über Wasser zu halten.

Ich packe ihn an der Schwimmweste, schreie ihn an und versuche, ihm verständlich zu machen, daß er jetzt mit mir zum Boot – und damit zu den anderen Kameraden – schwimmen müsse. Er öffnet die Augen, sieht mich fragend und zweifelnd, aber wortlos an, und während ein Lächeln über sein Gesicht zu huschen scheint, nickt er mir zu.

Als die nächste gewaltige See uns packt, schiebe ich Günther den Riemen unter die linke Achsel, packe ihn von hinten an der Schwimmweste und halte mich selbst am Riemen fest. Ich werde zwar heftig durcheinandergerüttelt und von der See hin und her geboxt, doch klammere ich mich mit äußerster Anstrengung am Riemen und an Günther fest, und so tauchen wir gemeinsam auf.

Ein Blick in die Runde läßt mich erschrecken. Ziemlich weit von mir entfernt sehe ich nur die Köpfe von zwei Kameraden. Sonst nichts, nichts als tosendes, schäumendes, vor Wut kochendes Wasser. Wenn ich auf diese beiden zuschwimme, ist das dann gleichbedeutend mit der Richtung auf das Boot, das wir zu erreichen versuchen? Wird damit das Boot, in dem wir schon unseren Retter sahen, zu unserem Verderben? Meine Gedanken ordnen sich und sagen mir eindeutig und unmißverständlich, wie gering doch die Chancen sind, allein in dieser grausamen See zu überleben. Ich betrachte Günther. Mit dem linken Arm hält er den Riemen umkrallt, mit dem rechten führt er wie mechanisch langsame Bewegungen aus. Die Augen hat er wieder geschlossen, doch hält er den Kopf hoch aufgerichtet aus dem Wasser heraus, und sein Gesicht erweckt den Anschein, als lausche er gespannt in die Höhe.

Wenn er nicht acht gibt, muß er in einer der nächsten Wellen zwangsläufig Wasser schlucken. Wird er dann noch die Kraft haben, sich aus den Wassermassen herauszukämpfen, oder wird es ihm so ergehen wie dem Kameraden zuvor am »Floß«?

Schwach ist Günther Schinnagel gewißlich nicht. Wie oft

haben wir an Bord gestaunt, wenn er – schlank, knochig und sehnig, aber nur 165 cm groß – auf dem Vorschiff die Feldschmiede aufgebaut hatte und mit wuchtigen Schlägen ein Stück Eisen in die gewünschte Form schmiedete. Nicht nur seine Kraft war es, der wir unsere Achtung zollten, sondern besonders seine handwerkliche Geschicklichkeit, in kürzester Zeit mit knappen, gezielten Schlägen aus einem rohen Stück Eisen einen präzise passenden Beschlag herauszuarbeiten. Was aber ist es dann, wenn schon keine Schwäche, daß er jetzt nicht mehr kämpfen mag oder vielleicht gar nicht mehr kämpfen will?

Da, das Boot . . . da ist es wieder.

Wenn es auch nach Sekunden wieder in einem Wellental verschwindet, so konnte ich doch registrieren, daß sich bereits zwei oder drei Mann in dem Boot befinden und wenn nicht zu mir, so doch zu anderen hinüberwinken.

Ich schreie Günther zu, daß das Boot jetzt noch näher gekommen sei, daß wir in der richtigen Richtung schwimmen und daß es jetzt nur darauf ankäme, es gemeinsam und so schnell wie möglich zu erreichen. Er öffnet kurz die Augen, graue Augen, wie mein Unterbewußtsein vermerkt, und sieht mich mit ausdruckslosem, fast leerem Blick an. Dann, für mich völlig unerwartet, sinkt sein Kopf vornüber. Die hochleckende See läßt seine dunkelblonden Haare auseinanderfließen. Ein eisiger Schreck, ein dumpfes Ahnen, durchzuckt mich. Der Riemen, an dem wir noch immer beide hängen, wird weiter unter das Wasser gedrückt. Das kann nur daran liegen, daß Günther jetzt gar keine Schwimmbewegungen mehr macht. Wie gelähmt starre ich ihn an, und plötzlich ist es mir, als habe ich genau diese Situation schon einmal irgendwo gesehen. Vor meinem inneren Auge sehe ich ganz deutlich in großen Druckbuchstaben geschrieben »BATAVIA 510«, und so, als sei es gestern erst geschehen, fallen mir, wild durcheinander, die einzelnen Verse dieser Ballade von Annette von Droste-Hülshoff ein.

Und während ich Günther immer noch anstarre, wird er zur Person des Kranken, der über Bord geschwemmt und dann von dem starken Passagier mitleidlos, um des eigenen

Überlebens willen, von der Planke, die noch die Inschrift »BATAVIA 510« trug, gestoßen wurde und ertrank. Der Passagier wurde gerettet: von einem Korsarenschiff, das wenig später strandete. Gemeinsam mit den Piraten wurde er an einem Galgen, der aus Strandgut gezimmert war, gehängt. Und die letzten Verse klangen, vom Rauschen der See untermalt, in meinen Ohren nach:

- »Und als er in des Hohnes Stolze
- will starren nach den Äther Höhn,
- da liest er an des Galgens Holze:
- ›BATAVIA 510!‹«.

Aus einer aufkommenden, fast zornigen Erregung heraus hebe ich die Hand und bin erstaunt darüber, wie deutlich ich das Klatschen meines Schlages in sein Gesicht höre. Günther reißt die Augen auf, schreit mir etwas zu. Ich kann es nicht verstehen, doch sein Blick ist jetzt anders als vor wenigen Sekunden. Ich versuche, ihm klarzumachen, daß wir gemeinsam in Richtung Boot schwimmen müssen. Er scheint zu verstehen, und an seinen Gesten erkenne ich, daß er wissen will, wo denn unser Boot sei und in welche Richtung wir wohl schwimmen sollen. Aber auch ich vermag das Boot nicht zu sehen. Rings um uns herum ist nichts als auf und nieder torkelndes Wasser.

Günther wird lebendig. Er schreit mich an und gestikuliert mit einer Hand nervös vor meinem Gesicht herum. Aus den Wortfetzen, die ich verstehe, höre ich Fragen, die ich ihm nicht beantworten kann. Denn weder weiß ich, wo unsere Kameraden sind, noch kann ich sagen, wo sich das eben gesichtete Boot befindet. Doch dann kann ich ihm eine Frage beantworten: nämlich die, welchen Sinn es eigentlich habe, in diesem Inferno noch zu kämpfen, obwohl man doch bei nur etwas Verstand wissen müsse, daß es unmöglich ist, hier herauszukommen.

Ich will aber heraus, und ich komme heraus, wenn ich nur daran glaube.

Ich will leben.

Keine Sekunde werde ich verschenken. Und solange auch nur ein Fünkchen Kraft in mir steckt, werde ich es fürs Überlebenwollen einsetzen.

Gesicht an Gesicht – mit einem Arm umklammern wir den Riemen, mit dem anderen führen wir Schwimmbewegungen aus –, so schreien wir einander an. Eine beinahe groteske Diskussion, doch erkenne ich, daß wieder Leben in Günther hineinpulst und daß ich ihn dringend brauche, denn wie soll es weitergehen, wenn ich allein in dieser Wasserwüste schwimme?

Doch das aufflackernde Fünkchen Leben war nur ein Strohfeuer. Genauso schnell wie Günther hellwach geworden war, so schnell fällt er wieder, blaß und fahl im Gesicht, in sich zusammen.

Da sehe ich es wieder: unser Boot.

Ich schreie Günther an. Auch er sieht nun das Boot. Dessen Anblick erreicht, was vorhin mein Schlag in sein fahles Gesicht bewirkte: Es kommt wieder Leben in ihn. Das Gesicht hat wieder Farbe. Gemeinsam bemühen wir uns, auf das Boot zuzuschwimmen. Ziemlich deutlich können wir erkennen, daß bereits acht Mann im Boot Zuflucht gefunden haben. Nur ihre Schultern ragen aus dem Wasser heraus. Offensichtlich ist es so schwer beschädigt, daß nicht damit zu rechnen ist, in diesem Boot wirklich wie in einem Rettungsboot geborgen zu sein. Aber alleine die Tatsache, daß dort wieder einige Kameraden zusammengefunden haben, spornt mich an. Hatte ich doch – und wenn es auch nur einige Minuten gewesen waren – erkennen müssen, wie furchtbar es sein müßte, alleine mit der gnadenlosen See zu sein. Höchstens zehn Meter trennen uns noch vom Boot, als die Kameraden uns entdecken und uns zuwinken.

Gleich haben wir es geschafft.

Eine riesige, blaugrün getönte See hebt das Boot vor unseren Augen hoch, balanciert es einen Augenblick auf ihrem Kamm – jetzt ragt sogar ein Teil seines Holzes aus dem Wasser heraus –, dann kippt es um in dem nun brechenden Kamm und wird unter weißgischtenden Wassermassen begraben. So angestrengt wir uns auch nach allen Richtungen hin umsehen, egal, ob wir auf dem Wogenkamm oder im Wellental schwimmen, wir können das Boot und unsere Kameraden nicht wiederfinden.

Günther dreht sich wieder mir zu, und wir setzen unsere vorhin begonnene und so plötzlich abgebrochene Diskussion fort. Wenn wir jetzt in dem Boot gewesen wären, dann wären auch wir von dieser See begraben und mit sehr viel Wahrscheinlichkeit vom eigenen Boot erschlagen oder zumindest verletzt worden.

Was soll der verzweifelte, aussichtslos erscheinende Kampf eigentlich? Es ist ja auch egal, ob man jetzt oder erst eine halbe Stunde später stirbt.

Zum ersten Mal heute – obwohl es im Unterbewußtsein schon mehrmals aufgetaucht war – spricht einer dieses Wort aus; das Wort:

Sterben!

Was ist das, das Sterben?

Hatte ich es schon vergessen? Hat Günther Schinnagel in seinem Leben schon ähnliche Situationen wie ich erlebt? Oder hatte er dem Tod schon so nahe gestanden, daß ihm der Gedanke ans Sterben nichts ausmachte? Ich jedenfalls kann mich nur allzu deutlich daran erinnern, wie sehr ich mich damals vor der norwegischen Küste gesträubt hatte, an einen Tod in den eisigen Fluten des Nordmeeres überhaupt zu denken. Genauso bildhaft erinnere ich mich aber auch daran, wie unterschiedlich die Kameraden reagierten, als unser gestrandetes Schiff hilflos den brachialen Naturgewalten ausgesetzt war und um sein Dasein kämpfte. Manche kauerten in irgendeiner Ecke und starrten still und in ihr Schicksal ergeben vor sich hin, andere knieten an Deck und baten Gott laut und flehentlich um Hilfe. Ein paar zeigten jene unbarmherzige Entschlossenheit von Selbstmördern, sich mit ihrem Schicksal abzufinden, andere waren verstört oder trotzig. Wieder andere jammerten über dieses verdammte Schiff, von dem sie ja eigentlich schon von Anfang an gewußt hatten, daß es in ein Unglück fahren würde. Ein anderer verfluchte Gott, den Reeder und am Ende sich selbst. Eine Gruppe von Männern ist mir jedoch besonders aufgefallen und für immer und ewig ins Gedächtnis eingeritzt worden. Es waren jene, die unsagbar ruhig und konzentriert handelten und befahlen, um das Beste aus der Situation zu machen. Sie hatten den Mut, im allgemeinen Entsetzen selbständig zu reagieren.

Nur ihnen war es zu verdanken, daß wir später ohne Verluste geborgen wurden. Ich hatte mich damals immer in der Nähe unseres norwegischen Bootsmannes aufgehalten und versucht, ihm zur Hand zu gehen. Seine besonnene, fast bedächtige Art strahlte so viel Zuversicht, so viel Ruhe aus, daß ich in seiner Nähe diese schreckliche, auszehrende Angst vergaß ...

Der Riemen verändert seine Lage im Wasser, und ich muß erkennen, daß Günther die Augen wieder geschlossen hat. Die wenigen Augenblicke, während denen ich in Gedanken in der Vergangenheit weilte, haben genügt, ihn wieder in diese erschreckende Teilnahmslosigkeit zurückfallen zu lassen. Ich zerre an seiner Schulter. Ich schreie ihm zu, daß wir das Boot gleich erreichen werden, obwohl ich es gar nicht sehe und daher begründete Zweifel an meinen eigenen Worten habe. Er reißt die Augen auf, lacht, schreit und beginnt wild draufloszuschwimmen. Ich sehe mich um: Kaum mehr als gute acht Meter von uns entfernt rast das Boot, vom Berg einer See getragen, vierkant aufs uns zu. Um schneller voranzukommen, lasse ich den Riemen los und hole mit kräftigen weiten Armbewegungen aus, um das Boot auch bestimmt zu erreichen.

Da sind sie wieder: Die großen steilen Buchstaben und Zahlen:

BATAVIA 510!

Obwohl ich optisch das tief im Wasser liegende Boot mit den darin hockenden Kameraden und die tosenden Wasser vor mir sehe, formen sich diese Buchstaben vor meinen Augen wie eine Überblendung deutlich und fast zum Greifen nahe plastisch in das vorhandene Bild. Ich halte inne und blicke nach rechts:

Wasser.

Nichts als Wasser.

Ich drehe mich um und sehe zurück. Zwei bis drei Meter hinter mir hat sich Günther mit beiden Händen an den Riemen geklammert. Sein Kopf liegt vor ihm auf den Unterarmen. Warum schwimmt er nicht weiter? Ein Blick in die entgegengesetzte Richtung zeigt mir, daß das Boot, obwohl es vorhin auf uns zuzurasen schien, uns nicht näher gekommen ist. Es hat sich aber, das wenigstens beruhigt, auch nicht weiter entfernt. Warum zögere ich? Ich muß zum Boot! Nur das Boot kann unsere – und damit auch meine – Rettung sein. Günther wird es sicher alleine schaffen. Wieder blicke ich zurück. Wie vorhin treibt er – fest an den Riemen geklammert – im Wasser. Wie soll er das Boot jemals erreichen, wenn er sich so gleichgültig treiben läßt? Ich vergewissere mich mit einem Blick nach hinten: Das Boot ist noch da. Mit ein paar zügigen Schwimmstößen bin ich bei Günther Schinnagel, packe den Riemen am oberen Griffende, werfe mich herum und schwimme auf das Boot zu, das heißt: Ich will auf das Boot zuschwimmen. Wo aber ist es? Es kann nur im Wellental sein, denn ich habe meine Richtung ja schwimmend nicht verändert. Wenn ich mit der nächsten See nach oben getragen werde, müßte es direkt vor mir sein. Nur noch wenige starke Schwimmstöße, und ich werde es erreichen. Mit äußerster Anstrengung versuche ich, vorwärts zu kommen. Doch meine ich, anstatt voranzukommen, nach hinten gezogen zu werden. Eine sich aufsteilende See trägt mich nach oben, und es kommt mir vor, als würde mir die Last des Riemens mit dem daran hängenden Kumpel den Arm ausreißen. Gleich müssen wir es geschafft haben. In all meiner nervösen Hast, um zum Boot zu kommen – doch wahrscheinlich ist es mehr die Angst, das Boot nicht zu erreichen – bin ich unaufmerksam und gerate nun in die voll sich brechende See hinein.

Wie bei meiner ersten Bekanntschaft mit einem dieser wutschnaubenden, übergroßen Brecher werde ich wie ein Spielball im Strudel herumgeschleudert und brutal durchgeschüttelt. Der Riemen wird mir mit einem gewaltigen Schlag einfach aus der Hand gerissen. Mitten in den tosenden Strudeln scheint mich etwas von hinten zu packen und macht meine gerade begonnenen Bemühungen, mich zusammenzurollen, um dem Wasser so wenig wie möglich Angriffsmöglichkeiten zu geben, vollends zunichte. Doch dann ist mein Kopf wieder über Wasser, und beinahe stoße ich einen Freudenschrei aus, als ich feststelle, daß die Kraft, die mich da soeben noch ziemlich heftig nach hinten zerrte, nichts anderes ist als die Hände von Günther. Er hat sich an meine Schwimmweste geklammert und taucht prustend neben mir auf. Er reißt die Augen auf, und der Blick, der mich trifft, stimmt mich beinahe fröhlich. Mit klaren, wissenden Augen sieht er mich an, und ich höre so etwas wie: »Noch mal gutgegangen.«

Ich bin nicht mehr allein.

Mir würgt es vom Magen hoch, und ich meine sogar zu spüren, wie ich bis unter die Haarwurzeln erröte, als mir schlagartig bewußt wird, daß ich mich vorhin – und wenn es auch nur für den Bruchteil einer Sekunde war – mit dem Gedanken getragen hatte, Günther allein zu lassen, um im krassen, vielleicht aber verständlichen Egoismus das rettende Boot ohne ihn zu erreichen. Es drängt mich beinahe, ihn zu umarmen und um Verzeihung zu bitten. Doch sein Aufschrei und sein plötzlich aus dem Wasser herausschießender Arm befreien meine Gedanken aus der Klammer solcher bitteren Erkenntnisse.

Da ist es wieder: unser Boot!

Diesmal ist es wirklich zum Greifen nahe.

Wir ändern unsere Richtung und schwimmen auf das Boot und unsere Kameraden zu. Erst nach mehreren Schwimmstößen und nachdem wir fast die Hälfte der Entfernung zurückgelegt haben, merken wir, daß wir uns eigentlich gegenseitig behindern. Meine rechte Hand hält Günther Schinnagels und seine linke Hand meine Schwimmweste – und so schwimmen wir – jeder nur mit einem freien Arm – nebeneinander her wie zwei kleine, ins Wasser geworfene, vor Angst bebende Kinder. Habe ich etwa nur Sorge, Günther zu verlieren? Oder meint er etwa ahnungsschwer, daß ich ihn zu guter Letzt doch noch im Stich lassen könnte?

Als ob er Gleiches denkt wie ich, sieht er mit fragendem Blick zu mir hinüber. Wir lassen einander los und erreichen mit einigen kräftigen Schwimmstößen das Boot.

Als wir das Dollbord des Bootes umklammern, merken wir erst, daß es durch das Gewicht der darin sitzenden Kameraden mindestens zwei bis drei Handbreiten unter das Wasser gedrückt wird.

Alle schreien durcheinander; einige Fäuste packen zu und zerren zuerst Günther und dann mich in das Boot. Endlich fühle ich festen Boden unter den Füßen und setze mich auf die Ruderbank. Deutlich meine ich festzustellen, daß das Boot durch unser zusätzliches Gewicht noch weiter unter Wasser gedrückt wird. Das Wasser reicht uns fast bis an die Schultern.

Während ich einesteils eine fühlbare Erleichterung darüber verspüre, daß ich ein Boot unter den Füßen habe und die vertrauten Gesichter von Kameraden um mich sehe, so sehr packt mich aber auch die Enttäuschung, als ich den Zustand des Rettungsbootes erkenne.

So wie vor einiger Zeit Günther und ich beobachtet hatten, wie das Boot von einer brechenden Woge erfaßt und zu Tal geschmettert wurde, so passiert es jetzt wieder. Krampfhaft versuche ich, mich an der Ruderbank festzuhalten, doch werde ich hochgehoben und über Bord gerissen und schlage ein- oder zweimal oder vielleicht mehrere Male mit irgendwelchen Gegenständen zusammen. Nach einer mir unendlich erscheinenden Dauer tauche ich wieder auf. Direkt vor mir treibt das Boot. Es schwimmt kieloben im Wasser. Jetzt sehe ich erst, wie sehr es wirklich beschädigt ist. Das Heck ist mindestens bis auf einen halben Meter weggerissen, und der gesamte rechte Vordersteven ist eingedrückt und flappt im brodelnden Wasser hin und her. Mit einigen Schwimmstößen erreiche ich das treibende Wrack – denn mehr ist es nicht – und ergreife das an der Außenbordkante herumgeführte Handreel. Rechts und links neben mir halten sich die anderen Kameraden fest, und ganz unbewußt zähle ich, daß wir zehn sind.

Als wir an unserem Floß hingen, waren wir noch fünfzehn ...

Wir müssen das Boot wieder auf ebenen Kiel bringen. Das schaffen wir wohl nur gemeinsam, und selbst das scheint mir in dieser wilden See im ersten Augenblick schier unmöglich.

Die Arbeit, die wir jetzt gemeinsam verrichten, vollzieht

sich so selbstverständlich, als hätten wir sie schon hundertmal geübt: Nacheinander setzen fünf Mann jeweils einen Fuß auf das Handreel. Der erste Mann wird von dem Kameraden nebenan so weit aus dem Wasser herausgestemmt, daß er mit den Händen den Bootskiel erreicht. Er bleibt so liegen, bis auch der letzte der fünf in dieser Lage ist. Die anderen fünf sind inzwischen etwas zurückgeschwommen und warten nun auf die erste Phase dieses Unternehmens.

Auf Kommando heben die fünf auf dem Bootsrücken ihren Achtersteven, packen den Bootskiel und lassen sich mit dem ganzen Gewicht ihres Körpers nach hinten überhängen. Dadurch drücken sie das Boot an der Seite, auf der sie stehen, in das Wasser hinein und ziehen automatisch die andere Seite aus dem Wasser heraus. In dem Augenblick, als ihre Achtersteven das Wasser berühren, ist es Zeit für die anderen, nachzugreifen und an den Handreels der gegenüberliegenden Bootsseite das Boot vollkommen herumzuziehen. Nacheinander klettern wir – uns gegenseitig helfend – ins Boot hinein.

An der vorhin von mir festgestellten Zahl ZEHN hat sich gottlob nichts geändert. Außer mir, der ich an Bord der *Pamir* als Bäcker-, Kochsmaat und Proviantverwalter tätig war, und Günther Schinnagel, den wir alle an Bord nur Murphy nannten, sind da noch die beiden Leichtmatrosen Hans-Georg Wirth aus Leer in Ostfriesland – kurz HaGe genannt – und sein blonder Freund Klaus Fredrichs, der aus dem tiefsten Binnenland, nämlich aus Bad Kissingen kommt. Vorne im Boot – und dicht nebeneinander – halten sich die beiden Jungmänner Klaus Driebold und Peter Frederich fest, und direkt daneben hocken rechts Manfred Holst und Folkert Anders und links Jürgen Meine und Karl-Heinz Kraaz, die alle vier ihre erste Reise auf der *Pamir* machten.

Die nächste See, die uns schäumend überflutet, macht uns nur allzudeutlich klar, wie wenig uns im Grunde genommen das Boot helfen kann. Es ist weitaus anstrengender, sich beim Überbrechen einer Welle im Boot zu halten, ohne herausgespült zu werden, und darüber hinaus auch noch das Gleichgewicht zu halten, als frei schwimmend aus diesem krankhaft zerrenden Wasserwirbel heil herauszukommen.

Irgend etwas schlägt mir schmerzlich vor das Schienbein.

Einer der metallenen Lufttanks, die rings um das Boot unter den Bänken angebracht sind, ist herausgerissen worden und poltert jetzt zwischen den Bootswänden und unter den Ruderbänken hin und her. Der Tank ist völlig eingedrückt. Er speichert die Luft nicht mehr, die normalerweise dazu dienen soll, auch ein leckgeschlagenes Rettungsboot hinreichend weit über Wasser zu halten. Er ist vielmehr mit Wasser vollgelaufen: nutzloser Ballast für uns. Über Bord damit.

So gewarnt, untersuchen wir nun die anderen Lufttanks und entdecken dabei, daß diese ebenfalls vollgelaufen sind und dadurch, daß auch sie eingedrückt wurden, lose in ihren Halterungen hin und her scheppern. Wir machen uns gemeinsam an die Arbeit, auch diese Tanks loszuwerden.

Ihr Eigengewicht ist nur eine zusätzliche Belastung für unser Boot. Außerdem droht die Gefahr, daß sie uns verletzen könnten, wenn sie, wie der erste Tank, aus den Halterungen herausgerissen werden. Während dieser Aktion überschütten uns die überbrechenden Wasser von großen, aufsteilenden Seen. Und es ist wohl mehr ein Wunder zu nennen, daß wir nicht erneut gekentert sind. Diese Erkenntnis läßt mich überlegen: Wir müssen ein System finden, um die Gefahr des Kenterns so weit wie möglich zu verringern. Ein Mann muß ständig die Bewegungen der See um uns herum beobachten, um die von Fall zu Fall zum Teil unter Wasser geratenen Kameraden rechtzeitig zu warnen. Außerdem ist eine Sitzordnung notwendig, um das Gewicht so gleichmäßig wie möglich über das ganze Boot zu verteilen und um die Stabilität des Bootes darüber hinaus durch Verlagerung unserer Körper verbessern zu können.

Ich postiere mich also – mit dem Gesicht nach achtern – auf der ersten Ruderbank im Vordersteven. Von hier aus kann ich das Boot und damit die Kameraden übersehen. Durch Pfiffe und Klopfen mit dem Messer auf die Ruderbank mache ich darauf aufmerksam, wenn uns droht, eine der besonders riesigen Seen abreiten zu müssen. Immer wenn wir in einem Wellental sind und der Sturm über uns hinweg und nicht direkt um unsere Köpfe peitscht, dirigiere ich die nächsten Kameraden durch Zurufe und Gesten auf die vorgesehenen Plätze im Boot.

Schließlich ist es geschafft:

Mir gegenüber – auf der zweiten Ruderbank – sitzen der schon etwas ältere Ingenieur-Assistent Günther Schinnagel und der Schiffsjunge Jürgen Meine, dahinter folgen der Leichtmatrose Klaus Fredrichs und der Schiffsjunge Manfred Holst. Auf der nächsten Bank hocken der Schiffsjunge Karl-Heinz Kraaz und der Schiffsjunge Folkert Anders und wieder eine Bank weiter der Jungmann Klaus Driebold und der Jungmann Peter Frederich; ganz achtern, vor dem Loch des abgerissenen Hecks, hat schließlich der erst kürzlich, am 1. Juni 1957, zum Leichtmatrosen beförderte Hans-Georg Wirth seinen Platz gefunden.

Es hat eine geraume Zeit gedauert, bis die Sitzordnung in dieser Reihenfolge abgeschlossen war. Es war mir von Anfang an klar, daß es nicht genügen würde, diesen oder jenen der Überlebenden auf einen bestimmten Platz zu dirigieren, um damit dem Boot eine stabile Lage im Wasser zu geben. Die nebeneinander postierten Kameraden müssen auch in anderen Beziehungen wie Alter, Temperament oder auch Dienstgrad einigermaßen zueinander passen.

Die neue Sitzordnung bewährt sich von Anfang an sehr gut. Haben wir es doch über einen ziemlich langen Zeitraum geschafft, nicht mehr zu kentern und damit viel Kraft zu sparen. Doch diese nunmehr eingetretene »Ruhe« macht uns allen zu schaffen.

Ich selbst denke unaufhörlich darüber nach, wie lange wir wohl schon im Wasser sind und wie spät es wohl sein könnte. In Gedanken rekapituliere ich den Tag bis zu meinem Aufstehen, und es bäumt sich in mir hohnlachend auf, als ich daran denke, mit welcher Freude ich heute morgen an die Arbeit gegangen war, da doch alle Zeichen dafür sprachen, daß es ein prächtiger Segeltag werden würde. Ein eisiger Schauer durchwellt meinen ganzen Körper, nachdem ich ausgerechnet habe, daß wir mindestens schon vier, fünf oder vielleicht sogar schon sechs Stunden im Wasser sind. Ich versuche herauszubekommen, wie warm das Wasser wohl sein könnte, und ich überlege weiter, welche Zeit es wohl in Anspruch nehmen wird, bis die Körper auf die zwangsläufig folgende Unterkühlung reagieren.

Jetzt friere ich wirklich.

Diese Feststellung unterbricht meine Gedanken, und ich überblicke das Boot und die Kameraden. Jeder sitzt an seinem Platz, jeder hält sich mit einer Hand am Dollbord und mit der anderen an der Ruderbank fest und balanciert mit dem Oberkörper die Bewegungen des Bootes aus. Alle haben sie die Köpfe gesenkt, und ich glaube, sie haben auch die Augen geschlossen. Offensichtlich sind alle in Gedanken versunken und reagieren nur noch rein mechanisch auf die Bewegungen des Bootes in der See.

Wieder durchschauert es mich eiskalt, und noch klarer wird mir bewußt, wie sehr ich friere. Bislang hatte ich noch nicht die geringste Kälte gespürt; also kann das doch nur darin seine Ursache haben, daß ich durch den immerwährenden Kampf mit der See kaum Zeit zum Überlegen fand und solche körperlichen Empfindungen überhaupt nicht wahrnahm. Es muß also etwas passieren. Allen zuliebe und allen zum Nutzen. Es wird so lange nicht mehr dauern, bis die Nacht hereinbricht. Dann ist immer noch genug Zeit, um über solche und andere Beobachtungen und über den Sinn oder Unsinn des Lebens überhaupt nachzudenken. Ich habe diesen Gedanken noch gar nicht ganz zu Ende gedacht, da blitzt das Wort »Nacht« grell wie ein Lichtsignal durch meinen Kopf. Es wird mir kristallklar bewußt, daß die Nacht doppelt so lange währen wird wie der bis jetzt hinter uns liegende Teil des Nachmittags.

In irgendeiner Form müssen wir uns auf die Nacht vorbereiten. Vielleicht können wir – genau wie an Bord – Wache gehen? Aber was soll das, wenn man wie wir bis an die Brust im Wasser sitzt und laufend aufzupassen hat, nicht von den hohen Seen begraben zu werden?

Ideen und Überlegungen überstürzen sich in meinen Gedanken, und mir wird klar, daß solche Vorhaben so einfach nicht zu realisieren sind. Irgendeine Lösung muß es aber geben. Ein Pfiff durch die Zähne läßt die Kameraden hochfahren. Ich richte mich etwas auf und schreie den Kameraden zu, daß es meines Erachtens notwendig sei, System in unsere Crew und die Beobachtung der See – auch nach Insichtkommen von Schiffen hin – hineinzubringen. Jeder einzelne sieht mich fragend an, so, als habe er meine Worte nicht verstanden. So schreie ich ihnen denn ein zweites Mal meine Vorstellungen von einem Wachegehen zu. Sofort prasseln die Fragen auf mich ein.

Was ich mir eigentlich dabei denken würde?

Was schon anderes könnte man in unserer Lage denn tun, als warten;

einfach

warten,

warten,

warten.

Sogar einige frozzelnde Bemerkungen sind dabei: Ohne Kolbenringe am Ärmel sollte man nicht den Kapitän spielen. (Wohl eine Anspielung darauf, daß unser letzter Kapitän sich nie in Zivil sehen ließ.)

Ich weiß ja selber keine Antworten auf all diese Fragen. Ich habe einfach nur gehofft, daß bei einer Diskussion ein praktikabler Vorschlag ausgesprochen würde. Aber etwas ist nun doch dabei herausgekommen: Wir alle sind aus unserer gefährlichen Lethargie erwacht, und wir vergessen dabei – wenn auch nur für kurze Zeit – die uns umgebende Hölle. Und die Kälte des an sich warmen Wassers, warm aber nur für eine gewisse Zeit, aber nicht auf Dauer.

Glücklicherweise fällt mir dann die Flasche Gin ein, die ich an Bord aus einem mehr oder weniger unerfindlichen – aber vielleicht auch ahnungsschweren – Grunde eingesteckt hatte. Ein kräftiger Schluck aus der Pulle wird gerade jetzt guttun. Er wird die Lebensgeister wieder wecken. Ein Pfiff durch die Zähne läßt die Kameraden hochfahren, denn sie erwarteten ja nach diesem verabredeten Signal eine besonders hohe See, die es gilt, mit Geschick abzureiten. Ich habe die Flasche Gin aus der Tasche gezogen und halte sie hoch über den Kopf, so daß sie jeder sehen kann. Als ich sie dem vor mir sitzenden Günther Schinnagel in die Hand drücken will, werden wir im gleichen Augenblick von einer Welle hochgerissen. Es hätte gar nicht viel gefehlt, und die Buddel wäre mir aus der Hand gerissen worden. Ich brauchte ja beide Hände, um mich festzuhalten, da sonst die Gefahr bestand, daß ich außenbords gewaschen würde.

Das Schlimmste an dieser Situation war der Schreck.

Passiert ist indessen nichts.

Ich setze mich zwischen Günther Schinnagel und Jürgen Meine auf die Ruderbank, nehme einen tiefen Schluck aus der Flasche und gebe erst Günther und dann Jürgen dadurch je einen Schluck, daß ich meinen auf ihren Mund presse und sie so gar nicht anders können, als den Alkohol hinunterzuschlucken. So entere und klettere ich von Bank zu Bank und verabreiche jedem seine Ration, bis ich bei HaGe anlange. Der nimmt mir die Flasche wortlos aus der Hand, tut einen Zug und reicht mir mit einem dankbaren Kopfnicken die Buddel zurück. Gerade will ich mir selber einen abschließenden Schluck genehmigen, da packt mich HaGe an Schulter und Schwimmweste. Er reißt mich neben sich auf die Bank, und schon im nächsten Augenblick werden wir von tonnenschweren Wassermassen überflutet. Spuckend und prustend tauchen wir aus dem Wasser wieder auf.

Es ist mal wieder gutgegangen.

Aber die Flasche Gin ist weg.

Ich merke es eigentlich erst daran, daß die milchigweiße Luft um uns herum, die ja fast immer noch zu fast einem Drittel aus zerstäubtem Wasser besteht, an Helligkeit verloren hat. Sie wirkt leicht grau, und das noch helle Grau wird dunkler und dunkler:

Es wird Nacht!

Was hatte der Funker doch gesagt, als er mit mir vor der Kombüse auf der Backskiste saß?: »Die ersten Schiffe können in fünf bis sechs Stunden hier sein. Spätestens.«

So lange sind wir aber doch schon im Wasser . . .

Es kann nun gar nicht mehr so lange dauern, bis das erste Schiff in Sicht kommen wird. Wenn es sich wegen des noch immer schlechten Wetters aber länger hinzieht, bis einer der Retter die Unfallstelle erreicht? Wie soll man uns in der

Nacht denn finden? Wie sollen, wie können wir uns bemerkbar machen? Haben wir denn keine Notsignale im Boot? Die gehören doch zur Ausrüstung?

Wir müssen sofort danach suchen.

Ich krieche von Bank zu Bank nach achtern, sage jedem, daß er nachschauen solle, ob oder was unter seinem Sitz befestigt ist, und beginne dann selbst zu suchen.

Ironie des Schicksals: Das einzige, was ich finde, ist ein Ösfaß: jene große hölzerne Schaufel, die den Zweck hat, Wasser aus dem Boot zu schöpfen. Im hohen Bogen werfe ich sie über Bord, und noch mehr als zuvor wird mir bewußt, in welcher schlimmen Situation wir uns befinden.

Die Suche der Kameraden nach den Notsignalen hat indessen doch ein Gutes. Wir finden eine Fangleine, einen mittelgroßen Sack mit langen, großen, viereckigen Dosen, die Seenotproviant enthalten. Auch einige Dosen mit kondensierter Milch sind dabei.

Und als ganz besonderen Schatz: Ein hölzernes Faß mit Wasser!

Für unser leibliches Wohl ist also vorerst gesorgt. Jetzt heißt es nur noch ausharren und die Hoffnung nicht aufgeben.

Da keiner von uns Hunger verspürt, verstauen wir den Sack unter einer der mittleren Bänke und verzurren ihn mit einem Teil der Fangleine.

Und ein jeder fühlt sich erleichtert.

Doch da wirft schon das nächste Problem seine Schatten: Wie kommen wir überhaupt an das Wasser ran!?

Jetzt, da wir wissen, daß Wasser an Bord ist, merken wir, daß wir Durst haben. Wie oft haben wir in diesen Stunden den Mund voll salzigen Seewassers gehabt, wenn wir von den Wellen überflutet wurden?! Wie oft ließ es sich nicht vermeiden, daß man kleinere oder auch größere Mengen Seewasser hinuntergeschluckt hatte!? Unter diesen Bedingungen – hier in dem halb abgesoffenen und schwer arbeitenden Boot – jedoch Wasser aus dem Faß zu entnehmen, ist insofern ein schier unlösbares Problem, als wir – das stellen wir nicht ohne handfeste emotionelle Ausbrüche fest – keinerlei Behälter an

Bord haben, die als Trinkgefäße dienen könnten. Und das Wasser direkt vom Faß in den Mund zu schlürfen, ist bei diesem dämonischen Wetter und tobenden Seegang einfach unmöglich. So beschließen wir denn resignierend, das Fäßchen ebenfalls unter einer der Ruderbänke festzuzurren, um dann später, wenn sich Wetter und Seegang etwas beruhigt haben, mit Hilfe einer leeren Seenotproviantdose Wasser abzufüllen und zu trinken.

So muß es gehen.

Es ist in der Tat so, wie ich es irgendwann vorher schon einmal gespürt hatte: Habe ich etwas zu tun, so registriere ich die um mich herum herrschenden Verhältnisse mehr oder weniger nur im Unterbewußtsein, und physische oder psychische Beschwerden werden vom wachen Bewußtsein mehr oder weniger notiert.

Ohne daß wir es bemerkt haben, hat die Nacht ihre Schatten über uns geworfen. Es ist fast dunkel geworden. Jetzt aber, da ich das vermerke, denke ich wieder über unsere Lage nach. Auch friere ich wieder.

Vor mich hin dösend, betrachte ich so nebenher abwechselnd die Köpfe der Kameraden, das um uns herum gischtende Wasser und die ersten schwachen Lichtpunkte einiger sich am Himmel zeigender Sterne.

Irgend etwas stimmt in meinem Gesichtskreis nicht. Im fast gleichen Augenblick, da ich hellwach merke, daß Günther Schinnagel gar nicht mehr an seinem Platz sitzt, stößt sein Kopf gegen meine Füße. Ich packe ihn an der Schwimmweste und zerre ihn neben mich auf die Bank. Sein Kopf hängt wie leblos vornüber, und sein Kinn liegt auf der Schwimmweste. Ich rüttele ihn an den Schultern. Ich schreie ihn an, doch fällt sein Kopf kraftlos wieder nach vorne und pendelt im Rhythmus der See zwischen den Schultern hin und her.

Klaus Fredrichs und Hans-Georg Wirth sind plötzlich neben mir. Sie packen ihn je an einer Seite und halten ihn hoch aus dem Wasser heraus. Ich fasse Günther an den Haaren, stütze seinen Kopf nach oben ab und schlage ihm mit den Fingerspitzen rechts und links auf die Wangen. Erstaunt öffnet er seine Augen, doch sein Blick scheint durch mich hindurchzugehen, so, als sei ich gar nicht vorhanden. Seine Lippen bewegen sich, und sein Kopf, den ich immer noch an den Haaren gepackt halte, schüttelt mit einem Ruck meine Hände ab. Dann wendet er sich erst zu HaGe und dann zu Klaus und schließlich mir zu. Genau wie vorhin sieht er wieder durch mich hindurch. Zu dritt schreien wir auf ihn ein.

Mit welchen Worten wir versuchten, ihm unsere Sorgen um ihn verständlich zu machen, ich weiß es heute nicht mehr.

Sein Kopf kippt wieder nach vorne, und wieder bewegt er sich im Takt des Arbeitens unseres Bootes hin und her. Ich packe ihn erneut bei den Haaren, reiße seinen Kopf wieder hoch, brülle ihn an und schlage ihm ins Gesicht.

Seine Augen bleiben geschlossen.

Nur gut eine Handbreit sind unsere Gesichter voneinander entfernt, und ich meine, Günther lächeln zu sehen.

Da weiß ich es:

Günther ist tot.

Erschöpft und erschrocken zugleich lasse ich ihn los und setze mich vor ihn auf meinen Platz.

Hans-Georg und Klaus starren mich an, und deutlich vermeine ich trotz der Dunkelheit die Angst in ihren Gesichtern zu erkennen. Haben auch sie gemerkt, daß Günther nicht mehr lebt?

Aber ist er denn wirklich tot?

Wie kann ich nur so etwas annehmen?

Ich bin kein Mediziner.

Wie aber soll ich feststellen, daß kein Leben mehr in ihm ist?

So sage ich den beiden, daß sie Günther zunächst weiter in ihrer Mitte festhalten und darüber hinaus seinen Kopf aus dem Wasser heraushalten sollen. Das ist gewiß kein leichtes Unterfangen, denn nach wie vor werden wir von den Seen überflutet, nach wie vor müssen wir mit unseren Körpern die Gewichtsverteilung so ausbalancieren, daß wir nicht wieder kentern.

Eine der nächsten Wellen packt uns mit so uriger Kraft, daß wir fürchten, aus den über uns zusammenstürzenden Wassermengen nicht mehr herauszukommen. Doch das

Wunder geschieht. Wir bekommen wieder Luft. HaGe und Klaus hatten – um nicht selbst aus dem Boot gespült zu werden – Günther für einen Augenblick losgelassen. Sie merken dies erst, als sie sich aus den schäumenden Wassern wieder herauswinden. Doch Günther ist noch da. Mit einem Bein hat er sich in dem Tauwerk, mit dem der Proviantsack und das Wasserfaß unter der Bank befestigt sind, eingeklemmt und treibt jetzt, in der Schwimmweste hängend und den Kopf unter Wasser, zwischen den Bänken.

Wir befreien ihn, und HaGe und ich nehmen ihn in unsere Mitte.

Das hell schäumende Wasser macht es möglich, daß ich die Gesichter der Kameraden ganz gut erkennen kann. Ganz deutlich spüre und sehe ich auch, daß mich alle ansehen.

Ich soll und ich muß etwas unternehmen.

Aber was?

Sie haben mich ja schon vorhin indirekt zu ihrem Führer auserkoren, und jetzt erwarten sie dafür eine Bestätigung.

Und die Bestätigung scheint mir mit dem Tode Günthers zusammenzuhängen. HaGe ist es dann, der ausspricht, was ich – und wahrscheinlich auch die anderen – denke:

»Was soll mit Günther geschehen? Er ist doch tot!«

Wieder kommen bohrende Zweifel in mir auf, ob unser Kumpel denn auch wirklich nicht mehr am Leben ist. Vielleicht ist er nur besinnungslos oder in einen vor Erschöpfung tiefen Schlaf gesunken. Wie kann, wie soll ich da entscheiden? Deutlich spüre ich, daß in den nächsten Minuten – oder gar nur Sekunden – eine für uns alle wichtige Entscheidung fallen muß.

Als ich mich erhebe und, auf Hans-Georg gestützt, breitbeinig und vornübergebeut den Kameraden gegenüberstehe, weiß ich noch nicht, was ich eigentlich sagen soll. Doch langsam kommt es dann heraus: Wir brauchen einen Boß. Wir brauchen ein System, um hier herauszukommen. Ihr meint, ich habe eine Lösung, ihr meint, ich kenne mich da aus. Aus meiner Praxis, die mich schon einmal mit einem schwimmenden Untersatz absaufen ließ. Ich habe aber weder eine Patentlösung parat, noch kenne ich mich mit einer Lage wie dieser aus, denn das, was ich bisher bei der Seefahrt erlebt habe, ist nichts, aber auch gar nichts gegen das, was wir jetzt gemeinsam durchzumachen haben. Aber eines ist klar:

Jeder von uns braucht den anderen!

Nur, wenn wir uns alle einig sind, können wir hier herauskommen, und wenn ihr mir vertraut, wie ich euch vertraue, dann werde ich gerne den Boß spielen. Diese »Rede« liest sich in einem Bruchteil der Zeit, die ich wirklich benötigte, um sie unter den um uns herum herrschenden Umständen an die Kameraden weiterzugeben. Ich schreie die Worte hinaus, wenn wir in einem Wellental sind, und halte inne, wenn es gilt, das Gleichgewicht in einer sich brechenden Woge zu halten.

Als ich mich wieder setzen will, fällt mir ein, daß der Grund für meine »Rede« weder geklärt noch gelöst ist.

Ich stelle mich wieder aufrecht vor die Kameraden hin und sage ihnen, daß ich die Herausforderung der See an unser gemeinsames Schicksal annehme, und beginne zu beten. Ich sage, daß ich meinen, daß ich unseren Gott bitte, mir bei der Führung der Kameraden hier im Boot behilflich zu sein, gute und richtige Entscheidungen zu treffen und mir die Kraft zu geben, nicht nur auszuhalten, sondern allen als ein gutes Beispiel zu dienen.

Und dann ist es plötzlich heraus: »Nun, da Günther in unseren Armen gestorben ist, ist es jetzt unsere Pflicht, ihn, so wie seit Jahrhunderten bei der Seefahrt üblich, dem Element Wasser zu übergeben.« Es kommt mir vor, als herrsche nun, nachdem ich geendet habe, eine absolute Stille. Jedes einzelne meiner Worte ist bestimmt nicht verstanden worden. Die einzelnen Sätze waren auch nicht rhetorisch formuliert. Doch bin ich davon überzeugt, daß alle den Grund und vor allem den Sinn dieser Rede verstanden haben.

Gemeinsam lösen wir die Bändsel von Günthers Schwimmweste, streifen sie ab und heben seinen Körper, mit den Beinen zum Wasser, auf das Dollbord.

Wir alle sitzen jetzt, zu einem Haufen Menschen gebündelt, mittschiffs um Günther herum. Ich halte mich an den

Schultern zweier Kameraden fest, erhebe mich und spreche ein Vaterunser.

Langsam gleitet Günther Schinnagels Körper über die Seite und versinkt in der schaumbedeckten See.

Wir hocken benommen, bedrückt und dem heulenden Elend nahe, immer noch in einem Pulk auf der Steuerbordseite unseres Bootes. Aber die See erinnert uns unbarmherzig an die Realität. Sie gibt uns keine Ruhe, keine Minute der Besinnung in unserer Trauer um einen von uns. Wir nehmen daher schnell unsere Plätze wieder ein. Eine neue Sitzordnung ist notwendig: Ein Platz ist leer geworden. Manfred Holst, der schmale, schmächtige blonde Junge, der mit seinen 163 cm der Kleinste unter uns ist und der bislang bei Klaus Fredrichs gesessen hat, rutscht wortlos zu Jürgen Meine rüber, und Klaus bleibt allein auf der Bank vor mir.

Das Gefühl für die Zeit ist mir völlig verlorengegangen. Der Helligkeit der Sterne nach zu urteilen, muß es schon sehr spät am Abend sein. Ich denke an die Versicherung des Funkers. Von ihm weiß ich genau, daß Schiffe unterwegs sind, um uns zu suchen.

Ein Licht, das eben über der Wasseroberfläche inmitten der milchigweißen Dunstschicht über dem Wasser hin und her flimmert, erregt meine Aufmerksamkeit. Es hat einen ganz anderen Schein als die flackernden Sterne unmittelbar über uns. Außerdem sieht es fast so aus, als würde es sich bewegen. Sollte das etwa das Topplicht von einem Schiff sein? Die geschätzte Uhrzeit könnte stimmen.

Schon will ich aufspringen und die Gefährten von meiner Beobachtung unterrichten, dann unterlasse ich es aber. Womöglich ist dieses Licht eher ein Wunschbild, denn nüchterne Wahrheit. Produkt meiner strapazierten Nerven.

Aber: Jedesmal, wenn wir von einer See nach oben getragen werden, mache ich das Licht wieder aus. Es ist kein Trugbild. Es ist Realität. Ich bin dessen sicher: Das Licht kann nur von einem Schiff stammen.

Ich stoße den vor mir sitzenden Klaus vor Erregung heftig in die Seite und deute, als wir wieder oben auf einer Welle torkeln und das hin und her taumelnde Licht wieder zu sehen ist, in die Richtung. Klaus reagiert spontaner als ich: Er schnellt aus dem Wasser heraus. Er reißt die Arme hoch und schreit und schreit: »Ein Schiff, ein Schiff, ein Schiff!«

Seine Schreie werden von allen gehört. Alle Köpfe richten sich auf, die vornübergebeugten Oberkörper straffen sich, und die Schultern ragen weiter als sonst aus dem Wasser hervor. Jeder schreit jeden an, und so ist es beinahe ein Wunder, daß wir nicht kentern und aus dem Boot herausgewaschen werden, als uns wieder eine der mächtigen Seen unerwartet und unvorbereitet überrollt.

Und jetzt – eben aus den Fluten wieder aufgetaucht – hallt es von allen wie der Schrei aus einer Kehle:

»Ein Schiff!«

Sein Rumpfschatten wirkt auf uns phantomhaft groß. Es wird – oben von einem breiten Band unklaren Lichtes überstrahlt – immer größer. Wir glauben zu hören, wie der Sturm in den Masten heult und um die Aufbauten johlt. Wir sehen, wie sich ein Scheinwerfer – einem zitternden weißen Finger gleich – langsam durch die gischtigen Dunstmassen tastet.

Wir schreien, jubeln, pfeifen. Wir springen auf und winken mit den Armen. Unsere Blicke bohren sich in die Nacht. Sie hängen, sie kleben an dem Schiff, um die Menschen zu erspähen, die uns, keiner zweifelt daran, in den nächsten Augenblicken entdecken und retten werden.

Es sind keine Hilferufe, die wir in die beginnende Nacht hinausschreien: Es sind Freudenschreie überglücklicher Menschen. Am liebsten wäre einer dem anderen um den Hals gefallen. Doch die widrigen Verhältnisse um uns herum verhindern diese Reaktion, und so steigern sich unsere Freudenausbrüche in noch lauteres Brüllen hinein.

Immer riesiger und immer deutlicher sehen wir das Schiff vor uns. Es ist von vorn bis achtern erleuchtet – so als läge es zu einem Galaempfang im Hafen –, und ziemlich klar können wir, immer wenn sich die Bugsee gerade nicht aufsteilt und über das Vorschiff hinwegbrandet, einzelne der großen Buchstaben seines Namens am Backbordbug erkennen.

Wir vermerken aber auch, wie es immer wieder von mächtigen, seitlich anrollenden Wassermassen regelrecht überrannt wird, so daß dann nur noch ein Teil der Aufbauten zu erkennen ist. Wir sehen, wie es schlingernd – gleichsam taumelnd vor Anstrengung – aus der kochenden See wieder auftaucht, um dann bei seiner Vorausfahrt stampfend in die nächste Kreuzsee hineinzustürzen.

Welch ein Anblick!

Die brutale Gewalttätigkeit der tosenden See, die sich an dem armen gebeutelten Schiff austobt, läßt unser Schreien verstummen.

Gebannt stehen wir diesem erregenden Schauspiel der Elemente gegenüber. Nicht nur mir – uns allen, glaube ich – wird wieder erschreckend klar, in welchem Inferno wir uns immer noch befinden.

Wie soll man uns, deren Köpfe, Schultern und Arme nur aus dem Wasser, vielleicht aber nicht einmal aus der Gischt heraussehen, von dort oben in diesem Hexenkessel erkennen?

Was wir brauchen, das sind Rotlichter, Fackeln oder Leuchtpatronen.

Während diese und noch andere Gedanken durch meinen Kopf jagen, liegt das Schiff jetzt direkt dwars neben uns. Es ist buchstäblich zum Greifen nahe. Wieder reißen wir die Arme hoch. Wieder schreien wir, was die Kehlen hergeben.

So spontan wir auf den Anblick dieses Schiffes reagiert haben, ohne daß ein Kommando gegeben war, so spontan verstummen jetzt mit einem Schlag unsere Schreie.

Wie ein Blitzschlag durchzuckt auch mich die ernüchternde Erkenntnis:

Das Schiff fährt weiter; man hat uns nicht gesichtet.

Daß man uns dort drüben sucht, das beweisen die Lichter an Deck und der suchende Strahlenkeil des Scheinwerfers. Das vielleicht ist ein Trost. Ein Trost, der hoffen läßt, daß noch andere Rettungsschiffe unterwegs und in unserer Nähe sind.

Hatte sich das Schiff für uns unvorbereitet und schnell genähert, so entschwindet es jetzt noch schneller unseren Blikken. Sahen wir anfangs noch einzelne und deutlich auszumachende Lichter, so ist es wenig später nur noch ein heller

Fleck in der Dunstschicht über dem Wasser, der an unser vergebliches Hoffen auf Rettung erinnert.

Lähmendes Entsetzen, tiefste Verzweiflung hat uns gepackt. Bis ins Innerste getroffen, kauere ich mich erschöpft auf meinen Platz im Bug unseres Bootes. Ich will und kann nicht mehr in die Richtung sehen, wo das Schiff entschwand.

Was mein Auge jetzt erblickt, trifft mich fast noch schwerer:

In einer Reihe nebeneinander – stehend, kniend oder sitzend –, die Arme jeweils um den Nebenmann geschlungen, starren die Gefährten mit weit aufgerissenen Augen und mit von Bitterkeit, Enttäuschung und auch Angst gezeichneten Gesichtern den entschwindenden Lichtern nach – Lichtern, die der Sprühnebel der wilden See mildert und dämpft.

Eine haushohe Woge rollt heran, doch der Warnschrei bleibt mir in der Kehle stecken. Ihre Pranke hebt uns unsagbar sanft empor, schüttelt uns durch, übergießt uns mit Unmengen gurgelnden Wassers und läßt uns unten im Tal unbeschädigt landen. Ich bin in meiner Stellung geblieben und habe die Augen geschlossen. So auch die Kameraden. In gleicher Stellung und Haltung wie vorhin bilden nun ihre Körper eine Reihe längs durch das Boot. Nur ihre Gesichter sind verändert. Die Anspannung über die enttäuschte Hoffnung ist aus den Zügen gewichen. Die meisten halten die Augen geschlossen.

Ein Geschenk des Himmels in diesem Augenblick äußerster Verzweiflung, daß wir unbeschadet aus einem so bösartigen Brecher herausgetragen wurden.

Die nächste grobe See, die nach einigen mäßigeren Vorgängern auf uns zurennt, ist wie eine Erlösung.

Mein schriller Pfiff schreckt die Kameraden hoch. Meine Schreie und Gesten beordern sie an ihre Plätze. In Sekundenschnelle hockt jeder auf dem ihm zugewiesenen Platz.

Dann überrollt uns diese See.

Die Art, wie wir dieses Mal hochgehoben werden, ist neu. Ich fühle mich wie in einer sich überschlagenden Schiffschaukel, die aus ihrer Halterung geflogen ist und hin und her taumelnd wieder der Erde zusaust. Hunderte von Händen reißen an mir. Sosehr ich mich auch festkralle, beim zweiten oder dritten Ruck habe ich den Halt verloren. Ich erlebe ganz deutlich, was mit mir geschieht, doch zu irgendwelchen Gegenmaßnahmen, wie ich sie vorher alleine schwimmend praktiziert hatte, bin ich nicht imstande. Die Luft wird knapp. Auch das vermerke ich so exakt wie eine Registrierkasse die eingegebenen Zahlen, denn es ist das erste Mal. Ein bohrender, stechender Schmerz in der Brust läßt mich verzweifelte Schwimmbewegungen machen ...

Endlich bin ich raus. Endlich bin ich an der Luft. Mit weit aufgerissenem Mund und nach hinten gebeugtem Kopf pumpe ich sie in meine Lunge. So unkontrolliert, daß ich die Gischtfahne, die mich überschüttet, erst merke, als das Seewasser tief in meine Lunge eindringt. Ich fürchte zu ersticken. Hustend, nach Luft schnappend und mich vor Schmerzen krümmend, balge ich mich mit dem Wasser um mich herum, und der messerscharf schneidende Schmerz in meiner Lunge überstrahlt alle Empfindungen und Reaktionen und macht mich zu einem willenlosen Spielball in den tosenden Wassern. Ein dumpfes Dröhnen erfüllt meinen Kopf.

Der rasende Schmerz in meinem Innern stirbt plötzlich ab, und ich fühle mich auf einmal leicht und geborgen. Ich merke, daß ich angehoben werde, und ich finde plötzlich Halt unter den Füßen. Ich meine, mich ganz deutlich »Danke schön« sagen zu hören, und ich habe nur noch einen Wunsch: schlafen!

Warum läßt man mich denn nicht schlafen? Aus weiter Ferne schreit mir einer zu, reißt meine Arme laufend in die Höhe. Grobe Hände trommeln auf meinem Rücken herum. Irgend etwas bricht aus mir heraus, das zuerst einen fürchterlichen Schmerz, dann aber eine große Erleichterung folgen läßt. Die vorhin noch weit entfernten Stimmen sind etwas näher gekommen. Ich hebe den Kopf und lausche mit geschlossenen Augen. Ich kann mich nicht konzentrieren, denn irgend etwas hält meine Arme nach oben hin ausgestreckt fest, und einzelne schwere Schläge in den Rücken verursachen einen dumpfen Schmerz in meiner Brust. Ich versuche, den Kopf zu heben und die Augen zu öffnen, denn ganz deutlich höre ich meinen Namen.

Doch sind da nicht mehrere Stimmen, die mich rufen?

Was wollen die von mir?

Ich möchte meinen Kopf drehen, um mich umzusehen. Es geht nicht. Meine Haare haben sich in etwas verheddert. Sie ziehen meinen Kopf weit nach hinten. Ich will aufstehen: Da merke ich erst, daß ich ja stehe. Ich will die Arme bewegen, doch sie werden immer noch – nach oben gestreckt – festgehalten. Man kann mich doch nicht einfach hindern, mich frei zu bewegen! Das hat bisher noch keiner geschafft. Die sollen mich kennenlernen. Ich nehme meine ganze Kraft zusammen und bäume mich gegen die mich fesselnden Kräfte auf. Ein scharfer Schmerz, der von der Brust ausgeht, durchjagt meinen Körper und zerstört die soeben ausgebrochenen Kräfte. In der gleichen Sekunde vernehmen meine Ohren ein unterirdisches Brausen, untermalt von Rufen und sorgenschweren Stimmen meiner Kameraden.

Meine Sinne beginnen wieder zu arbeiten. Von einem Augenblick zum anderen bin ich wieder gegenwärtig.

Ich bin hellwach.

Nur allzu unmißverständlich wird mir bewußt, in welcher Situation ich gesteckt habe.

Mein plötzliches Sichaufbäumen in den Armen meiner Kameraden und das darauf noch plötzlicher folgende Zusammenbrechen der Kräfte hat meine Gefährten verstummen lassen. Als ich nun die Augen öffne, starren mich acht Augenpaare an. In den Gesichtern lese ich ähnliche sorgenschwere Regungen wie vor gar nicht allzu langer Zeit, da das rettende Schiff an uns vorüberfuhr.

Hans-Georg Wirths Gesicht ist direkt vor mir. Seine linke Hand ist in die Haare meines Hinterkopfes verkrampft, seine rechte im Rollkragen unter meinem Kinn. Ich erfasse nur ein Wort:

»Kuddel!«

Es hört sich an wie eine Begrüßung. Doch im Unterton ist eine bange Frage. Seine Hände lösen sich, und auch die Kameraden, die meine Arme gehalten haben, lassen diese nach unten fallen, ohne sie jedoch loszulassen.

Hans-Georgs Hände packen mich erneut – doch dieses Mal

an der Schwimmweste. Sie drücken mich energisch auf die Ruderbank. So wie ich all dies ohne Widerstand mit mir geschehen lasse, so beantworte ich auch seine Frage, ob alles okay sei, nur mit einem Kopfnicken.

Hans-Georg und Klaus Fredrichs übernehmen das Kommando, und damit zwei grundverschiedene und sich vielleicht gerade deswegen so nahtlos gut ergänzende und verstehende Charaktere.

Wirken des Ostfriesen HaGes Bewegungen pedantisch, langsam, ja fast schwerfällig, so strahlt die quirlige Art von Fips – wie Klaus von allen an Bord der *Pamir* genannt wurde – nach allen Seiten Unbeschwertheit, Zuversicht und frohes Hoffen aus. Obwohl beide gleich groß sind, wirkt der blonde, blauäugige HaGe in seiner wuchtigen Breite gegen den sehnigen, schlanken, ebenfalls blonden und ebenfalls blauäugigen Klaus um einiges stärker. Und ist HaGes Stimme sonor und abwartend bedächtig, so ist die Stimme von Fips klirrend hell, und die einzelnen Worte stolpern oft so schnell über seine Lippen, als wolle ein Wort das andere überholen.

Wirklich ein Klasseteam, diese beiden.

Klaus setzt sich nach achtern auf HaGes Platz, und HaGe tastet sich gemächlich – kein Handgriff zuviel, kein Handgriff zuwenig – nach vorne auf meinen. Die Plätze sind somit neu verteilt, die Stabilität des Bootes ist wiederhergestellt.

Der Sturm hat etwas nachgelassen. Die Gischtfetzen sind durchsichtiger geworden, und über uns am Himmel leuchten doppelt so viele Sterne wie noch kurz zuvor.

Ich gebe mich ganz meinen Gedanken hin und versuche zu rekonstruieren, was eigentlich seit Verschwinden des Rettungsschiffes passiert ist. Jawohl, unser Boot war gekentert, und zwar in dem Augenblick, als wir uns alle ohne Ausnahme mit der Erkenntnis abfinden mußten, daß es noch keine Rettung gab. Ich muß sehr viel Wasser geschluckt haben, denn so gut ich mich an die Einzelheiten auch erinnere, so ist mein Zeitbewußtsein zerstört, und die Tatsache, daß ich nur noch die inneren und nicht mehr die äußeren Umstände registrierte, ist mit dem Zustand einer Bewußtlosigkeit vergleichbar.

Es ist mir klar: Ohne die Hilfe meiner Kameraden wäre ich jetzt nicht mehr unter den Lebenden. Warum aber haben sie mich, als ich wieder zu mir kam, mit Gesichtern angestarrt, die von tiefer Verzweiflung gekennzeichnet waren? Welchen Unterschied würde es schon machen, ob der oder ich sterben würde? Oder gibt es da doch einen Unterschied? Wollten sie mich denn nicht zum Boß haben? Die meisten an Bord kannten meinen Lebenslauf. Sie wußten, daß ich schon fünf Jahre Seefahrt auf Trampdampfern der verschiedensten Nationen hinter mir hatte. Als Seemann, und nicht als Bäcker und Proviantverwalter wie auf der *Pamir*, auf die ich unter allen Umständen wollte, gleich in welcher Eigenschaft. Wie oft haben wir in den milden Passatnächten zusammengesessen und haben unser Garn gesponnen, und so manches Mal war ich Mittelpunkt der Runde, hatte ich doch bereits einiges aus der Praxis vor dem Mast zu berichten.

Ich komme nicht dazu, diesen Gedanken zu Ende zu spinnen. Eine Hand legt sich schwer auf meine Schulter, und als ich die Augen öffne, sehe ich Klaus Fredrichs an, der jetzt neben mir sitzt. Deutlich höre ich, wie er sagt: »Danke, Kuddel!«

Verständnislos, erstaunt oder vielleicht sogar betroffen schaue ich ihn an. Wie soll ich begreifen, was er da gesagt hat?

Wer hat hier wem zu danken? Haben die Kameraden mich oder habe ich sie vor dem sicheren Ertrinken gerettet? Ich denke dies nicht nur, ich schreie es ihnen ins Gesicht und schaue abwechselnd von einem zum anderen. Eine andere Hand – es ist die von Hans-Georg – hat sich auf meine Schulter gepackt.

Die anderen haben ihre Sitze verlassen und haben sich um mich aufgebaut.

Sie reden, so will es mir scheinen, alle durcheinander, doch höre ich aus den verschiedensten Wortfetzen einen Satz heraus: »Wir brauchen dich, Kuddel!«

Sie sehen den Seemann in mir. Gerne würde ich jetzt ja erklären, daß ich gar nicht so ein toller Kerl bin, wie sie meinen; auch möchte ich gerne die Geschichte, die ich erst vor ein paar Tagen zum Besten gab, noch einmal erzählen und dabei ehrlich zugeben, daß ich bei der Rauferei in Singapore selber ein deftig blaues Auge davongetragen hatte und daß es nur zwei statt der von mir genannten vier Malaien gewesen sind, die ich außer Gefecht gesetzt hatte.

Am liebsten hätte ich ihnen auch gestanden, wie ich mich bei meinem ersten Weihnachtsabend auf See in meiner Kammer eingeschlossen hatte, um meinen Tränen freien Lauf zu lassen, die das Heimweh mir in die Augen trieb.

Ich kann es nicht! Der Arm und die Hände auf meinen Schultern und die vertrauensvoll auf mich gerichteten Augen vertragen keine Abschwächung von dem Bild, das sich diese Jungen von mir gemacht haben. Zumindest jetzt nicht. Nicht in dieser Lage. Ich muß die Erwartungen und Hoffnungen, die sie in mich setzen, zu erfüllen versuchen. Ich darf mein Gesicht nicht verlieren.

Hans-Georg hat sich inzwischen neben mich auf die vordere Ruderbank gesetzt, und während ich mich wieder so selbstverständlich an den zuerst von mir eingenommenen Platz kauere, nehmen die Kameraden stumm wieder die alte Sitzordnung ein.

Aber warum sitzen denn auf der zweiten Ruderbank drei und auf der vierten nur einer?

»Wir sind zusammengerückt, weil wir frieren«, ihre einleuchtende Antwort.

»Und was ist mit Manfred?«

»Er will allein sein.«

Aus einer unterbewußten Sorge heraus krieche ich zu ihm hin und hocke mich neben ihn. Manfred Holst bewegt sich nicht; er scheint zu schlafen. Wohl dem, der unter diesen Umständen schlafen kann. Ich bleibe neben ihm, halte ihn weiter mit dem rechten Arm umschlungen und drücke ihn fest an mich.

Vielleicht können wir uns so gegenseitig wärmen.

Anstatt der erhofften Wärme wird mir jetzt, da ich darauf warte, noch kälter als je zuvor. Ist ja auch kein Wunder: Manfred trägt eine Öljacke. Da kann das Wasser nicht so schnell hindurch wie zum Beispiel durch einen Pullover. Ein nicht zu definierendes Gefühl der Unruhe steigt in mir hoch und läßt mich noch mehr frieren. Ich spreche Manfred an, schüttele ihn an den Schultern und schlage ihn leicht auf beide Wangen. Langsam hebt Manfred den Kopf, aber er öffnet nicht die Augen. Trotzdem meine ich, daß er mich ansieht. Ich rede heftiger auf ihn ein und versuche ihm klarzumachen, daß es wirklich nicht gut ist, wenn er jetzt schläft. Der Seegang ist noch zu steil, und die Gefahr, aus dem Boot herausgewaschen zu werden oder auch nur durch Unachtsamkeit in den uns immer noch von Zeit zu Zeit überbrausenden Seen Wasser zu schlucken, ist einfach zu groß. Mitten in meinem Redefluß öffnet Manfred die Augen. Da kommt Klaus Fredrichs zu uns herangekrochen. Er stellte sich hinter Manfred, faßt ihn an beiden Schultern und beginnt, ihn mit einer für einen Seemann ungewöhnlichen Behutsamkeit zu schütteln. Manfred sieht mich noch immer an. Aber noch immer geht sein Blick durch mich hindurch. Seine Gesichtszüge wirken entspannt, und fast hat man den Eindruck, als würde er lächeln. Seine vom Salzwasser spröde gewordenen Lippen bewegen sich noch immer. Doch das, was er sagt, scheint für keinen von uns bestimmt zu sein. Jetzt packe ich Manfred heftig an den Schultern und schreie ihn mit gespieltem Zorn an:

»Reiß dich zusammen, Kerl! Es muß doch bald Tag werden, Manfred. Dann werden sie uns bald finden.«

Ich hebe gerade meine Hand, um ihn durch einen harten Schlag zur Besinnung zu bringen, da läßt uns ein Schrei zusammenfahren:

»Feuer!«

Feuer, ein hier an Bord absurder Alarmruf, denke ich mit einem Blick auf die um uns herum kochende See und das Wasser im Boot. Dann aber sehe ich es selbst:

Querab zu unserem Boot, dicht über der Wasserfläche, ist in der noch immer dichten Dunstschicht ein flackernder hellroter Schein, der sich wie ein Strahlenkranz nach allen Seiten hin ausbreitet, dann blasser und blasser wird, um sich in der Weite des Himmels zu verlieren.

Ein Rotfeuer offensichtlich.

Das können nur unsere Kameraden sein, die wir in dem

fast noch intakten Boot gesehen hatten, als wir an unserem zusammengesteckten »Floß« hingen und uns entscheiden mußten, auch dorthin zu schwimmen oder zu bleiben.

Das Schiff, das uns so dicht passiert hatte, steht jetzt vermutlich bei ihnen.

Sie haben ja Signale an Bord. Bestimmt haben sie das. Vielleicht sind sie jetzt gerade dabei, an Bord zu steigen und ihren Rettern zu danken.

Und was ist mit uns?

Eine niederzerrende Depression überfällt mich. Warum bin ich nicht zu diesem Boot hinübergeschwommen? Warum sind die anderen Kameraden ebenfalls am »Floß« geblieben? Habe ich sie nicht durch mein Bleiben daran gehindert, jetzt gerettet zu werden? Fast möchte ich heulen, einfach heulen, mich so richtig gehenlassen, bei so vielen niederschmetternden Fragen; da fällt mein Blick auf Manfred. Er sitzt noch immer an der gleichen Stelle. Mit steifen Armen klammert er sich an der Ruderbank fest. Sein Oberkörper schwankt im Rhythmus der Wellen und unseres Bootes hin und her, und sein Kinn liegt auf der Schwimmweste.

Als ich mich zu ihm hinüberbeuge, sieht er mir klar in die Augen und sagt:

»Sie werden uns nicht finden! – Nie! Hörst du? – Nie!«

Die Worte treffen mich wie Keulenschläge, denn er spricht aus, was ich gerade überdenken wollte.

Aber ich will es nicht wahrhaben.

So darf keiner von uns denken.

Wie hätte doch der spindeldürre, aber zähe Bootsmann damals auf dem schwedischen Frachter gesagt?

»Klar denken und handeln . . . dann stirbt's sich leichter.«

Wieder packe ich Manfred an den Schultern, wieder schreie ich ihn an. Doch eine Reaktion bleibt aus.

Klaus Fredrichs setzt sich jetzt neben Manfred hin. Ich hole Peter Frederich dazu und plaziere ihn auf die andere Seite. Sie nehmen Manfred in ihre Mitte. Ich schärfe beiden ein, besonders darauf zu achten, daß Manfred den Kopf hochhält. Wenn er ihn nach vorn sinken läßt, sollen sie ihn hochreißen.

Ich klettere wieder zu meinem Sitz nach vorne.

Das Wetter hat sich weiter beruhigt. Es ist beinahe eine Erholung, nicht mehr durchgewalkt zu werden und nicht mehr unaufhörlich auf jene mächtigen Roller aufpassen zu müssen, die uns in unregelmäßigem Rhythmus mit ihren nassen Pranken anfielen.

Wie spät mag es wohl sein? Mein Zeitgefühl ist restlos im Eimer, und am Stand der relativ wenigen Sterne, die ich sehe, ist mir eine Zeitbestimmung auch nicht möglich. Bin ja auch kein Nautiker. Doch bei längerem Betrachten des Himmels und des Horizontes meine ich, im Osten festzustellen, daß die nachtdunkle Farbe eine Nuance blasser geworden ist.

Der neue Tag kann nicht mehr fern sein.

Ich höre meinen Namen rufen und sehe, daß Klaus Fredrichs mir zuwinkt. Ich arbeite mich zu ihm hinüber, und obwohl ich von den Worten, die Klaus nur zu flüstern scheint, nichts verstehe, weiß ich, was er mir sagen will:

Manfred ist tot!

Er hat aufgegeben.

Ohne Kampf um sein Leben.

Er ist einfach eingeschlafen.

Aber warum? Woran ist er gestorben? Weshalb? Er ist doch wie wir jung und gesund gewesen. Und widerstandsfähig?

War es nur, daß er sich aufgab, weil er nicht mehr um sein Leben kämpfen wollte?

Nur das kann die tiefere Ursache sein.

Mag sein, daß ein Mediziner eine andere Diagnose hat . . .

Ich gehe nicht zurück an meinen Platz, sondern bleibe Manfred gegenüber sitzen und starre ihn wortlos an. Da steht Klaus auf, beugt sich zu mir und sagt:

»Ich kann ihn nicht halten. Verstehst du denn nicht? Er ist doch tot!«

Ich drücke Klaus auf meinen Platz, stehe selber auf und setze mich neben Manfred hin. Mit meiner Linken halte ich seinen rechten Arm, mit meiner Rechten fasse ich sein Kinn und halte so seinen Kopf gerade.

Es ist eigentlich erstaunlich, wie gut wir uns auf die See eingestellt haben. Fast automatisch bewegen wir uns so, daß die größte Stabilität unseres Bootes gewährleistet ist. Seltener als noch vor wenigen Stunden werden wir von den Wellen überrannt, doch dafür sind die Berg-und-Tal-Fahrten meines Erachtens in der hochgehenden Dünung noch steiler, noch rasanter geworden.

Es befallen mich die gleichen Gedanken wie vorher bei Günther Schinnagel.

Woran soll ich, der ich in medizinischen Fragen ein blutiger Laie bin, erkennen, daß Manfred Holst wirklich nicht mehr am Leben ist?

Vielleicht hat ihn nur eine tiefe Bewußtlosigkeit gepackt?

Ich habe das Bedürfnis, ihn zu rütteln, ihn anzuschreien, ihn zu schlagen.

Ich bringe es nicht fertig.

Ich kann nicht.

Manfred war eines unserer Nesthäkchen an Bord. Ich kannte ihn gut, denn oft war er mittschiffs in den Messen oder auch bei uns in der Kombüse tätig. Wir hatten ihn alle gern, denn er war fleißig, sauber und geschickt und hatte – nach einer anfänglichen Zurückhaltung – dennoch den Mund auf dem richtigen Fleck.

Und jetzt will er uns verlassen?

Ich lasse sein Kinn los. Sein Kopf fällt vornüber auf die Schwimmweste. Ich greife mit meiner rechten Hand unter seine Öljacke. Einen Temperaturunterschied kann ich nicht feststellen. Dann taste ich mich mit meiner Hand unter seinen Jumper, seinen Pullover, sein Hemd, und schließlich liegt meine Hand auf seinem Leib. Wie unter einem Fieberschauer durchzuckt es meinen ganzen Körper: Ich meine, auf Eis zu fassen.

Meine Hand tastet sich vor und nach oben bis zu seinem Herzen. Erst weniger, dann mit mehr Kraft drücke ich die Hand auf seine Brust und horche in mich hinein.

Ich spüre nichts. Da ist kein Herzschlag mehr. Ich bin sicher, daß er tot ist.

Ich will gerade aufstehen und die Kameraden unterrichten, daß Manfred nicht mehr lebt, da packen mich erneute Zweifel. Kann man unter solchen Umständen und mit der bloßen

Hand überhaupt konstatieren, ob ein Herz noch schlägt oder nicht? Ich schiebe meine Hand unter den eigenen Pullover und presse sie an mein Herz. Ich fühle nichts. Ich packe den gegenübersitzenden Klaus Fredrichs, ziehe ihn zu mir herüber und greife unter seinen Pullover. Verständnislos starrt Klaus mich an, doch er läßt mich gewähren. Deutlich empfinde ich Wärme, die langsam von seinem Körper in meine Hand überströmt. Es ist da auch ein Klopfen, doch bin ich nicht sicher, ob es der Herzschlag von Klaus oder mein eigener Pulsschlag ist.

Jetzt gibt es keine Zweifel mehr für mich. Ich erhebe mich und sehe die Kameraden der Reihe nach an. Ich suche noch nach Worten, da stehen schon Klaus Fredrichs und Hans-Georg Wirth auf und helfen kommentarlos, Manfred die Schwimmweste abzubinden. Umständlich verstauen sie diese unter der Ruderbank. Sie setzen Manfred mit den Beinen voran in die See aufs Dollbord. Während sie sich mit den Knien ebenfalls am Dollbord abstützen, halten sie Manfred in aufrecht sitzender Haltung; sie selbst starren nach unten.

Laut – fast schreiend – bitte ich meinen Gott, daß er uns allen, die wir in diesem Boot aufeinander angewiesen sind, die Kraft geben möge, stärker zu sein als unser Gefährte Manfred Holst, den wir hiermit in seine Hände geben.

Langsam lassen HaGe und Fips Manfred über die Seite.

Fast einstimmig beginnen wir ein Vaterunser zu sprechen.

Einen Augenblick lang sehen wir noch Manfreds Gesicht. Es erinnert an das eines friedlich schlafenden Kindes.

Eine Luftblase, die jetzt aus dem Kragen seiner gelben Öljacke sprudelt, hat ihn noch einen Augenblick an der Wasseroberfläche gehalten. Doch dann, ganz plötzlich, versinkt Manfred in die Tiefe.

Wir verharren noch lange Zeit, ohne uns zu bewegen, dann tastet sich jeder an seinen Platz zurück und schweigt.

Auch ich kauere mich zurück auf meinen Platz und versuche, einen klaren Gedanken zu fassen. Wenn es so weitergeht, werden wir alle die nächste Nacht nicht mehr erleben.

Ich verlasse meinen Platz, klettere in die Mitte des Bootes und rede: Ich rede einfach, aber laut und beschwörend drauflos.

Wir müssen uns zusammenreißen!

Wir wissen doch, daß man nach uns sucht. Daß das Suchschiff uns nicht gefunden hat, lag doch nur daran, daß das Wetter noch so schlecht war und die Sicht ja kaum über den Bug des Schiffes hinausging.

Überdies war es dunkel! – Wenn es Tag wird, werden noch mehrere Schiffe an der Unglücksstelle eingetroffen sein. Und durch das bessere Wetter und die Vielzahl der Schiffe, die nach uns suchen, sind unsere Chancen dann weitaus größer.

Und es scheint wie eine Bestätigung meiner Worte, denn ein heller olivfarbener Streifen am Horizont signalisiert uns das Herannahen des neuen Tages. Morgenlicht, an dem sich das Leben der Erde wieder entzündet. Eine bessere Unterstützung meiner Worte kann der Himmel mir nicht schenken. So fliegen denn Worte hin und her, die alle das gleiche Thema haben:

Werden wir gesucht?

Wie werden wir gesucht?

Ich ziehe mich zurück auf meinen Platz, sehe in Richtung Osten und registriere zwischen Wachen und Träumen, wie es langsam und dann schneller Tag wird.

So ruhig, wie mir die See in den letzten Stunden vorgekommen ist, ist sie nun doch nicht. Der Wind bläst noch ziemlich stark. Er zerreißt die Kronen der sich brechenden Wellen in wirbelnden Schaum und zerfaserte Gischt und treibt sie auf den Rücken der nächsten sich aufbäumenden Woge hoch. Die Mächtigkeit der beinahe querlaufenden Dünung ist jetzt deutlich zu sehen. Es sind zwei- bis dreihundert Meter lange Roller, die sich nach urewigen physikalischen Gesetzen langsam zu schier schwindelnder Höhe aufbauen, um sich dann, wenn ihre Leeseite fast senkrecht steht, mit urigem Donnern zu überschlagen und in sich zusammenzubrechen. Eine geraume Weile beobachte ich dieses immer wiederkehrende und immer wieder aufs neue faszinierende Spiel. Es ist immer wieder überwältigend, wenn wir mit dem Boot nach oben gerissen werden, wenn wir eine kurze Zeitspanne auf der Luvseite der Welle reiten und die

See dann vor, unter und neben dem Boot dröhnend, hohnlachend fast, in sich zusammenbricht und uns schäumende Wassermassen umfluten.

Wir sehen die Sonne.

Sie ist ein überheller Fleck, deren Umrisse sich im Dunstkreis um uns herum wie hinter einer Milchglasscheibe verformen.

Unmöglich, sie als einen Kreis oder eine Scheibe zu bezeichnen. Aber ihr Licht breitet sich in Sekundenschnelle über die Einöde um uns herum aus, und die Gischtschwaden und die in sich zerberstenden Wassermassen lassen das Weiß des Schaumes weißer als Schnee erscheinen. Daraus reflektiert eine blendende Helligkeit, die unsere Augen schmerzt. Nur einmal versuche ich, das Brennen in den Augen durch Reiben zu vermindern. Es bleibt eine höllische Qual. Die Wimpern und die Augenlider und nicht zuletzt auch die Hände sind derart mit Salz verkrustet, daß ich mir, anstatt Linderung zu verschaffen, noch mehr Salz in die Augen reibe. Ich habe nicht nur fürchterliche Schmerzen, sondern kann die Augen über eine lange Zeit nicht öffnen.

Aber das wiedererwachte Licht um uns herum wirkt trotz der hoffnungslosen Monotonie der See belebend. Wir spüren sogar so etwas wie Wärme in uns.

Eine sorgenschwere Frage nach der anderen arbeitet in meinem Kopf. Wie wird dieser neue Tag ablaufen?

Daß man nach uns sucht, ist sicher, und daß man uns finden wird, ist selbstverständlich. Was aber müssen wir bis zu unserer Rettung tun, um zu vermeiden, daß auch nur noch einer von uns die Hoffnung auf Rettung aufgibt und von uns geht? Was ist naheliegender, als an so triviale leibliche Bedürfnisse wie Essen und Trinken zu denken? An Bord waren wir um diese Zeit in der Kombüse voll im »Geschäft«. Und so rufe ich denn über die Köpfe der Kameraden hinweg:

»Backschafter raus.«

Verblüfft sehen mich die Kameraden an, doch dann hellen sich ihre Gesichter auf. Sie haben mich verstanden.

Jawohl, Kumpel, heute ist Sonntag . . . Eier nach Wunsch:

Ich will eins amerikanisch und das andere russisch. Weißt du eigentlich, wie man amerikanische Eier macht?

Ja, meine Herren, heute ist mir der Löffel mit dem Salz aus der Hand gerutscht, aber ich hoffe, es schmeckt Ihnen trotzdem.

Also, worauf warten wir noch? Los, reicht die Sachen rüber.

Wir hocken jetzt in der Mitte des Bootes zusammen, während HaGe und Fips den Sack mit dem Seenotproviant öffnen und mit lachenden Gesichtern die erste Dose hochhalten.

Oh, das ist das unerwartet neue Problem: Wie kriegt man dieses Ding von Dose auf? Der Schlüssel, der normalerweise oben auf den Deckel aufgelötet ist, ist nicht mehr vorhanden. Nur die Lötstelle zeigt, wo er einmal gesessen hat.

»Diese Tatsache hat zumindest einen Vorteil«, meint Fips lachend, »so wissen wir wenigstens, wo bei dieser Dose oben ist.«

Behutsam entleeren wir den ganzen Sack. Keine der zu Tage geförderten Dosen hat einen Schlüssel. So sehr wir auch in allen Falten des Sackes suchen, einen Schlüssel finden wir nicht. Der Sack hat so viele Löcher, daß durch sie wohl die Schlüssel herausgefallen sind, als die Säcke im Wasser hin und her geschleudert wurden.

Das aber kann doch für einen Seemann kein Hindernis sein. Wir haben doch vier Messer an Bord. Zwei Mann halten die Dose über Wasser, und der dritte versucht, die Messerspitze in den Deckel zu treiben, indem er mit der Faust auf den Griff schlägt. Das Blech der Dosen ist aber härter, als wir gedacht haben. Gute Ratschläge kommen von allen Seiten. Da fällt mir das Ölfaß ein, das wir jetzt als hammerähnliches Werkzeug benutzen könnten, wenn, ja wenn ich es nicht über Bord geworfen hätte. HaGe hat das Stück Planke, das achtern an der Fangleine hin und her flappte, abgeschnitten. So haben wir jetzt doch etwas Ähnliches wie einen Hammer, das wir brauchen, um die Messer in die Dose zu treiben.

Nach vielen Mühen ist die Dose geöffnet.

Eine neue Schwierigkeit taucht auf: Die viereckige Dose ist so eng, daß die ausgearbeitete Hand eines Segelschiffsmannes nur schwer in diese Öffnung paßt. Die zweite Schwierigkeit ist die, daß der Rand der Öffnung durch die primitive Art des Öffnens zackig und mit scharfen Kanten umgeben ist, so daß es kaum möglich ist, den Inhalt herauszuholen, ohne sich die Hand zu verletzen. Außerdem ist der Inhalt derart fest in die Dose hineingepreßt, daß an ein Herausschütteln überhaupt nicht zu denken ist.

HaGe entpuppt sich als Fachmann. Mit dem Messer zerbricht er das Hartbrot in der Dose, holt einzelne Brocken heraus und verteilt sie an jeden einzelnen. Nachdem er sich selbst einen Brocken in den Mund geschoben hat und zu kauen beginnt, hält er mit seiner Arbeit inne. Waren unsere Gesichter in Erwartung des auf uns zukommenden Genusses freudig erregt, so werden sie jetzt lang und länger und die Kaubewegungen eines jeden immer langsamer.

Das ist ja ein elender Fraß, den wir da in uns hineinstopfen. Nicht daß es nicht schmeckt; aber es wird immer mehr und mehr in unseren Mündern und pappt wie Leim. Es ist kaum möglich, diese aufgequollene Masse hinunterzuschlucken, ohne daran zu ersticken.

So holen wir dann die Hälfte des Brotes wieder aus dem Mund, halten es in der Hand über Wasser und versuchen durch intensives Kauen mit der im Mund verbleibenden restlichen Hälfte fertig zu werden. Doch wie groß ist unser Erstaunen, als schon nach kurzer Zeit der Mund wieder genauso voll ist wie gerade zuvor. Dabei ist der Brei nicht flüssiger, sondern eher noch zäher geworden. Wir verfluchen die Herren von der Schiffsausrüstung und schimpfen auf die SBG, dann spucken wir das Zeugs ins Wasser und sind uns alle einig, daß man den Doseninhalt nur dann genießen kann, wenn man ihn vorher lange genug eingeweicht hat oder, wenn das schon nicht möglich ist, zumindest mit Unmengen von Wasser hinunterspült.

Wasser!

Wir brauchen dringend einen Schluck Wasser. Nicht nur, um unsere Gaumen von dem lästigen Kleister zu befreien, sondern weil plötzlich alle den brennenden Durst verspüren, an den wir vorher gar nicht gedacht haben.

»Also, her mit dem Faß.«

Karl-Heinz Kraaz und Folkert Anders machen sich unter der Bank zu schaffen. Sie tauchen wieder hoch, sehen uns an und zucken mit den Schultern. – Was soll das bedeuten? HaGe und Fips beteiligen sich jetzt an der Suche unter der Ruderbank.

Sie heben ebenfalls wie resigniert die Schultern und sehen mich entgeistert an.

Jeder von uns sucht jetzt unter der Bank, auf der er sitzt. Der einzige, der etwas zutage fördert, ist HaGe, der die Fangleine, mit der wir das Wasserfaß unter der Ruderbank befestigt hatten, in der Hand hält. Seine Worte erschüttern uns, obwohl wir sie bereits im voraus wußten:

»Es ist weg!«

Ach, warum sollen wir uns aufregen, liegt doch unsere Rettung unmittelbar vor uns. Die paar Stunden werden wir auch noch ohne Wasser aushalten.

HaGe hat sich wieder der Proviantdose zugewandt. Er fördert einige Päckchen Traubenzucker zutage, die er sofort verteilt.

Der Traubenzucker fördert so viel Speichel im Mund, daß ich meine, einen großen Schluck Flüssigkeit zu mir genommen zu haben, als ich es hinunterschlucke. Mein Mund ist frei von dem lästigen Kleister des Hartbrotes, und auch der schale Geschmack des Salzwassers ist ausgelöscht.

Da müßte man noch mehr von haben.

Und das ist ja auch der Fall.

Als HaGe fragt, ob er noch eine Dose öffnen soll, schüttele ich den Kopf. Wir beschließen, die nächste Dose erst gegen Mittag zu öffnen.

Wie spät mag es denn eigentlich schon sein? Eine Diskussion, wie lange wir wohl für unser opulentes Mahl gebraucht haben und wie spät es daher sein könnte, wird durch einen Ruf von Jürgen Meine abrupt abgebrochen: »Ein Schiff!«

Wir sehen es jetzt alle. Zwei von uns springen spontan auf, wedeln mit den Armen und schreien ein sich überschlagendes »Hallooo« zu dem Schiff hinüber.

Es scheint parallel zu uns zu laufen, denn wir sehen seine

volle Breitseite und können die Einzelheiten seiner Aufbauten – wenn auch leicht verschwommen – erkennen. Es ist ein ziemlich großer Frachter, dessen Aufbauten und Linien verraten, daß es sich um einen amerikanischen Schiffstyp handeln muß. Ich zerre die beiden Kumpels von der Bank herunter und frage sie, ob sie sich in etwa vorstellen können, wie weit dieses Schiff von uns entfernt ist. Sie sehen mich verständnislos an und schütteln die Köpfe und kontern: ob ich es denn wüßte.

Wie viele Seemeilen es entfernt ist, das weiß ich auch nicht; eines aber ist mir klar: Es steht um einige Meilen zu weit von uns ab, als daß wir eine Chance haben, von der Besatzung entdeckt zu werden.

Ja, wie weit ist der Frachter nun wirklich von uns entfernt oder, anders gefragt, wie weit dürfte ein Schiff maximal von uns entfernt sein, damit Hoffnung besteht, daß man uns entdeckt?

Zuerst schätzen wir die Sichtweiten, die man normalerweise von der Brücke oder der Back eines Schiffes hat, ab und kommen zu dem Ergebnis, daß es doch wohl mindestens 2000 bis 3000 oder vielleicht sogar 4000 Meter sein müßten.

Eine neue, sehr gravierende Frage stellt sich: Nach was suchen denn die Leute auf den Decks dieser Schiffe?

Suchen sie nicht nach großen hölzernen Rettungsbooten, die bis zu dreißig Mann aufnehmen können? Unser Boot schwimmt aber nicht auf dem Wasser, es schwimmt im Wasser. Also sind seine Konturen und auch seine Bordwand nicht zu sehen. Doch hätten wir auch dann wenig Hoffnung, entdeckt zu werden, denn die Boote der *Pamir* sind außen – wohl des gepflegten Aussehens wegen – holzfarben braun getönt. Weiß wäre besser als naturfarben. Aber Weiß ist in weißgeschäumter See auch schwer zu sehen. Rot wie die Feuerschiffe oder orangerot müßten die Bordwände der Boote außen sein. Zumindest aber unsere Schwimmwesten. Wenigstens diese. Mindestens. Hat keiner die grausame Erfahrung aus dem letzten Krieg genutzt? Unsere Schwimmwesten sind grau wie ehedem – und das auf einem Segelschulschiff, für das doch doppelte Sicherheitsmaßnahmen gelten – oder: gelten sollten. Auch die Kopfstützen haben sich noch nicht rumgesprochen.

Und kann man bei dieser dunstigen Sicht und der noch immer durch den starken Wind schaumbedeckten See unsere Schultern und Köpfe, die ja höchstens bis zu 35 Zentimeter aus dem Wasser ragen, über eine größere Entfernung entdekken? Hier wandele ich meine Gedanken in laut hinausgeschriene Worte!

Warum streiten wir uns über fünfzig oder hundert Meter?

Dieses Schiff, das mittlerweile erheblich nach Backbord abgefallen ist und nur noch seine Aufbauten zeigt, ist auf jeden Fall zu weit entfernt, um noch Hoffnungen an es zu knüpfen.

Oder ist das falsch? Können wir nicht unsere Hoffnung mit diesem Schiff nur bekräftigen und vervielfachen? Beweist dieser Frachter nicht ganz sonnenklar, daß nach uns gesucht wird?

Jawohl! Genauso ist es. Und diese Erkenntnis sollte eigentlich ausreichen, unseren Mut und unsere Zuversicht zu stählen, damit wir die nächsten paar Stunden auch noch schadlos überstehen.

So reden wir aufeinander ein und machen uns gegenseitig Hoffnung. Noch immer sitzen wir in der Mitte des Bootes in einem Pulk und haben alles vergessen – oder denken eben nicht daran –, was um uns herum vorgeht.

In der Leeseite einer brachialen See werden wir mit einem fühlbaren Ruck im Magen emporgestemmt, und bevor wir noch den einsamen Gipfel dieses Wasserberges erreicht haben, bricht diese See mit Donnergetöse über uns zusammen und begräbt uns unter quirlenden, zerrenden Wassermassen. Dieses böse Ereignis erwischt uns völlig ahnungslos. Der Aufprall der vielen Tonnen Wasser aus einigen Metern Höhe trifft unsere ungeschützten Köpfe mit einer nur schwer zu erklärenden Wucht. Ich bin wie betäubt und schließe rein instinktiv die Augen.

Ich presse den Mund zusammen, halte den Atem an und krampfe mich mit all meiner Kraft mit beiden Händen an der Ruderbank fest. Diese Sekunden unter Wasser sind wie eine Ewigkeit, denn der Gedanke, daß ich an diesem unbemerkten Überfall der See schuldig bin, geht mir trotz dieser widrigen Umstände qualvoll durch den Kopf. Schließlich habe ich das Kommando übernommen und habe dafür zu sorgen, daß – egal, was auch immer wir tun – mindestens einer den Ausguck übernehmen muß, um uns vor solchen bösartigen Auswüchsen der See zu bewahren.

Als wir aus den Wassermassen auftauchen und wir alle mit weit aufgerissenen Mündern Luft in uns hineinpumpen, überkommt mich ein Gefühl der Erleichterung: Unser Boot ist nicht – wie ich fürchtete – gekentert.

Alle Kumpels sind noch da.

Sofort nehmen wir wieder unsere Sitzordnung ein. Klaus Driebold wird als erster Ausguckmann eingeteilt. Er wechselt mit HaGe den Platz und postiert sich auf der Ruderbank im Heck.

Klaus war an Bord das ewige »schwarze Schaf« unter den Jungmännern. Dabei war er einer der ruhigsten und ausgeglichensten Seeleute im Steuerbordlogis. Das ist dann wohl auch der Grund, warum es ausgerechnet immer er ist, dem man die Segeltuchschuhe an Deck festnagelte, dem man die Hosenbeine zunähte und bei dem der Slipsteg an der Hängematte zufällig und ganz von selbst des öfteren aufging. Er kann einfach nicht böse reagieren, der Klaus, und so war es beinahe selbstverständlich, daß er bei der Äquatortaufe der letzte war und dem darum die einmalige Ehre zuteil wurde, den Achtersteven und den Klüverbaum gehörig mit Braunteer eingepinselt zu bekommen. All dies konnte seiner stillen Fröhlichkeit keinen Abbruch tun. So trägt auch jetzt, hier im wracken Rettungsboot, seine gleichbleibend gute Laune viel zur Wiederkehr, sagen wir mal hinreichend guter Stimmung bei.

So sitzen wir auf den Bänken und warten ab.

Es macht beinahe Spaß, den Gleichklang zwischen Boot und See zu beobachten.

Es entsteht ein den wahren Tatsachen gegenüber diametraler Eindruck:

Die Wellen heben uns sanft und gleichmäßig – wie ein moderner Fahrstuhl – hoch, sie tragen uns eine Weile auf ihrem Kamm mit sich, und immer, während ihre Wassermassen unter uns durchlaufen, sieht es so aus, als führen wir mit zunehmender Geschwindigkeit den Wasserberg hinab. Auch unten im Tal hat es den Anschein, als machten wir Fahrt, denn bald ist die nächste See heran, die uns spielerisch leicht wieder in die Höhe zieht.

Eigenartig, wenn wir in dem ruhigen Wasser eines Wellentales schaukeln, spiegelt sich unser Boot in einem Schatten unter Wasser. Wie kann das nur möglich sein? Der Standort der Sonne ist nicht zu erkennen, nur die hellere Verfärbung des Himmels läßt vermuten, wo ungefähr der lebensspendende Himmelsstern zur Zeit seinen Standpunkt hat. Worin also kann sich unser Bootsbild hier im tiefen Atlantik widerspiegeln?

Aber irgendwie beschäftigt mich die faszinierende Berg-und-Tal-Fahrt unseres Bootes so intensiv, daß ich diesem Phänomen keine größere Aufmerksamkeit schenke. Meine Gedanken schweifen aus der Gegenwart weit zurück bis in die Schulzeit. Fräulein Bauer, groß, schlank und beinahe hübsch, hatte mal wieder etwas daran auszusetzen, daß ich nicht bei der Sache war. Ich hatte die mir gestellte Frage nicht verstanden und konnte sie somit auch nicht beantworten. Sie packte mich am Arm – doch bevor ich die mir vertraute Stimme und die nun schon so oft gehörten Worte der milden Rüge zur Kenntnis nehmen kann, reiße ich die Augen auf. Ich stehe hier nicht vor der Bank im Klassenzimmer, ich hocke in einem halbabgesoffenen Boot mitten im Atlantik. Und es ist Folkert, und nicht das verehrte Fräulein Bauer, der mich am Arm gepackt hat und nun mit dem anderen ausgestreckten Arm querab von unserem Boot ins Wasser zeigt.

Bevor er mich angepackt hatte, mußte er schon die anderen Kameraden auf das, was er meinte zu sehen, aufmerksam gemacht haben. Alle starren in die gleiche Richtung.

Ich hatte also tatsächlich geschlafen ...

Da ist er wieder ... der Schatten!

Jetzt bin ich hellwach, und es hätte nicht mehr des unterdrückten Ausrufes: »Hai!« bedurft. – Das also ist der Schatten, der die ganze Zeit über unser Boot begleitet.

Unbeweglich – so scheint es jedenfalls – steht der Raubfisch neben uns im Wasser. Er wirkt wirklich wie ein Schatten, denn jetzt, da ich ihn genauer beobachte, stelle ich mit Erstaunen fest, daß er in dem gleichen Rhythmus wie unser Boot alle Bewegungen des Wassers mitmacht. Die Entfernung zu diesem unangenehmen Gesellen mag etwa drei bis vier Meter betragen. Sein Rücken hat die gleiche Farbe wie das Wasser – nur einen kleinen Ton dunkler. Vom Rücken zum Bauch hin wird er immer heller. Seine für seinen Körper viel zu kleinen Augen lassen nicht erkennen, ob er uns sieht und beobachtet. Er wirkt so leblos, als sei er tot.

Wir sprechen nur so laut, wie es unbedingt erforderlich ist.

Kann er uns über das dreißig bis vierzig Zentimeter tief im Wasser liegende Dollbord hinweg angreifen?

Wir sind uns einig: Solange wir im Boot sitzen, sind wir vor ihm sicher.

Nur selten schwimmt der unheimliche Begleiter so dicht an der Wasseroberfläche, daß seine Rückenfinne durch das Wasser schneidet. Wie also sollte er an uns herankommen?

Immerhin könnte es ihm möglich sein, in dem Augenblick, wenn wir bei hochauflaufender See vom Wasser überspült werden, zwischen uns hindurchzuschwimmen; liegt doch unser Dollbord dann noch tiefer im Wasser. Dann allerdings könnte es kritisch werden . . .

Mir fällt ein, daß ich irgendwann und irgendwo einmal gehört habe, daß Haie auf Geräusche ängstlich reagieren. Zwei Kameraden bestätigen dies, und so beschließen wir, Krach zu machen. – Aber auf Kommando.

Jene, die ein Messer haben, nehmen es in die Faust, heben die Hand hoch aus dem Wasser und lassen Faust und Messer auf ein Kommando auf die Beschläge der Ruderbänke niedersausen. Ohne daß wir es vorher ausgemacht haben, stoßen wir fast einstimmig einen lauten Schrei aus.

Wie bei einem Blitzlicht leuchtet die helle Bauchseite des abdrehenden Haies auf. Die Bestie verschwindet so schnell, wie ein Blitzlichtstrahl erlischt.

Wir ahnen es mehr, als wir es sehen.

Gerade als wir anfangen, über dieses Phänomen zu diskutieren, unterbricht uns der Ruf von Klaus Driebold: »Ein Schiff!«

Nach und nach sehen wir es alle.

Ein verschwommener Schatten mit einer Rauchfahne über sich, so weit entfernt, daß man weder den Schiffstyp noch die Richtung, in der es sich fortbewegt, auszumachen vermag. Mit den kategorischen Worten »Keine Chance!« läßt sich Klaus wieder auf seinen Platz fallen. Wir folgen seinem Beispiel.

Ich frage HaGe, welche Möglichkeiten es gibt, um festzustellen, in welche Richtung der Dampfer wohl fährt. Das sei doch die einfachste Sache der Welt, wenn man nur den eigenen Standort nicht verändert oder aber in gleichbleibender Geschwindigkeit ohne Richtungsveränderung Fahrt macht. Das muß ausprobiert werden. Sofort.

HaGe bückt sich. Klaus Fredrichs legt seine linke Hand links und die rechte Hand rechts auf die Schulter von Hans-Georg. Ich selber stelle mich dahinter, setze den Daumen etwas weiter nach hinten in die Mitte zwischen die beiden Finger, bis ich das Schiff genau hinter meinem Daumen habe. Sein Umriß bewegt sich von meinem Daumen in Richtung von Klaus' linkem Daumen, um diesen dann schließlich zu passieren. Ein nochmaliges Anpeilen und Abwarten bestätigt uns, daß das Schiff direkt in der entgegengesetzten Richtung jenes Frachters fährt, den wir vor wenigen Stunden weit näher zu uns gesichtet haben.

Für mich ist es sonnenklar, daß das Schiff, das wir heute morgen gesichtet haben, genauso wie das, das uns soeben in entgegengesetzter Richtung passiert, gezielt nach uns sucht. Vielleicht handelt es sich sogar um den gleichen Frachter, der nun auf Gegenkurs liegt und weiter nach uns und unseren Kameraden sucht.

Hans-Georg ist es dann, der eine Theorie entwickelt, die die in uns aufkommende Erschütterung dämpft.

Mit plastischen Handbewegungen malt er auf einer imaginären Wandtafel in der Luft ein Quadrat, macht in der Mitte ein Kreuz, das die Unglücksstelle bezeichnen soll, und teilt dieses große Viereck dann durch senkrechte und waagerechte

Striche in kleinere Quadrate auf: »Vier bis acht Schiffe müssen es mittlerweile mindestens sein, die nach uns suchen. Ich stelle mir das so vor, daß diese jetzt in Nord-Süd oder Ost-West-Richtung auf den Linien dieser Quadrate hin und her fahren. Zwangsläufig müssen sie uns mal näher, mal weiter ab passieren. Es kann also nur eine Frage der Zeit sein, bis wir gerettet werden.«

Nicht viel hat gefehlt, und wir hätten ihm applaudiert.

Für ihn, der meistens nur redet, wenn er gefragt wird, und dann auch nur das Wichtigste beantwortet, war das eine tolle und vor allen Dingen eine nicht zu erwartende Leistung.

Genauso ist es, genauso muß es sein, und genauso – nur nicht so exakt gedacht – haben wir bisher wohl alle gehofft. Wir diskutieren jetzt eifrig darüber, wie groß wohl der Radius der Suchaktion sein könne. Wir müssen davon ausgehen, daß die von der *Pamir* gemeldete Position zur Zeit des Unterganges nur ein gegißter Standort sein konnte. Auf Grund der Tatsache, daß die letzten beiden Schiffe ziemlich weit von uns entfernt suchten, nehmen wir an, daß der Radius der Suchaktion doch wohl sehr groß sein muß.

Es kann also noch Stunden dauern, bis man uns findet.

Die Worte von Folkert Anders: »Wenn ich bloß nicht so einen verdammten Durst hätte!« unterbrechen unsere Diskussion.

Einen Augenblick herrscht Schweigen, und Klaus Driebold stellt die Gegenfrage: »Warum haben wir eigentlich keinen Hunger?«

Unseren Hunger zu stillen, ist kein Problem! Was aber machen wir mit dem uns quälenden Durst?

Jürgen Meine lutscht auf drei Fingern. Minuten später nimmt er die Finger aus dem Mund, taucht die Hand vor sich ins Wasser, um die Finger dann wieder in den Mund zu stekken. Im ersten Augenblick bin ich sprachlos, und ich glaube nicht, daß irgendein anderer von uns irgend etwas Schlimmes in Jürgens Handlung sieht. So kommt es für alle ziemlich überraschend, als ich zu Jürgen hinüberspringe, ihm die Hand aus dem Mund schlage und ihn fürchterlich anschreie:

»Nur nicht von diesem verdammten Wasser trinken. Auch

nicht tropfenweise. Auch wenn die Feuchtigkeit im Mund eine scheinbare Linderung schafft, so muß der Durst, durch den hohen Salzgehalt bedingt, nach wenigen Augenblicken nur noch schlimmer werden. Lieber von dem wenigen Speichel, der sich im Mund bildet, ab und zu etwas ausspucken, als auch nur einen Tropfen Salzwasser zu schlucken.«

Ich halte zwar Jürgen immer noch an der Schwimmweste gepackt, doch schreie ich diese Worte mehr zu den andern als zu Jürgen. Wir haben doch alle das gleiche Problem; also müssen wir uns auch alle darüber im klaren sein, was mit uns passiert, wenn wir uns gehenlassen und Salzwasser trinken.

»Dann laßt uns jetzt wenigstens eine Dose Seenotproviant öffnen. Vielleicht können wir damit – auch wenn wir keinen Hunger verspüren – das Durstgefühl für eine Weile unterbinden.«

Klaus Fredrichs ist es, der mit diesem Vorschlag meine »Rede« unterbricht. »Darüber hinaus muß es jetzt ungefähr Mittagszeit sein, und es ist bestimmt nicht verkehrt, wenn wir unseren Mägen etwas anbieten.«

Die gleiche Prozedur wie schon heute morgen soll beginnen. Doch dieses Mal fördert Klaus keine viereckige Proviantdose zutage: Er hält eine Dose mit Kondensmilch in der Hand.

Schließlich ist Milch etwas zu trinken. Diese Dose hat nicht so starkes Blech wie die Proviantdosen, und so ist es ein leichtes, zwei Löcher in den Deckel zu stoßen. Klaus reicht Jürgen Meine die Dose, damit er in den Genuß des ersten Schluckes kommt. Jürgen setzt die Dose an den Mund. Er macht ein erstaunt verzerrtes Gesicht und beugt seinen Kopf dann so weit in den Nacken, daß die Dose senkrecht über seinem Mund liegt. Wir rufen ihm zu, daß er nicht der einzige sei, der Durst habe, und daß wir schließlich nicht ein- oder zweihundert Dosen, sondern höchstens zehn oder zwölf zur Verfügung haben. Die ersten Hände greifen nach seinem Arm. Fast gewaltsam reißen wir ihm die Dose aus der Hand.

Hans-Georg ist es, der jetzt die Dose hochhält, sie kurz schüttelt, um wohl deren Inhalt zu prüfen, und sie dann an den Mund setzt. Das gleiche Schauspiel wie eben: Er setzt die

Dose an den Mund, seine Augen werden so groß wie Untertassen, und auch er neigt den Kopf weit nach hinten. Wir beobachten mit verzehrender Neugier die saugenden Bewegungen auf seinen Wangen.

Wieder werden Rufe laut, und ein paar Hände packen auch ihn. HaGe nimmt die Dose vom Mund, gibt sie aber nicht weiter, sondern hält sie hoch in die Luft: »So ein Schweinkram! Wißt ihr, was in der Dose ist? Gezuckerte, eingedickte Milch.«

Er erläutert, wie schwer es ist, auch nur einige Tropfen herauszusaugen, und darüber hinaus meint er, daß dieses süße Zeugs doch noch mehr Durst verursachen müßte.

Ich nehme HaGe die Dose aus der Hand und versuche jetzt selbst, an der Öffnung zu lutschen und zu ziehen, um etwas von dieser dickflüssigen Masse in den Mund zu bekommen.

Geschafft. – Ich mühe mich ab, den dicken Brei durch das Hin- und Herschieben mit der Zunge mit Speichel zu vermischen. Es dauert lange – sehr lange – bis ich merke, daß sich der Inhalt in meinem Mund verdoppelt hat. Ich schlucke alles in kleinen Portionen herunter. Widerlich süß – aber: Milch und Zucker enthalten wertvolle und stärkende Stoffe. Das ist es.

Ich erkläre den Kameraden, daß eine Miniportion dieser Milch zwar nicht angenehm zu trinken ist, daß sie aber garantiert besser ist als auch nur ein Tropfen Salzwasser. Meine Hinweise auf die Bestandteile der Nahrungsmittel Milch und Zucker und deren Wirkung auf den Organismus – Milch gehörte schließlich zu einer meiner Prüfungsaufgaben bei der Gesellenprüfung – werden mit Erstaunen ob solcher nützlichen Fachkenntnisse quittiert.

Jeder von uns nuckelt nun mit Eifer an der Dose. HaGe muß sogar noch eine zweite Dose öffnen, damit auch jeder seinen Anteil bekommt.

Unser Ausguckmann Klaus Driebold ist wirklich ’ne Wucht. Sein Ruf: »Ruhe!« läßt uns augenblicklich schweigen. Doch dann betrachten wir ihn, da er kein Schiff meldet, als zweifeln wir an seinem Verstand.

Da er keine weitere Äußerung von sich gibt, sondern statt

dessen den Kopf schiefhält, so als lausche er nach imaginären Tönen, fangen wir an, ihn zu löchern, was denn eigentlich mit ihm los sei. Mit einer energischen, Schweigen gebietenden Handbewegung und einem unwilligen Gesicht schreit er nochmals »RUHE!« und schließt die Augen.

Wir beobachten ihn mit wachsendem Mißtrauen.

Was soll das?

Plötzlich ist es Peter Frederich, der jetzt ebenfalls gebieterisch den Arm hebt und lauschend in den Himmel starrt. Sekunden später sind wir alle ohne irgendein Kommando aufgestanden, halten uns gegenseitig an den Händen fest und gucken in die von beiden gewiesene Richtung. Wir hören es ganz deutlich: Brummen! – Das gleichmäßige, sonore Geräusch von Flugzeugmotoren, die von irgendwo über uns bis zu uns hinunterdringen.

Sehen können wir nichts, doch vermerken wir, daß sich dieses Geräusch noch verstärkt. Und unsere Köpfe wenden sich alle in die gleiche Richtung. – Da: Ein schemenhafter, dunkelgrauer Schatten taucht ein wenig voraus über uns auf: ein Flugzeug. Seine Konturen werden schärfer, der Klang der Motoren wird lauter. Ein paar Atemzüge später verwischt sich das Bild des fliegenden Retters. Die Geräusche werden leiser und leiser. Dann ersterben sie ganz.

Obwohl auch in diesem Fall die erhoffte Rettung bzw. die Sichtung von uns ausblieb, fühlen wir uns erleichtert, ja beinahe in einer Hochstimmung.

»Sie suchen sogar mit Flugzeugen nach uns«, einer.

»Habt ihr gesehen, wie tief der flog?« ein anderer.

»Das können höchstens fünfzig bis fünfundsiebzig Meter über der Wasserfläche gewesen sein«, ein dritter.

»So ein Flugzeug überquert das Suchgebiet weit schneller und öfter als einer dieser vergleichsweise langsamen Frachter«, der nächste.

»Also, was soll's, Freunde, bis heute abend spätestens liegen wir in einer warmen Koje«, das versichert HaGe.

»Wißt ihr eigentlich«, fange ich an zu erzählen, »daß ich so lange auf der *Pamir* bleiben wollte, bis sie auseinanderfällt? Ich hatte mit einigen Jahren gerechnet. Daß das Frachtsegelschifferlebnis so schnell ein Ende haben würde, daran haben weder ich noch irgend jemand anders wohl gedacht.«

»Ja, und warum wolltest du unbedingt auf der *Pamir* bleiben?« bohrt Klaus Driebold.

»Nun, es ist nicht schwer, diese Frage zu beantworten.«

Ich beginne von meiner ersten Reise auf dem schwedischen Trampdampfer zu berichten, auf dem ich als Biträde des Kapitäns und Küchenjunge gemustert war. Ein Leichtmatrose und ich waren die einzigen Deutschen an Bord. Die 36 Mann starke Besatzung setzte sich aus elf verschiedenen Nationalitäten zusammen. Als Deutsche waren wir damals noch ziemlich harten Repressalien ausgesetzt. Es war nicht nur Hetze gegen unsere Personen, wir wurden sogar von mehreren verprügelt und sogar in eine Messerstecherei verwickelt. Okay, so waren nicht alle Schiffe, auf denen ich gefahren bin, bevor ich auf die *Pamir* gelangte. Doch eines war klar: Auf die *Pamir* einzusteigen, war die Erfüllung eines Jugendtraumes ...

Karl-Heinz Kraaz meldet sich zu Wort. Er meint, daß die Prügel, die ich auf dem Dampfer bezogen hätte, gar nicht so geschadet haben könnte: »Aus dir ist doch noch ein ganz passabler Kerl worden.«

In allen Gesichtern zeichnet sich ein stummes Lachen ab. Es ist das erste Mal, daß in diesem wracken Rettungsboot gelacht wird.

Solche »Spitze« kann natürlich nur von Karl-Heinz kommen. Zu jedem und allem muß er seinen Senf dazugeben, und nicht selten ist er es, der sich selbst nicht mehr zu den Wasserküken zählt. Er ist es dann auch, der alles viel besser weiß und kann als seine Kameraden. Diese Klugscheißerei bringt er aber so passend und so nett an, daß ihm niemand böse ist. Nun, so schnell wie mit dem Mund, so flink war er an Bord der *Pamir* auch mit der Arbeit. Und das ist etwas, was gerade auf einem Segelschiff doppelt zählte.

Karl-Heinz meint, daß ihn diese Story an ein Erlebnis erinnere, das er auf der Schiffsjungenschule in Finkenwerder mitgemacht habe.

Der Wachälteste hatte aus einem nichtigen Grund Kameraden verpetzt, die dafür einen der gar nicht so beliebten Sonderdienste – nämlich Kartoffelschälen – ausführen mußten. Was lag näher, als daß der »Heilige Geist« über ihn kommen sollte? In der Nacht fielen sie über ihn her. In Bettlaken gehüllt und mit Tampen und Gürteln bewaffnet. Doch der Wachälteste war nicht von gestern, er sprang aus der Koje, schnappte einen von den Geistern und warf ihn in die eigene Koje. Er selbst verkroch sich unter einen Tisch und hatte sein Vergnügen daran, wie die anderen das unfreiwillige Opfer vertrimmten.

Der Spuk wurde durch den Bootsmann – durch den Krach angelockt – beendet. Am nächsten Morgen beim Wachappell sahen sie einander an: Blaue Augen, geschwollene Nasen und aufgesprungene Lippen zeugten von der Härte der nächtlichen Belehrung. Unbeschädigt allein war nur der Wachälteste. Auf die Fragen des Bootsmannes gab es als Antwort nur einmütiges Schweigen.

Auch über diesen Vorfall wird im Boot – sogar mit Leidenschaft – diskutiert. Zum Beispiel: wie man den Wachältesten hätte sinnvoller denn durch brutale Gewalt belehren können, und wie viele pädagogische Möglichkeiten es gibt, solche Pannen auszuschließen.

Solche Gespräche tun gut. Sie lenken von der verfluchten Lage ab, in der wir nun mal stecken.

Neues Thema: Wir erzählen uns in epischen Breiten, wo unser Zuhause ist, wo wir zur Schule gegangen sind und wo wir unsere Jugend verbracht haben. Auch der Grund, warum wir zur See fahren und wieso man schicksalhaft ausgerechnet auf der *Pamir* gelandet ist.

Der eine berichtet freiwillig, der andere muß durch vielerlei Fragen tröpfchenweise ausgeholt werden.

Wann spätestens werden wir wieder in unseren Heimatorten sein?

Im Grunde genommen spielt da doch ein Tag mehr oder weniger gar keine Rolle. Wichtig ist, daß wir aus diesem ozeanischen Tümpel erst einmal herausgefischt werden. Dann aber kann es sich sicher nur noch um Tage handeln, die ein motor- oder turbinenbetriebenes Schiff von unserer jetzigen Position bis nach Hamburg oder Bremen braucht.

Das ist doch selbstverständlich, daß irgend jemand aus unserer Familie uns in Hamburg empfangen wird. Wie oft kommt es schon vor, daß man mit einem Schiff – und dann noch so einem berühmten Windjammer – untergeht und gerettet wird? Und bestimmt werden unsere Kameraden – die in dem anderen Boot oder einem weiteren Boot gesessen haben und die sich gestern abend durch Rotfeuer bemerkbar machen konnten – so lange warten, bis auch wir – und andere – in Hamburg eintreffen, um uns gebührend zu empfangen.

Wir sind sicher, daß der größte Teil der Überlebenden schon gerettet ist.

Selbstverständlich wird auch Kapitän Eggers in Hamburg am Pier stehen, wenn wir eintreffen.

Und schon haben wir ein weiteres Thema: Unsere Kapitäne!

Kapitän Eggers war ein strenger Schiffsführer. Dennoch wird er – der trotz allem gerecht und jederzeit menschlich ansprechbar war – von allen verehrt. Keiner von uns hat es je erlebt, daß er die Beherrschung verlor oder laut wurde, egal, um welche vertrackte Situation es sich auch immer handelte.

Erinnert ihr euch noch an seinen Geburtstag? Wißt ihr noch, wie das Lied hieß, das wir ihm als Ständchen gesungen haben? Und ob: »Es steht eine Mühle im Schwarzwälder Tal.«

Ja, und dann die Äquatortaufe! Da war was los. Und der Alte spielte lachend alle bitterbösen Regeln mit. Doch achtete er sehr darauf, daß es bei keinem der an sich harten Bräuche einer Linientaufe zu Übertreibungen kam.

Hans-Georg Wirth und Klaus Fredrichs, die in den Augen der anderen schon alte Hasen sind, verherrlichen in überschwenglichen, rosaroten Worten die Zeit unter Eggers.

Daß es einen Kapitän dieser fast väterlich strengen Art geben konnte, ist für die anderen, die nur den scharfen, stets distanzierten Schulschiffton von Kapitän Diebitsch kennengelernt haben, nur schwer zu glauben.

Typmäßig waren sie eben grundverschieden, dennoch: Beide waren ihrem ganzen Wesen und ihrer Haltung nach Kapitäne: immer allein auf einsamer Höhe, umgeben vom

Nimbus des Führenden, dessen Vorrechte aber auch seine Lasten und Probleme sind.

Trotz des Temperaments, mit dem jeder einzelne seine Erlebnisse und Ansichten zum besten gab, wird es immer stiller.

Die Tatsache, daß wir die hinter uns liegende Nacht – abgesehen von einigen Wachträumen – nicht geschlafen haben, macht sich bemerkbar. Die Kameraden schweigen. Die Stille macht uns nicht so sehr die Müdigkeit bewußt, sondern, was viel schlimmer ist, die Kälte, die fühlbar tiefer und tiefer in uns hineingedrungen ist.

Wieder mit meinen Gedanken allein, spüre ich sie so stark, daß ich mich wundere, daß ich nicht zittere. Mir selbst ist es so, als schlottere ich am ganzen Leib und selbst das Boot müßte dadurch erzittern. Ich sehe zu den anderen hinüber und glaube feststellen zu können, daß es ihnen genauso wie mir ergeht. Wie aber kann ich ihnen helfen? Ich selber habe doch Hilfe nötig.

Da sehe ich plötzlich wieder die Gesichter vor mir, die mich gestern angestarrt hatten, als ich wieder zu mir kam, und überdeutlich meine ich die Worte von Klaus Fredrichs zu hören, als er sagte: »Wir brauchen dich, Kuddel!«

Ich darf sie nicht enttäuschen. Aber was kann ich tun, um sie – und damit auch mich – aus dieser Lethargie aufzuscheuchen?

Richtig, wir hatten ja beschlossen, am Nachmittag – und das muß es ungefähr sein – eine Proviantdose aufzumachen.

Ich klopfe mit dem Messer auf die Ruderbank und rufe laut: »Coffee-Time.«

Karl-Heinz Kraaz und Klaus Fredrichs haben als erste verstanden, um was es geht, denn sie machen sich an unseren Proviantsäcken zu schaffen und fördern auch eine der viereckigen Dosen zutage.

Dieses Mal nehmen wir eine zweite Dose, die wir auf die Ruderbank stellen, als Untersatz für die zu öffnende Dose. Wir haben es dadurch leichter, den Deckel zu durchstoßen.

Etwas sorgfältiger als bei der ersten Dose ist Hans-Georg zu Werk gegangen. Der Rand der nun geöffneten Konserve ist nicht ganz so verzackt, wie es bei der ersten der Fall war.

Er angelt mit den Fingern einen Schiffszwieback heraus, hält ihn hoch und schaut fragend in die Runde. Keiner sagt etwas. Mit einem Achselzucken wirft HaGe den Zwieback über unsere Köpfe hinweg ins Wasser. Ich mache den Vorschlag, daß wir erst einmal alles aus der Dose herauspulen, um festzustellen, was denn nun sonst noch drin ist, um womöglich eine bessere Einteilung und natürlich auch eine Übersicht über Inhalt und Nährwert der Dosen zu bekommen. Als die Dose leer ist, streckt uns HaGe mit mehr erstauntem als entsetztem Gesicht seine Hände entgegen. Die Haut ist an einigen Stellen bis tief ins Fleisch hinein abgezogen. Blut sehen wir nicht. Wir müssen erkennen, daß seine Hände so aufgeweicht sind, daß sie ihre natürliche Form und Farbe verloren haben. Die Finger sind dick wie Schweinswürste, Handrücken und Innenhand wie ein Kissen aufgequollen, und alles ist von einer Farbe, die an die Gallertmasse der Quallen erinnert.

Einige Augenblicke brauche ich, um das Gesehene zu verarbeiten. Dann schaue ich auf meine eigenen Hände. Das sind meine Hände? Sie unterscheiden sich in keiner Weise von denen, die uns HaGe immer noch entgegengestreckt hält. Vorsichtig ziehe ich mit dem Fingernagel des Zeigefingers über meinen rechten Handrücken und halte nach einem Zentimeter entsetzt inne. Ich habe mir selbst eine Furche in den Handrücken gezogen, und das mit meinem Fingernagel herausgeschabte Fleisch sackt in Flocken im Wasser nieder.

»Achtet auf eure Hände, Jungs, wir müssen in Zukunft vorsichtiger sein, denn durch diese Wunden, die nicht einmal bluten, dringt das Salzwasser in unsere Körper. Und das kann bestimmt nicht gut für uns sein.«

»Wir brauchen weder zu trinken noch zu essen. Wir lösen uns von alleine auf.«

Am liebsten hätte ich Jürgen Meine für diese pessimistische Äußerung ins Gesicht geschlagen, doch die komische Stellung von uns allen erinnert mich daran, daß es wohl besser ist, endlich unsere Kaffeepause zu halten; denn noch immer hocken wir auf den Ruderbänken und halten die Hände, in die Hans-Georg den Inhalt der Proviantdose gelegt hat, über Wasser. Den Zwieback hat HaGe sowieso gleich fortgeworfen. Übrig bleiben Zitronenbonbons, Traubenzuckertabletten und Schokolade. Wir beginnen redlich zu teilen.

Als ich mich ertappe, mit welcher Hast und beinahe Gier ich die einzelnen Stücke in mich hineinstopfe, sehe ich beschämt in die Runde . . .

Es ergeht allen so.

»Eßt langsam, Jungs! Je langsamer wir kauen, desto länger haben wir etwas davon und desto mehr Speichel kann sich in unseren Mündern bilden.«

Die Schokolade schmeckt bitter. Sie klebt zwischen den Zähnen, unter der Zunge und oben am Gaumen, und am liebsten hätte ich sie wieder ausgespuckt. Die Traubenzuckertabletten lassen sich gut zerkauen, die bilden so viel Speichel im Mund, daß ich den größten Teil der Schokolade mit hinunterschlucken kann. Wohltuend sind die Zitronenbonbons. Ihre Säure gibt mir das Gefühl einer Erfrischung, und ich kann dem Drang, so viel wie möglich von dieser Erfrischung zu haben, nicht widerstehen und zerbeiße beide Bonbons mit einem Mal. Für einen Augenblick habe ich das Gefühl zu trinken. Unbewußt habe ich die Augen geschlossen und den Kopf nach hinten gebeugt. Ein Wasserspritzer klatscht mir ins Gesicht, und ein brennendes Bedürfnis wird in mir wach, mich niederzubeugen und dieses herrliche Naß in mich hineinzuschlürfen. Entsetzt über mich selbst, reiße ich die Augen auf. Das Bild, das sich mir bietet, beruhigt mich. In unserer alten Platzordnung – nur mit der Änderung, daß HaGe sich zwischen Klaus und Peter gesetzt hat – sitzen die Kameraden nebeneinander und aneinandergelehnt auf den Ruderbänken und scheinen zu schlafen. Mechanisch wanken ihre Körper im auf und nieder dümpelnden Boot hin und her.

Ich schaue an den Himmel und versuche festzustellen, wie spät es wohl schon sein könnte. Die Sonne ist nicht zu sehen, aber in einem bestimmten Bereich des nebligweißen Dunstes ist es heller als an den anderen Stellen. Der Höhe dieses hellen Bereichs nach zu rechnen, muß es Spätnachmittag sein.

Es wird nicht mehr lange dauern, und auch dieser Tag neigt sich seinem Ende zu. Mit welcher Zuversicht hatten wir ihn begrüßt, und wie fest waren wir überzeugt, daß man uns innerhalb weniger Stunden finden würde. Und was war geschehen? Jawohl, wir haben nun die Gewißheit, daß man nach uns sucht. Doch mehr denn je wird mir in diesen Augenblicken klar, daß die Möglichkeit, gefunden zu werden, eins zu hunderttausend steht.

Wir haben bis jetzt drei Schiffe gesehen, doch nur bei dem ersten Schiff war es doch offensichtlich, daß es unseren Unfallort anstrebte. Bei den beiden anderen konnte es genausogut sein, daß es sich um Frachter handelte, die uns auf ihrem normalen Kurs passierten. Wieder stieg dieser fürchterliche Verdacht in mir auf, daß die Positionsangaben unseres Funkers ungenau gewesen sein könnten und daß die uns wirklich suchenden Schiffe viel zu weit von uns entfernt sind, um uns jemals zu finden.

Ob die Kameraden jetzt schlafen? Oder stellen sie genauso deprimierende Überlegungen und Befürchtungen an wie ich?

Wenn sie schlafen, so werde ich sie nicht stören, doch wenn sie sich mit solchen Gedanken herumschlagen, dann ist es wohl besser, wir beschäftigen uns lieber mit ablenkenden Diskussionen, damit wir so wenig wie möglich über unsere Lage und unseren körperlichen Zustand nachdenken können.

Doch wie soll ich herausfinden, was in den Köpfen der Kameraden vorgeht? Ich erhebe mich und stütze mich mit dem einen Knie auf die Ruderbank.

Um uns herum ist eine in ihrer Einsamkeit deprimierende grauweiße Wasserwüste. Es läuft nach wie vor eine gewaltige Dünung. Ich schätze die immer noch etwa sieben Meter hohen Wellen auf eine Länge von mindestens 150 bis 200 Meter. Der Wind ist noch mehr abgeflaut, und daß die Wellen noch immer überkippen, hat seine Ursache nicht mehr im Winddruck, sondern ist wohl eine Folge vom eigenen Strömungsdruck. Die Luft ist diesig. Die Sicht ist nach wie vor schlecht.

Wieder muß ich an die brillante Erklärung von Hans-Georg denken, der es verstanden hatte, uns so überzeugend darzustellen, wie die Suchaktion wohl vor sich gehen würde.

Wenn es wirklich so ist – und davon waren wir doch eigentlich alle überzeugt – dann hätten wir heute doch schon mehrere Schiffe sehen müssen.

Noch immer stehe ich aufrecht im Boot, halte Ausschau und hänge meinen Gedanken nach. Ich beobachte eigentlich gar nicht, sondern halte mehr mechanisch die Augen einfach offen. Zwei- bis dreimal ertappe ich mich dabei, daß ich mir einsuggeriere, Dinge, an die ich denke, auch wirklich zu sehen. Eigentlich doch eine feine Sache! Oder? Ist es nicht gefährlich, wenn man das Geschehen um sich herum nicht mehr richtig wahrnimmt? In diesem Sichtreibenlassen liegt doch die Gefahr, daß man die Situation, in der man steckt, unterschätzt, daß man falsch reagiert und dadurch kritische Situationen auslöst.

Das einzige, was uns retten kann, ist ein klarer Kopf.

Irgend etwas paßt plötzlich nicht mehr in meinen Gesichtskreis. Ich habe etwas entdeckt, das ich jetzt nicht mehr sehe. Ich bin fest überzeugt, daß ich etwas beobachtet habe.

Sosehr ich jetzt auch Ausschau halte, ich kann nichts finden.

Ist das, das ich meinte, gesehen zu haben, ein irreales Produkt meiner Phantasie? – Ich muß mich besser in die Gewalt bekommen. Ich sehe weiter in die Runde und bestärke mich, daß ich mir immer wieder sage: »Du hast etwas gesehen!«

Konzentrierter und angestrengter suche ich systematisch die nähere und weitere Umgebung unseres Standortes ab. Je länger ich hinsehe, ohne etwas zu finden, um so größer werden die Zweifel an mir selbst.

Ist das der Anfang vom Ende?

Was kann ich tun, um mich davor zu schützen?

Da ist es wieder!

Ganz deutlich habe ich es gesehen. Ich konzentriere mich auf die Richtung und sehe es wieder. Dort schwimmt ein Gegenstand, der zwischendurch hell aufleuchtet und so weit aus dem Wasser ragt, daß er vom Wind vorangetrieben werden kann.

Sosehr ich auch beobachte, ich kann keine Einzelheiten erkennen. Die Augenblicke, in denen ich dieses Treibgut beobachten kann, sind relativ kurz, denn es schwimmt etwa 40 bis 60 Meter von uns querab und ist nur immer dann zu sehen, wenn es über einen Wellenberg reitet, der von unserem Boot aus zu beobachten ist.

Hier gibt es etwas zu tun!

»Hallo, Jungs, da schwimmt was!«

Nur drei Köpfe fahren hoch, die anderen bleiben auf die Schwimmwesten geneigt. Ich deute in Richtung des Treibgutes und gebe bekannt, daß es sich nur um ein Teil von unserer *Pamir* handeln könne und daß wir versuchen müßten, dieses Etwas zu bergen. Als zweiter sichtet Klaus Fredrichs den Gegenstand; gleich darauf auch Hans-Georg Wirth und Klaus Driebold. Sofort beginnen wir darüber zu streiten, um was es sich handeln könne. Durch unsere Diskussion sind die anderen Kameraden aus ihrem Dämmerschlaf erwacht, und es dauert nicht lange, da sehen auch sie, daß da etwas treibt, und beteiligen sich an der Diskussion.

Die tollste Erklärung, worum es sich handeln könnte, hat Klaus Fredrichs: »Ein Rettungsring mit einem Nachtlicht!«

Das Wort Nachtlicht mobilisiert mich. Ich bin davon überzeugt, daß es kein Rettungsring – und schon gar keiner mit einem Nachtlicht – sein kann. Diese Annahme von Klaus läßt ahnen, daß es auch ihn inzwischen beschäftigt haben muß, daß sich der Abend und damit die Nacht nähert. Auch ihm scheint bewußt geworden zu sein, wie wenig Chancen wir in der Nacht haben.

So ist es wohl mehr ein untergründiger Wunsch, daß diese Rettungsboje uns von Nutzen sein könne. Er bietet sich auch gleich an, rüberzuschwimmen.

Auf keinen Fall. Die »Rettungsboje« treibt ja offensichtlich auf uns zu.

Wenn heute nacht wieder ein Schiff in unsere Nähe kommen sollte, brennen wir das Nachtlicht ab, und – wie einfach und logisch – wir sind gerettet.

Es ist Karl-Heinz Kraaz, der diese Theorie aufstellt. Also bewegt auch bereits die Jüngeren unter uns die bevorstehende Nacht.

Ist das nicht eine psychologische Gefahr, wenn wir uns jetzt darauf einstellen, in wenigen Minuten ein Rettungsmittel in die Hände zu bekommen, das uns mit Sicherheit retten wird? Wie groß wird und muß die Enttäuschung sein, wenn sich dieses Treibgut als ein nutzloser Gegenstand erweist?!

Enttäuschung war es, die Günther Schinnagel das Leben kostete.

Enttäuschung war es, die den Ausschlag gab, daß Manfred Holst nicht mehr unter uns ist.

Ich versuche vorzubeugen. Ich versuche den Kameraden klarzumachen, daß es sich, obwohl auch ich es hoffe, schwerlich um einen Rettungsring handeln könne.

Eine Rettungsboje ist normalerweise rot-weiß getönt. Die Farben aber, die wir bis jetzt sehen konnten, leuchten zwar weiß, ein Rot ist aber nicht zu erkennen. Außerdem ist es unwahrscheinlich, daß ein Nachtlicht an einem Rettungsring noch funktioniert, wenn es bereits anderthalb Tage im Wasser liegt. Also: »Lassen wir das Ding schwimmen.«

Nur einen Augenblick herrscht Schweigen.

Doch dann bricht es über mich herein. Ganz egal, was es auch sei, man will Gewißheit. Man will keine Gelegenheit ungenutzt lassen, etwas zu unternehmen, was eventuell unserer Rettung dienen kann.

Bravo!

Mit meiner Skepsis habe ich mehr erreicht, als ich mir im ersten Augenblick vorgestellt hatte. Jetzt kann die Enttäuschung, etwa kein Nachtlicht zu finden, nicht mehr ganz so groß sein.

Klaus Fredrichs will ins Wasser, um den Gegenstand zu holen. Wir halten ihn zurück und entscheiden nach kurzer Debatte, daß Hans-Georg schwimmen soll. Er ist nicht nur der ältere und robustere, er ist – wenn man seinen eigenen Worten glauben darf – auch der bessere Schwimmer.

Hans-Georg läßt sich außenbords gleiten – und es ist dies das erste Mal, daß einer von uns freiwillig unserem Wrack entsteigt – und arbeitet sich mit langen und ruhigen Schwimmstößen auf den Gegenstand zu.

Als er ungefähr zehn Meter vom Boot entfernt ist, kommt panische Angst über mich. Was passiert, wenn ihn unterwegs die Kräfte verlassen, wenn er uns aus den Augen verliert, oder wenn er womöglich – wenn wir uns heute mittag nicht getäuscht haben – von einem Hai angefallen wird? Schon will ich ihn zurückrufen; doch die Zeit meines Zögerns genügt, daß er den Gegenstand erreicht und sich nun bereits auf dem Rückweg befindet.

Als die Kameraden ihn endlich nach einer mir endlos lang erscheinenden Zeit ins Boot ziehen – und mit ihm das Stück einer Bootsbeplankung, offenbar von einem unserer Rettungsboote –, merke ich, daß ich am ganzen Körper zittere. Meine Zähne schlagen so wild klappernd aufeinander, daß ich das, was die Kameraden jetzt besprechen, nur bruchstückhaft verstehe.

Ich hätte das niemals erlauben dürfen. Für so ein dummes Stück Holz habe ich zugelassen, daß einer von uns sein Leben aufs Spiel gesetzt hat.

Das Palaver der Kameraden darüber, von welchem Boot die Beplankung stammen und welchen Sinn es jetzt haben könnte, dieses Stück irgendwie zu verwenden, beruhigt mich wieder. Ich schlage vor, das Holz in das Leck am Achtersteven unseres Bootes so zu verklemmen, daß Hans-Georg, der ja dort seinen Stammplatz hat, etwas besser gegen das hereinspülende Wasser geschützt ist. Sofort macht sich Hans-Georg mit Klaus Driebold und Peter Frederich an die Arbeit.

Bald schon müssen sie erkennen, daß es ohne Hilfsmittel nicht möglich ist, das Holz in diesem Leck zu verklemmen. Hans-Georg hält als erster inne und sieht auf seine Hände, er hält die beiden von der Arbeit zurück und sagt, als er sieht, daß auch ihre Hände an mehreren Stellen erheblich verletzt sind, daß es unter diesen Umständen keinen Zweck habe, weiterzumachen.

Da – Jürgen Meine springt wütend auf, reißt mit beiden Händen das Plankenstück aus dem Wasser heraus, hält es hoch über seinen Kopf und schleudert es mit einem bösen Fluch weit hinaus aufs Wasser.

Einen Augenblick noch bleibt er auf der Ducht stehen. Und so, wie er jetzt auf das neben uns treibende Wrackteil starrt, so starren wir ihn überrascht an. Gerade von Jürgen Meine – er ist 165 cm groß, kräftig und stämmig, hat mittelblondes Haar und graue Augen, wie Günther Schinnagel sie hatte – hat wohl keiner von uns eine derartige Reaktion erwartet. Er, der immer stille, fast zu stille Kamerad, der im Kreis seiner Kameraden nie auffiel – es sei denn, durch sein zurückhaltendes Wesen. Er hatte sich ein bißchen von den anderen abgesondert und wurde von den Offizieren des öfteren zu Schreibarbeiten herangezogen. Und wie an Bord der *Pamir* war er auch im Boot bis jetzt kaum aufgefallen.

Was ist los mit ihm?

Abrupt steigt er von der Ruderbank, dreht sich um, kehrt uns den Rücken zu, stützt seine Ellenbogen auf die Knie, legt den Kopf in seine Hände und schweigt.

Ich krieche zu ihm rüber. – Er weint. Doch dann verhärten sich seine Züge. Mit beiden Händen packt er mich an der Schwimmweste. Seine Worte: »Es wird gleich dunkel! Weißt du, was das bedeutet?« gehen mir durch und durch.

Alle haben es gehört! Alle starren Jürgen Meine an, und keiner sagt ein Wort.

Ich muß einen Weg finden, ihn – und damit uns allen – die Angst vor der Nacht zu nehmen, denn mit der Dunkelheit sinkt die Möglichkeit, gerettet zu werden, fast auf Null.

Es darf jetzt keine Panik geben.

Ich stehe auf und fange an zu reden: Schon nach den ersten Worten merke ich, daß ich in erster Linie zu mir selbst spreche, um mich selbst – und somit auch die Kameraden – wieder aufzurichten. Und dann beruhige ich sie:

»Der Wind ist kaum noch der Rede wert, die Dünung lang und berechenbar, und wir, wir sind noch alle gesund und munter.

Es besteht überhaupt kein Grund, unzufrieden zu sein. Wir müssen die Nacht nutzen, einmal richtig auszuschlafen. Okay, okay – es wird schwierig sein, unter den gegebenen Umständen unbeschwert zu schlafen. Wir müssen einfach Kräfte sparen. Wir brauchen unsere physischen Kräfte genauso dringend wie unsere psychischen. Egal, was zuerst nachläßt, so wird die andere Kraft in jedem Fall negativ beeinflußt. Dann ist es nur noch eine Frage der Zeit, bis der totale Zusammenbruch erfolgt.«

Seltsamerweise werde ich während meiner ganzen »Rede« nicht ein einziges Mal unterbrochen. Aller Blicke sind auf Jürgen Meine gerichtet. Und jetzt erst spüre ich die Hand von Klaus Fredrichs, die sich in meine linke Schulter gekrallt hat. Seine Augen sind zusammengekniffen. Der Mund ist zu einem Strich zusammengepreßt. Nur die Muskeln auf seinen Wangen verraten, daß es in seinem Innern arbeitet.

Ich reiße seine Hand von meiner Schulter und springe auf: »Wacheneinteilung und Sitzordnung!«

Habe ich es hinausgeschrien, oder habe ich es mir selbst zugeflüstert? Bin ich wütend oder verzweifelt? Ist es nicht einfach die spontane Reaktion meiner Angst, die ich zu unterbinden versuche? Ich will aber keine Angst haben – und ich darf keine Angst haben.

Nach kurzer Beratung über die Sitzordnung einigen wir uns, daß Hans-Georg Wirth und ich die erste Wache übernehmen. Klaus Fredrichs und Jürgen Meine sitzen direkt mir gegenüber auf der ersten Bank. Dann kommen Karl-Heinz Kraaz und Folkert Anders, schließlich auf der dritten Bank dann Klaus Driebold und Peter Frederich; ganz hinten im zerschlagenen Heck Hans-Georg.

Wir einigen uns darauf, daß Klaus Fredrichs mich und Klaus Driebold Hans-Georg Wirth ablösen. Später dann werden sie wieder von uns abgelöst.

Lang und breit beratschlagen wir, wie lange jede Wache dauern soll und woran man erkennen kann, wann diese Zeit wohl vorüber ist. Wir finden einen Weg, dieses Problem zu lösen. Wir einigen uns darauf, daß derjenige, der die Wache geht, eine Ablösung selbst entscheiden muß.

Ohne daß wir es wissentlich gemerkt haben, ist es fast dunkel geworden.

Wie auf ein Kommando unterbrechen wir unseren Disput, und ich sehe, daß wir alle in die gleiche Richtung blicken. Nämlich dorthin, wo der Himmel etwas heller scheint als rings um uns her. Dort, wo noch ein heller Streifen Himmel und See voneinander trennt, dort muß jetzt die Sonne untergehen.

In meinem Kopf wirbeln Gedanken wie in einer rotierenden Mülltonne durcheinander: unzusammenhängendes Zeugs, wie man es so manchmal kurz vor dem Einschlafen empfindet. War es eben noch ein Ausschnitt aus einem Schulausflug, so folgt kurz darauf der Sturz vom Hühnerstall in den Futtertrog, die Tracht Prügel vom Onkel Georg oder gar die gegen den Telegrafendraht geflogene Taube, die ich später töten mußte.

Gegenstände und Personen erscheinen in meinem geistigen Blickfeld. Wie aus einem Nebel heraus entstehen aus schemenhaften Umrissen klare Bilder, die sich wenig später wieder verwischen, um auf gleiche Art zu verschwinden.

Es ist kein Träumen, es ist kein Wachen.

Alles, was um mich herum vorgeht, wird registriert. Ja, ich kann sogar unterscheiden, ob das, was ich sehe, wichtig ist oder nicht. Die Silhouetten der Köpfe und Schultern der Kameraden sind mal vor, mal hinter den mir erscheinenden Bildern. Aus der Bewegung des Wassers, dem Lichtspiel zwischen Hell und Dunkel und den vielfachen Geräuschen bilden sich unabhängig voneinander immer wieder neue Darstellungen. Wie eine Droge lasse ich diesen Zustand auf mich einwirken, denn mir ist, als schwebe ich in schwerelosem Zustand durch den Raum. Mit einem Schlag erlischt eine der mir eben erschienenen Szenen, und mit krasser Deutlichkeit sehe ich die Situation um mich herum. Nichts hat sich in meiner Umgebung verändert. Ich richte mich auf, strecke meine Glieder, soweit es unter den gegebenen Umständen überhaupt möglich ist, und versuche, mich auf diesen Augenblick zu konzentrieren. Die Sitzordnung hat sich nicht verändert, selbst die Haltung und Stellung der einzelnen scheint bis ins letzte Detail die gleiche zu sein wie zu dem Zeitpunkt, als ich den Abstecher ins Traumreich antrat. Heißt das, daß sich die Kameraden in einem gleichen oder einem ähnlichen Zustand befinden? Ist nicht das, was ich innerlich – aber doch bewußt – gerade eben erlebt hatte, die Vorstufe des völligen Abschaltens? Wie lange hat dieser Zustand bei mir gedauert? Mit Gewalt reiße ich mich hoch. Noch bevor ich hellwach bin, stelle ich fest, daß es eine Veränderung in meinem Blickfeld und eine Erschütterung des Bootes unter meinen Füßen sind, die meinen Gedankenflug beendet haben.

Jürgen hat sich erhoben. Seine Silhouette hebt sich klar in ihren Konturen gezeichnet gegen den etwas helleren Hintergrund ab. Es ist dunkle Nacht, und es muß eine lange Zeit gewesen sein, die ich im Wachtraum zugebracht habe.

Jürgen Meine hat seinen Kopf abgewandt und sieht nach achtern. Es sind nur wenige Zentimeter, die uns voneinander trennen, doch meine Hand, die ich nach ihm ausstrecken möchte, liegt wie festgenagelt auf dem Dollbord. Jürgen dreht sich um. Er erhebt den linken Arm, als wolle er nach etwas greifen, und schiebt sich jetzt an Karl-Heinz und Folkert vorbei. In der Mitte des Bootes bleibt er stehen. Niemand scheint ihn bemerkt zu haben. Ein absurder Gedanke durchzuckt mich: Reagieren die Kameraden vielleicht genauso wie ich? Beobachten sie Jürgen genauso wie ich? Sind sie genauso gelähmt wie ich?

Hoch aufgerichtet und gerade steht Jürgen noch immer an der gleichen Stelle. Freihändig! Regungslos! Er dreht mir sein Gesicht zu. Sieht er mich an? Ich kann es nicht erkennen, doch meine ich, seine Blicke zu spüren. Ich nehme ein seltsames Geräusch wahr, das ich nicht erklären kann. An dem Aufblitzen von Jürgens Zähnen erkenne ich, daß er spricht. Seine Worte verstehe ich nicht, denn das undefinierbare Geräusch, das ich immer noch höre, übertönt alle anderen Geräusche. Einer dieser widerlichen und eiskalten Schauer durchrieselt meinen Körper, und dann weiß ich auch, wo dieses gräßliche Geräusch herkommt: Es sind meine klappernden Zähne. So frieren und klappern kann man nur, wenn man Angst hat.

Und ich habe Angst.

Und ich weiß, warum.

Jürgen wird der nächste sein . . . der nächste sein!

All die Handlungen passen einfach nicht zu ihm. Sie sind nicht in Einklang zu bringen mit der Art, wie er sich an Bord der *Pamir* benahm.

Nie würde er etwas ohne Befehl und Einweisung getan haben. Nie hätte er ungefragt jemanden angesprochen.

Auch bei Günther und Manfred waren es unkontrollierbare Reaktionen, die das Ende einleiteten. Warum aber unternehme ich nichts dagegen, wenn ich so sicher bin, daß es nun ihn erwischt hat? Was habe ich nicht alles bei Manfred und was nicht alles bei Günther getan, um ihnen wieder Halt zu geben? Und was hatte es genützt?

Nichts!

Wozu also soll ich mich engagieren, wenn man genau weiß, daß es keinen Zweck hat. Warum helfen nicht auch die anderen? Warum soll ich es immer sein, der sich verausgabt?

Die anderen Kameraden schlafen offensichtlich so fest, daß sie noch gar nicht gemerkt haben, daß Jürgen aufgestanden ist. Oder tun sie nur so, als ob sie schliefen? Blinzeln sie nicht abwechselnd mal Jürgen und mal mich an, um zu prüfen, was der eine oder der andere tut? Das macht mich hellwach. Ich meine zu spüren, wie tiefe Schamröte mein Gesicht überzieht.

Wie war es möglich, so etwas auch nur zu denken?

Die Jungen haben Vertrauen zu mir und es dadurch bekundet, daß sie mich zu ihrem Boß gemacht haben. Ich aber bedanke mich für dieses Vertrauen dadurch, daß ich jetzt tatenlos auf der Bank hocke, nur um meine eigenen Kräfte zu schonen. In diesem Augenblick klettert unser wrackes Boot mühelos an der Leeseite einer gewaltigen, saphirblauen See hoch und fährt – zusammen mit der überkippenden Welle – wieder ins Tiefe.

Ich starre nach wie vor hinüber zu Jürgen.

Um uns ist schäumendes Wasser.

Jürgen ist verschwunden.

Alle sind verschwunden.

Die aufgischtende See hat alles überflutet.

Die vielen kleinen und größeren phosphoreszierenden Teilchen im Meer streben ziellos wie aufgewirbelte Glühwürmchen zwischen uns herum und erleuchten mit ihrem mattgrünlichen Schimmer eine gespenstische Szene.

Dann verschwindet auch dies.

Schmerz durchzuckt meinen Schädel. Viele tausend kleine Nädelchen scheinen in meinen Augenhöhlen zu stecken: Ich hatte vergessen, die Augen zu schließen. Dann ist der Kopf wieder aus dem Wasser heraus. Ich hole tief Luft und reiße trotz des Schmerzes die Augen auf, um nach Jürgen und den anderen Kameraden zu sehen. Ich erwarte nicht, ihn wiederzusehen.

Jürgen steht an der gleichen Stelle, als das Wasser uns überraschte. Jetzt bricht bei mir die Lähmung. Ich mache einen Schritt auf Jürgen zu, reiße ihn am Arm herum, so daß er mir gegenübersteht. Während dieses Vorganges hatte ich tief Luft geholt, um ihn anzuschreien . . ., um ihn zur Ordnung zu rufen. Die Worte bleiben mir in der Kehle stecken. Und die aufgestaute Luft scheint meine Brust zu sprengen.

Das Gesicht ist nicht das von Jürgen Meine!

Seine Augen sind schrecklich weit aufgerissen. Das Weiße des Augapfels überwiegt. Seine blassen Wangen wirken eingefallen, und seine Nase sticht spitz aus diesem Gesicht hervor. Seine Kiefer mahlen, und mir unverständliche Worte fließen über seine Lippen.

Mein angestauter Atem scheint jetzt auch noch meinen Kopf sprengen zu wollen. Wie mit letzter Kraft reiße ich den rechten Arm hoch, und ehe ich recht registriere, was ich tue, saust meine Faust in Jürgens Gesicht. Im gleichen Augenblick drängt die angestaute Luft aus meinen Lungen, und ich höre mich selbst mit sich überschlagender Stimme seinen Namen schreien.

Hans-Georg Wirth, Klaus Fredrichs und Klaus Driebold sind von ihren Bänken hochgefahren. Sie halten sich an mir, an Jürgen oder am nächststehenden Kameraden fest. So bilden wir einen unregelmäßigen Haufen. Unsere Stimmen überschlagen sich in Fragen und Rufen. Abwechselnd sehen wir einander an, und unsere Blicke konzentrieren sich auf Jürgen. Er steht noch immer zwischen uns, fast im Mittelpunkt. Er rührt sich nicht. Aber sein Gesichtsausdruck hat sich geändert. Sein Blick ist nicht mehr gläsern wie eben noch, und er geht auch nicht mehr durch uns hindurch. Mit einem leichten, überlegen wirkenden Lächeln, das um seine Lippen spielt, blickt er jetzt von einem zum andern.

Hände greifen nach seinen Armen und versuchen, Jürgen

auf die Ruderbank zu drücken, denn alle wollen sich wieder setzen. Mit einem unwilligen Fluch schüttelt Jürgen diese Hände von sich ab. Er deutet mit gebieterischer Gebärde an, daß wir es uns ruhig bequem machen sollen.

Mit erhobener, fast triumphierend klingender Stimme fragt er uns:

»Wißt ihr eigentlich, daß über jeden von uns zur Zeit eine Beurteilung geschrieben wird, die den Reedereiinspektoren zugehen soll? Ich, Jürgen Meine, bin es, der sie ins reine schreiben wird. Ich allein weiß daher genau, was die Schiffsleitung über jeden von euch denkt!«

Unsere Gesichter scheinen ihn zu belustigen. Mit einem hellen Auflachen deutet er auf mich und ironisiert, daß ich wohl ein guter Bäcker und auch ein einigermaßen brauchbarer Proviantmeister sei, doch lasse mein Benehmen gegenüber der Schiffsleitung doch sehr zu wünschen übrig. »Du bist zwar einmal, das zu deiner Entschuldigung, als Seemann auf gammeligen Seelenverkäufern gefahren, doch ist das kein Freibrief für ungebührliches Benehmen auf einem Segelschulschiff.«

Jetzt kommt beinahe eine heitere Stimmung auf, denn nun schießen auch Hans-Georg und Klaus einige frozzelnde Bemerkungen auf mich ab. Doch die helle, durchdringende Stimme von Jürgen unterbricht die beiden, und er wendet sich nun an sie: »Bildet euch bloß nichts ein, bloß weil ihr schon Leichtmatrosen seid. Der Kapitän wird dafür sorgen, daß in Hamburg eine strenge Auswahl getroffen wird. Nur solche Männer werden an Bord bleiben, die auch die Voraussetzungen für einen späteren Kapitän erfüllen.«

Jürgen wendet sich um und baut sich nach einem Schritt nach vorn direkt vor Hans-Georg auf, der vorhin von seinem Platz zu uns in die Ecke gekommen war. Mir selbst wendet Jürgen den Rücken zu. Wie unter einem Zwang erhebt sich HaGe im Zeitlupentempo. Er ist nicht viel größer als Jürgen, doch um einige Nummern breiter. Für uns ist Jürgen hinter HaGes Rücken verschwunden. Seine helle Stimme beweist, wie gegenwärtig er ist. Fluchend packt er HaGe an der Schwimmweste und droht ihm mit der schlimmsten Beurteilung, wenn er ihn nicht sofort zum 1. Offizier durchließe, der ihm für heute abend was ganz Besonderes zu trinken angeboten habe.

Jetzt ist HaGe an der Reihe. Er langt zu und schüttelt Jürgen ruckartig wie einen nassen Sack hin und her: »Ich bin hier der Wachmann, und ich habe darüber zu bestimmen, wer zu dieser Zeit zum 1. Offizier darf und wer nicht. Und zu trinken gibt es schon gar nichts. Wenn du jetzt nicht machst, daß du dich verholst, dann wirst du augenblicklich erleben, wie so ein Scheiß-Leichtmatrose mit so einem Scheiß-Decksjungen umgehen kann.«

Im ersten Anlauf schockiert mich HaGe, doch meine ich dann aus seinen Worten herauszuhören, daß er nur versucht, das Spiel mitzuspielen, um Jürgen wieder zur Vernunft zu bringen.

Aus dem Stand heraus springt Jürgen HaGe an. Noch bevor mir eine Möglichkeit bleibt, ihn von hinten festzuhalten, hat er HaGe umgerissen. Beide stürzen zwischen die Bänke. Ich flanke hinüber, fasse Jürgen von hinten an der Schwimmweste und versuchte, ihn von HaGe weg- und zu mir hochzureißen. Es glückt mir nicht. Jürgen beginnt zu toben. Er schlägt wild mit Armen und Beinen um sich und versucht, sich aus unseren Griffen zu befreien. Jetzt greift auch Klaus ein.

Zu dritt mühen wir uns ab, ihn zu bändigen, doch hat Jürgen ungeheure Kraftreserven mobilisiert. Es ist ein lautloses Ringen, und nur das Keuchen unserer wunden Lungen und das wie irrsinnig hin und her taumelnde Boot zeugen von der Heftigkeit des Kampfes. Schließlich fühle ich meine Kräfte erlahmen. Mit einer letzten, mir übermenschlich vorkommenden Anstrengung reiße ich mich aus diesem Knäuel los. Dann packe ich HaGe und versuche, auch ihn aus diesem Wirrwarr zu lösen. Es gelingt mir jedoch erst, nachdem ich ihn durch meine Schreie auffordere, von Jürgen abzulassen. Kaum hat er sich von den beiden getrennt, da rappeln sich auch Jürgen und Klaus auf und lassen voneinander ab. So stehen wir vier uns schwer atmend gegenüber. Ich will etwas sagen, doch ringe ich krampfhaft nach Luft. Ich bekomme kein einziges Wort heraus. Und ich vibriere am ganzen Körper wie eine Festmachertrosse, kurz bevor sie unter dem Druck der Last bricht. Es wird mir heiß, dann wieder kalt und wieder heiß und wieder kalt. So wie mir, so ergeht es auch den anderen. Jürgen läßt sich auf den Platz fallen, der ihm vorhin bei der Sitzverteilung zugewiesen wurde, und da erst merke ich, daß Folkert, Karl-Heinz, Klaus und Peter bewegungslos und stumm – ja teilnahmslos – genau wie vorhin noch auf ihren Plätzen hocken, so als wäre nichts geschehen.

Ich plaziere mich neben Jürgen und deute mit einer Handbewegung an, daß sich HaGe auf meinen und Fips sich auf HaGes Platz setzen sollen.

Ruhe, eine Ruhe der körperlichen und seelischen Erschöpfung herrscht im Boot. Ich versuche mit einem Rundblick zum Himmel festzustellen, wie spät es wohl sein mag. Der nachtdunkle Himmel ist mit Wolken bedeckt. Da ist kein Anzeichen für eine ungefähre Zeit. Ich vermag nicht zu sagen, ob es jetzt 10.00 Uhr abends oder vielleicht sogar schon 04.00 Uhr morgens ist. Ich rücke näher an Jürgen heran und lege meinen Arm um ihn, um ihm von meiner Wärme abzugeben. Oder aber von ihm Wärme zu empfangen? Halt – richtig – ich kann damit ja gar nicht rechnen, da Jürgen eine Öljacke trägt. Sie hält seine Körperwärme wie eine Glocke fest, sie wirkt wie ein Panzer. Als mir dies bewußt wird, fühle ich es wieder: Ich friere. Ich friere sogar sehr. Glaubte ich vorhin noch, daß ich nur zittere, weil ich durch den Kampf so erschöpft war, so ist es jetzt unstrittig auf die Kälte zurückzuführen. Ich ertappe mich bei der Frage, warum ich es versäumt habe, dem toten Manfred die Öljacke auszuziehen. Er hatte doch keinen Nutzen mehr davon. Wenn wir Seeleute doch nur nicht so nachhaltig abergläubisch wären . . .

Scheißegal, Aberglaube hin, Aberglaube her, auf jeden Fall werde ich die von Jürgen ausziehen. Und mir anziehen. Wenn er stirbt.

Wie aus einer dämonisch-bösen Umwelt erwachend, erkenne ich, daß ich bei diesen wohl wissentlich ungewollten Überlegungen über das mögliche Ende meines Kameraden Jürgen in erster Linie an mich gedacht habe. Ein Kälteschauer, wie ich ihn bisher noch nie so stark empfunden habe, rüttelt mich durch und durch. Er bricht in meine Gedanken ein, er friert ihren makabren Lauf regelrecht ein. So fühle ich's.

Nach langer Zeit spüre ich wieder den kalten Wind, der mir – zerrend und bohrend zugleich – um die Schultern weht. Er geht mir durch und durch. Ich fühle seine eisige Hand bis zum Herzen hin. Ich kann mich kaum auf der Bank halten, so heftig schüttelt mich ein neuerlich überkommender Kälteschauer. Ich glaube, daß es wohl auch die Scham über mich und meine grausigen Vorstellungen ist, die mich nur noch mehr frieren läßt. Ich erinnere mich: Günther und Manfred trugen beide eine Öljacke, und sie sind als erste gestorben. Es ist also klar: Eine Öljacke allein bedeutet noch lange kein Überleben.

Wir müssen etwas tun.

Wir müssen uns wehren.

Wir müssen kämpfen.

Wir müssen an unsere Rettung glauben.

Ich rücke wieder näher zu Jürgen ran und presse meinen Arm noch fester um ihn. Sein ganzer Körper bebt. Deutlich höre ich Worte, die ich aber nicht verstehen kann. Er hat den Kopf tief auf die Brust gesenkt, und auf die Aufforderung, mich anzusehen und deutlicher zu sprechen, reagiert er nicht. Ich rede laut auf ihn ein, um ihn zu bewegen, so zu sprechen, daß wir ihn verstehen können. Er verändert weder seine Haltung, noch spricht er lauter. Ich bedränge ihn immer heftiger und versuche zu ignorieren, daß er nicht reagiert, sondern in der gleichen Art wie vorher, monoton und leise, vor sich hin murmelt. Gerade als die ersten Gedanken meine Worte überlagern und ich merke, daß ich nur noch wie ein Automat spreche, unterbricht eine das ganze Boot erfassende Erschütterung meine Gedanken und Worte. Ich habe mich noch gar nicht ganz umgewandt, als mich der Schrei: »Ein Schiff!« elektrisiert. Nach einer vielleicht nur Sekunden dauernden Stille bricht ein Sturm von Rufen, Fragen und Schreien los.

Es muß ein Sieben- bis Achttausendtonner sein, der sich da seinen Weg durch die Wasserwüste bahnt. Und modern ist er auch. Das zeigen die beleuchteten Bullaugen über Deck an. Auf den alten Untersätzen nämlich waren die Mannschaftsräume unter der Back oder unter der Poop.

Unsere Feststellungen und Mutmaßungen über Größe, Länge, Breite und Höhe des Schiffes sowie die Anzahl der Besatzung wirbeln wild durcheinander. Sie arten fast in einen Streit darüber aus, ob der Fremde mittschiffs Passagierkabinen fährt oder nicht. Eine Frage jedoch, die uns am meisten interessiert, wird nicht gestellt: Auf welchem Kurs liegt das Schiff?

Zwischen all unseren Fragen und lautstark verkündeten Beobachtungen versuchen wir – wahrscheinlich jeder für sich – festzustellen, ob sich das Schiff nähert oder ob es uns in weiter Entfernung passieren wird. Wir haben ja langsam Routine darin. Auch, was die Enttäuschungen angeht ...

Karl-Heinz ist es, der unsere insgeheime Hoffnung ausspricht: Er stellt fest, daß sich das Schiff nähert. Einwandfrei habe er beobachtet, daß zwischen dem ersten Sichten und jetzt eine Reihe Bullaugen mehr zu sehen ist.

Wie leicht ist es doch, in solcher Situation hoffende Menschen in einen Taumel des Glücks zu versetzen. Freudenrufe laufen von Mund zu Mund, und wie auf Kommando springen wir hoch und zum Teil auf die Bänke. Wir winken mit den Armen und schlagen uns in freudiger Erwartung auf die Schultern, gleichsam, als seien wir bereits an Bord dieses Schiffes in Sicherheit.

Hatten wir das Schiff zuerst über unser Heck hinweg erblickt, so sehen wir seine Silhouette jetzt querab. Wenn wir nicht unsere Richtung geändert haben – wie sollten wir das wohl mit unserem Wrack auch tun –, so scheint es also nicht auf uns zuzufahren, sondern uns schräg auflaufend zu passieren.

Die nächsten Augenblicke werden die Entscheidung bringen.

Ich gebiete Ruhe und meine, wir sollten jetzt aufhören zu schreien und zu winken und uns erst dann wieder bemerkbar machen, wenn das Schiff näher heran sei und wir dann auch echte Aussichten hätten, gesehen und gehört zu werden.

Gleichsam als haben alle einen ähnlichen Befehl erwartet, setzen sich die Gefährten auf ihre Plätze. Und erst jetzt merke ich, daß Jürgen der einzige ist, der sich an unserem Freudentaumel gar nicht beteiligt hat.

Ich setze mich neben ihn und frage, ob er es denn nicht gesehen hätte ..., das Schiff ..., das Schiff, das da auf uns zufährt und uns in absehbarer Zeit herausfischen wird ... Ich habe diese Worte noch gar nicht ganz ausgesprochen, da wird mir die Ungeheuerlichkeit des Sinnes dieser Worte bewußt. Ich habe etwas gesagt und versprochen, woran ich in diesem Augenblick bereits selbst nicht mehr glaube. Aber so ist das, wie oft suchen wir Menschen die Not der Gegenwart durch Spekulationen aufzuhellen. Dabei geht jede solcher Hoffnungen bereits mit einer Enttäuschung schwanger.

Nur wenn man sich darauf einstellt, wird man nicht enttäuscht, daß ein guter Freund morgen schon dein Feind sein kann, daß Liebe so leicht in Haß umschlägt, Glück sich in Unglück verwandelt, wie leicht Zutrauen dem Verrat die Tore öffnet. Der Wechsel allein ist das Beständige.

Jetzt, da ich die sichere Hoffnung auf eine Rettung durch dieses Schiff ausgesprochen habe, wird mir um so gräßlicher deutlich, daß auch dieser Frachter uns, ohne uns zu sehen und zu beachten, passieren wird, daß auch diese Hoffnung an der harten Wirklichkeit zerschellen wird.

Keiner wagt ein Wort. Die Stille der Betroffenheit um mich herum scheint meine Überlegungen nur zu bestätigen. Aber ich wage nicht aufzublicken, um mich zu vergewissern, wie weit sich das Schiff, das uns eben noch als gütiger, rettender Engel erschien, schon von uns entfernt hat.

Die verhaltene, unheimliche Ruhe der Kameraden läßt mich auch erkennen, daß alle in diesem Wechselbad zwischen Hoffnung und Enttäuschung offensichtlich nur so freudig reagiert haben, um sich wieder Mut zu machen. Denn eigentlich war es doch wohl allen von Anfang an klar, daß das Schiff viel zu weit weg war, um uns mitten in der Nacht zu erspähen, geschweige denn zu hören.

Wortlos erhebe ich mich und weise die Kameraden ein, die alte Sitzordnung wieder einzunehmen. Ich setze mich wieder in den Steven und bitte Klaus, auf Jürgen achtzugeben. Ich fühle mich zerschlagen und gerädert und habe das Bedürfnis, die Augen zu schließen und zu schlafen. Ich lehne mich nach hinten mit dem Rücken an die Bordwand und spüre nicht den harten Druck des Holzes. Meine Glieder sind bleischwer, und meine Gedanken fliegen augenblicklich hinaus in alle Richtungen. Sie spulen sich ab wie ein zu schnell gedrehter Film. Vielerlei Bilder erscheinen vor meinem inneren Auge und erstaunen mich ob ihrer Schärfe. In diesem Zustand hatte ich mich doch in den frühen Abendstunden dieses Tages schon einmal befunden? Und gleich nachdem die ersten Bilder spukhaft vor meinem Innern auftauchen, werde ich wieder hellwach. Ich fluche mit mir selber, denn auf keinen Fall darf ich mich gehenlassen. Jetzt, nach dieser erneuten, schweren Enttäuschung, kann das tödlich für einen von uns sein.

Die Kameraden erwarten von mir Aktivität und Optimismus – gerade in solchen Augenblicke haben sie, so meine ich, besonderen Anspruch darauf. Ihnen ist nicht damit gedient, wenn auch ich tatenlos und apathisch hier im Bootssteven hänge. Doch was soll ich jetzt – gerade in diesem Augenblick – tun oder veranlassen? Es ist vielleicht doch besser, wenn ich sie jetzt in Ruhe lasse? Mein Blick gleitet über die Schicksalsgenossen hinweg. Und es beruhigt mich, daß sich nichts verändert hat. Entspannt lehne ich mich zurück und schließe die Augen.

Ein Stoß erschütterte das Boot und reißt mich aus dem Schlaf.

Unmittelbar vor mir ist ein Schatten aufgewachsen. Eine Hand verkrallt sich schmerzhaft in meiner Schulter und stützt sich Sekundenbruchteile darauf ab, dann stößt sie mich mit einem kraftvollen Ruck nach hinten. Ein in höchstem Diskant schrilles, beinahe hysterisches, ja irres Gelächter ist in der Luft.

Der bizarre Schatten wandert nach außenbords aus und taucht lautlos in das silbern phosphoreszierende Seewasser ein.

Zwei, drei Kameraden sind gleich mir aufgesprungen und haben sich auf die Stelle gestürzt, wo der Schatten eben noch war. Mit einem dumpfen Brausen umfließen uns die Wassermassen des Ausläufers eines gebrochenen Wellenkammes, tauchen alles in ein smaragdgrünes und weißgeflammtes Licht, und die Wirbel zwingen uns, uns am Boot und am nächstsitzenden Kameraden festzuhalten.

Immer noch halten wir einander fest, sehen uns gegenseitig an und in die Runde: Jürgen Meine ist fort!

Klaus Driebold hält mir eine Schwimmweste entgegen: Seine Schwimmweste, die Schwimmweste von Jürgen.

Er hat sie also abgebunden, ohne daß es einer von uns bemerkt hat. Klaus richtet sich auf und schreit Jürgens Namen in die Nacht hinaus. Alle anderen fallen ein. Immer und immer wieder rufen und schreien wir: »Jürgen . . .«, »Jürgen . . .«, »Jürgen . . .!« Mal in diese, mal in jene Richtung. Eine Antwort erhalten wir nicht.

Eigentlich hätte ich viel lieber heulen mögen, doch versuche ich, mit meinen Rufen meine ganze Verzweiflung in die Nacht hinauszuschreien, um damit vielleicht den Druck, der auf meinem Herzen lastet, loszuwerden.

Ich habe doch gewußt, wie es um Jürgen stand. Warum habe ich nicht besser auf ihn achtgegeben? Ist es also meine Schuld, daß er nicht mehr unter uns weilt?

Aber was hätte ich eigentlich in dieser Situation tun sollen? Ja, was?

Der Platz neben Klaus Fredrichs ist leer. Ich bitte HaGe, daß er jetzt nach vorne kommen und sich der Stabilität wegen neben Klaus Driebold setzen müsse. Ich habe das letzte Wort noch nicht ganz ausgesprochen, da sinken den anderen Kameraden wie auf einen Befehl wieder die Köpfe auf die Brust. Das ist eine für sich sprechende Reaktion: Sie wollen nicht weiter gestört werden. Nur HaGe ist wortlos aufgestanden. Er klettert über die beiden Duchten, hockt sich neben Klaus Driebold, zieht diesen zu sich in die Mitte der Ruderbank und läßt ebenfalls den Kopf nach vorne sinken.

Auch er ist zum Umfallen erschöpft. Auch er will seine Ruhe haben. Auch er will schlafen, nichts als schlafen. Ich stehe immer noch aufrecht im Boot und betrachte jedes der einzelnen Paare. Ich weiß nicht, was ich suche, aber egal was ich auch suche, ich werde zur Zeit keine Antwort auf irgendeine Frage erhalten. In mir ist wieder jene entsetzliche Leere, die mich innerlich mit unsichtbarer Hand niederdrückt.

Ich sehe in die Runde: Doch nur die hellen, verhalten brausenden Wellenkämme, die unser Boot geschmeidig umspülen und es auch hin und wieder überfluten, die glitzernden und im Wasser auf und ab springenden, phosphoreszierenden Kleinstlebewesen, die geschäftig zwischen uns hin und her eilen, sind die einzigen sich bewegenden Nachbarn in meiner Einsamkeit. Mein größter Wunsch ist es jetzt, ebenso wie die Kameraden schlafen zu können, doch der Wind läßt mich jedesmal, wenn unser Boot etwas weiter aus dem Wasser herauskommt, erschauern. Meine Zähne schlagen klappernd laut aufeinander, so daß ich mich wundere, daß es die Gefährten der Not nicht weckt. Wenn nur dieser verfluchte Wind nicht wäre, der da weht, weht und weht. Ohne Mitleid, ohne Erbarmen.

Da kommt mir ein Gedanke, wie ich mich etwas beschäftigen und mich dabei auch vor dem eisigen Wind schützen könne. Ich stehe auf und mache mit weichen Knien die Bewegungen des Bootes mit. Wird es durch eine See hochgetragen und kommt dabei aus dem Wasser heraus, gehe ich in die Knie, sinkt es mit der See wieder ab, stehe ich auf. So bin ich immer bis zum Hals im Wasser. Und da ich dadurch nicht mehr dem Wind ausgesetzt bin, kommt es mir bedeutend wärmer vor. Doch lange mache ich dieses Spiel nicht mit, denn meine Knie werden butterweich, und die Anstrengung wird so groß, daß ich am ganzen Körper zittere. Ich weiß jetzt wirklich nicht mehr, ob es die Kälte oder die Erschöpfung ist, die mich so reagieren läßt. So gebe ich auf. Ich setze mich wieder und beschäftige mich mit der Zeit. Wenn sie doch nur etwas schneller laufen wollte. Ich beginne zu zählen, um festzustellen, wie lang eigentlich eine Minute ist: Ich schaffe es nicht, nicht einmal bis zur Zahl 40.

Am liebsten würde ich es aufgeben, überhaupt noch zu denken.

Mein Blick wandert nach oben. Ich sehe aus den Wolkenlücken Sterne glitzern. Welche zu welchem Sternbild gehören, kann ich nicht ausmachen. Dafür sind sie nur zu vereinzelt zu sehen. Sie verschwinden in ziehenden Wolken, wieder andere werden an ihrer Statt sichtbar. Wie winzig sind die Menschen doch, wie unwichtig in diesem unendlichen All, in dem unsere Sonne, wenn man den Wissenschaftlern glauben darf, nicht größer als ein Weizenkorn sein soll. Meine Gedanken schweifen in die Heimat ab. Dort oben ... die Sterne ... sie müssen doch die gleichen sein, die man auch bei uns zu Hause sieht. Und wenn sie wissen – oder hoffen –, daß wir noch im Atlantik schwimmen, stehen sie gewißlich vor der Tür, schauen gen Himmel und beten für uns. Davon bin ich wirklich überzeugt, denn wie oft haben wir, als unser Vater im letzten Krieg draußen an der Front stand, zusammen mit Mutter und Bruder vor der Haustür gestanden und beim Betrachten der Sterne unseres Vaters gedacht. So hatten wir es damals mit Vater ausgemacht, als er in die Steppen Rußlands mußte, und so hatten wir es gehalten. Wie oft haben wir später über diese Stunden gesprochen. Jawohl, sie werden nicht schlafen, sondern nach den Sternen schauen und dabei an mich denken. Und sie werden nicht nur an mich denken, sie werden auch auf mich warten.

Sollen sie es umsonst tun?

Nein – und abermals nein. Noch lebe ich, und noch habe ich ein – wenn auch zerschmettertes – Boot unter den Füßen, und solange das noch schwimmt, will auch ich aushalten. Und lange kann es eigentlich doch nicht mehr dauern, bis der Tag anbricht, und dann – ja, dann ist die Hoffnung dreimal oder vielleicht sogar hundertmal größer als gestern oder vorgestern. Nach dem Himmel zu urteilen, wird es morgen gutes Wetter geben, und das wiederum bedeutet, daß wir bessere Sichtverhältnisse haben. Dann wird es wirklich nur noch eine Frage von wenigen Stunden sein, bis man uns endlich findet.

Wir haben Schiffe gesehen, und wir haben sogar Flugzeuge gehört ...

Morgen werden es bestimmt doppelt so viele sein, die nach uns suchen. Die Chancen, gefunden zu werden, haben sich wirklich nicht nur verdoppelt, sie haben sich vervielfacht.

Was uns in dieser Situation fehlt, ist Glück, einfach Glück, das neben der Klugheit und der Stärke eines der drei großen Mächte ist. Diese Macht des Glücks drückt so unübertrefflich ein Sprichwort aus, das mir in Bilbao ein Fischer sagte, als wir über die Gefahren der Seefahrt sprachen, und das heißt: »Gib deinem Sohne Glück und wirf ihn ins Meer.« Unausgesprochen blieb, was er damit meinte: Nur wenn er Glück hat, wird er überleben ... Und Glück wird er nur haben, wenn er stark ist ...

Hatte ich eben noch gefroren, so ist mir jetzt wohlig warm.

Die Welt ist fast ganz in Ordnung.

Eine Bewegung, die durch das Boot wandert, schreckt mich auf. Ich öffne die Augen und sehe, daß sich einer der Kameraden erhoben hat und langsam über die mittlere Ruderbank steigt: Es ist Peter Frederich.

Im ersten Augenblick bin ich entsetzt, und die wildesten Befürchtungen jagen durch meinen Kopf. Doch es ist nichts. Peter setzt sich neben mich und beginnt mit mir zu reden. Über belanglose Dinge. Er erzählt von der Schule und den Schwierigkeiten, die er mit einem Lehrer gehabt habe, die nur dadurch zustande kamen, daß ein anderer Kamerad ihn unschuldigerweise in die Pfanne gehauen hatte. Es machte ihn im nachhinein etwas traurig, daß er nie die Gelegenheit gehabt hatte, sich zu rehabilitieren, und er nimmt sich vor, solches beim nächsten Besuch in der Heimat nachzuholen. Dann erzählt er von dem Ausflug mit einigen Kameraden, bei dem sie verbotenerweise an einer Stelle des Ratzeburger Sees gebadet hatten, an dem Baden strengstens verboten war. Sie wurden überrascht, aber nicht erwischt oder auch nur erkannt. »War das eine Spannung, als man nach uns fahndete und uns trotzdem nicht entlarven konnte.«

Ja, und damit haben wir ein gemeinsames Thema: Habe ich doch selbst fast ein Jahr in Ratzeburg gearbeitet. Dadurch, daß ich die Stadt und die nähere Umgebung kenne, daß ich auf Einzelheiten eingehen kann, sporne ich ihn nur noch mehr an, von sich und seinem Zuhause zu berichten.

Eigentlich verwunderlich, daß es gerade Peter ist, der jetzt zu diesem Zeitpunkt so gesprächig ist. Während der ganzen Zeit, die wir bis jetzt im Boot verbracht haben, war er einer der Ruhigsten, und ich kann mich nicht erinnern, daß er auch nur einmal etwas gesagt hat. Auch an Bord der *Pamir* fiel er durch sein stets stilles, zurückhaltendes Wesen auf. Obwohl einem Großteil seiner Altersgenossen und auch vielen älteren Kameraden körperlich weit überlegen, nutzte er das nie aus. Er war eigentlich das, was man unter einem guten Kameraden versteht: offen und ehrlich, immer freundlich und immer hilfsbereit, ruhig und zuverlässig und anständig, und, wenn es sein mußte, einer, der mitmachte und hart anpacken konnte.

Und so kommt es, daß wir beide bei einer seiner nächsten Stories hell auflachen. Sein Lachen aber geht mir durch und durch. Es klingt fremd; es ist ohne Widerhall seines Wesens. Und wie bei einem elektrischen Schlag heben alle Kameraden mit unverhohlenem Mißtrauen die Köpfe und sehen zu uns hinüber. Ich reiße Peter herum und mustere sein Gesicht, aus dem dieses fremde Lachen kam. Das hätte ich nicht tun dürfen. Ehe ich weiß, was überhaupt los ist, trifft mich ein wuchtiger Schlag. Ich verliere die Balance, kippe hintenüber und spüre noch den schrecklichen Schmerz in der Schulter, als ich auf die Ruderbank falle.

Wie durch einen Schleier sehe ich, daß HaGe und Klaus aufgesprungen sind und Peter rechts und links festhalten. Sie haben viel Mühe mit ihm, denn das Boot schwankt und torkelt gefährlich hin und her und auf und nieder. Ich höre sie keuchen und fluchen. Wieder erfaßt mich eine tiefe Leere. Ich komme mir einsam und wie ausgebrannt vor. Mein Verantwortungsbewußtsein den Kameraden gegenüber, das ich mir aufgebaut habe, mein ganzer Wille, mit ihrer Hilfe aus diesem Schlamassel wieder herauszukommen, mein Glaube an sie und auch der an mein eigenes Ich, all dies ist plötzlich wie fortgeblasen. Ich komme mir jämmerlich und klein vor. Ich habe das Gefühl, daß der Boden unter mir weicht und mich als Kehrricht in einen Abfallhaufen stürzen läßt. Wo ist denn jetzt mein kühler, eiserner Wille geblieben, meine Fähigkeit, die Kameraden zusammenzuhalten? Wo ist mein unerschütterliches Selbstvertrauen? Hat dies der Schlag von Peter, von dem ich eine so hohe, so gute Meinung hatte, zertrümmert, wie eine Faust ein Gefäß aus zerbrechlichem Glas? Was habe ich falsch gemacht, daß er mich schlug? Die Kameraden vertrauten mir, und sie bauten auf mich. Diese Tatsache ist es doch gewesen, die mich fortwährend aus meinen eigenen Zweifeln und Schwächen herausriß. Nur zu deutlich wird mir bewußt, daß ich ohne diese mir selbst gestellten Aufgaben wohl nie die Kraft zum Durchhalten, zum Dennoch aufgebracht hätte.

Bin ich jetzt nicht auf dem besten Weg, mich selbst – und damit meine Kameraden – aufzugeben?

HaGe und Klaus unterbrechen meine Unentschlossenheit. Sie beugen sich zu mir herunter, lüften mich hoch und sagen etwas, was ich nicht verstehe. Eine neuerliche Schwäche überkommt mich. Ich merke, wie ich kraftlos wieder zurücksinke, doch spüre ich ebenso deutlich, wie mich die beiden sofort wieder auf die Beine stellen. War ich gerade noch guten Willens, etwas zu unternehmen, so habe ich plötzlich das Bedürfnis, nichts mehr hören und nichts mehr sehen zu wollen, sondern einfach die Augen zu schließen und zu schlafen. Die Stimme von HaGe, der mich fragt, ob ich verletzt bin, macht mich wieder wach. Es sind bestimmt nicht die Worte, die mich so schnell in die Wirklichkeit zurückrufen, sondern wohl mehr deren Ton. Dieser Ton kommt mir bekannt vor. Ich habe ihn schon einmal gehört. In der vorigen Nacht.

Am liebsten würde ich jetzt sagen, daß ich verletzt bin und daß ich mich nicht mehr in der Lage fühle, hier an Bord weiterhin die Führerrolle zu übernehmen. Es gibt nur einen Weg, hier herauszukommen. Und der heißt: Kameradschaft.

Keiner darf merken, wie jämmerlich ich mir selbst vorkomme und wie erbärmlich elend mir im Grunde auch zumute ist.

So richte ich mich denn vollends auf, schiebe und drücke ihre Hände energisch von mir ab, nicke aufmunternd und presse ein »Schon gut« zwischen den Zähnen hervor. Erwartungsvoll sehen mich alle an: »Na, was liegt jetzt an?«

Ich muß mich erst einmal in aller Ruhe umschauen, um mich wieder in die Lage hineinzufinden. Alle Blicke sind auf Peter gerichtet. Er indessen sieht nur einen an: mich! Mir schaudert, und mit jeder Sekunde, die wir einander mustern, kriecht Kälte durch meinen Körper.

Ich kenne diesen Blick.

Aber ich will es einfach nicht wahrhaben, daß sich schon wieder einer aufgegeben hat. Und schon gar nicht kann ich und will ich begreifen, daß es Peter ist, der der nächste sein soll. Ich beuge mich zu ihm herüber und drücke ihn auf die Ruderbank. Ich knie mich vor ihn hin, lege meine beiden Ellbogen auf seine Knie und fange an, mich mit ihm zu unterhalten. Genau wie vorhin. Nur mit dem Unterschied: Diesmal rede ich!

Ich führe ihn hinauf zum Ratzeburger Dom, esse im Domcafé ein Stück Kuchen mit ihm, wir schauen gemeinsam über den blanken See und bummeln durch den heimatlichen Wald.

Hans-Georg hat sich neben uns gekniet. Er drückt ihm sogar ein Mädchen in den Arm, ein vollblutiges Weibsstück mit brandroten Haaren. Er geht mit ihm und ihr zum Tanzen und malt ihm die herrlichsten Urlaubsfreuden aus. Wir versuchen ihm klarzumachen, daß sich ein Durchhalten lohnt.

Sonderbar, denke ich bei mir, vom Bumsen redet keiner von uns. Dabei soll doch, wenn man den Meinungen der Leute an Land und gewisser geschäftstüchtiger Autoren über die Seefahrt und die Marine glauben darf, der Geschlechtsverkehr das Thema sein, das auch den müdesten Seemann wieder munter macht.

Zugegeben, wir sind kein Verein christlicher junger Männer. Wir sind aus Fleisch und Blut und voller Lebenskraft und -saft, aber was die Beziehung zum anderen Geschlecht angeht, haben wir uns – und das weiß ich aus Gesprächen mit all den anderen Kameraden an Bord der *Pamir* – ethische und moralische Anschauungen bewahrt, auch sonst, was Pflichtbewußtsein und Anstand und Sauberkeit angeht. Vielleicht ist es die See, die wie ein großer Filter wirkt.

Wie dem auch sei, wir haben jetzt andere Sorgen und andere Nöte auf unserer »schwimmenden Insel Angst«.

Wir machen eine furchtbare Entdeckung: Wir unterhalten uns ja gar nicht. Wir reden und erzählen, aber einen Zuhörer haben wir nicht. HaGe und ich, wir sehen uns stumm in die

Augen. Wenn mein Blick genauso verzweifelt ist wie seiner, so wissen wir beide, was der andere denkt. Der Tod, seit Tagen unser steter und unsichtbarer Begleiter, greift wieder nach einem von uns. Keine Illusion kann uns darüber hinwegtäuschen, daß es so ist.

Vielleicht wird ihm – und auch uns – der wärmende Tag und die morgen bestimmt scheinende Sonne neuen Lebensmut und neue Kraft geben. Über eines bin ich mir klar: Mit Worten ist Peter nicht mehr zu helfen.

Es kann doch gar nicht mehr so lange dauern, bis es hell wird. Aber was soll, was kann ich inzwischen noch tun?

Kann ich hoffen, von den Kameraden eine Antwort oder einen Rat zu bekommen? Ich schaue mich um: Die Kameraden hocken in der gleichen Stellung wie vorher auf ihren Bänken. Jeweils zwei eng aneinandergedrängt und sich gegenseitig stützend. Sie scheinen zu schlafen. Die Erschöpfung ist größer als die Angst. Ich zerschlage meine aufkommenden Gedanken an eine gewaltsam erzwungene Beschäftigung. Diese Jungen brauchen unbedingt Ruhe, um wieder frische Kräfte zu sammeln oder die wenigen noch vorhandenen Reserven zumindest zu sparen. Diese Ruhe wird auch Peter helfen. Ich will es einfach nicht wahrhaben, daß er – der scheinbar Kräftigste unter uns – der nächste ist, der von uns geht.

Und überhaupt, so schleicht es sich bei mir hintergründig ein, was nützt schon meine Hilfe?! Ist es nicht höhere Gewalt, wenn er stirbt? Warum also vergeude ich meine Kräfte? Ich sollte lieber an mich selber denken. Wenn seine Uhr abgelaufen ist, kann ihm nichts und niemand mehr auf dieser Welt helfen. Als mir die nackte Ungeheuerlichkeit dieser morbiden Gedanken bewußt wird, fühle ich Leerlauf in meinem Gehirn. Ich stolpere über das, was ich da gedacht habe, aber ich strenge mich vergebens an, diese absurden Gedanken zu verarbeiten oder einzuordnen.

Dennoch spreizen sich diese gedanklichen Sätze wie fett aufgemalte Wortgefüge auf einem Spruchband vor meinen Augen. Sie entsetzen mich so, daß ich es einfach nicht fassen kann, daß dies meine eigenen Gedanken sein sollen.

Langsam kehre ich in die Wirklichkeit zurück. Was nützt

es, wenn ich mich jetzt vor mir selbst schäme? Ich fühle mich vor mir selbst gedemütigt. Bin ich, wenn ich mich so im Spiegel sehe, nicht ein erbärmlicher Schweinehund, der es gar nicht verdient, aus diesem verteufelten Schlamassel herauszukommen?

Aber wer von den anderen weiß schon, was ich wirklich in meinem tiefsten Innern denke? Ist nicht viel entscheidender, was ich tue? Es sind doch die Taten, über die man redet, und nicht die stillen, unausgesprochenen Gedanken. Aber es sind die Gedanken, die einen Menschen zu Taten erst befähigen. Das ist das Karussell, in dem auch ich mich drehe. Dennoch, so rüttele ich an mir, wenn auch meine Gedanken von krassestem Egoismus überfahren zu werden drohen, so sollten sich wenigstens meine Taten davon distanzieren. So viel Kraft spüre ich noch in mir.

Wieder geht eine ungewohnte Bewegung durch das Boot, denn Peter hat sich aufgerichtet. Groß und bedrohend.

Hans-Georg, Klaus und ich bilden sofort einen Halbkreis um ihn. Keiner sagt ein Wort. Langsam hebt Peter beide Hände. Die eine legt er – behutsam fast – auf die linke Schulter von Klaus und die andere auf meine rechte Schulter. Sein jetzt ruhiger, beinahe verträumt und weltfern erscheinender Blick wandert langsam von einem zum anderen. Warum reagiere ich nicht? Diese Augen sagen doch alles!

Mit einem energischen Ruck, so, als habe er einen Entschluß gefaßt, wirft er den Kopf in den Nacken und sieht in den nächtlichen Himmel.

Solches geschah so unvermittelt, daß wir erschreckt zusammenfahren. Es passiert aber nichts. Peter senkt wieder den Kopf und sieht uns wieder der Reihe nach an. Ohne eine Spur von Angst, aber »wie einer, der sich von Freunden für eine lange Reise verabschiedet«, wallt es siedendheiß in mir auf. Aber ich reagiere noch immer nicht. Es kann nicht sein, was nicht sein darf, denn er ist stark, und niemand von uns hat ihn je kleinmütig oder mutlos gesehen.

Schließlich sagt er mit lauter und heller und allen verständlichen Stimme: »Dieses Mal werde ich es schaffen!«

Keiner kommt mehr dazu, zu fragen, was er damit meint!

Auch ich nicht, der nun mit unbarmherziger Gewißheit weiß – oder ahnt – wohin seine Gedanken, seine Absichten zielen ... was und wen er schaffen will ...

Ich kann dieses Erkennen, das sich in mir in Bruchteilen von Sekunden abspult, nicht zu Ende denken ... Klaus und ich werden urplötzlich und unvorbereitet mit roher Gewalt zusammengerissen. Wir prallen gegen Hans-Georg, der in unserer Mitte steht, und werden im nächsten Augenblick nach Backbord über Bord in die See geschleudert. Uns gegenseitig behindernd, greifen wir nach dem Dollbord, und da sind auch schon die Hände der aufgeschreckten, hellwach gewordenen Kameraden, die uns wieder ins Boot zurückhelfen.

Diesmal ist es Klaus, der eine leere Schwimmweste aus dem Wasser zieht und sie hochhält. Einer sagt, was wir nun ohnehin wissen:

»Peter!«

Dieselbe Stimme, die den Namen soeben noch ruhig und gefaßt genannt hatte, schreit ihn jetzt noch einmal in die Nacht hinaus.

Hell, schrill, sich überschlagend. Alle Augen, aus denen das Weiße wie nackte flammende Angst flackert, starren den Rufer an, der auf die Ruderbank gesprungen ist. Breitbeinig stehend und sich an zwei anderen Kameraden festhaltend, sucht er, Oberkörper und Kopf weit vornübergebeugt, in der Finsternis nach dem verschwundenen Kameraden.

Ein weiterer Schrei weckt alle anderen aus dem Stadium der Erschöpfung. Sich gegenseitig festhaltend, springen auch sie auf. Sie helfen einander auf die Ruderbänke, so daß die Oberkörper bis zur Gürtellinie aus dem Wasser herausragen.

Erst durcheinander, dann im Chor aus allen Kehlen, aber wie aus einem Mund hallt der Name von Peter über die dünende See in die atlantische Nacht.

Der Anblick der verzweifelt erregten Kameraden fesselt mich an meinen Platz. Es ist mir, als würde ich diese Szene wie einen Gruselfilm vor mir ablaufen sehen. Die Fragen, die noch kurz vorher durch meinen Kopf gegeistert sind, werden durch neue Gedanken abgelöst. Immer wieder drängen sich Worte einer erbitterten Anklage in mein Inneres. Und dann ist es mir, als kommen die Beschuldigungen aus dem Munde der Kameraden, die vor mir breitbeinig auf den Ruderbänken stehen und in die Runde starren.

Was ist das?

Ist da nicht eine Antwort im weiten Raum der uns umgebenden See und des nachtdunklen Himmels?

Da ist es wieder . . .

Ein Ton! Ein Ton, nichts als ein Ton! Kein Wort oder nichts, was man definieren kann, wie etwa einen Trompetenstoß, einen Trommelschlag oder den Schrei eines Menschen, der in Not ist. Es ist einfach nur ein Ton!

Wie auf ein Kommando – oder habe ich es gegeben? – schreien wir den Namen Peter erneut in die Nacht.

Und wieder kommt die Antwort: der Ton! Dieser undefinierbare Ton . . .

Keiner von uns ist doch einfältig genug, etwa an Geisterunfug zu glauben. Aber wenn das keine Spökenkiekerei ist, wie man sie gern den Quitjen in heimeligen Hafenkneipen zum besten gibt, was ist es dann?

Zwei Körper klatschen ins Wasser und schwimmen vom Boot weg. Dem Ton entgegen, von dem keiner sagen kann, aus welcher Richtung genau der kommt.

Ohne zu überlegen, schmeiße ich mich außenbords und hinterher, zerre den zunächst schwimmenden Kameraden an der Kleidung zurück und schreie wie verzweifelt und in immer wiederkehrender Folge, so laut ich nur kann:

»Halt . . .«

»Zurück . . .«

»Hierbleiben . . .«

Inzwischen ist ein Vierter über Bord gesprungen. Er hat den anderen Kameraden gepackt.

Schließlich schaffen wir es. Mit viel Geschrei und einem irren Kraftaufwand haben wir unser Boot wieder erreicht. Wir helfen uns gegenseitig hinein.

»Was war eigentlich los? Was eigentlich ist passiert?«

»Hast du den Ton denn nicht gehört?«

»Das war doch Peter!«

»Wir mußten ihm helfen!«

»Ich mußte ihn holen!«

»Wollt ihr da draußen denn auch verrecken!?«

»Aber wir mußten doch versuchen, ihn zu retten. Wir können ihn doch nicht einfach so ersaufen lassen . . .«

»Wenn wir in der gleichen Verfassung sind, wie Peter es vorhin war, werden wir genauso wie er ertrinken.

Wir können einander nur dann helfen, wenn wir hier in unserem Boot zusammenbleiben! Da draußen, außerhalb vom Boot, haben wir keine Chance.«

Alle hocken wieder auf ihren Plätzen in sich zusammengefaltet, wohl um die zehrende Angst zu verbergen.

Sie vermeiden es, mich anzusehen!?

Jeder scheint in sich hineinzuhorchen. Jeder denkt wohl das gleiche: Wer von uns wird der nächste sein?

Ich bin der einzige, der noch steht.

Ich fühle mich wie ein Angeklagter, aber wie einer, der sich nicht verteidigen kann, weil man ihm moralisch und ethisch kein Verständnis entgegenbringt oder es ihm nicht entgegenbringen will.

Es ist über mein Eingreifen nicht lange debattiert worden. Ist das nicht schlimmer als eine auch noch so harte Anklage?

Hatte ich falsch gehandelt? Wenn ich sie zum Suchen nach Peter hätte hinausschwimmen lassen, hätten sie dann noch die Kraft gehabt, das Boot wieder zu erreichen? Oder hätten sie es überhaupt in der Dunkelheit wiederfinden können, wenn sie weiter als fünf oder zehn Meter entfernt gewesen wären?

Ich weiß es nicht, und ich will es auch nicht wissen. Nur eines ist mir klar: Ich will heim, ich will mein Zuhause wiedersehen. Und das wiederum kann ich nur dann erreichen, wenn ich nicht allein bin.

Je weniger wir reden, hämmere ich mir ein, je geringer wird die Chance, hier herauszukommen. Ich muß um jedes einzelne Leben kämpfen, das eigene eingeschlossen. Kämpfen, um so lange wie möglich eine Chance zu haben, gerettet zu werden.

Jawohl, ich will um das Leben meiner Kameraden kämpfen: Meines eigenen Lebens wegen!

Läßt mich diese nüchterne Erkenntnis von krassem Egoismus schlechter als die anderen sein? Ich rede mir ein: »Nein!«

Nein, nein und abermals nein.

Die Kameraden sitzen still und mit gesenkten Köpfen auf ihren Plätzen und gleichen automatisch mit ihren Körperbewegungen die rhythmischen Bewegungen zwischen Wasser und Boot aus. Dieser Anblick löst meine Spannung, und eine tönerne, zerbrechliche Ruhe kommt über mich. Und ich meine, daß dieses Nein mich wie eine heilsame Einsicht überkommt. Es wäre töricht genug, in meiner Lage dagegen anzugehen.

Es ist aber sicher vernünftig, wenn auch ich mich jetzt entspanne.

Was wird noch an Strapazen auf uns zukommen?

Der nächste Tag, der dritte seit dem Ende der *Pamir*, kann doch nur angenehmer werden, denn:

Die See ist noch ruhiger geworden. Die unruhig ziehenden Wolken haben sich fast aufgelöst. Morgen wird gewißlich die Sonne scheinen.

Das wird die Aussichten verstärken, daß man uns besser – und vor allem weiter – sehen und erkennen kann.

Ich klemme mich mit dem Rücken in den Vorsteven und setze meine Füße so auf die vordere Ruderbank, daß ich – ähnlich wie bei schlechtem Wetter an Bord – in dieser etwas verklemmten Haltung die Möglichkeit finde, wenigstens ein Auge voll Schlaf zu nehmen. Es ist dies während der ganzen Zeit das erste Mal, daß ich mich bewußt darauf vorbereite, einmal richtig auszupennen.

Leider bleibt es nur bei dem Vorhaben. Die Strudel einer sich brechenden Welle umspülen den Steven unseres Bootes derartig stark, daß ich vom Seewasser überschüttet werde und durch meine Unaufmerksamkeit einen handbreiten Schluck in Mund und Nase bekomme. Ich war, das war die Ursache, zu tief nach unten gerutscht, so daß mein Kopf nur eben über die Wasseroberfläche hinausragte und nicht so wie bei den Kameraden durch den Halt am Nachbarn stabilisiert war.

Während ich noch überlege, wie ich mich besser hinsetzen

könnte, um von der See nicht wieder so unliebsam überrascht zu werden, sehe ich es:

Es wird Tag. Mit tropischem Pomp und königlich purpurfarbener Pracht steigt die Sonne aus ihrem atlantischen Bett.

Wie oft hatte ich an Bord der *Pamir* an der Reling gestanden, wie oft dieses Schauspiel urewiger Natur bewundert?

Schon habe ich den Mund aufgerissen, um die Kameraden zu wecken, da zieht mich Unsichtbares wieder zurück auf die Bank und läßt mich still verharren.

Dieser heutige Sonnenaufgang wird in seinen belebenden Farben ein besonderes Ereignis für mich sein. Noch nie habe ich den Lebensstern mit so viel innerer und intensiver Aufgeschlossenheit der Natur gegenüber erwartet – und werde ihn hoffentlich auch nie wieder in gleicher Intensität erwarten müssen. Diese Augenblicke des Werdens eines neuen Tages will ich für mich ganz allein haben. Dies soll mir niemand nehmen. Sie sollen mir so viel Kraft geben, daß ich auch noch diesen Tag – egal, wie er auch immer verlaufen mag – erleben und überleben werden.

Ich, ich, ich, immer nur ich.

Die letzten Gedanken treffen mich hart! Welches Recht habe ich, den Kameraden dieses faszinierende Schauspiel vorzuenthalten? Brauchen sie die naturhafte Symbolik für ein neues Leben nicht viel mehr als ich, um Zuversicht, um neue Hoffnung aufzutanken?

Ich muß sie wecken, damit auch sie über das Kommen des neuen Tages neue Kraft schöpfen, bis wir von all der Mühsal und all den Strapazen der hinter uns liegenden Stunden befreit und gerettet werden.

Ich dränge meine vorhin gefaßten egozentrischen Gedanken weit zurück, wecke Klaus und Hans-Georg, Karl-Heinz und Folkert und schließlich auch noch Klaus Driebold.

Ihre Blicke folgen der Hand meines ausgestreckten Armes: in Richtung Osten.

Erst springt einer, dann der zweite, und schließlich springen alle auf, taumeln, noch halb schlaftrunken, vor Erschöpfung aufeinander zu. Sie fallen sich in die Arme. Wir jubeln dem neuen Tag entgegen. Doch dauert diese aufbrandende

Freude nur wenige Augenblicke. Die uns umgebende Realität so absoluter Verlassenheit inmitten von einem großen Meer ist stärker. Erst setzt sich einer wieder auf seinen Platz, und einige Sekunden später hocken auch die anderen in der gleichen Sitzordnung wie vorher wieder unbeweglich auf ihren Bänken und scheinen bereits wieder in tiefen Schlaf gesunken zu sein.

Wilde Gedanken jagen durch meinen Kopf, und die grausigsten Spekulationen über die Folgen dieses apathischen Verhaltens durchkreuzen meine Überlegungen.

Ich kauere mich in meinen Platz vorn im Steven, ziehe die Knie so weit wie möglich an meinen Oberkörper, umschlinge sie mit den Armen und verfluche mich und meine unbarmherzige Prophetie.

So dämmere ich vor mich hin, und erst ein ungewöhnliches Geräusch läßt mich aufschrecken. Als ich die Augen öffne, sehe ich wie durch einen wäßrigen Schleier. Es sind Tränen, die hemmungslos aus meinen Augen hervorbrechen, und das Geräusch, das mich geweckt hatte, war mein eigenes lautes Schluchzen.

Mit aller Kraft versuche ich, dagegen anzugehen, doch es wird nur schlimmer. Bei all dem höre ich nicht auf, mich selbst einen Narren zu schelten und mir Vorwürfe zu machen.

Ich verfluche meine Kameraden, mich selbst, das Schiff, das Meer und die *Pamir*, die unser Schicksal bestimmte.

Als ich den Kopf senke und mir mit dem Handrücken über die Augen fahre, erkenne ich fünf aufgerissene Augenpaare. In den fiebrigen Blicken der Kameraden sind Erstaunen und Entsetzen vermischt, und die gespannte Körperhaltung verrät, daß die Gefährten jeden Augenblick bereit sind, aufzuspringen, um mich zu bändigen, falls ich ganz durchdrehen sollte.

Mir wird klar, ganz deutlich klar: Ich bin der nächste!

Wie jetzt bei mir – oder zumindest sehr ähnlich – hatte es bei den anderen auch begonnen. Alle meine und der anderen Kameraden Bemühungen, das drohende Ende abzuwenden, waren jedesmal fehlgeschlagen. Wir konnten sie nicht retten, sondern deren nun vorbestimmtes Los nur verzögern.

Wie aber soll es mit mir weitergehen?
Können mir die anderen helfen?
Kann ich mir selbst noch helfen?
Ist es dann nicht besser, dieser Not, diesem Zusammenbruch ein schnelles Ende zu bereiten?

In den Augen der Kameraden ist auf einmal kein Erstaunen mehr: Aus ihnen spricht nur noch das nackte Entsetzen. Diese Augen sind flammende Furcht.

Hans-Georg ist aufgestanden. Will er mir die Hand geben? Oder will er nach mir greifen? Oder mich in Erwartung unkontrollierter Tätlichkeiten gar abwehren? In seinen Augen meine ich jetzt den Ausdruck zu sehen, den die Augen eines Kindes haben, wenn es um etwas bittet. Sein Mund ist schon halb geöffnet, und es sieht so aus, als wage er es nicht, seine Bitte vorzutragen.

Schon hebe ich die Hand, um die mir entgegengestreckte Rechte von Hans-Georg zu ergreifen und um ihn – und damit die Kameraden – laut um Entschuldigung zu bitten, da überkommt es mich, daß eine solche Geste in diesem Augenblick gar nicht angebracht erscheint.

Genauso heftig, wie vorher meine Schwäche und Mutlosigkeit aus mir herausgebrochen waren, so heftig reagiere ich, jetzt wieder als der Boß der noch Überlebenden. Ich schreie Hans-Georg an, daß er sich endlich hinsetzen und mich nicht so blöde anstarren möge. Dann richte ich meine Wort an alle und frage sie, noch immer laut, aber schon etwas gedämpfter im Ton, was schon dabei sei, wenn man seinem Herzen Luft mache, statt an diesem unverdauten Zeugs zu ersticken.

»Falls ihr gedacht habt, daß es jetzt auch mich gepackt hat, Freunde, so habt ihr euch getäuscht.
Ich werde nicht durchdrehen.
Ich werde nie durchdrehen, hört ihr!?
Ich will nach Hause.
Und ich werde nach Hause kommen! Genauso wie ihr! Denn nur, wenn ihr wollt, daß ihr nach Hause kommt, dann kommt ihr auch nach Hause.

Wenn man sich indessen so gehen und hängen läßt, wie

ihr es tut, dann werdet ihr so schnell weg vom Fenster sein, daß ihr es nicht einmal bemerkt.

Und noch etwas: Heute – ja heute – ist der Tag, an dem sie uns herausholen werden . . .

Das mag nur noch Zufall sein. Aber ist Zufall nicht auch Glück, Glück, das wir brauchen?

Was wollen wir noch mehr: Die See ist ruhiger geworden. Wir können etliche hundert Meter weit blicken. Der Dunstschleier über dem Wasser hat sich fast aufgelöst, und garantiert wird auch heute die Sonne scheinen.«

Ich mache eine Pause und frage ohne Übergang:

»Was haltet ihr denn von einem vernünftigen Frühstück!?«

Ja, jetzt kommt wieder Leben in die Kameraden. Die Gesichter erhellen sich. Die Verkrampfung läßt nach.

Zu dritt versuchen wir, den unter die Ruderbank gezurrten Proviantsack loszubinden. Ungeschickt hantieren unsere Hände an den Laschings, doch es hat den Anschein, als betasteten wir nur das verschnürte Bündel und gäben uns keine Mühe, es zu öffnen. Verzweifelt zerre ich an dem Ende eines Slipstegs; aber nicht der Slipsteg öffnet sich, sondern der Tampen läuft durch meine Hände, und in den Rillen zwischen den einzelnen Kardeelen hängt eine weiße Masse.

Ich kneife die Augen zusammen, um mich zu überzeugen, daß das, was ich sehe, auch wahr ist.

Es ist wahr: Das, was ich meine Hände nannte, sind bläulichweiße, vollkommen deformierte, aufgedunsene Klumpen, in denen man nur noch mit Phantasie Hände erkennen kann. Das Innere dieses unförmigen Gebildes meiner rechten Hand ist etwas rötlicher gefärbt, was offensichtlich daran liegt, daß die bläulichweiße Haut jetzt an dem Tampen klebt, den ich versucht hatte durchzuholen. Ich richte mich auf, sehe die anderen an und mustere auch ihre Hände. Ich klettere von einem zum anderen, und so, als hätte ein jeder schon gemerkt, was ich will, heben sie mir ihre Hände entgegen. Fragende Blicke sind es, die mich noch eindringlicher jeden einzelnen mustern lassen.

Um Gottes willen – wie sehen die Kerle eigentlich aus!?

Die wild zerzausten Haare sind fast weiß geworden. Bei genauerem Hinsehen stelle ich aber – erleichtert fast – fest, daß sie nur über und über mit Salzkristallen verkrustet sind. Die Augen der Jungen sind bis auf ganz schmale, knallrot entzündete Schlitze zugeschwollen und wenn sie sie wie vorhin, bei meinem Verzweiflungsanfall, weit aufreißen, gleichen ihre Gesichter furchtbaren Grimassen.

Die Lippen sehen aus wie geplatzte Bratwürste auf einem Grill. Fast alle haben große widerliche Wunden am Kinn und am Hals. Das harte Leinentuch um die starre Korkfüllung der Schwimmwesten hat bei allen die Haut an diesen Stellen abgescheuert, fressendes Salzwasser hat sie zu tiefen Wunden ausgehöhlt.

Besonders übel ist auch Folkert Anders dran. Er hatte beim Wegschwimmen von der sinkenden *Pamir* seine Takelhose und seine Unterhose verloren. Nun sitzt er schon die ganze Zeit mit dem nackten Fleisch auf der unter Wasser befindlichen hölzernen Ducht. Salzwasser hat die Splitterwunden so zerfressen, daß er vor Schmerzen kaum noch sitzen kann.

Ich gebe Klaus einen freundschaftlichen Stoß in die Rippen, bevor ich ihn frage, wie ich denn eigentlich aussehen würde. Klaus sagt etwas auf Anhieb, was ich jedoch nicht verstehe. Auch seine Wiederholung bleibt unverständlich. Ich boxe ihn erneut in die Seite. Er möge doch ein bißchen die Zähne auseinandermachen. Das Wort, das er dann krächzend hervorbringt – er wollte es mir wohl entgegenschreien – ist eine Vokabel aus dem Wortschatz von Agatha Christie. Sie bestätigt mir, daß ich beim ersten bewußten Ansehen der Kameraden selber gedacht habe: »Gespenst.«

Klaus stellt sich mir gegenüber, faßt mich mit einer Hand vorn an der Schwimmweste und öffnet den Mund. Er streckt die Zunge heraus und krächzt wie beim Hals-, Nasen- und Ohrendoktor, wenn dieser einem in den Hals schauen will, ein langgezogenes »Aaah!«

Das, was ich zu sehen bekomme, ist grausig genug. Bieten die aufgedunsenen und von tiefen Rissen durchfurchten Lippen schon keinen erfreulichen Anblick, so zeigt sich die Zunge, die er mir entgegenstreckt, noch scheußlicher: Auch sie ist aufgequollen, von tiefen Rillen durchzogen und mit einer gallertähnlichen, fast weißen schmierigen Masse überzogen. Die Mundhöhle ist, so weit ich in sie hineinschauen kann, ebenfalls mit dieser schleimigen Masse angefüllt. Ich betrachte einen nach dem anderen und glaube, auch in ihren Gesichtern ein entsetztes Erkennen abzulesen.

So also steht es mit uns!

Rein von ihrem Äußeren her hätte ich diesen mir gegenüber hockenden Schreckgestalten keine Chance zum Weiterleben gegeben, hätte ich sie als ein Nichtbetroffener bei irgendeiner anderen Gelegenheit in diesem Zustand zu Gesicht bekommen. Doch so wie sie muß ja auch ich aussehen. Es ist nur ein schwacher Trost, daß wir keinen Spiegel haben, um die eigenen verstümmelten Züge zu studieren.

Das, was wir im Augenblick ganz dringend notwendig haben, ist Wasser, ist irgend etwas Trinkbares.

Die Proviantdosen können uns da nicht viel weiterhelfen, also brauchen wir uns auch nicht weiter zu bemühen, den Sack loszuzurren. Außerdem wissen wir ja auch von gestern, daß wir es kaum schaffen werden, die Dosen zu öffnen. Der Zustand unserer Hände ist ja weitaus schlimmer geworden.

Hans-Georg ist es, der uns fragt, ob wir denn nicht auch schon beobachtet hätten, daß in unserem wracken Boot und direkt zwischen uns hin und wieder kleine Fische schwimmen?

Wenn wir einen dieser Fische greifen, könnten wir damit vielleicht auch den ärgsten Durst löschen. Wir müssen uns nur so hinsetzen, daß wir einen mehr oder weniger durchlässigen Kreis bilden. Gesagt, getan: zum ersten Mal, seitdem wir uns in dieses Bootswrack gerettet haben, sitzen wir eng nebeneinander und uns direkt gegenüber. Jeder kann jeden beobachten und versuchen, in dessen Gedanken zu lesen. Es herrscht eine bedrückende Stille zwischen uns. Alle starren gebannt auf das Wasser. Folkert ist es, der zuerst die Nerven verliert: »Was soll diese Sitzerei eigentlich? Ich habe bisher noch keinen einzigen Fisch gesehen. Die Fische, die ausgerechnet hier in der Wasserwüste zwischen uns Menschen herumschwimmen, die müssen ja wohl nicht ganz dicht sein. Da können wir wohl noch ein paar Tage oder Wochen warten, bis einem von uns ein derart bescheuerter Fisch in die ausgestreckten Finger schwimmt.«

So unrecht hat er ja eigentlich nicht. Aber irgend etwas müssen wir doch versuchen, uns mit unseren Durstgedanken auseinanderzusetzen und uns selber neue Hoffnung zu geben.

So krächzen wir uns denn gegenseitig an und verstehen zum Teil nur die Hälfte dessen, was der andere sagt. Aber was soll's, wir haben somit wenigens etwas zu tun, und wenn es auch nur Streitgespräche sind, die uns um das Für und Wider dieser Art des Fischfangs beschäftigen.

Ein zischender Laut läßt uns verstummen und zu Hans-Georg hinüberschauen. Sofort erkennen wir, daß er etwas entdeckt haben muß. Sein Rücken hat sich gekrümmt, sein Kopf ist lauernd hervorgeschoben, und im Zeitlupentempo hebt er ganz langsam seinen rechten Arm, während sein Blick vor sich auf das Wasser geheftet ist.

Jetzt sehen wir sie auch: vier oder fünf kleine Fische, nicht mal so lang wie unsere Hand und ungefähr so dick wie unsere aufgeschwollenen Daumen.

Sie sehen schwarz aus und stehen in Sternform um etwas herum, das wir nicht erkennen. Alle verharren in regungsloser Stille. Wir verfolgen die über den Fischen langsam immer höher steigende Hand von Hans-Georg. Dann saust die Hand runter, das Wasser spritzt auf. Hans-Georg reißt die Hand zurück und öffnet sie dicht vor seinem Gesicht:

Sie ist leer.

Wie soll man auch mit derart verquollenen Händen einen solch kleinen Fisch greifen?

Wir müssen uns etwas anderes einfallen lassen. Wir müssen eben so etwas wie ein Senknetz konstruieren, mit dem wir die Fische dann, wenn sie sich über dem Netz befinden, durch plötzliches Hochreißen einfangen können. Und das Material dafür? Dann muß eben ein Pullover, ein Unterhemd oder so etwas Ähnliches daran glauben. Ich selbst kann mit nichts mehr dienen, denn ich bin nur mit einer Unterhose und einem wollenen Pullover bekleidet. Wie um dieses nochmals zu bekunden, stehe ich auf und stelle mich auf die Ruderbank.

Gleichzeitig fordere ich die anderen auf, zu überlegen, wer auf welches Kleidungsstück verzichten kann. Die einzige Reaktion jedoch, die erfolgt, ist, daß mich alle unverwandt anstarren.

Okay – ich kann mir ja vorstellen, daß es kein erhebender Anblick ist, jemanden mit einer von Salzwasser verquollenen und zerfressenen Visage, in schlackernden Unterhosen und mit umgebundener Schwimmweste auf einer Ruderbank stehen zu sehen. »Was stiert ihr mich an? Tut was! Überlegt mit, aus was wir ein Netz basteln können. Ich, ich kann kaum mit Material dafür dienen.«

Statt einer Antwort ist Klaus aufgestanden und betastet vorsichtig erst mein linkes, dann mein rechtes Bein. Er fragt mit kaum verständlicher Stimme, ob mich diese ekelhaften Wunden denn nicht schmerzen würden?

Ich sehe an mir hinunter und erschrecke. Beide Beine sind mit Löchern von Markstück- bis Faustgröße übersät. Sehnen und Knochen sind zum Teil freigelegt.

Ein scheußlicher Anblick.

Während ich noch mehr nachdenklich als erschrocken meine Beine betrachte, hat sich Klaus kurz entschlossen seine Schwimmweste abgebunden und den Jumper ausgezogen. Er zerrt sich jetzt das nasse Unterhemd über den Kopf, klemmt es zwischen die Beine, zieht Jumper und Schwimmweste wieder an und beginnt, sein Unterhemd zu zerreißen.

Erst jetzt kommt wieder Leben in die anderen und auch in mich. Ich stehe immer noch auf der Ruderbank, aber frage jetzt, was der Quatsch denn eigentlich solle?

Aus einem zerrissenen Unterhemd kann man kein Netzfanggerät basteln.

»Was wir jetzt brauchen«, gibt Klaus ruhig zurück, »das ist kein Fanggerät für Fische, das sind Verbände für die Wunden an deinen Beinen.«

Klaus sagt das mit solcher Entschiedenheit, daß niemand ein Wort dagegen einzuwenden hat. Und niemand an Bord unterbricht ihn in seiner Arbeit, als er nun das in seine Hauptteile zerlegte Hemd in schmale Streifen zerreißt und sich die einzelnen Bahnen um den Nacken legt. Rechts stützte ich mich auf Klaus Driebold, links auf HaGe und hebe ein Bein aus dem Wasser. Fips hat einen der Streifen so gründlich wie eine Waschfrau die Wäsche in der Bütt durchgespült und ausgewrungen und bindet ihn jetzt um die erste Wunde. Allein dafür braucht er mehr als die Hälfte seiner provisorischen Binden. Als Klaus mit dem anderen Bein beschäftigt ist und die letzte Binde, die nicht ausreichen wird, die noch offenen Wunden zu bedecken, anlegt, verhält er ruckartig in seinem Tun.

Auch alle anderen sind zusammengefahren. Dann wird der Grund für unsere Reaktion noch deutlicher:

Motorengeräusche sind in der Luft.

Das bedeutet: Ein Flugzeug ist in der Nähe!

Sofort springen wir hoch und sehen in die gleiche Richtung. Sekunden später entringt sich uns gemeinsam ein Schrei, als wir – wenn auch in unerreichbarer Ferne – ein Flugzeug erkennen, das dicht über die Wasseroberfläche dahinrast.

Hoffnung und Enttäuschung zugleich werden wieder angefacht. Jeder reagiert auf seine Weise.

Klaus Driebold ist der erste, der, ohne ein Wort zu sagen, unseren Kreis verläßt, sich auf die hintere Ruderbank setzt und uns den Rücken zukehrt.

Folkert hat Karl-Heinz an der Schwimmweste gepackt und schimpft über das blöde Volk, das wahrscheinlich nach allen möglichen Systemen nach uns sucht, aber bestimmt nicht nach dem System, wie es nach seiner Meinung sinnvoll und richtig ist.

HaGe sitzt neben mir und murmelt mit unverständlichen Worten vor sich hin: Flüche – was soll er auch sonst schon auf der Zunge haben.

Fips hält noch immer die Binde in der Hand, die er mir gerade anlegen wollte, und knetet und spült sie immer noch gewissenhaft wie ein Chirurg seine Hände vor der Operation im atlantischen Wasser.

Und ich – ich stehe immer noch auf der Bank und sehe auf diese deprimierenden Szenen hinab.

Quasi als soll es ein Zeichen des Himmels sein, bricht jetzt die Sonne hervor. Ihr wärmender Strahl trifft mich wie ein wohliger Schauer. Was gäbe ich jetzt dafür, könnte ich diesem Naß entsteigen und mich ganz diesen wärmenden und trocknenden Strahlen hingeben. Am liebsten würde ich auch die Schwimmweste abbinden, damit auch dort die Sonne ungehindert meinen Körper treffen könnte, doch zögere ich, diesen Gedanken in die Tat umzusetzen.

»Ich hab's.«

»Hört zu Kameraden, ich hab's.«

»Habt ihr eigentlich schon gemerkt, daß die Sonne scheint? Wißt ihr auch, was das bedeutet? Wir haben eine bessere Möglichkeit, uns bemerkbar zu machen: Wir öffnen jetzt eine Proviantdose, schneiden diese der Länge nach auf, drücken sie auseinander und haben damit – also mit der blanken Innenseite – einen Signalspiegel.

Mit dem können wir uns Flugzeugen und Schiffen gegenüber erkennbar machen.«

»Vorausgesetzt, daß die Sonne weiterhin scheint«, fügt ein Pessimist hinzu.

Mein Vorschlag wird sonst aber beifällig begrüßt. Sofort machen wir uns zu viert an die Arbeit, um den Proviantsack loszuzurren. Es glückt. Wie ratlos hält Klaus mir die Proviantdose entgegen. HaGe hat bereits sein Messer gezogen, setzt die Klingenspitze an den Dosenrand und schlägt mit dem inneren Handteller auf den Griff des Messers. Außer dieser fast symbolischen Geste passiert gar nichts. Er versucht das gleiche noch einmal. Mit dem gleichen negativen Ergebnis. Warum gibt man solchen Dosen im Rettungsbootnotproviant keinen besser angebrachten Dosenöffner bei? Unfaßbar, daß die für die Ausrüstung von Rettungsbooten verantwortlichen Stellen solche Halbheiten dulden.[165]

Wir müssen einen anderen Weg finden, die Dose doch noch zu öffnen.

Wir entnehmen dem Proviatsack zwei weitere Dosen, stellen, wie schon einmal geübt und schon fast vergessen, die erste auf die zweite obenauf, und so können wir dann diejenige Dose, die wir öffnen wollen, außerhalb des Wassers auf diese feste Unterlage plazieren.

Jetzt brauchen wir wieder einen Gegenstand, mit dem wir das Messer in den Dosendeckel treiben können. Das Holzstück von gestern ist fort; also muß ein neues ran.

Klaus Driebold hält die drei übereinandergestapelten Dosen, während HaGe, Fips und ich uns verzweifelt bemühen, von den gesplitterten Planken des Heckloches ein Stück herauszubrechen. Immer wieder rutschen unsere verquollenen Finger von dem ab, was sie zu halten versuchen.

Da klatscht etwas neben uns ins Wasser: eine der Proviantdosen!

Erstaunt sehen wir uns an und stellen fest, daß es Klaus war, der eine der drei übereinandergestapelten Dosen über unsere Köpfe hinweg ins Wasser geschleudert hat. Wir kommen gar nicht erst dazu, ihn zu fragen, warum eigentlich er das getan hat, denn Klaus fängt sofort an zu reden. Obwohl wir von dem, was aus ihm heraussprudelt, nur die Hälfte mitbekommen, so verstehen wir doch sehr wohl, um was es ihm geht.

»Was wollen wir eigentlich mit dem Inhalt dieser Dosen anfangen? Zu essen brauchen wir doch nichts mehr. Oder hat vielleicht einer von euch Hunger? Was wir brauchen, das ist Wasser. Wozu vergeudet ihr also eure Kräfte für etwas, was für uns im Augenblick nicht lebenswichtig ist? Sind eure Hände nicht schon kaputt genug? Sehen wir lieber zu, daß wir etwas zu trinken bekommen.«

Er hat offenbar gar nicht verstanden, daß es uns nicht ums Essen, sondern um die die Sonne reflektierende Innenseite der Dose geht.

Zunächst aber scheint dieser »Dosenspiegel« auch bei den anderen abgeschrieben zu sein, denn auch der sonst so clevere HaGe hat das Thema Durst und Wasser aufgegriffen. Er erinnert sich, in einem Buch gelesen zu haben, daß aus einem Lager geflohene Kriegsgefangene, die dabei zwangsläufig zu einem Marsch durch eine vom Feind weniger kontrollierte Wüste gezwungen worden waren, ihren eigenen Urin getrunken und sich damit das Leben gerettet hätten.

Es sei ihm sowieso höchst verwunderlich, wie oft er allein schon heute hätte pinkeln müssen, und er fährt fort: »Dabei habe ich doch genau wie wir alle keinen einzigen Tropfen Wasser zu mir genommen.«

HaGe läßt uns keine Zeit, lange über ein Für und Wider dieser Feststellung und die daraus zu ziehenden Folgerungen zu diskutieren, wie etwa, daß wir wohl Wasser, Seewasser also, durch die Haut einfiltern. Er klettert auf die Ruderbank, balanciert sich mit weichen Knien gegen die seebedingten Bewegungen des Bootes aus und knöpft die Hose auf.

Er versucht, so viel Urin wie möglich in seiner hohl gehaltenen Hand aufzufangen. Mir, der ich ihm am nächsten stehe, hält er die Hand vor das Gesicht und empfiehlt mir, es doch einmal zu versuchen. Die Flüssigkeit in seiner Hand ist von einer tiefgelben, fast ins Grünlich gehenden Färbung. Die Vorstellung, so etwas trinken zu müssen, schockiert mich nicht einmal. Irgendwie blenden sich Bilder von perlender Limonade in meine Gedanken ein. HaGe zieht die Hand zurück, setzt sie an die Lippen und leckt mit seiner klebrigen Zunge die wenigen noch in seiner Hand gebliebenen Tropfen aus. Einen Augenblick verharrt er so, als höre er in sich hinein, dann versucht er, die Flüssigkeit wieder auszuspucken, und meint, er könne beim besten Willen nicht feststellen, ob das, was er da eben geschmeckt habe, süß, sauer oder gar salzig sei.

Daß Urin salzig ist, ist ausreichend bekannt, entgegne ich ihm. Sollte Urin aber auch nur halb so viel Salz enthalten wie das Seewasser rings um uns herum, so kann das bedeuten, daß diese Flüssigkeit doch einen Nutzen für uns haben könnte.

HaGe erbietet sich, von seinem Urin schmecken zu lassen.

Ich lehne ab: »Wenn ich schon dazu gezwungen werde, dann will ich wenigstens mein eigenes Abfallprodukt schmekken.«

Ich zögere nicht lange und folge HaGes Beispiel. Den Urin aber zu trinken, kostet einige Überwindung. Doch als ich in die hohlwangigen, gespensterhaften Gesichter blicke und ich mich daran erinnere, wie ihre Zungen aussehen, überwinde ich meinen Ekel und lecke die wenigen Tropfen auf. Ich schlucke sie aber nicht herunter, denn ich will erst einmal prüfen, welchen Geschmack der Urin hat, und auch, ob ich überhaupt noch einen Geschmack im Mund habe. Die Flüssigkeit in meinem Mund nimmt zu, und schon wenige Augenblicke später fühle ich ein scharfes Brennen auf der Zunge und im Gaumen. Ich spucke so viel wie möglich wieder aus. Dann steige ich von der Bank, und zum ersten Mal, solange ich jetzt im Wasser bin, schöpfe ich Seewasser in meine Hände und ziehe einen großen Schluck in meinen Mund. Nicht, weil ich trinken will, sondern nur, um meinen Mund kräftig auszuspülen. Die anderen Kameraden sehen mir immer noch stumm zu, und als ich das Wasser wieder in die See pruste, sind sie noch erwartungsvoller als zuvor.

Ich will eine Erklärung geben, kann aber nicht sprechen. Das Stechen in meinem Mund ist noch schlimmer geworden, und mehr als überdeutlich schmecke ich das Salz, so als hätte ich den ganzen Mundraum randvoll mit purem Salz gefüllt. Das Verlangen, diesen Geschmack aus dem Mund loszuwerden, wird im gleichen Maße mächtiger, als der Geschmack nach Salz immer mehr zunimmt. Der Durst ist jetzt mehr als nur ein quälendes Bedürfnis. Er ist von stechendem, von brutalem Schmerz. Dieser Schmerz beschränkt sich jedoch nur auf Hals und Kopf. Ich lasse mich einfach ins Wasser fallen und tauche unter. Sofort haben mich zwei Hände gepackt und reißen mich hoch, und die erregten Stimmen um mich herum lassen mich wieder zur Besinnung kommen.

»Um Gottes willen! Kommt bloß nicht auf die Idee, euren Urin trinken zu wollen oder auch nur einen einzigen Tropfen Seewasser zu versuchen. Der kleinste Tropfen kann in unserem jetzigen Zustand ausreichen, uns um den Verstand zu bringen. Wir halten den Mund am besten ganz geschlossen und geben auch das Quasseln auf.«

Klaus Driebold meint, wenn wir nicht trinken können und auch nicht mehr reden sollen, dann sei es doch sinnvoll, wenn wir uns wenigstens etwas Bewegung verschaffen. Das wird unseren frierenden Gliedern guttun, unseren Verstand klar halten, und vor allen Dingen können wir uns dabei nicht verletzen.

Da er an unseren Mienen abliest, daß wir ihn offensichtlich

nicht verstehen, schwingt er sich kurzerhand außenbords und ruft uns zu, ihn gewähren zu lassen: »Ohne Sorge, ich bin völlig klar bei Verstand. Ich will euch zeigen, was ich meine, wenn ich von Bewegungen spreche.« Dann schwimmt er mit ruhigen Zügen um das Boot herum.

»Wenn schon schwimmen«, läßt sich Karl-Heinz hören, »dann kann man doch gleich bis nach England paddeln. Ich kenne in Portsmouth eine sehr nette Familie, mit der ich einmal Kontakt gehabt habe. Diese freundlichen Leute werden sich bestimmt bereit erklären, uns aufzunehmen, uns zu bewirten und vor allen Dingen uns mit jeder Menge Wasser zu versorgen.«

Die Gesichter von Fips und HaGe verzerren sich bei dem naheliegenden Gedanken, daß auch Karl-Heinz auf dem Wege ist durchzudrehen.

Und so ist es dann für mich gar nicht so verwunderlich, daß ich auf meine Frage, ob er das ernst meine oder ob er jetzt auch schon anfange zu spinnen, keine Antwort bekomme.

Klaus schwimmt indessen immer noch mit ruhigen Stößen um das Boot herum. Karl-Heinz grinst mich an, als freue er sich, uns alle verblüfft zu haben. Folkert dagegen sitzt in sich zusammengesunken und ohne irgendeine Anteilnahme an dem Geschehen um sich herum auf der Bank und brabbelt vor sich hin.

Jetzt wird es wirklich kritisch.

Fangen wir jetzt nicht schon alle an zu spinnen? Was haben wir heute nicht schon alles angefangen und nicht zu Ende geführt? Das sind erste und deutliche Zerfallserscheinungen?

Jetzt muß etwas passieren. Die erst vor kurzer Zeit überstandene Urinprobe und deren Folgen hat gezeigt, daß ich mir bald selbst nicht mehr trauen kann.

Aber was sollen wir anstellen? Wir haben es doch nicht einmal geschafft, ein dummes Stück Holz aus der beschädigten Bordwand herauszubrechen, um es als Ersatzhammer zu verwenden. Was bleibt uns sonst noch zu tun, als abzuwarten!?

Ist es nicht viel vernünftiger, wenn wir gar nichts tun und somit unsere Kräfte sparen?

Ist es aber nicht viel schlimmer, wenn wir ununterbrochen über die Ausweglosigkeit unserer Lage grübeln?

Wir dürfen jetzt aber nicht grübeln, wir müssen etwas tun, um dadurch die Hoffnung und uns selbst wieder anzustacheln.

Es war wohl das Loch in der mittleren Ruderbank, auf das ich bei diesen Überlegungen gestarrt habe und das mir schließlich zu einer neuen Idee verhilft: Wurde doch in dieses Loch der Mast, der zu der Besegelung unseres Bootes unter normalen Verhältnissen gehörte, eingesetzt und unten am Bootsboden verschalkt.

Jawohl – das ist es! – Wir brauchen einen Mast!

Ich teile das den Kameraden sofort mit und begründe den Entschluß, jetzt einen Mast aufzubauen, damit, daß wir ja höchstens 30 Zentimeter oder etwas mehr aus dem Wasser schauen und es für einen Ausguckmann an Bord eines Schiffes sehr schwer sein muß, uns selbst bei einer so klaren Sicht wie heute auszumachen.

Hätten wir aber einen Mast, so müßte der mindestens zwei Meter über die Wasseroberfläche hinausragen. Er wird dann, wenn wir so eine Art Wimpel daran befestigen, für uns die sichere Rettung bedeuten.

HaGe und Fips stimmen dem Plan sofort zu. Klaus Driebold bekundet seine Zustimmung dadurch, daß er aufhört, um das Boot herumzuschwimmen. Er klettert wieder ins Boot hinein. Nur Karl-Heinz und Folkert bleiben ohne Äußerung; was uns aber nicht stören kann, da wir als die Älteren ohnehin in der Mehrzahl sind.

Woher aber einen Mast nehmen?

Viel Auswahl haben wir nicht!

Es gibt nur eine Möglichkeit: Eine der von vorn nach achtern durchlaufenden inneren Bodenbeplankungen – auf der die Grätings normalerweise aufliegen – muß herausgerissen werden. Doch wie sollen wir eine solche Planke herausbekommen, wenn wir es vorher nicht einmal schafften, auch nur ein kleines Stückchen von dem sowieso schon angesplitterten Holz abzubrechen?

Nun – wir haben ja nicht vor, die Planke zu zerbrechen, denn das wird bestimmt eine Menge Kraft kosten. Was wir wollen, ist nichts anderes, als die Planke so vorsichtig wie möglich herauszulösen, um sie dann später auch als Mast verwenden zu können.

Karl-Heinz und Folkert werden jetzt an die Plätze verwiesen, und wir beschließen, auf ein gemeinsames Kommando hin die Planke mit einem Ruck herauszureißen. Das Schlimme an der ganzen Sache ist nur, daß wir mit den Köpfen unter Wasser müssen, wenn wir die Planke packen wollen. Verschiedene Techniken werden ausprobiert, und schließlich ist es dann soweit, daß wir uns einigen: Ein Knie auf dem Boden, das andere Bein mit dem Fuß aufgesetzt, den Kopf unter Wasser, die Planke angepackt, Knie und Achtersteven anlüften und dann mit einem Ruck raus damit.

Schon nach dem ersten Versuch stellen wir fest, daß wir auch nicht die geringste Chance haben, auf diese Weise die Planke auch nur zu lockern, geschweige denn herauszuzerren.

Die Planke ist an jedem Spant mit einer Schraube befestigt, das heißt, wir müssen entweder die Schrauben lösen oder die Planke samt den Schrauben aus dem Spant herausreißen.

Drei Messer stehen uns als Schraubenzieher zur Verfügung. HaGe beginnt mit dem ersten Versuch und taucht unter; denn auch diese Arbeit muß mit dem Kopf unter Wasser durchgeführt werden.

Laut prustend und schwer keuchend taucht er wieder auf und reibt sich mit den Handrücken in den ohnehin schon fast zugeschwollenen Augen. Ich nehme ihm das Messer aus der Hand und will nun meinerseits seine Arbeit fortsetzen. HaGe hält mich zurück. Er schlägt vor, daß ich die nächste Schraube nehmen solle, da er der Meinung ist, daß er seine Schraube ein- oder zweimal gedreht habe und daß es wohl besser sei, wenn wir erst einmal alle Schrauben etwas lockern.

Mir ist zwar nicht klar, wozu das gut sein soll, doch tauche ich unter und versuche mein Glück. Nur für eine Sekunde spüre ich den Schmerz, als ich die Augen unter Wasser öffne.

Das Messer paßt genau in die Kerbe der Schraube, und so mühe ich mich dann ab, die Schraube wenigstens ein bißchen zu lockern. Mit aller Kraft rucke ich an dem Messer, doch die Schraube bewegt sich nicht. Dann ist meine Luft verbraucht, ich tauche keuchend auf und bin gedanklich damit beschäftigt, mir einzugestehen, daß wir die Planke auf diese Art niemals herausbekommen werden.

Klaus streckt mir fragend die Hand entgegen. Ich schüttele den Kopf. Wir müssen uns etwas Besseres einfallen lassen, denn sonst werden wir wohl zu viele Stunden brauchen, um nur erst einmal die Schrauben zu lockern, geschweige denn einen Mast aufzubauen.

Nun: Die von uns ausgesuchte Planke mündet genau in das große Leck am Heck unseres Bootes. Das könnte der Ansatzpunkt sein, von wo wir die Planke lösen müssen. Der einzelne von uns hat aber zuwenig Kraft, um etwas auszurichten, also bleibt nur eine Möglichkeit: Wir müssen versuchen, unsere Kräfte zu vereinen. Aber wie!? Da ist doch die Fangleine, jener Tampen, mit dem wir den Proviantsack unter der Ruderbank festgezurrt und an der wir heute morgen schon so lange herum- und hin- und hergezerrt haben, ohne sie loszubekommen. Zur Hälfte ist sie ja schon gelockert, dadurch daß wir die Proviantdosen entnahmen. So ist es jetzt relativ leicht, sie gänzlich zu lösen. Mit zwei halben Schlägen befestigen wir die Leine an dem Plankenende im Leck des Bootes und nehmen an der Leine Aufstellung, wie beim Durchholen von Brassen auf der *Pamir* gewohnt. Mit einem gemeinsamen »Hauruck« fallen wir ein – und rückwärts ins Wasser. Wenn wir aber meinten, wir hätten ein Stück der Planke gelöst, so ist das eine bittere Enttäuschung. Die Leine ist durch unsere Hände geglitten und hat weitere Teile unserer wunden Haut mitgenommen. Unsere Kraft reicht nicht mehr aus, dieses Tau so fest und unverrutschbar zu halten, um damit die Planke gewaltsam herauszubrechen. Wir müssen eine noch bessere Lösung finden.

Also die gleiche Aufstellung, nur jetzt das Tau nicht anfassen, sondern einen halben Schlag um jedes Handgelenk und dann auf ein Kommando und gemeinsames Hauruck nach hinten fallen lassen.

Wir landen wieder im Wasser. Aber es hat gekracht. Das Ergebnis verbittert und enttäuscht uns. Wir haben ein ungefähr 75 Zentimeter langes Stück der Planke herausgebrochen und damit den von uns vorgesehenen Mast um diese Länge verkürzt. Schon will uns die Enttäuschung überrumpeln, als HaGe sachlich feststellt, daß wir jetzt ja auch eine Brechstange hätten und daß es ein leichtes sein müsse, die Planke zusammen mit »Brechstange« und »Handkran« herauszubekommen.

HaGe, als der noch Kräftigste von uns, muß seine Idee selbst in die Tat umsetzen. Er setzt sein Plankenstück unter der Schraube hochkant am Spant an und legt sich mit seinem Gewicht auf den Hebel. Vorher haben wir die Planke vor und hinter dem Hebel mit unserer Fangleine verzurrt. An einem Ende ziehen Klaus und ich, am anderen Folkert, Karl-Heinz und Fips. Nach dem vierten oder fünften gemeinsamen Hauruck löst sich die Planke tatsächlich.

Dieser erste Erfolg wird von uns mit einem Jubelgeschrei gefeiert.

Für die nächste Schraube brauchen wir fast die doppelte Zeit, doch hindert uns das nicht, auch diesen Erfolg durch gegenseitiges Auf-die-Schulter-Klopfen und Schreien zu feiern. Am dritten Spant schlagen unsere Arbeitsfreude und unser Eifer in verbissene Wut um. Immer wieder zerren wir am Tau, so daß wir meinen, wir reißen uns selbst die Arme aus. Der Schmerz, den die in unser Fleisch schneidende Fangleine verursacht, ist kaum noch zu ertragen, und unsere gemeinsamen Hauruck-Rufe sind Schreie der Wut und der Verzweiflung. Als wir die dritte Schraube dann doch endlich heraushaben, da gibt es kein Triumphgeschrei. Da bleibt nur ein willenloses In-sich-Zusammensinken. Und die noch vor einer halben oder Stunde gefaßten Gedanken der Hoffnung sind wie fortgeblasen.

Wie sollen wir es mit unseren geschundenen Körpern und den verbrauchten Kräften überhaupt noch schaffen, hier weiterzumachen? Hatten wir an den vergangenen Tagen und in den vergangenen Nächten noch Schiffe unter den schlechtesten Voraussetzungen beobachten können, so war es heute nur noch das Flugzeug, das uns bewies, daß man eventuell noch nach uns suchte.

Ein Schiff aber – und davon bin ich überzeugt – ist die einzige Möglichkeit, gerettet zu werden. Und ein Schiff haben wir heute noch nicht gesehen.

Hat es also überhaupt noch einen Sinn, etwas zu tun?

Diese alternative Frage schreckt mich hoch, und ich sehe mich um.

Die Kameraden dösen auf ihren Plätzen, und es hat den Anschein, als ob sie schlafen. Sind sie bereits in die Lethargie verfallen, der ich mich im Augenblick selbst kaum noch erwehren kann? Meine Gedanken wandern in den Zustand von heute morgen zurück. Er macht deutlich, wie groß die Gefahr sein kann, sich auch nur einen Augenblick lang gehenzulassen. Wir müssen einfach weitermachen.

Wir müssen mindestens noch zwei Schrauben lösen, wenn die Planke ein Mast werden soll. Wir müssen eben langsamer an die Sache herangehen, denn Zeit haben wir doch genug. Haben wir das wirklich? Jede Minute, die wir den Mast früher betriebsbereit haben, kann für uns Leben bedeuten.

Jeden Augenblick kann an der Kimm ein Schiff auftauchen, und wenn dann unser Mast steht, haben wir eine viel größere Chance.

»Also los dann, Kumpels.«

Es klappt wirklich besser, als ich eben noch zu hoffen wagte. Oder täusche ich mich? Mache ich mir selbst etwas vor? Klappt es nicht einfach deswegen besser, weil wir unsere Schmerzen gar nicht mehr spüren und die Arbeit rein mechanisch ausüben?

Aber das ist doch schließlich vollkommen egal. Hauptsache, es wird geschafft.

Wir lösen die vierte und dann die fünfte Schraube und halten schnaufend erst mit unserer Arbeit inne, als wir bereits bei der sechsten Schraube sind. Wir spürten zum ersten Mal wieder die Sonne. Wir blinzeln zu ihr hinauf, vermeinen ihre Wärme durch das Wasser hindurch auf unseren Körpern zu spüren und empfinden dennoch ihre Strahlen schmerzend und widerlich. Schmerzend, weil das tausendfach sich brechende Licht ringsum auf der Wasserfläche unsere entzündeten Augen stechend trifft, und widerlich, weil der Durst mit jedem Wärmestrahl gegenwärtiger wird.

Doch schon nach kurzer Zeit schiebt sich eine lange Wolkenbank vor die Sonne, die nun unsere Arbeit nicht mehr hemmt.

Es ist geschafft.

Die jetzt gewonnene Länge wird ausreichen, um ein Seenotzeichen an der Spitze der Planke zu befestigen. Mit letzter Anstrengung brechen wir die Planke heraus und betrachten mit wohl den unterschiedlichsten Gefühlen unser bis jetzt geschaffenes Werk.

Wieder überkommt mich diese Mut und Hoffnung verzehrende Müdigkeit, und ein Blick in die Runde zeigt mir, daß auch die Kameraden am Ende ihrer Kräfte sind.

Ist es eigentlich gut, wenn man dem Schlafbedürfnis nachgibt? Wird er die erschöpften Kräfte wiederaufbauen? Brauchen wir das, was an Kraftreserven noch verbleibt, nicht viel notwendiger in der kommenden Nacht?

Dieser Gedanke durchzuckt mich wie ein Blitz.

Es darf keine weitere Nacht mehr geben.

Wenn man uns heute nicht herausholt, werden wir – dessen bin ich mir sicher – die kommende Nacht nicht überleben. Ich brauche mir die Kameraden nur einzeln anzusehen; ich brauche nur daran zu denken, was heute schon alles mit jedem von uns passiert ist, um glasklar zu folgern. Es ist wirklich fünf Minuten vor zwölf!

Es bleibt nur eine Möglichkeit: Alles, aber auch alles nur mögliche zu tun, um keine Chance auszulassen, heute gefunden und herausgeholt zu werden, oder aber in der kommenden Nacht, wie die Kameraden vor uns, von der Bühne abzutreten.

Probeweise stellen wir den Mast auf. Wir sind richtig überrascht, um wieviel mehr er doch uns alle überragt.

Unsere Arbeit hat sich gelohnt.

Und alle im Boot sind plötzlich wieder voll dabei. Ratschläge werden ausgetauscht, wie man den Mast wohl am besten befestigen könne, diskutiert wird auch darüber, was wir wohl oben als Flögel und gleichzeitig als Seenotzeichen anbringen könnten.

Wir einigen uns darauf, daß wir eine der Schwimmwesten, die von Jürgen oder Peter stammen, aufschneiden und daraus einen möglichst großen Wimpel fertigen. Wir beginnen sofort.

Wir schlitzen eine Schwimmweste auf und zerschneiden das Tuch so, daß an einem Ende zwei Fäden heraushängen, mit denen wir die Weste an die Spitze des Mastes anbinden. Wir bringen die oberen und mittleren Pardunen an und richten den Mast auf. Seine Befestigung am Dollbord ist jetzt nur noch ein Kinderspiel.

Der Mast steht!

Wir schwimmen auf einer Woge der Begeisterung.

Wenn wir jetzt ein Segel hätten, würden wir sogar Fahrt machen und könnten Steuer ins Boot bringen.

Richtig, ein Segel ist es, was unserem Boot noch fehlt.

Erstens hat es eine größere Fläche, welche die Suchmannschaften noch leichter finden können, zweitens wird es uns als Schutz gegen die ersehnte, nun aber doch lästige Sonne dienen, und drittens könnten wir damit vielleicht auch Regenwasser auffangen.

Welch mannigfaltige Aussichten bieten sich da an!

Doch zunächst wollen wir die wohlverdiente Pause einlegen. Kaum überdacht, ist da schon wieder ein neues Problem: Brauchen wir jetzt am hellichten Tag eine Wache? Natürlich ist es besser, einen der Kumpels dafür abzuteilen.

Klaus Driebold erklärt sich ohne Zögern bereit, die erste Wache zu übernehmen. Dagegen ist nichts einzuwenden, denn Klaus genießt unser aller Vertrauen. Mit der Befriedigung von Männern, die den ganzen Tag schwer geschuftet haben, macht es sich jeder bequem:

Klaus im Heck, Karl-Heinz und Folkert auf der nächsten Bank, HaGe und Fips eine Bank weiter, und vorn im Bug kauere ich mich nieder.

Ich schließe die Augen und lege den Kopf hintenüber auf das Holz des Dollbords.

Ein ungewöhnliches Geräusch neben meinem Kopf läßt mich hochfahren. Direkt neben mir sehe ich Klaus Driebold im tiefblauen Atlantikwasser schwimmen. Schon greift meine Hand nach ihm, schon will ich ihm etwas zurufen, da hebt er abwehrend und beschwichtigend seine rechte Hand aus dem Wasser und sagt mit seiner charakteristischen, ruhigen Stimme – auch wenn sie jetzt verzerrt und gequetscht klingt –, daß es keinen Grund gäbe, sich aufzuregen. »Ich habe ja ohnehin Wache, und es ist besser – so meine ich – um das Boot herumzuschwimmen, als tatenlos dazusitzen, um vielleicht doch einzuschlafen.« In meinem jetzigen Zustand gebe ich seinen Argumenten recht, ermahne ihn aber noch, daß er auf sich und seine Umgebung aufpassen solle. Obwohl wir bisher nur einmal einen Hai gesehen haben, so gibt es keine Garantie dafür, daß es bei diesem einen Burschen bleibt.

»Keine Sorge, das geht schon alles klar«, versichert Klaus und fügt hinzu: »Mach es dir nur bequem. Ich wecke dich, wenn dein Törn anliegt. Oder hast du etwas dagegen, mich abzulösen?«

Natürlich habe ich nichts dagegen. Ich bin zudem sehr froh, daß Klaus sich bereit erklärt hat, die erste Wache zu übernehmen, denn mein Zustand ist im Augenblick deutlich schlechter als der seine.

Es muß die Sonne gewesen sein, die mich geweckt hat, denn mein Gesicht brennt wie Feuer. Als ich die Augen öffnen will, gelingt mir dies nur für den Bruchteil einer Sekunde, denn das Sonnenlicht ist derart hell und stechend grell, daß ich einen so starken Schmerz in den Augenhöhlen verspüre, daß ich die Augenlider sofort wieder schließe. Ich presse beide Hände flach und ganz dicht über die Augen und versuche, sie nun behutsam zu öffnen. Millimeter um Millimeter. Ich muß die Augen wieder schließen, beginne einen neuen Versuch, schließe die Augen wieder und beginne erneut.

Langsam, sehr langsam werden die Konturen um mich deutlicher – bis ich endlich meine Umgebung wieder klar wahrnehmen kann.

Keiner der Kameraden scheint seine Haltung verändert zu haben. Alle schlafen fest und tief ... innerlich ausgelastet durch die neue Hoffnung, die der weithin sichtbare Mast verspricht.

Wo aber ist Klaus?

Entsetzt blickte ich mich um, reiße mich aus meiner Kauerstellung und springe auf. Dabei muß ich seinen Namen geschrien haben, denn die Köpfe der Kameraden fahren hoch, und ihre drängenden Fragen »Wo ist Klaus?« – »Was ist mit Klaus?« prasseln wie Hammerschläge auf mich nieder. Ich weiß nicht, wo er geblieben ist. Ich sehe ihn nicht, weder voraus noch achteraus, weder an Backbord noch an Steuerbord, von wo aus er vorhin – sind es Minuten oder Viertelstunden oder wie lange ist es her – noch mit mir sprach, mit der ruhigen, mich beruhigenden Stimme von einem, der seiner Sache und seiner physischen und psychischen Kräfte sicher ist.

Ich stelle mich auf die mittlere Ruderbank, halte mich am Mast fest und sehe erneut in die Runde.

Um uns herum ist Wasser; nichts als auf und ab dünendes, kobaltblaues Atlantikwasser.

Hans-Georg hat sich jetzt ebenfalls hoch gestemmt und sich neben mich gestellt. Nicht auf der Ruderbank, sondern auf dem Boden stehend, lehnt er sich abstützend leicht an mich. Schweigend stehen wir beide da, und unsere Blicke sehen in entgegengesetzte Richtungen.

Verlorene Blicke, wissen wir beide doch zu genau, daß wir nichts sehen werden.

Jetzt steht Fips auf und stößt mich in die Seite. Als ich den Kopf wende, sehe ich auf die mir entgegengestreckte Hand: Es ist eine Schwimmweste, die er mir wortlos entgegenhält.

Folkert und Karl-Heinz sitzen in unveränderter Stellung auf ihren Plätzen, so als würde sie dies alles nichts angehen. Dann sehe ich zuerst Fips und dann HaGe an. Ihre fragenden Blicke treffen mich härter, als es wahrscheinlich Fragen vermögen. Ich kann ihnen keine Antwort geben, da ich die Fragen, die ich mir selbst stelle, ja auch nicht beantworten kann.

Können sie mir einen Vorwurf machen?

Muß ich mir selbst einen Vorwurf machen?

Ich steige von der Ruderbank herunter, schiebe Klaus und

Hans-Georg auf die Seite und klettere wieder auf meinen Platz vorn im Steven, HaGe und Klaus vor mir. Keiner sagt ein Wort. Wir haben alle die Köpfe gesenkt.

Ich schließe die Augen und nehme mir vor, an nichts zu denken, sondern nur zu schlafen. Doch weder ist es mir möglich, in den Schlaf zu kommen, noch ist es möglich, die Selbstvorwürfe abzuschalten. Immer wieder höre ich die ruhigen Worte von Klaus, als spreche er sie gerade jetzt in diesem Augenblick zu mir, und dann wieder sehe ich die Blicke der Kameraden, die nach Klaus fragen und denen ich eine Antwort schuldig bleiben muß. Ich darf jetzt einfach nicht einschlafen, denn sonst könnte in jeder folgenden Minute das gleiche mit einem anderen von uns – vielleicht sogar mit mir selbst – passieren.

Ich richte mich auf und öffne ganz langsam die Augen. Alles scheint in Ordnung. Doch nein, Folkert hat mir den Rücken zugekehrt, und offensichtlich hantiert er mit irgend etwas herum. Ich stehe auf, trete hinter ihn. Folkert zuckt zusammen und fährt herum wie ein kleiner Junge, den man beim Naschen erwischt hat. Seine beiden Hände hält er auf dem Rücken versteckt.

Auf meine Frage, was er denn vor mir zu verbergen habe, meint er, daß er das keinem – und schon gar nicht mir – sagen würde, denn er wisse ganz genau, daß wir nur vorhätten, ihm davon wegzunehmen, und dann würde für ihn selber nicht genug oder überhaupt nichts übrigbleiben.

Hart trifft mich die Erkenntnis, die ich aus dem Ton seiner Worte heraushöre und in seinen unruhig flackernden Augen herauslese: Jetzt hat es auch ihn erwischt! Ich fahre ihn bewußt hart an, daß er nicht solch dummes Zeug reden und endlich herausgeben soll, was er vor mir verstecke. Er kauert sich wie ein Igel noch mehr in sich zusammen, kneift die Augen zu und nimmt eine lauernde Stellung ein. Meine lauten Worte haben die anderen aufgeschreckt. Karl-Heinz starrt mich mit offenem Mund verständnislos an, und Hans-Georg und Fips sind fast gleichzeitig aufgesprungen. Der eine packt mich, der andere Folkert am Arm. Dadurch dreht mir

Folkert seinen Rücken zu, und ich sehe, wie seine Hände ein Messer umklammern.

Mit einem schnellen Zupacken will ich es ihm entreißen, doch Folkerts Griff ist fester. Kaum spürt er meine Berührung, schnellt er herum und steht mir nun wieder gegenüber. Klaus und Hans-Georg scheinen das Messer auch gesehen zu haben. Beide packen Folkert an den Arm. Mit einem Sprung bin ich bei ihm und versuche, ihm das Messer zu entwinden. Folkert bäumt sich unter unseren Griffen auf und schimpft laut: »Ich habe es gewußt, daß ihr mir nicht einmal gönnt, von dem einzigen, was ich noch habe und das bestimmt nicht nach Salz schmeckt, zu trinken.«

Wir schreien ihn an, daß ihm keiner etwas wegnehmen will und daß wir nur vorhaben, ihn daran zu hindern, Seewasser zu trinken. Folkert aber rast weiter so, als hätte er uns gar nicht gehört: »Ihr kriegt nichts von mir! Nichts, nichts, nichts. Niemand, außer ich selbst, hat Anrecht auf mein eigenes Blut!«

Vor Schreck haben wir ihn losgelassen. Das Wort »Blut« schnürt uns die Kehle zu. Folkert wendet sich um und läßt sich auf die mittlere Ruderbank fallen. Mit fast übernatürlich wirkender Ruhe streift er seinen Ärmel hoch und ballt die Faust. Während Hans-Georg, Fips und ich immer noch wie gelähmt und tatenlos mit weichen Knien im schwankenden Boot stehen und Folkert beobachten, hat sich Karl-Heinz erhoben und hockt sich neben Folkert hin. Während er sich hinsetzt, hat er seine Hand auf Folkerts Arm gelegt, die das Messer hält, und murmelte Worte, die wir nicht verstehen. Dann rappelt er sich hoch und streckt Folkert seine offene Hand entgegen. Wie im Traum reicht Folkert Anders Karl-Heinz Kraaz das Messer. Dieser gibt es ohne Kommentar weiter an HaGe. Einen Augenblick lang sieht er sehr nachdenklich aus, so als ob er prüfe, ob man das Messer, das in seiner flachen Hand liegt, als Werkzeug nicht doch noch notwendig habe, dann schleudert er es kurz entschlossen in hohem Bogen von sich. Es landet klatschend im Wasser.

Alle Kraft, zu der Folkert Anders bis soeben noch fähig war, scheint ihn ganz plötzlich verlassen zu haben, so plötzlich, wie wenn man über einen Schalter das Licht ausknipst. In sich zusammengefaltet sitzt er mit vornübergebeugtem Kopf auf der Ruderbank. Nur sein keuchender Atem läßt erkennen, welche Anstrengung ihn die Rangelei mit uns gekostet hat. Ich knie vor ihm nieder und rede auf ihn ein. Rechts ist Karl-Heinz Kraaz an ihn herangerückt, links Hans-Georg Wirth.

Ich erzähle Folkert Anders, was ich mir alles vorgenommen habe, wenn ich wieder zu Hause bin: Ich werde ins Lauenburgische fahren und dort in den herrlichen Seen auf Hecht gehen. Die meiste Zeit will ich aber verbummeln, einfach vertrödeln, bis ich mich von dieser unfreiwilligen, schrecklichen Bootsfahrt wieder erholt habe. Einen solchen Ausflug in die nahe Zukunft könne er sich doch auch zurechtlegen. Er habe mir gegenüber sogar einen echten Vorteil. »Hast du uns nicht oft genug von deiner hübschen, langbeinigen Freundin erzählt? Denk mal an das Mädchen.«

Karl-Heinz drückt die Hand wie abwehrend gegen meine Brust. Er unterbricht so meinen Redeschwall. Sein Arm weist nach oben, und seine Lippen bewegen sich, so als wollten sie uns etwas zuflüstern. Ich folge seinem Blick, doch außer einigen aufgeplusterten Wolkenbänken und einigen blauen Flekken am Himmel sehe ich nichts, was einer besonderen Aufmerksamkeit wert wäre.

Jetzt stößt Karl-Heinz auch Folkert und Hans-Georg an, und laut und drängend fragt er, ob wir es denn nicht lesen könnten? Was denn? Wo denn?

Ich betrachte nochmals den Himmel und wende mich dann wieder Karl-Heinz zu: Da ist nichts, gar nichts, das unser Interesse verdient oder das auch nur irgendwie nach einer Schrift, nach Buchstaben aussieht. Könnte ja sein . . . mit etwas Phantasie . . . Sein Blick aus rotumränderten Augen läßt mich erschauern. Die selbstzerstörerischen, morbiden Symptome kenne ich.

Nein . . .! Bitte nicht . . .!

Es darf einfach nicht sein, daß auch Karl-Heinz kurz davor steht, die Übersicht und den Verstand zu verlieren.

Doch dann redet er auch schon weiter und sagt mit einem fast fröhlichen Lachen um die Mundwinkel: »Mensch, prima, dann haben wir's ja bald geschafft!«

Ich fasse ihn mit beiden Händen vorn an der Schwimmweste, rüttele ihn durch und schreie ihn an, daß er diese dummen Späße sein lassen und sich lieber zusammenreißen solle, als uns zu verscheißern. Mit erstaunlicher Kraft schiebt er mich zur Seite und verlangt, daß ich ihm nicht die Sicht versperren solle: »Geh weg, ich kann sonst nicht zu Ende lesen, was das Flugzeug an den Himmel schreibt.«

Wieder packe ich ihn unter den Achseln an der Schwimmweste, zerre ihn hoch und schüttle ihn erneut, so heftig ich nur kann.

Ich schreie – nein, ich heule – mit all meiner Kraft und verzweifelten Wut Worte heraus, die – ich erschrecke selbst davor – fürchtlich konfus sind, so verwirrt und durcheinander, daß ich später nicht einmal mehr weiß, was ich da alles gesagt habe.

Ähnlich wie vorhin schon Folkert Anders läßt sich jetzt auch Karl-Heinz Kraaz auf die Bank fallen und sackt in sich zusammen. Ich schiebe ihn neben Folkert und bitte auch Klaus Fredrichs, sich dazuzusetzen. Doch Klaus reagiert erst, nachdem ich ihm auf die Schulter klopfte. Ich weise ihn nochmals an, was er tun soll.

So sitzen sie jetzt zu viert vor mir auf der Ruderbank. Hans-Georg und Klaus außen, innen, in ihrer Mitte, Folkert und Karl-Heinz, die sie mit ihren Körpern abstützen.

Ich knie noch immer vor ihnen auf dem Boden unseres Bootes. Meine Versuche, meine von Sorgen und Angst strapazierten Gedanken in klare Bahnen zu lenken, scheitern genauso wie vorhin. Ich kann einfach keinen Gedanken mehr zu Ende denken. Worte wirbeln wie in einem Karussell in meinem Kopf herum und Bilder von verzerrten Gesichtern, dämonische Fratzen südostasiatischer Tempel, von dunklen gähnenden Abgründen, die sich unter mir auftun. Doch eine Überlegung drängt sich immer wieder – greifbar klar fast – heraus: »Du darfst nicht einschlafen!« –

Aber was soll ich dagegen tun?

Mein Blick fällt auf den Mast, und mir fällt ein, daß wir ja vorhatten, dort etwas Segelähnliches anzubringen.

Wer kann mir dabei helfen? Die vier vor mir auf der Bank

rühren sich nicht. Sie scheinen in einen abgrundtiefen Schlaf versunken zu sein. Eigentlich müßte es doch ausreichen, wenn ich nicht einschlafe, denn jeder der vier scheint mir mehr als ich belastet worden zu sein. Sie haben physisch wie psychisch ein bißchen Erholung bitter nötig.

Ach so, das Segel ...

Das zuerst abgebrochene Stück der Planke könnte Verwendung als Rah finden, und die Öljacke von Klaus müßte man als Segel zurechtschneiden.

Ich rappele mich hoch und versuche, mit den Resten der Fangleine die »Rah« am oberen Ende des Mastes zu befestigen. Ich bin so eifrig und vertieft in mein Tun, daß ich Hans-Georg Wirth erst bemerke, als er neben mir auf der Ruderbank steht und seine Hände nach dem anderen Ende der Fangleine greifen. Gemeinsam zurren wir die Planke fest und beginnen, mit dem Messer eine Öljacke an den Schultern aufzuschneiden, um auch oben eine möglichst breite Segelfläche herauszuholen. All das verrichten wir schweigend. Die Arbeit geht so flüssig von der Hand – so meinen wir wenigstens –, daß es den Anschein hat, als hätten wir ein solches Provisorium schon etliche Male gemeinsam ausgeführt. Bald ist auch die Öljacke fest. Das Segel an der Rah ist angeschlagen. Da tippt mir Hans-Georg auf die Schulter und winkt mir mit verschwörerisch listigem Blick zu. Ich beuge mich zu ihm hinüber und höre ihn flüstern: »Ob wir die Kameraden wekken sollen, um ihnen zu zeigen, daß die Schnellboote direkt auf uns zulaufen?«

Er legt – behutsam fast – seinen linken Arm um meine Schulter und weist mit seiner rechten Hand querab zu unserem Boot in die See, und ich höre ihn zählen: »Eins – zwei – drei – vier – fünf – sechs ...«

»Halt!« schreie ich ihn wütend vor Verzweiflung an. »Halt, nicht weiter.« Mit vor Erstaunen großen Augen glotzt mich HaGe an und meint, er habe mich doch nur fragen wollen. »Wenn du natürlich meinst, daß wir es besser für uns behalten, bin ich selbstverständlich damit einverstanden! Du bist hier der Boß.« Sagt es, klettert von der Ruderbank und hockt sich langsam und umständlich wieder neben Folkert hin.

Jetzt steige auch ich von der Ruderbank herunter und nehme meinen Platz auf der vorderen Bank am Heck ein. Mein Blick ruht abwartend auf meinen vier Kameraden:

Der einzige, der bis jetzt noch kein dummes Zeug dahergefaselt hat, ist Klaus Fredrichs. Dafür ist er allerdings auch der Kumpel unter uns, der in der lezten Zeit – wie viele Stunden schon? – kein Wort mehr geredet hat. Ist es mit ihm vielleicht schon viel weiter als mit den anderen?

Und wie weit ist es mit mir? Ich finde keine Antwort auf diese Frage, denn wie glitschiges Gelee durch die Finger, so entgleiten die Gedanken meiner Kontrolle. Alle möglichen Worte und Überlegungsfetzen schießen und purzeln in mir wieder wild durcheinander . . .

Ganz deutlich sehe ich jetzt, wie sich die Tür unseres Hauses am Marktplatz öffnet, wie meine Mutter heraustritt und mir zuwinkt . . .

Warum tut sie das? Ich will doch gar nicht weg! Ich bin doch auf dem Weg zu ihr . . . da winkt man doch nicht . . .

Ja, und dort oben aus dem Fenster schaut jetzt auch mein Bruder heraus. Auch er winkt mir zu.

Was soll der Quatsch? Seit wann ist der denn wieder bei uns zu Hause? Und das Fenster, das gehört doch zum Treppenhaus. Es läßt sich doch gar nicht öffnen.

Erbost und irritiert zugleich über soviel Unsinn rufe ich ihnen zu, daß sie diese Albernheiten sein lassen sollen. Meine eigene Stimme reißt mich aus meinen Träumen.

Sie sitzen immer noch zu viert vor mir. Drei haben die Köpfe gesenkt, als ob sie schlafen. HaGe blickt mich an und fragt, ob ich sie jetzt endlich auch entdeckt hätte. Ich sehe in die Runde, und dann erkenne ich sie jetzt auch: die weißen Kämme der langen atlantischen Roller. Wie die Bugwellen von Schnellbooten, so schäumen sie – vom fernen Horizont herkommend – auf uns zu. Dann wandert mein Blick – ohne daß ich es will – zum Himmel hinauf. Jetzt kann auch ich Schriftzeichen erkennen! Die scharfen Konturen der Wolkenränder, hinter denen sich die Sonne versteckt hat, wirken wie verzerrte Buchstaben.

Die Bewölkung ist noch kompakter geworden. Riesige

Wolkenballen ziehen, sich ständig verformend, vor der Sonne dahin. Einige von ihnen haben sich wohl mit Wasser aufgeladen. Sie wirken schwer und träge.

Wasser – dieser Gedanke elektrisiert mich. Ich betrachte nun die Wolken ganz genau und versuche festzustellen, in welche Richtung gerade diese dicken Brocken ziehen.

Wenn wir jetzt Regen bekämen, könnte das für uns die Rettung bedeuten.

Regenwasser!

Der bloße Gedanke allein belebt mich, so daß ich meine, die ersten Tropfen in meinem Gesicht zu spüren.

Jawohl – die dunklen, regenschweren Woken treiben auf uns zu, und da ist schon wieder ein Tropfen, der mein Gesicht berührt. Ich stemme mich hoch und schreie den Kameraden zu, daß es in jedem Augenblick zu regnen anfangen könne und wir gemeinsam aufpassen müssen, so viel wie möglich von diesem Naß zu erhaschen. Auffangen müßte man Regen mit unseren Öljacken. Aber die sind von Salzkrusten überzogen. So lange, bis das Salz von der Oberfläche abgewaschen ist, können wir aber unsere Gesichter in den Wind halten und den Regen mit offenem Mund auffangen. Wir müssen uns nur in die Windrichtung setzen – oder auch stellen – und den Mund weit genug aufreißen.

Nur im Unterbewußtsein registriere ich besorgt, daß die vier gar nicht auf meine Worte reagieren und noch genauso unbeteiligt vor mir sitzen wie eben zuvor. Sie werden schon wach werden, wenn die ersten Tropfen fallen.

Ich drehe mich um und halte mein Gesicht in den Wind.

Dick und schwarz schwebt die Regenwolke dicht über dem Wasser. Sie hebt sich scharfkantig von dem helleren Himmel ab. Sie sieht aus wie ein Halbbogen. Doch das scheint wohl daher zu kommen, daß sie nach einer Seite hin schon abzuregnen beginnt. Zur anderen Seite hin entfaltet sich, in den herrlichsten Farben schillernd, ein Regenbogen. Er sieht aus wie ein von innen heraus beleuchtetes Tor.

Und mitten aus diesem Tor heraus kommt mit mächtig schäumender Bugwelle ein Schiff!

Ein riesengroßes Schiff.

Es überläuft mich heiß und kalt. Es kribbelt in der Magengrube wie von tausend Ameisen. Ich schlage mir mit beiden Händen auf die Augen, um wieder zu mir zu kommen.

Du phantasierst,

du spinnst,

du drehst durch.

Glaube es.

Nein, nein, nein.

Ich darf jetzt – um Gottes willen – nicht auch noch durchdrehen.

Doch ganz deutlich – wie bei klarstem Verstand – erkenne ich, wie hastig an Deck hin und her laufende Leute damit beschäftigt sind, ein Rettungsboot auszufahren. Ich wende mich um. Ich schaue auf die Kameraden und prügele mich wieder und wieder mit beiden zu Fäusten geballten Händen laut schreiend ins Gesicht. Ich sehe die vier ganz deutlich. Erst öffnen sich die Augen, dann starren sie mich fragend an, dann springen sie auf, sehen an mir vorbei in die Richtung, die mich mit dieser Erscheinung narrte.

Immer noch schreiend, drehe ich mich um und sehe es wieder:

Riesengroß, überdeutlich: ein Schiff.

Die eben noch hohe Bugewelle ist in sich zusammengefallen. Da drüben haben sie also die Maschine gestoppt. Schwer in der Dünung dümpelnd, schwoit der Frachter mit seiner Breitseite auf uns zu. So scheint es.

Irgendeiner ruft: SOS . . . SOS. Die anderen, auch ich, fallen ein. Und wir schreien, kreischen, brüllen es jetzt im Chor.

Reicht das aus?

Einer hüpft auf die Bank. Die andern tun es ihm nach. Taumelnd, dem Herzschlag der See folgend, stehen wir auf den Duchten. Einer krampfhaft an den andern geklammert, schwenken wir die Arme und schreien weiter im Chor die Worte, deren Abkürzung so unsagbar große Bedeutung hat: SOS . . . Save our souls.

Immer und immer wieder.

Einer stürzt sich ins Wasser und schwimmt mit wilden Stößen auf das jetzt nur noch etwa 150 m entfernte Schiff zu. Ich fürchte, ich bekomme einen Herzschlag, als ich das sehe, aber nicht verhindern kann. Ich denke an die Haifische, die um unser Boot waren und die bestimmt auch hier zu finden sind.

Dann sind wir plötzlich alle im Wasser. Einen Augenblick zögerte ich . . . nicht der Haie wegen. Egal, dröhnte es in mir, das ist jetzt ganz egal.

Wir schwimmen um unser Leben. Die Wellen gehen noch drei bis vier Meter hoch. Aber ich fühle riesige Kräfte in mir pulsen. Es ist wie ein Rausch.

Glasklar meine ich zu sehen, daß die Männer an Deck des Schiffes aufhören, das bereits ausgeschwungene Rettungsboot zu bemannen. Von vorn bis achtern – in unregelmäßigen Abständen – klatschen an Fangleinen befestigte Rettungsbojen in die See. Eine Jakobsleiter rasselt polternd an der schwarz gemalten Bordwand herunter, wo tiefer unten immer, wenn die dünende See sich senkt, der korrosionshemmende Unterwasseranstrich dunkelrot aufbrennt. Wir pakken die Leinen und die in leuchtendem Orange gestrichenen Bojen und lassen uns zur Leiter hintreiben.

Ein mir überirdisch groß erscheinender Neger mit einer orangefarbenen Schwimmweste um den prallen Bauch hängt unten an den untersten Sprossen. Ich notiere, erschrocken, erstaunt und erheitert zugleich: Das ist der dickste Mann, den ich je sah. Der Dreizentnermann – mindestens – greift mit der freien Hand nach mir . . .

Folkert kommt mir schnaufend in die Quere, und ich höre mich, an den monströsen Ami gewandt, rufen: »Take this one at first.«

Wie einen nassen Hund schnappt der Neger Folkert Anders unter seinen muskelbepackten linken Arm und entert – mit einer Fangleine von einigen seiner Kameraden oben an Deck gesichert und gezogen – die Leiter mit der Rechten nach oben.

Einen Augenblick später schon ist er – katzengleich geschmeidig und schnell – wieder da. Jetzt ist Karl-Heinz dran, der auf die gleiche Weise oben an Deck gelangt. Ihm folgen Fips, dann HaGe.

Ich aber will nicht warten. Ich fühle mich mächtig stark. Da ist ja noch ein Tampen. Ich denke, daß ich es allein schaffe, ehe der Neger wieder unten ist. Immer schön Hand über Hand ziehe ich mich nach oben. Auf halber Höhe rollt eine besonders große See an der Bordwand entlang und schwemmt mich mit hoch. Ich bin schon fast an der Reling. Aber dann sackt die Welle ab. Ich hänge wieder mit meinem ganzen Gewicht am Tampen, habe plötzlich keine Kraft mehr und stürze in die See. Die nächste Welle trägt mich direkt an die Jakobsleiter, an der der freundliche schwarze Riese bereits auf mich wartet.

Oben an Deck scharen sie sich um uns herum. Es sind so an die 30 Mann, wohl die ganze Besatzung einschließlich der Männer aus der Maschine in ihren ölgefleckten Overalls und mit ihrem obligatorischen Stück Werg in der Hand, ein Etwas, das den Schiffsingenieuren so unentbehrlich scheint wie die Stethoskope den Ärzten. Manchen haben einen, einige sogar mehrere Photoapparate vor dem Bauch baumeln. Doch will uns keiner photographieren, wie wir da so erbärmlich mitgenommen an Deck stehen und uns allein nicht mehr auf den Füßen halten können und gestützt werden müssen. Das hört sich immer so gut an, das Wort von der »Kameradschaft auf See«. Wenn man das aber einmal mitgemacht hat, weiß man, was es bedeutet.

Und da ist er auch schon: der Smut mit makellos weißer Jacke. Dem, der ihm am nächsten steht, drückt er, überschäumend vor Fröhlichkeit und Eifer, eine lange Stange mit Pappbechern in die Hand, in die er aus einer großen Blechkanne Tee mit Zitrone einzuschenken beginnt.

Ich strecke die Hand aus. Ein leerer Becher wird auch mir in die Hand gedrückt. Der Koch kommt mit der Kanne, und ich spüre die Kühle des köstlichen Naß durch die dünne Wand des Bechers hindurch. Und ich höre das Plätschern des hineinfließenden Getränks. Wie in einer Großaufnahme sehe ich es perlend in den Becher rinnen. Der Becher ist schnell gefüllt, und etwas von dem kostbaren Naß läuft über den Rücken meiner Hand.

Noch immer halte ich den Arm ausgestreckt. Noch immer starre ich auf den Becher und seinen Inhalt und versuche zu begreifen, was mich wie ein Traum dünkt:

WIR SIND GERETTET.

Langsam schließt sich meine Hand. Der Becher zerknittert, und sein Inhalt ergießt sich zwischen meine Finger und pladdert an Deck ...

Als ich wieder zu mir komme, liege ich, bis unter das Kinn in Decken eingewickelt, in einem warmen, weichen Bett. Vergnügt lachende Gesichter sind über mir. Sofort sind einige Hände da, die behutsam hinterher meinen Kopf, hinter meinen Nacken und meinen Rücken fassen und mir hochhelfen. Ich spüre den Rand eines Bechers zwischen meinen rissigen schmerzenden Lippen und Sekunden später auch das herbsüße Naß über meine Zunge laufen.

Es ist kein Traum,

keine Fata Morgana eines verwirrten Gehirns.

Es ist wahr, wir sind wirklich gerettet.

*

Später wird Folkert Anders in seinem Bericht im STERN unter anderem schreiben: »Aber wir hatten Karl-Otto Dummer an Bord unseres Bootes. Wir hatten ihn als unseren Führer gewählt, und unsere Wahl hätte nicht besser sein können. Dummer war mit den Nerven genauso herunter wie wir. Er war genauso müde, genauso zerschunden und hatte die gleichen schmerzenden Wunden, die das Salzwasser gefressen hatte, wie wir. Aber solange er seine Augen aufhalten konnte, wachte er über uns. Er konnte nicht verhindern, daß einige über Bord sprangen. Dagegen konnte er aber die Disziplin, die Selbstdisziplin von jedem aufrechterhalten, der sich noch nicht aufgegeben hatte. Dabei war es gar nicht so, daß er nun viel sagte oder Befehle erteilte. Er war einfach da und unser Führer. Wir hatten in ihm jemand, dem wir vertrauen konnten. Dieses Gefühl war vielleicht das Wichtigste, es war vielleicht das Gefühl, das uns am Leben hielt.«

*

Als Karl-Otto Dummer und seine vier Schicksalsgefährten

am Montag, dem 23. September 1957, also drei Tage nach dem tragischen Untergang der *Pamir*, durch jenen Dampfer gesichtet wurden, dessen Kapitän, Lars Bodvedt, bereits am 21. aus einer ziemlich entfernten Position und sofort und ohne zu zögern Kurs auf das Unfallgebiet genommen hatte, war es genau 08.38 Uhr MGZ. Als Position, auf der man das hölzerne Rettungsboot Nr. 5 mit den fünf Überlebenden entdeckte, wurden 35.34 Nord und 40.21 West in das Journal der in New York beheimateten *Saxon* eingetragen, während die letzte gefunkte Position der *Pamir* mit 35.57 Nord und 40.20 West vermerkt worden war. Die Überlebenden wurden am nächsten Tage von dem US-amerikanischen Truppentransporter *Geiger* unter Kapitän Hermann W. Lotz übernommen und von diesem Schiff nach Casablanca gebracht.

An diesem nächsten Tage, am Dienstag, dem 24. September, an dem übrigens der deutsche Dampfer *Nordsee* auf der Position 37.15 Nord und 40.7 West ein unbemanntes Schlauchboot der *Pamir* fand und an Bord nahm, sichtete die *Absecon*, ein Schiff der US-Coast-Guard, um 16.41 Uhr MGZ das hölzerne Ruderboot Nr. 2. Der einzige Überlebende, der aus diesem Boot, in dem am Abend vorher von insgesamt 22 Überlebenden noch zehn Mann am Leben waren, herausgeholt werden kann, ist der 20 Jahre alte Leichtmatrose Günther Haselbach aus Kiel, der bei seiner Sichtung rittlings auf der Reling des völlig überfluteten Bootes saß. Auch hier wird außer dem Überlebenden auch das Rettungsboot an Bord genommen.

Daß die Nummer 2 genauso wie das Boot Nr. 5 praktisch abgesoffen war und nur noch auf seinem Holz schwamm, hatte seine Ursache in den verschieden großen Löchern, die beim Aussetzen des in der überkommenden See schwer arbeitenden Bootes durch die kantigen Klampen in den Bootsboden gestanzt worden waren. Das Boot, an das sich Günther Haselbach unmittelbar nach dem Untergang der *Pamir* rettete, war zunächst über etwa zwei Stunden kieloben getrieben, ehe es den 22 Mann glückte, es zu drehen und zu richten. Haselbach berichtet in [1] im Wortlaut: »Es stand noch immer eine ziemlich schwere See. Das Boot kenterte noch mehrere Male, ohne daß jemand verlorenging.

Wir erreichten nachher eine gewisse Übung im Ausgleichen der Wellenbewegungen. Es war etwa gegen 22.00 Uhr, als wir die ersten Dampferlichter sahen. Wir waren alle recht hoffnungsvoll und glaubten sicher, daß wir spätestens am nächsten Morgen aufgepickt werden würden. Dann stellten wir fest, daß die beiden Wasserfässer nicht im Boot waren. Der Seenotproviant war jedoch vorhanden.

In dieser ersten Nacht starben drei Kameraden. Offenbar hatten sie viel Wasser geschluckt. Wir untersuchten die Kiste mit den Notsignalen. Wir waren sehr betroffen, als wir feststellen mußten, daß außer der Orange-Rauchboje nichts mehr zu verwenden war. Es war alles komplett naß, und eine Möglichkeit, die Feuerwerkskörper zu trocknen, bestand nicht.

Am Sonntag morgen versuchten wir, mit Hilfe des Bootssegels die vier großen Löcher abzudichten. Der größte Teil von uns war aber schon derartig geschwächt, daß es nicht möglich war, die Löcher abzudichten. Zu diesem Zeitpunkt bemerkten wir erstmalig ein Flugzeug. Es war jedoch so weit entfernt, daß es uns nicht bemerkte. Etwa eine Stunde später sahen wir in fünf Meilen Abstand einen Tanker. Wir öffneten das Rauchsignal, es funktionierte jedoch nicht.

Wir richteten einen Bootshaken und einen Riemen mit einem roten Stück Segeltuch im Boot auf. Das war unsere letzte Hoffnung.

Nach und nach starben die Jungen dahin.

Still und ruhig, ohne großes Geschrei.

Am Dienstagmorgen, also am 24. September, waren wir noch acht Mann im Boot. In der vergangenen Nacht hatten wir noch zahlreiche Schiffe gesehen.

Um das Trinkwasser zu ersetzen, kauten wir die Spitzen des Golfkrauts. Es war jedoch keine merkliche Linderung zu spüren.

Im Laufe des Tages ging dann einer nach dem anderen über die Seite.

Nachdem ich etwa zwei Stunden allein im Boot gesessen hatte, sah ich in der Ferne ein weißes Fahrzeug auf mich zukommen. Wie ich später feststellen konnte, handelte es sich um den US-Coast-Guard-Cutter *Absecon*. Der Offizier Elmer B. Watson von Portsmouth, Virginia/USA, hatte mich genau unter der Sonne mit seinem Glas entdeckt. Nach etwa 72 Stunden wurde ich mit einem Ruderboot des Kutters an Bord der *Absecon* gebracht.

Nachdem ich fast alle Hoffnung aufgegeben hatte und dann die erste ärztliche Hilfe bekam, kam mir das Ungeheuerliche der vergangenen Stunden erst zum Bewußtsein: der Untergang des Schiffes,

die sterbenden Kameraden,

die Haifische, die das Boot ständig umlauerten,

der Mangel an Trinkwasser angesichts der großen Wassermenge ...

Wegen einer bedrohlich aussehenden Fleischwunde wurde ich am Donnerstag, dem 26. September im Hospital der *Antilles*, eines französischen Passagierdampfers, aufgenommen.

Mein Befinden besserte sich von Tag zu Tag, und ich hoffe, vom nächsten Hafen, Puerto Rico, aus nach Hause fliegen zu können.

Aufgeschrieben an Bord der *Antilles* am 27. September 1957.«

Ergänzend erklärt Haselbach später, daß sich in diesem Boot auch der II. Offizier Johannes Buscher und der I. Ingenieur Kurt Richter befunden hätten. Das Boot sei noch vollständig ausgerüstet gewesen, insbesondere hätten sie Riemen gehabt, mit denen sie auch gerudert hätten. Mit Hilfe dieser Riemen sei es ihnen auch gelungen, mit dem dicht an der gekenterten *Pamir* treibenden Boot unter Schwierigkeiten freizukommen. Die beiden Wasserfässer seien beim mehrfachen Kentern schon am ersten Nachmittag verlorengegangen. Die Holzschrauben, mit denen die Lufttanks befestigt waren, hätten sich allmählich gelockert. Den Treibanker hätten sie nach vorn ausgebracht, er habe aber seinen Zweck, den Bug gegen die See zu halten, nicht erfüllt. Dagegen hätten sie das Boot mit Hilfe der Riemen gegen die See halten können. Er, Haselbach, und der Leichtmatrose Jürgen Schmitz seien vom II. Offizier Buscher als Bootsführer eingesetzt worden. Als in der ersten Nacht Dampferlichter gesichtet wurden, hätten sie den Kasten mit den Notsignalen unter der Ducht herausgenommen und versucht, die Fallschirmsignale und die Rotfeuer in Gang zu setzen. Es sei jedoch unmöglich gewesen, sie zu entzünden, da sie vom Wasser durchweicht waren. Am nächsten Tag hätten sie, als sie ein Schiff sahen, eine Rauchboje geöffnet. Sie habe aber ebenfalls nicht funktioniert. Auch halte er es für möglich, daß zunächst noch ein drittes Boot vorhanden gewesen sei.

Kommentar überflüssig, bleibt hier nur zu sagen, denn es steht doch außer Frage, daß bei gegen jeden Seeschlag (und auch gegen ein Kentern) gesicherten und absolut wasserdicht verpackten Seenotsignalmitteln eine Rettung praktisch aller Überlebenden möglich gewesen wäre (abgesehen von den Problemen mit den Wasserfässern, den Konservendosen ohne Dosenöffner bzw. ohne »Reißverschluß« usw.).

Später, vor dem Seeamt in Lübeck, wird es (in [1] Seite 323) wortwörtlich heißen, nachdem der Vorschlag erging, anstelle der hölzernen Rettungsboote »im Zeitalter der Kunststoffe« solche aus elastischerem, bruch- und splittersicherem Material zu bauen[166]: »Die Ausrüstung der Rettungsboote ist nach den Feststellungen der Seeberufsgenossenschaft in Verbindung mit den Bekundungen der Überlebenden vollständig und vorschriftsmäßig gewesen. Ihre Befestigung in den Rettungsbooten aber ist den Beanspruchungen nicht gewachsen gewesen, was übrigens auch für die Luftkästen zu gelten hat . . .«[167]

Hier noch Einzelheiten über die wohl größte Rettungsaktion aller Zeiten,[168] die nach den SOS-Signalen der *Pamir* eingeleitet wurde und an der über eine sieben Tage und Nächte andauernde Suchaktion 60 Schiffe von 13 Nationen sowie die von der »Comusforaz« in Zusammenarbeit mit der *Absecon* gelenkten Flugzeuge teilgenommen haben.

Nach dem letzten 12.03 Uhr Bordzeit (15.03 MGZ) ausgestrahlten Funkspruch der *Pamir*, den die *President Taylor*, der in San Francisco beheimatete, 7962 BRT große amerikanische Frachter, aber infolge der bereits erwähnten Fremdstörungen nicht mehr aufnehmen konnte, wird der Notverkehr zunächst von diesem Schiff geleitet. Um 12.24 (15.24 MGZ) wendet sich die *President Taylor* blind, das heißt ohne Erwartung auf eine Antwort, mit einer Mitteilung an die *Pamir*, in der es heißt: »ich laufe mit höchstgeschwindigkeit auf sie zu – voraussichtliche ankunft 19.00 uhr mgz« (16.00 BZ). Diese Meldung wird um 15.57 Uhr MGZ (12.57 BZ) noch einmal wiederholt. Wiederholt wird in geringen zeitlichen Abständen auch der SOS-Ruf der *Pamir*. Um 16.52 Uhr MGZ (13.52 Uhr BZ) übernimmt auf Bitten der *President Taylor* die *Tank Duke*, die sich, wie bekannt, seit 14.15 Uhr MGZ (11.15 Uhr BZ) eingeschaltet hat, vorübergehend die Leitung des Seenotverkehrs. Der Tanker hat die Positionen vieler Schiffe aufgenommen und deren Kapitäne gebeten, zunächst abzuwarten, bis die *President Taylor* die Leitung des Verkehrs wieder übernehmen würde. Es ist 17.17 Uhr MGZ (14.17 Uhr BZ), als die *President Taylor* den Commander Air Sea Rescue unterrichtet, daß sie die Funkverbindung mit der *Pamir* verloren hätte, gleichzeitig bittet die Schiffsführung, sich mit Flugzeugen an der Suche zu beteiligen. Wenig später, um 18.00 MGZ (15.00 BZ) übernimmt die *President Taylor* wieder den Notverkehr. Um 18.18 Uhr MGZ (15.18 Ortszeit) fordert der liberianische Frachter *Penn Trader*, der um 13.36 Uhr MGZ (10.36 Ortszeit) den ersten Alarmfunkspruch der *Pamir* aufnahm, den in eincm Abstand von 160 sm mit einer Fahrt von neun Knoten abstehenden 9502 BRT großen norwegischen Motortanker *Jaguar* noch auf, seine Reise fortzusetzen. Denselben Rat erhält auch der Kapitän der deutschen *Anita*, die jetzt 360 sm absteht. Ungeachtet dessen läuft Kapitän Sewenig mit seinem kleinen Schiff, das am 19. Oktober gerade mit Mühe dem Hurrikan CARRIE entkommen war, auf die gefunkte Katastrophenposition zu. Um 18.39 Uhr (15.39 Uhr Ortszeit [=OZ] meldet sich der US-Coastguard-Cutter *Absecon*[169], der – zusammen mit dem auf den Bermudas stationierten US-Coastguard-Cutter *Ingham* – bereits seit 16.20 Uhr MGZ (13.20 OZ) auf die von der *President Taylor* gefunkte *Pamir*-Seenotposition mit 18.2 kn Höchstfahrt zuläuft, indessen aber noch 360 sm absteht, mit der Anfrage, wie viele Schiffe zur Unfallstelle bereits unterwegs wären. Die *Penn Trader* antwortet sofort: »zwei, soviel ich weiß« (nämlich die *Penn Trader* selbst und die *President Taylor*).

Nächst der *Absecon*, die erst in den Mittagsstunden des nächsten Tages vor Ort eintreffen kann, ist der kanadische Zerstörer *Crusader*[170] seit (etwa) 16.00 Uhr MGZ (13.00 Uhr OZ) auf Kurs gegangen. Das 32 Knoten schnelle Schiff wird in den frühen Morgenstunden des nächsten Tages erwartet.

16.12 Uhr MGZ meldet die hamburgische *Parthenon*, die sich auf Kurs zur Unfallstelle befindet, daß außer der *Penn Trader* und der *President Taylor* auch die *Jaguar* und die *San Sylvestre* und die (aber noch nicht eingetroffene) *Crusader* suchen würden.

19.18 Uhr MGZ (16.18 OZ) handelt der Kapitän der *Penn Trader*: Sein Funker gibt ein FT an alle: »alle schiffe im umkreis von 200 meilen von der pamir-position 35.57 nord × 40.20 west müssen sofort zu hilfe kommen und nach überlebenden suchen.«

Um 19.00 Uhr MGZ ist es auch, daß der Funker des britischen Frachters *Manchester Trader* einen verstümmelten Funkspruch aufnimmt, der nach seiner (wie wir heute wissen, irrigen) Meinung nur von der *Pamir* stammen könnte: »vormast bei schwerer see gebrochen.«

20.10 MGZ (17.10 Uhr OZ, es ist also noch hell) meldet die *President Taylor*, an der Unfallstelle eingetroffen zu sein, und daß sie diese absuche. Dieser Funkspruch wird später korrigiert, da er offenbar auf einer falschen Positionsberechnung beruhte. Zur gleichen Zeit ändert der größte Hochseeschlepper der Welt, die *Zwarte Zee*, die aus den Azoren ausgelaufen war, um einen Schleppzug zu übernehmen, ihren Kurs und läuft, obwohl 950 Seemeilen vom Katastrophenplatz entfernt, auf die zuletzt gemeldete Position der *Pamir* zu.

20.26 Uhr MGZ (17.26 Uhr OZ) funkt die *President Taylor* erneut blind in der Hoffnung, daß wenigstens die Empfangsanlage auf der *Pamir* noch arbeitet: »schiffe suchen jetzt in ihrem seegebiet × see- und luftstreitkräfte unterrichtet.«

Daraufhin kündigen einige Schiffe, unter diesen die *Abse-*

con, ihr Erscheinen an der Unfallstelle bereits für die Nachtstunden an.

21.25 Uhr MGZ (18.25 Uhr OZ) funkt die *Penn Trader*, sie habe die Suche im Unfallgebiet aufgenommen. Die *President Taylor* antwortet: »wir werden uns in einer halben stunde beteiligen.«

21.44 Uhr MGZ (18.44 Uhr OZ) funkt die *President Taylor* an alle: »wetter im unfallgebiet barometer 29.73 stetiger nowind stärke sieben bis acht × wolkig × gute sicht × sehr rauhe see × sehr schwere nordostdünung × luft 70/63 see 74.«

22.10 Uhr MGZ (19.10 Uhr OZ) wendet sich die *Penn Trader* an die *President Taylor*: »flackerndes licht von position 35.53 nord 40.17 west × peilung 250 rw gesichtet.«

22.36 Uhr MGZ (19.36 Uhr OZ) ruft die *Penn Trader* erneut die *President Taylor*: »noch ein flackerndes licht gesichtet × peilung 272 von position 35.53 nord 40.22 west.«

Um 22.45 Uhr MGZ (19.45 Uhr BZ) kündigt der kanadische Zerstörer *Crusader* sein Eintreffen für 02.30 Uhr MGZ(23.30 Uhr OZ) an.

23.10 Uhr antwortet die *Penn Trader* auf eine Anfrage der *President Taylor*: »die lichter kommen aus zwei punkten ×wir fahren jetzt auf das zuletzt gesichtete zu.«

04.19 Uhr MGZ (01.19 Uhr OZ) des 22. September strahlt die *Penn Trader* eine neue XXX-Meldung an alle aus: »alle schiffe im umkreis von 200 meilen von der pamir-position 35.57 nord 40.20 west müssen zur hilfeleistung nach überlebenden fahren × kapitän.«

05.45 Uhr MGZ (02.45 Uhr OZ) meldet u. a. der britische Frachter *Tacoma Star* (7197 BRT): »habe mit president taylor und penn trader verbindung × beide schiffe haben nichts gefunden × wir suchen weiter.«

Der weitere Funkverkehr bezieht sich ausschließlich auf die allmählich einsetzende planmäßige Suchaktion, die nunmehr in der Nacht vom 21. zum 22. September beginnt und zunächst – und zwar ab 07.30 Uhr MGZ (04.30 Uhr OZ) – für kurze Zeit von dem inzwischen eingetroffenen Zerstörer *Crusader* gelenkt wird, der um die genannte Zeit vier Handelsschiffe in ihre Suchgebiete einweist.

Der Einsatz von Flugzeugen wird in den ersten 24 Stunden durch den über die Azoren hinwegziehenden Hurrikan stark behindert. Nur ein Flugzeug konnte zu einem Suchflug gestartet werden. Ab mittags (MGZ) jedoch können in zunehmendem Maße portugiesische und vor allem US-amerikanische Suchflugzeuge eingesetzt werden; gleich am ersten Tag sind es elf Maschinen.

Um die Mittagsstunde des 22. September, um 12.46 MGZ nimmt Portishead Radio (England) den Funkspruch des 2659 BRT großen Hamburger Motor-Kühlschiffes *Parthenon* der Afrikanischen Frucht-Companie Laeisz & Co auf: »englischer turbinentanker san sylvestre hat rettungsboot zu steuerbordseite gesichtet.«

12.45 Uhr MGZ (09.45 Uhr OZ) heißt es weiter: »rettungsboot beschädigt × es ist kraweel beplankt × deutlich ist lübeck als heimathafen zu erkennen.«

13.41 Uhr MGZ (10.41 Uhr OZ) meldet der 10935 BRT große Tanker: »rettungsboot an bord genommen × position 35.38 nord 40.24 west.«

15.00 Uhr MGZ (12.00 OZ) funkt die *San Sylvestre* (nach einer Meldung der US-amerikanischen Coastguard): »bug des rettungsbootes wie von fallenden masten abgeschlagen × ruder noch binnenbords festgebunden und nicht eingehängt × boot möglicherweise vor havarie von bord gerissen.« (Diese Meldung wird später zu den auch in der deutschen Presse veröffentlichten Vermutungen der Anlaß sein, daß der Vortopp der *Pamir* in der letzten Phase beim Kampf mit den Hurrikangewalten abgeknickt sei.)

Bei dem Rettungsboot handelt es sich um das vor dem Kentern von der See über Bord gewaschene Boot Nr. 6. Der Fundort liegt zwar 20 Seemeilen südlicher. Er ist aber die erste Bestätigung dafür, daß die von der *Pamir* angegebene Position ungefähr zutrifft.

Um die Mittagszeit des 22. September ist es auch, daß die *Absecon* von der *Crusader* die weitere Leitung der Rettungsaktion übernimmt.

Inzwischen hat das Bundesverkehrsministerium Bonn in Hamburg einen 24-Stunden-Dienst der beiden hier ansässigen nautischen Referate eingerichtet. Diese Stelle hält laufend Verbindung u. a. mit Norddeich-Radio, der »Stiftung ›Pamir‹ und ›Passat‹«, der Reederei Zerssen & Co., dem VDR (Verband Deutscher Reeder), den Presseagenturen und vor allem der Rettungszentrale der US-amerikanischen Luftwaffe in Wiesbaden. Sie läßt über das Auswärtige Amt und die deutsche Botschaft in Washington sowie das deutsche Konsulat auf den Azoren die Bitte übermitteln, die Suchaktion so intensiv und so lange wie nur irgend möglich durchzuführen. Über den VDR läßt sie einen Funkspruch an alle im Nordatlantik stehenden deutschen Schiffe ausstrahlen, in dem diese unter Hinweis auf das gefundene Rettungsboot aufgefordert werden, das Unfallgebiet anzusteuern.

Am Abend des 22. sind nach einem Norddeich-Radio-Gespräch des Hamburger Abendblattes [29] mit dem Kapitän der *Parthenon*, Johannes Behrens, Hamburg-Finkenwerder, 15 Schiffe an der Suche beteiligt.

Am 23. September findet dann um 08.38 MGZ (05.38 Uhr OZ) der New Yorker Dampfer *Saxon*, der kurz vorher im Unfallgebiet eingetroffen ist, das Rettungsboot Nr. 5 mit den fünf Überlebenden,[171] die am nächsten Tage schon von dem US-Navy-Transporter *Geiger* übernommen und von diesem nach Casablanca gebracht werden.

Am Dienstag, dem 24. September, an dem, wie bereits berichtet, in den Abendstunden noch ein sechster Überlebender, der Leichtmatrose Günther Haselbach, gefunden und gerettet wird, geht die Suche mit mehr oder weniger großer Hoffnung unvermindert weiter. Im Hamburger Abendblatt vom 24. September [30] ist darüber zu lesen:

»Dienstag, 01.41 Uhr: Ein Schiff unbekannter Nationalität will rote Raketen auf der Position 34.58 Nord 39.42 West gesehen haben. Es ist nicht bekannt, wer die Raketen abgeschossen hat. Als heute der neue Tag anbrach, starteten zwölf Maschinen der amerikanischen 57. Flugnotstaffel von dem Flugplatz Lages Field auf der Azoreninsel Terceira, um das Seegebiet abzusuchen.

Gestern abend berichtete Major Charles Taylor vom Flugnotdienst bei dem US-Luftwaffenhauptquartier in Wiesbaden: ›Am Montag morgen 1.45 Uhr[172] hat eine unserer Maschinen, die von den Azoren gestartet war, auf der Position 35.40 Nord 41.05 Grad West blasse orange-rote Lichtsignale ausgemacht. Sechs Flugzeuge vom Typ ‚FC 54' nahmen die Suche in dem angegebenen Gebiet auf. Sie kämmten es während des Tages mehrmals gründlich mit Radargeräten ab, konnten aber keine Spur von der *Pamir* entdecken. Nach Ansicht des amerikanischen Flugnotdienstes deutet diese Tatsache darauf hin, daß die Notsignale nicht von einem Schiff ausgegeben wurden, sondern von Rettungsbooten oder Rettungsflößen stammen, die auf dem Radarschirm nicht registriert werden.‹

Das US-Luftwaffenhauptquartier in Wiesbaden steht in ständiger Funkfernschreibverbindung mit dem Hauptquartier auf den Azoren. Major Taylor sagte: ›Wir werden weitersuchen, solange auch nur die geringste Chance besteht, noch Überlebende zu finden. Die Suchflugzeuge vom Typ ‚FC 54' fliegen einzeln in einer Höhe von etwa 250 m über dem Meer die ihnen zugewiesenen Planquadrate ab. Aus dieser Höhe können Flöße und Rettungsboote bei einigermaßen guten Sichtverhältnissen mit bloßem Auge ausgemacht werden.‹ Die Maschinen haben eine Besatzung von sieben Mann. Außer zwei Piloten und einem Navigationsoffizier befinden sich vier Beobachter an Bord.

Auf den Azoren hält sich das Gerücht, daß die *Pamir* nicht mehr zu finden ist. ›Wenn sie noch schwämme, hätten die Amerikaner sie längst entdecken müssen‹, sagt man auf den portugiesischen Inseln . . .

Seit heute morgen hat sich das Wetter an der Unglücksstelle, 600 Seemeilen südwestlich der Azoren, weiter gebessert. Die Schiffe, die an der Suchaktion beteiligt sind, melden nur noch Windstärke 4 und etwa zwei Meter hohe Wellen. Die Sicht ist trotz heftiger Schauer recht gut. Auf den Azoren, über die der Hurrikan am Sonntag abend hinweggetobt war, registrierte man heute (also am 24.) mittag Windstärke 3 und ebenfalls klare Sicht. Die Wassertemperatur wird im Seegebiet der Azoren mit 23 bis 24 Grad angegeben.«[173]

Am 25. September werden von Flugzeugen und Suchschiffen auf der Position 35.35 Nord 40.16 West auf einer Fläche von über 5 sm im Quadrat Holzteile und viele Schwimmwesten[174] gefunden. Eine Untersuchung der Schwimmwesten ergibt, daß sie offenkundig von Seeleuten der *Pamir* benutzt worden sind. Die Schwimmwesten sind »vorschriftsmäßig« vorn zusammengebunden, ihre Träger müssen aber bei einem mit einer Ohnmacht verbundenen Schwächeanfall aus dem Rettungsmittel unten herausgeschlüpft sein, bzw. die auftreibenden Schwimmwesten sind den Trägern bei hochgedrückten Armen über den Kopf gerutscht. In zwei Schwimmwesten werden sogar Spuren von menschlichen Körpern gefunden. Die Erwähnung dieser Fakten in [1] schließt mit der Feststellung: »Viele Haie wurden gesichtet.«

Als bekannt wird, daß der US-amerikanische Einsatzleiter beabsichtigt, die Suchaktion am 25. September mit Tagesende als aussichtslos einzustellen, bittet das Bundesverkehrsministerium die zuständige Dienststelle in Wiesbaden, die Suche nach Möglichkeit weiter fortzusetzen und die weitere Einsatzleitung auf der *Absecon* zu belassen. Die deutschen Schiffe erhalten durch Funkspruch eine entsprechende Aufforderung. Daraufhin wird die systematische Suche bis zum Tagesende des 28. September fortgesetzt. Trotz sehr guter Wetterverhältnisse im Katastrophengebiet werden aber nur noch einzelne Trümmerteile gefunden. Wenn auch die von den Amerikanern gelenkte Suchaktion damit ihr Ende findet, so werden die deutschen Schiffe am 28. September durch Funkspruch angewiesen, bei Berühren des Unfallgebiets weiterhin verstärkten Ausguck zu halten. Über Norddeich-Radio wird an diesem Tage das nachstehende Danktelegramm in englischer und deutscher Sprache ausgestrahlt: »An alle Schiffe und Flugzeuge: Allen Besatzungen der Seeschiffe und Luftfahrzeuge, die anläßlich des Verlustes des Segelschulschiffes ›Pamir‹ an den Such- und Rettungsaktionen beteiligt waren, spreche ich für ihren aufopferungsvollen Einsatz im Namen der Bundesrepublik Deutschland herzlichsten Dank und besondere Anerkennung aus.

gez. Der Bundesminister für Verkehr,
Dr.-Ing. Seebohm.«

Am gleichen Tage übermitteln die deutschen Vertretungen in den USA, in Großbritannien und auf den Azoren den beteiligten Fliegerkommandos herzlichsten Dank für ihren selbstlosen Einsatz.

Dem abschließenden Tätigkeitsbericht des Kommandanten der *Absecon* ist u. a. zu entnehmen, daß die überfluteten Rettungsboote »wie Seetang« an der Oberfläche geschwommen wären und daher sehr schwer auszumachen gewesen seien. Während der ersten Tage sei die See noch sehr rauh gewesen, was die Suche nach tiefliegenden Objekten erheblich erschwerte.

Die Praxis sah so aus, daß alle Handelsschiffe innerhalb eines Umkreises von 200 sm aufgefordert wurden, sich für die Suchaktion anzumelden. Im Durchschnitt setzte sich jedes Schiff für ein oder zwei Tage bei der Suche ein. Einige Schiffe blieben sogar mehr als drei Tage dabei. Das Kommando der *Absecon* war der Auffassung, keine Ermächtigung zu haben, ein Schiff festzuhalten oder zu weiterem Verbleib aufzufordern, wenn es aus diesem oder jenem Grund die Fahrt fortzusetzen wünschte ...

Im Schnitt befanden sich von den insgesamt 60 Schiffen[175] von 13 Nationen täglich 10 bis 15 im Einsatz. Andererseits erfolgten die An- ud Abmeldungen auch zu allen Tageszeiten. Das Problem war daher: Wie läßt sich während der zeitlich begrenzten Teilnahme der einzelnen Schiffe der größte Wirkungsgrad erzielen? Es wurde nun bei der Suche nach Überlebenden der *Pamir* nachstehendes System angewandt:

Das Suchgebiet wurde in 3 sm breite und 30 bis 40 sm lange Streifen aufgeteilt. Jedes Schiff wurde einem Streifen zugeordnet und gebeten, den Streifen in beiden Richtungen mehrfach abzulaufen, sofern keine anderslautenden Weisungen ergingen. Meldete sich ein Schiff ab, wurde das danach ankommende in den freigewordenen Streifen eingeordnet. Versprach ein bestimmter Teil des Suchgebietes größere Aussichten, wurden zwei Schiffe in derartige Streifen eingewiesen. Je nach den Erfordernissen wurde das Suchgebiet an den einzelnen Tagen nach Norden oder nach Süden verschoben, indem die Grenzen der Breite nach geändert wurden. Das

Gebiet wurde auch nach Osten oder nach Westen zu verlagert, indem zusätzliche Streifen in der entsprechenden Richtung angefügt wurden.

Das Leitschiff selbst übernahm keinen Suchstreifen. Es blieb frei, um im Mittelpunkt des Unfallgebietes suchend auf und ab zu fahren und um den von der Luftaufklärung gemeldeten Einzelheiten nachzugehen.

Nach zweitägiger Anwendung dieses Systems wurden Streifen dann in der Ostwestrichtung abgefahren und die allgemeine Suchaktion nach den aufgefundenen Trümmern, beschädigten Booten und Schwimmwesten ausgerichtet.

Dieses Verfahren hatte den Nutzen, daß den Schiffen vor ihrer eigentlichen Ankunft im Aktionsgebiet Mitteilungen über die Suche und über das jeweils in Frage kommende Suchgebiet gegeben werden konnten. Die Schiffe konnten also gleich bei ihrem Einlaufen in das Unfallgebiet mit der Suche beginnen, ohne auf andere Schiffe oder das Tageslicht warten zu müssen.

Jeden Abend wurden die Suchstreifen für den nächsten Tag zusammengefaßt, so daß jedes Schiff über seinen Nachbarn informiert war und auch seine Navigation überprüfen konnte. Es wurde angenommen, daß jedes Schiff seinen Suchstreifen etwa dreimal während der Tagessicht abfahren konnte.

Das System hat sich gut bewährt, wenn alle Schiffe bei der Morgendämmerung am gleichen Ende des Suchgebiets begannen. Jedoch ging die Gleichmäßigkeit der Suchaktion verloren, wenn Schiffe stoppten, Suchkreise abfuhren oder gesichtete Gegenstände näher untersuchten. Da die Schiffe jedoch die Koordinaten ihres Suchstreifens kannten, wurde angenommen, daß sie die Suche in dem ihnen zugewiesenen Streifen fortsetzen würden. Allerdings verlangte das Suchen auf Koordinaten eine sehr genaue Navigation, und Loran-Schiffsorte[176] sind in diesem Seeraum schlecht zu bekommen. Aber ein klarer Himmel erlaubte vom zweiten Tag der Suche an eine ständige astronomische Navigation.

Als die Suche begann, pflegten die Schiffe ihren Suchstreifen auch nachts abzufahren. Später jedoch, als die Wahrscheinlichkeit des Überlebens immer geringer geworden war, wurde – auf Wunsch – erlaubt, nachts gestoppt zu liegen, um Brennstoff zu sparen. Alle Schiffe berichteten unverzüglich an die *Absecon*, wenn sie etwas sahen, aufnahmen oder identifizierten.

Der Kommandant der *Absecon* sagt weiter im Wortlaut: »Eine der Erkenntnisse, welche die Suche ergeben hat, ist, daß wir nicht so weit sehen konnten, wie wir geglaubt hatten. Der Überlebende, der in einem vollgeschlagenen, dunkelfarbigen Rettungsboot von der *Absecon* gesichtet wurde (gemeint ist Günther Haselbach), war kaum auf 250 Yards[177] Entfernung zu sehen. Daher erscheint bei gegebener wechselnder Sichtweite ein Schiffsabstand von höchstens 1500 Yards richtig zu sein. Nachts bei Ausguck nach Signalfeuern oder tags bei völlig ruhiger See dürfte ein Abstand von höchstens nur noch 3 sm zulässig sein, wenn größere Seegebiete erfaßt werden müssen.

Der Gedanke, daß alle Schiffe bei der Abenddämmerung am gleichen Ende ihres Suchstreifens ankommen, hat vieles für sich. Dadurch wird den Schiffen nicht nur eine Navigationskontrolle ermöglicht, sondern auch für das Leitschiff ein guter Überblick über die Suchgruppe gegeben, um die Frage des Zwischenraums zu überprüfen und die Teilnehmer zu zählen. Es erlaubt auch Flugzeugen, vor der Gruppe herzufliegen und gesichtete Gegenstände mit Rauchsignalen und Farbkörpern zu bezeichnen.«

Auch die Kapitäne einiger an der Suchaktion beteiligt gewesener deutscher Schiffe lieferten Erfahrungsberichte. Sie bezeichnen die Organisation übereinstimmend als sehr gut, raten indessen aber zu der Überlegung an, in künftigen Fällen einer gemeinsamen Suchaktion nicht alle Schiffe in einer Staffelung fahren zu lassen. Dabei sollte der Abstand je nach Seegang und Sichtweite vergrößert oder verringert werden. Alle Fahrzeuge sollten sich möglichst nach einem Leitschiff ausrichten. Dabei solle zur Kontrolle des Abstandes das Radar Verwendung finden.

Übereinstimmend gehen alle Erfahrungsberichte dahin, daß treibende Rettungsringe in ihrem weißroten Anstrich über eine große Entfernung sichtbar gewesen seien. Die naturlackierten hölzernen Rettungsboote und das graue Schlauchboot[178] sowie überhaupt alle sonstigen Trümmer seien nur auf sehr geringe Entfernung zu erkennen gewesen.[179]

Das Echo, das die SOS-Meldung vom 21. September am 22. September in der Presse und im Rundfunk auslöst, zeugt von tiefer Erschütterung, von echter Anteilnahme. Die »Welt am Sonntag« [34] berichtet in großer Aufmachung auf der Seite eins: »Nächtliches Drama mitten im Atlantik • Deutsches Segelschulschiff *Pamir* funkt SOS! Wir sinken. Mit 93 Mann an Bord!« Im inneren Teil befaßt sich das Blatt ausführlich mit der Geschichte des Schiffes.

Am Montag, dem 23. September, werden die Titelseiten der Presse nur von einem Thema beherrscht: Segelschulschiff *Pamir*. In der »Welt« mit: »Keine Hoffnung mehr für die *Pamir*« [31]. Der Leitartikel von Claus Lafrenz heißt: *Pamir*. Die Innenseiten der »Welt« widmen sich sehr ausführlich der *Pamir* und ihrem Lebensweg. Sie bringen auch Berichte über den Verlust anderer Segelschulschiffe. Die millionenleserstarke »Bild-Zeitung« [32] weckt keine Hoffnungen mit ihren Schlagzeilen auf der Titelseite: »Die *Pamir* im Atlantik verschollen • 88 Mann an Bord • England flaggt halbmast •.« Im Textteil heißt es unter anderem: ». . . Aber unsere Herzen werden geschüttelt von der blassen Angst, daß mit dem deutschen Segelschulschiff *Pamir* 51 blutjunge deutsche Schiffsjungen, die das Meer zu ihrem Beruf gewählt haben, vom atlantischen Orkan verschlungen sein könnten . . . 51 frische, hoffnungsfrohe Jungens von 17 Jahren etwa, aus fast allen Gauen des Bundes, von Göttingen und Bonn, von Lüneburg und Osnabrück, von Braunschweig und Bremerhaven, von Bremen und Hamburg. Ja – welch eine Fügung des Schicksals! – Jungen auch aus Danzig und Dresden und dem zerrissenen Berlin. Das aufgewühlte Meer mit seinem grausamen Griff macht keinen Unterschied zwischen Ost und West . . .«

Und als letzte Meldung heißt es in [32] entmutigend: »Ein leeres Boot . . .« Das »Hamburger Abendblatt« eröffnet: »Kein Lebenszeichen von der *Pamir*.« Hier weiß man schon mehr, denn im Innern der großen Hamburger Tageszeitung ist zu lesen: »Der Vortopp ist gebrochen • Dann schwieg *Pamir* • Große Suchaktion bei Sturm und Regen • Der Ablauf in Funksprüchen.« Man hat sofort die Kapitäne Dominik (von der »Stiftung ›Pamir‹ und ›Passat‹«) und Hermann Eggers (den Kapitän Diebitsch auf dieser Reise ablöste) interviewt. Sie können und sie wollen an einen Verlust nicht glauben. Dominik versichert: »Es besteht für uns immer noch die Hoffnung.« Hermann Eggers, der sieben glückhafte Reisen als Kapitän der *Pamir* machte, erklärt in wohltuendem Optimismus: »Sie ist ein starkes Schiff. Sie ist nicht kaputtzukriegen. Sie ist nicht zu alt. Sie könnte noch 50 Jahre älter werden . . .« Das »Hamburger Echo« [35] meldet auf Seite eins: »Kaum noch Hoffnung für die *Pamir*.« Im inneren Teil folgt, ein Nekrolog schon, die Liste der Besatzung. Und im Begleittext äußert sich der deutsche Konsul auf den Azoren, Leo Weitzenbaur, in nüchternem Pessimismus: ». . . Das Schiff muß verloren gegeben werden . . .«, während die Maklerfirma Zerssen & Co. noch Hoffnung hat . . .

Die »Hamburger Morgenpost« [36] meldet: »*Pamir*-Floß entdeckt! • Angst um 94 Seeleute.« Hier ist auch ein Kommentar vom Chef der Marineverteidigung auf den Azoren, Kommodore O. Lima, nachzulesen: »Es sieht sehr schlecht aus. Ich bezweifle, daß es irgendeinem Schiff gelingt, die *Pamir* zu erreichen, wenn die Position, die sie angegeben hat, stimmt. Das ist der Mittelpunkt des Hurrikans.«

Die Berliner »BZ« [37]: »Segelschiff *Pamir*: Keine Hoffnung mehr • Rettungsboote gesichtet – leer.« Und in einer späteren Ausgabe: »Nur leere Rettungsboote • Segelschulschiff *Pamir* im Atlantik gesunken.« Der »Abend, eine Zeitung für Berlin« [38]: »Die Namensliste der Besatzung • So zerschlug der ›Hurrikan‹ die *Pamir*.« Der »Kölner Stadtanzeiger« [39]: »Schicksal der *Pamir* noch ungewiß! • Mit 93 Mann Besatzung, darunter auch ein junger Kölner • Suchaktion bisher ohne Erfolg« usw., usw., auch im Ausland. Hier sei als Beispiel der »Manchester Guardian« zitiert, der u. a. schreibt: ». . . Wenn sie verloren ist – und die Hoffnung schwindet dahin – dann werden die Historiker imstande sein, ein genaues Datum für das Ende eines Zeitalters anzugeben.

Das Datum wird mehr symbolischen Charakter als Bedeutung haben, denn die *Pamir* war technisch ein Anachronismus, als sie 1905 vom Stapel gelassen wurde – die Dampfturbine war bereits da. Wenn die *Pamir* im Kampf mit einem Hurrikan untergegangen ist, dann war es ein Ende, das mit der Tradition, die sie aufrechterhielt, in Einklang stand. Das aber ist kein Trost für den Verlust irgendeines Mitgliedes der Besatzung.«

So endet dieser Tag, der zweite nach dem SOS-Ruf, für alle Angehörigen der 86 Besatzungsmitglieder ohne Hoffnung, jener Montag, der auch ansonsten ein schwarzer Tag in der Geschichte der Menschheit ist, denn für den toten norwegischen König Haakon wehen die Flaggen der Bundesrepublik auf halbmast; mit der verstorbenen Bertha Krupp, der Herrin von Villa Hügel, versinkt eine Epoche; und in Finnland muß Jean Sibelius als größter Sohn Finnlands von seinen Landsleuten betrauert werden.

Am Dienstag, dem 24. September, bricht im Blätterwald der in- und ausländischen Presse ein Vulkan der Freude und auch neuer Hoffnungen aus. Die »Berliner Morgenpost« [40] verkündet auf der Titelseite: »Überlebende der *Pamir* geborgen • Mit diesem Segelschulschiff ging eine Epoche der Seefahrt unter • Anteilnahme der ganzen Welt.« Die »BZ« [41] teilt mit: »5 Seeleute der *Pamir* gerettet.« Die »Hamburger Morgenpost« [42] verkündet: »Fünf Überlebende! Unsere *Pamir* ist gesunken.« Der bereits sehr früh gedruckte erste Teil der Auflage der »Bild-Zeitung« [43] stellt indessen in dicken, schwarzen Lettern noch die pessimistische, besorgte Frage: »Schwimmt die *Pamir* noch? Rätsel im Atlantik!« Und als »Letzte Meldung« folgt ein Hoffnungsschimmer: »Lichtschein gesichtet.« In dem später gedruckten Teil der gleichen Ausgabe kann »Bild« – man spürt die echte Freude der Redakteure an den Überschriften – außer den Feststellungen, daß die *Pamir* gesunken sei, daß aber fünf Überlebende gerettet seien, weiter berichten: »25 Seeleute treiben noch in einem Boot, eine Nachricht, die uns hoffen läßt.« Hierzu passen auch die Titelschlagzeilen des »Hamburger Abendblatt« [44]: »*Pamir* schwamm am Sonntag noch • Die ersten Aussagen der fünf Geretteten • Die Suche geht weiter.« Im Textteil ist u. a. nachzulesen, daß Kapitän Eggers noch immer voller Hoffnung ist, daß die *Pamir* noch schwimmt . . . »Oder haben Sie Aussagen von Augenzeugen, nach denen der Viermaster gesunken ist?« So Kapitän Eggers an den see- und nautischerfahrenen Schiffahrtsredakteur des HA, Kapitän Bruno Gaukel. Die »Welt« vom Dienstag [45] bestätigt das Sinken der *Pamir* und die Rettung von fünf Seeleuten. Sie stellt die Frage nach den Überlebenden im anderen Boot, das die fünf sahen: »25 Mann in einem zweiten Boot«, und sie berichtet in gleich großer Aufmachung von Bittgottesdiensten in den Kirchen der deutschen Städte an der Küste.

Freude herrscht wenigstens auch bei den Angehörigen der wenigen Überlebenden, und diese Freude teilt die deutsche Presse mit überaus herzlicher Anteilnahme. Sie ist wohl am stärksten in den Exklusivberichten des »Hamburger Abendblatt« [45] und der »Bild-Zeitung« nachzuempfinden und mitzuempfinden. Hier, in »Bild« [46], heißt es im Wortlaut unter dem Mitarbeiterzeichen rb:

»Hamburg, den 25. September: Die Sonne kämpft sich durch die schweren Regenwolken, die seit Tagen über Deutschland hängen. Für fünf Familien ist es die Sonne unsagbarer Freude. Sie wissen, daß ihre Söhne und Brüder aus der Not des Sturmes gerettet sind, der mit grausamer Faust mitten auf dem Atlantik nach der Viermastbark *Pamir* gegriffen hat.

Fünf Familien sind in Deutschland seit der Nacht zum Dienstag erlöst von einer quälenden Ungewißheit. In fünf Wohnungen in Leer (Ostfriesland), Geesthacht, Hamburg-Harburg, Bremen und Bad Kissingen brachte eine kurze, frohe Nachricht unsagbares Glück.

Niemals wird Mutter Dummer in Geesthacht den Augenblick vergessen, als es an der Tür des Hauses Marktstraße 1 klingelte und die tiefe Stimme des Polizeiobermeisters Hartmann die Botschaft verkündete: ›Karl-Otto lebt!‹

Es war 2.54 Uhr, Dienstag morgen. Mutter Dummer faßte nach ihrem Herzen. Schwiegertochter Marlies aber sagte: ›Ich habe es schon am Klingeln gehört – es mußte eine gute Nachricht sein.‹

Drei Nächte lang hatte die Familie Dummer durchwacht. Stadtinspektor Hugo Dummer hatte vor dem kleinen Tischglobus gesessen und verzweifelt immer wieder die Stelle betrachtet, wo sich die *Pamir* mit dem Kochsmaaten Karl-Otto Dummer (24) an Bord zum letztenmal gemeldet hatte.

Der dreijährige Joachim aber hatte in seiner kindlichen Art gesagt: ›Onkel Otti kommt wieder – den holt der liebe Gott mit seiner langen, langen Leiter aus dem Wasser . . .‹«

Folgen wir jetzt einmal dem »Hamburger Abendblatt« [45]:

»Große Freude herrscht in Hamburg-Harburg, Buxtehuder Straße 26, in der Wohnung von Frau Margarete Kraaz. Sie ist die Mutter eines der fünf von der *Pamir* geretteten Jungen.

Seit Sonnabend, nachdem die Nachricht von dem Notruf der *Pamir* bekannt wurde, ist sie in Sorge um den Sohn nicht vom Radio fortgegangen und hat nur von Kaffee und Zigaretten gelebt. Heute früh, kurz vor 4 Uhr, hörte sie vom Rias Berlin, daß fünf gerettet worden seien, und den Namen ihres Sohnes. Anderthalb Stunden später hielt sie das Telegramm der Reederei in der Hand: ›Laut Meldung von Dampfer *Saxon* ist Karl-Heinz Kraaz gerettet.‹

Karl-Heinz ist ihr einziger Sohn. Sie wollte eigentlich nicht, daß er wie sein Vater (er ist Kapitän des MS ›Lina Müller‹) zur See fährt. Aber Karl-Heinz war nicht zu halten. Er verließ die Handelsschule schon nach dem zweiten Jahr und ging auf den Priwall bei Travemünde in die Schiffsjungenschule, wo er zu den Besten seines Jahrgangs gehörte. Er war unglücklich, als seine Bewerbung für die *Pamir* zunächst abgewiesen wurde, und er jubelte vor Freude, als er am Tage vor der Ausreise doch noch angemustert wurde, weil einer der Jungen wegen einer Blinddarmentzündung von Bord gehen mußte. Auf dieser seiner ersten Seereise feierte er seinen 17. Geburtstag . . .«

Folgen wir den anderen Überlebenden nach [46]. Was den Leichtmatrosen Hans-Georg Wirth angeht, heißt es: ›Kommen Sie schnell!‹ rief eine Nachbarin, die gegen 03.30 Uhr am Dienstag morgen die Familie Wirth in Leer aus dem Haus

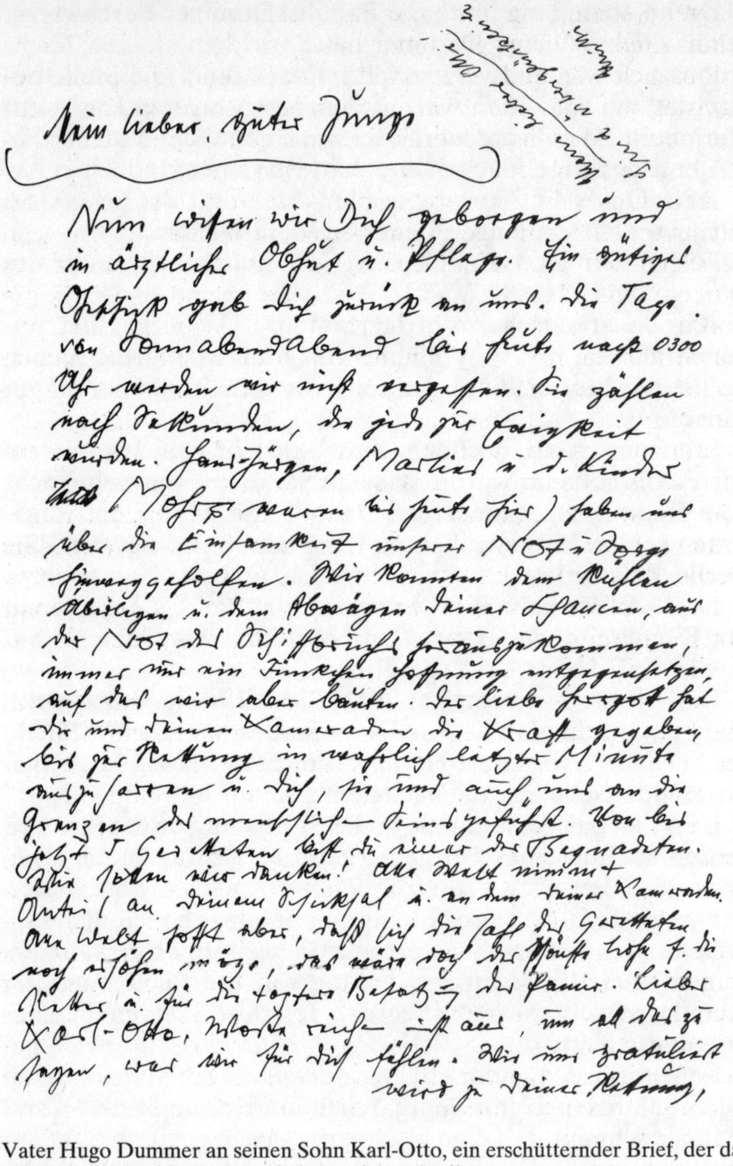
Mein lieber, guter Junge

[illegible]

Nun wissen wir Dich geborgen und in ärztlicher Obhut u. Pflege. Ein gütiges Geschick gab dich zurück an uns. Die Tage von Sonnabendabend bis heute nach 0300 Uhr werden wir nicht vergessen. Sie zählten nach Sekunden, die jede zur Ewigkeit wurden. Hans-Jürgen, Marlies u. d. Kinder (Mohrs waren bis heute hier) haben uns über die Einsamkeit unserer Not u. Sorge hinweggeholfen. Wir konnten dem Fühlen, Abwägen u. dem Abwägen deiner Chancen, aus der Not des Schiffbruchs herauszukommen, immer nur ein Fünkchen Hoffnung entgegensetzen, auf das wir aber bauten. Der liebe Herrgott hat dir und deinen Kameraden die Kraft gegeben, bis zur Rettung in wahrlich letzter Minute auszuharren u. dich, sie und auch uns an die Grenzen des menschlich Seins geführt. Von bis jetzt 5 Geretteten bist du einer der Begnadeten. Wie sollen wir danken! Alle Welt nimmt (Mutti) an deinem Schicksal u. an dem deiner Kameraden. Alle Welt hofft aber, daß sich die Zahl der Geretteten noch erhöhen möge, das wäre doch der schönste Lohn f. die Retter u. für die tapfere Besatzung der Pamir. Lieber Karl-Otto, Worte reichen nicht aus, um all das zu sagen, was wir für dich fühlen. Wie uns gratuliert wird zu deiner Rettung,

Vater Hugo Dummer an seinen Sohn Karl-Otto, ein erschütternder Brief, der damit endet: »Mutti ist groggy, sie kann nicht schreiben . . .«

klingelte, denn bei ihr war das Telegramm eingegangen: ›Hans-Georg Wirth gerettet.‹

Plötzlich war die Freude wieder da – die Freude, die am Samstag jäh erloschen war, als bei den Vorbereitungen zur Verlobung von Hans-Georgs Schwester das Schicksal der *Pamir* bekannt wurde.

Zwischen den Verlobungsblumen steht das Bild des 19jährigen Leichtmatrosen, an der Wand hängt ein Aquarell des Segelschiffes. Bauingenieur Hans Wirth, der Vater des Jungen: ›Die Chance stand 1 : 100. Aber ich habe so stark gehofft . . .‹«

Die Familie des vierten Überlebenden, des Schiffsjungen Folkert Anders, Bremen, wurde zuerst von der »Hamburger Morgenpost« [47] unterrichtet, die darüber ausführlich berichtete: ». . . Dann war für Sekunden nur ein Schluchzen, ein wirres Stammeln zu hören. Die Erschütterung war zu groß.

›Nein, wir haben nicht mehr damit rechnen können. Meine Frau war schon ganz krank. Und nun dieses. Haben Sie Dank, tausend Dank.‹

Drei schlaflose Nächte verbrachte die Familie des Bremer Hafenkapitäns Anders. Sie erlebte nicht das erstemal, was Seenot ist:

Vater Anders verbrachte als II. Offizier mit anderen Kameraden auf dem in der Ostsee gestrandeten Bremer Frachter eine endlose Nacht. Damals sandte er selbst als Funker das SOS.

Dann 1940: Bei einem Seenotrettungsflug wurde seine Maschine abgeschossen. Hilflos trieb er im Wasser, bis Hilfe kam . . .

Der heute 19jährige Sohn aber ließ sich dennoch nicht abhalten, auch Seemann zu werden. Und hatte es verstanden, seinen Vater zu überreden. Er kam auf die *Pamir*, und der Zufall wollte es, daß der jetzige Kapitän der *Pamir*, Johannes Diebitsch, schon seinen Vater ausgebildet hatte, als beide auf dem Schulschiff *Schulschiff Deutschland* fuhren. ›Ich konnte Diebitsch meinen Jungen unbedenklich anvertrauen‹, sagt Kapitän Anders.«

Bleibt noch der fünfte, der gerettet wurde und über dessen

Heimkehr in [46] nachzulesen ist: »Zwei Polizisten standen in der Nacht zum Dienstag im strömenden Regen vor dem Hause Theresienstraße 6 in Bad Kissingen. Als Frau Fredrichs, die Mutter des Leichtmatrosen Klaus Fredrichs (18), die Tür öffnete, riefen sie wie aus einem Munde: ›Klaus lebt!‹

In dieser Nacht ging in dem kleinen Haus das Licht nicht mehr aus. Klaus ist der zweitälteste der vier Fredrichs-Jungen, die im Krieg den Vater verloren haben.

›Gebe Gott, daß auch die Kameraden von Klaus gerettet werden!‹ sagte Mutter Fredrichs.

Und die einfache Frau sprach das aus, was wir alle hoffen, damit auch für die Angehörigen der noch vermißten Jungen und Männer der *Pamir* wieder eine Sonne scheint.«[180]

Soviel über die Überraschungsfreude bei den Angehörigen der fünf.

Am Mittwoch, dem 25. September, scheint sich zu bestätigen, was alle bewegt, was alle erbitten: Die erste Ausgabe der »Bild-Zeitung« läßt echte Hoffnung keimen. Auf der Titelseite der 225. »Bild-Zeitung« dieses Jahres [47] ist zu lesen: »Funkspruch vom Ozean: Wir haben noch mehr gerettet • 25 Schiffe suchen letztes *Pamir*-Boot«. Wenig später werden die Rotationsmaschinen angehalten. Neue Titelseite, welche allerorts die Wellen überschwenglicher Freude hochgehen läßt. Der neue Aufmacher dieses Tages lautet: »41 Überlebende von der *Pamir* gerettet • Alle wohlauf.« Und im fettgedruckten Vorspann heißt es zu dieser Nachricht, ». . . die zur schönsten des Jahres werden kann . . .«, weiter: »Eine bisher unbestätigte Meldung der US-Nachrichtenagentur AP spricht sogar von 71 Geretteten . . .« Auch andere früh erscheinende Tageszeitungen in Deutschland, England und den USA und anderen Ländern übernehmen diese Meldungen zusammen mit den Rundfunkanstalten, so auch die »Berliner Morgenpost« [48], die unter der Signierung »Eigener Bericht/ap/up/dpa« aus Ponta Delgado (Azoren) verkündet: »40 *Pamir*-Überlebende gerettet • 25 Schiffe und 19 Flugzeuge suchen weiter nach anderen Matrosen des deutschen Segelschulschiffes.«[181]

Auf dem Fuße folgt der Schock. Unter der Überschrift: »Eine bittere Nacht« müssen – als Beispiel – die Redakteure von »Bild« ihren Irrtum, ihre Erschütterung bekennen: »Zeitungsleuten ist nichts Menschliches fremd. So abgebrüht aber sind wir nicht, daß wir die Nacht zum Mittwoch vergessen können . . .« Als morgens um 04.20 Uhr das Bundesverkehrsministerium bekanntgibt: »Keine Bestätigung der Rettung von mehr als sechs«, werden noch Zweifel ob der Richtigkeit laut. Auch up und dpa glauben nicht an den Ernst dieser Berichtigung. Dann aber, 05.55 Uhr, kommt über die Fernschreiber der schreckliche Widerruf von ap: »Rettung hat sich nicht bestätigt.«

»Das ist einer der unglücklichsten Irrtümer in der Geschichte der internationalen Berichterstattung«, kommentiert dpa. Danach folgt die Erklärung: »Es hatte einen Funktelephonieverkehr zwischen dem Kommandanten der *Geiger* und einem Suchflugzeug gegeben. Dabei war die Rede von allen in die Boote gegangenen Besatzungsmitgliedern der *Pamir*. Es fiel das Wort ›launched‹. Der Funkposten im Kontrollraum des Azoren-Flughafens Santa Maria verstand jedoch ›rescued‹«.

In den nächsten Tagen bringen die Zeitungen die ersten erschütternden Augenzeugenberichte; am Freitag, den 27. September, brennt sogar erneut ein Fünkchen Hoffnung auf, nachzulesen im »Berliner Morgen« [49]: »Suchaktion geht bis morgen abend weiter • Pamir-Mannschaft noch nicht aufgegeben • Appell der Bundesmarine an US-Admiral Burke«; und am Sonnabend, dem 28. September, notiert sich der »Stern«-Reporter seine Beobachtungen und seine Empfindungen beim Eintreffen der *Geiger* in Casablanca, von wo aus die fünf Überlebenden aus dem Rettungsboot Nr. 5 in die Heimat geflogen werden:

»Von der Weltöffentlichkeit gejagt«, der Titel für das Bild vom Vonbordgehen der fünf, und dann: »Die Lawine kam ins Rutschen – wenige Minuten, nachdem die *Geiger* am Kai von Casablanca angelegt hatte. 170 Reporter, Fotografen, Fernsehleute – die ›erste Garnitur‹ der Weltpresse – drängen sich über die schmale Gangway in den Bauch der *Geiger*. Das

Vielfache wartet am Abend in Frankfurt und in Hamburg. Ich war Tage vor ihnen nach Casablanca geflogen, ich wollte den ersten Schneerutsch der Lawine beobachten, meine Redaktion interessierte die Organisation dieses Samstags – von der ersten völligen Hilflosigkeit bis zur Einrichtung der Pressekonferenz, der Ausgabe von Spezialausweisen mit Prägestempel. Es war entsetzlich. Aber niemand ist für dieses Entsetzliche verantwortlich zu machen: Jeder übte nur seinen Beruf aus, jeder tat nur seine Pflicht. Der Sunday-Express-Mann aus London mußte sein Kabel noch am Samstag mittag loswerden, der Radioreporter sein Band durchgeben, der Kameramann sich mit Ellbogen vordrängen oder (in Frankfurt) seine Kamera als Schlagwaffe gegen die Polizei verwenden – sonst würde man ihn vielleicht entlassen, seine Familie hätte nichts zu essen, der Leser nichts zu lesen . . . Nein, niemand anders hat schuld an den Massenszenen des Molochs Weltöffentlichkeit, die sich auf dem Rücken der fünf Jungen abspielten, als die Weltöffentlichkeit selbst, die Technik der Zeitungen, des Lufttransports, der Radioübertragung – die grausame und unvermeidbare Nachrichtentechnik unseres Zeitalters!«

Es ist 21.04 Uhr am Sonnabend, als die fünf Überlebenden auf dem Flughafen in Hamburg eintreffen, während der sechste, der Leichtmatrose Günther Haselbach, erst später über Puerto Rico, wohin ihn sein Rettungsschiff, die französische *Antilles,* brachte, in die Heimat geflogen wird. Bis auf K.-O. Dummer, der für sich in der Verwaltungspraxis der Lebensmittelindustrie eine neue Zukunft sieht, wollen alle anderen Überlebenden wieder und weiter zur See fahren, um am Ende ihrer Laufbahn das Patent zum »Kapitän auf großer Fahrt« zu erwerben[182]. Nach ihrer Heimkehr befragt, ob sie, wenn sie könnten, wieder auf einem Segelschiff, auf der Halbschwester *Passat* etwa, anmustern würden, haben alle, auch Karl-Otto Dummer, nur eine Antwort: ein einmütiges Ja!

Nachdem mit dem Sonnabend die Suchaktionen nach weiteren Überlebenden der *Pamir* eingestellt worden sind, senken sich am Sonntag auf allen Dienstgebäuden der Bundes- und der Landesbehörden die Flaggen auf halbmast, und in den Häfen der deutschen Ostsee- und Nordseeküste schließen sich nicht nur die deutschen, sondern auch alle ausländischen Schiffe in seemännischer Verbundenheit und herzlicher Anteilnahme an.

Einen letzten Gruß spricht Harald Kieseritzky, der als Hamburger Seemannspastor vielen Tausenden von deutschen Schiffsjungen kein Unbekannter ist: »... Ich muß nun zuerst zu den Eltern reden. Sie sahen in mir immer ihren Stellvertreter. Es muß sehr schwer sein, etwa in Kissingen zu wohnen und einen unmündigen Jungen an der unbekannten Küste oder gar auf dem weiten Meer zu wissen. Was weiß man denn von der Seefahrt mehr als das, was der von Abenteuerlust und Fernweh erfüllte Junge einem erzählt? Soll man dem Jungen auf seine Worte hin ›ein für allemal‹ die Erlaubnis geben, Seemann zu werden? Ihr gabt sie. Und ich bemühte mich, das zu sein, was die Eltern in mir sahen – den verlängerten Arm des Elternhauses.

So habt ihr mir eure Jungen gegeben. So nahm ich sie in mein Haus. So lebten sie bei mir, bis sie hinauszogen in die große Welt. Nicht alle fuhren gut darin. Nicht alle hatten Glück. Bei manchem war der Sog des Unguten stärker. Mit einem rang ich Jahr um Jahr, war verzweifelt und resigniert, und nun fand er sich wieder, und Mutter kann ihn demnächst auf der Steuermannsschule besuchen. Mancher blieb in fremder Erde. Einer kehrte in der Urne in mein Heim zurück. Andere hält die große See für immer fest ...

Und meine Gedanken gehen zu euch Jungen dort in der Tiefe des Ozeans. Manchen von euch habe ich einst selbst auf die *Pamir* geleitet. Als das schöne Schiff auslief, da standet ihr wie ein Knäuel dicht gedrängt vorn am Bug und winktet zu meinem Fenster in Altona herüber. So sehe ich euch: strahlende und jauchzende Jugend und im Grunde doch wie alle Jungen dieser Zeit: geladen mit Problemen, hin und her gerissen durch eigene Widersprüche, gestempelt durch die Ruhelosigkeit der Zeit, fiebernd in heimlichem Sehnen nach Zielklarheit.

So waren sie alle,
so waret auch ihr.
Ihr kommt nun nicht wieder.

Und euer stolzes Schiff wird nie mehr an meinem Fenster vorbeigleiten.

Ich erinnere mich an jenen Abend, als ich euch einlud, mit mir in unserer Seemannskapelle ein Gotteswort zu hören. Vielleicht habt ihr es am 21. wieder erklingen hören:

›Über dem Leben steht der Tod, aber über dem Tod steht das Leben.‹

Lebt wohl!

Euer Schiffsjungenvater Kieseritzky.«

Am 6. Januar 1958 beginnt im Bürgerschaftssaal des historischen Rathauses zu Lübeck mit der Seeamtsverhandlung ». . . betreffend den Untergang des Segelschulschiffes *Pamir* am 21. September 1957 im Atlantik« der letzte Akt der Tragödie im Nordatlantik. Zum Vorsitzenden dieser Verhandlung ist der 53 Jahre alte Amtsgerichtsrat Eckart Luhmann bestellt, der sonst als Vorsitzender eines Lübecker Schöffengerichts fungiert.[183]

Als Beisitzer werden tätig: der Bergungsfachmann Kapitän Kruse, Kapitän Dobberthin, Seefahrtoberlehrer an der Seefahrtschule Lübeck, Kapitän Seefisch, Hafenkapitän zu Lübeck, und Kapitän Krieger, Leiter der Seemannsschule auf dem Priwall. Der Bundesbeauftragte ist wie üblich ein Seeoffizier, und zwar Kapitän zur See a. D. Wesemann. Außer den sechs Überlebenden sind 19 Zeugen und Sachverständige geladen, und zwar als Sachverständige: a) unter ehemaligen Rahseglerkapitänen die Kapitäne Piening, Lehmberg, Schütze, Wendt, von Zatorski und Ballehr; b) für meteorologische Fragen: Oberregierungsrat a. D. Dr. Rodewald vom Seewetteramt Hamburg; c) für den Seefunkverkehr: Fernmeldeoberinspektor Harder von der OPD Hamburg, Regierungs-Amtmann Nanninga von Norddeich-Radio und Funkoffizier Ewald, Hamburg-Altona; d) für Stabilitätsfragen: Professor Dr. Ing. Wendel von der TH Hannover und der Universität Hamburg und Kapitän Platzoeder, Studienrat an der Seefahrtschule Hamburg (sowie deren Mitarbeiter an den Stabilitätsgutachten Dipl.-Ing. Arndt, cand. ing. Heptner und Ing. Roden); als Zeugen: a) vom Bundesverkehrsministerium Hamburg: Ministerialdirektor Dr. Schubert, Ministerialrat Dr. Zwiebler und Regierungsrat Dr. Marienfeld; b) vom Germanischen Lloyd: Professor Dr. Schnadel, Dipl.-Ing. Seefisch und Kapitän Sietas; c) von der See-Berufsgenossenschaft: Kapitän Groeschel; d) von der »Stiftung ›Pamir‹ und ›Passat‹« und der Reederei Zerssen & Co.: HAPAG-Direktor Dr. Wachs, Konsul Entz, Kapitän Dominik, Kapitän Eggers, Kapitän Grubbe und Kapitän Schmidt, Studienrat an der Seefahrtschule Hamburg; e) von der Howaldtswerft Kiel: Direktor Klehn; von den Überlebenden der Besatzung: Kochsmaat Dummer, Leichtmatrose Haselbach, Leichtmatrose Wirth, Leichtmatrose Fredrichs, Schiffsjunge Anders und Schiffsjunge Kraaz; f) von den früheren Besatzungsmitgliedern: Kapitän Greiff, I. Offizier Meyer-Kaufmann, Funkoffizier Schröder und Leichtmatrose Roch; g) ferner Rechtsanwalt Dersch und Kapitän Pütz.

In der Seeamtsverhandlung haben u. a. vorgelegen: 1. der Generalplan der *Pamir*; 2. die Bauakte des GL; 3. die Berichtsakte des GL; 4. die Überholungsakte der SBG; 5. die Korrespondenzakte der SBG; 6. die Stabilitätsakte der Seeberufsgenossenschaft; 7. Auszug aus der Seemannskartei betr. Kapitän, Offiziere und die gesamte Stammbesatzung der *Pamir*; 8. Schiffstagebuch – Reinschrift (Deck) über die vorletzte Reise (Nr. 5) der *Pamir*; 9. meteorologische Monatskarten für den Nordatlantischen Ozean; 10. Deutsche Seekarten für den Atlantischen Ozean Nr. 379, Nr. 383 und Nr. 384; 11. das Handbuch des Atlantischen Ozeans 1952; 12. Entscheidungen des Reichsoberseeamtes und der Seeämter Bd. 28 (enthält den Spruch des Hamburger Seeamtes über den Untergang des Segelschulschiffes *Admiral Karpfanger*); 13. Schubart: »Praktische Orkankunde«; 14. Krauss-Meldau: »Wetter- und Meereskunde für Seefahrer«; 15. Rotermund: »Die Ladung«, 4. Auflage.

Die Verhandlung vor dem Seeamt Lübeck, während der noch ein gegen die Schiffsführung eines deutschen Frachters erhobener Vorwurf ansteht, nicht rechtzeitig zu Hilfe geeilt zu sein[184], und ferner eine ebenso mysteriöse wie ominöse Flaschenpost zum Fall *Pamir*[185] zur Debatte steht, findet unter außergewöhnlich großer Anteilnahme der aus dem ganzen Bundesgebiet und auch aus dem Ausland zusammengeströmten Zuhörer[186], am 10., am 14. und am 20. Januar statt. Das Seeamt, das eine Untersuchungsbehörde ist und die Aufgabe hat, den Ursachen von Schiffsunfällen nachzugehen,[187] kommt zu folgendem Spruch:

»Die Viermastbark *Pamir*, ein frachtfahrendes Segelschulschiff, ist am 21. September 1957 gegen 16.00 Uhr MGZ im Atlantik auf Position 35.57° Nord, 40.20° West, etwa 600 Seemeilen westsüdwestlich der Azoren bei schwerem Nordnordoststurm im Sturmfeld eines tropischen Orkans gekentert und gesunken. Von der 86 Mann starken Besatzung konnten nur 6 Mann gerettet werden. Sie sind an den nachfolgenden Tagen aus zertrümmerten Rettungsbooten geborgen worden. Alle übrigen sind ums Leben gekommen.

Die *Pamir* führte sämtliche Marssegel, Fock und mehrere Stagsegel und segelte hart angebraßt mit Steuerbordhalsen am Winde, als der mit Stärke 9 wehende Sturm in kurzer Zeit stark zunahm. Das Schiff war diesem Winddruck mit den geführten Segeln, der Segelstellung, seinem Beladungszustand und dem nicht mit Ballastwasser gefluteten Tieftank stabilitätsmäßig so wenig gewachsen, daß es eine starke Backbordschlagseite erhielt. Infolge Überschreitung ihres Böschungswinkels kam die – zum größten Teil lose geladene und während der Reise gesackte – Gerste trotz aufgebauter Längsschotte in Bewegung und ging in zunehmendem Maße nach Backbord über. Außerdem drang Wasser in die nicht überall verschlossenen und auf Backbordseite bereits eingetauchten Aufbauten, so daß auch deren Auftriebskraft verlorenging. Auf diese Weise ist das Schiff gekentert.

Pamir besaß die höchste Klasse des Britischen Lloyd. Es sind keine Anhaltspunkte für die Annahme gegeben, daß der Erhaltungszustand des Schiffskörpers bei dem Untergang eine nachteilige Rolle gespielt hätte. Die Masten, das stehende und laufende Gut waren in bestem Zustand. Die Funkeinrichtung war erstklassig und ging über das bestimmungsgemäß Erforderliche hinaus.

Die Ausrüstung der *Pamir*, insbesondere auch mit Rettungs- und Signalmitteln, und auch die Rettungsboote und deren Ausrüstung waren vorschriftsmäßig. Zusätzlich waren noch drei Schlauchboote vorhanden.

Bei der Besetzung des Schiffes mit Kapitän, Offizieren und Stammbesatzung haben sich die Schwierigkeiten ausgewirkt, die seit Jahren in dieser Richtung bestehen. Die Möglichkeit ist gegeben, daß die mangelnde Vertrautheit des Kapitäns mit den besonderen Segel- und Stabilitätseigenschaften der *Pamir* und die nur begrenzte Segelschiffserfahrung des I. Offiziers ungünstige Auswirkungen gehabt haben.

Die Gefährlichkeit, voraussichtliche Zugrichtung und Marschgeschwindigkeit des Hurrikans ›CARRIE‹ war seit Tagen von der für dieses Seegebiet maßgeblichen Wetterfunkstation (Washington NSS) in laufenden Warnmeldungen – wenn auch hinsichtlich der Zugrichtung nicht immer zutreffend – der Schiffahrt bekanntgegeben worden. Ob der Schiffsleitung der *Pamir* die bedrohliche Annäherung dieses tropischen Orkans bis zum Morgen des Unglückstages unbekannt geblieben ist, konnte nicht geklärt werden. Die technischen Voraussetzungen für den Empfang der Orkanwarnungen sind gegeben gewesen.

Rückschauend betrachtet, wäre durch ein am 19. September durchgeführtes Beidrehen der *Pamir* oder durch ein Ausweichen in südliche oder östliche Richtungen eine gefährliche Berührung mit dem Orkanfeld vermieden worden. Die gesteuerten Kurse widersprachen aber auch dann nicht den anerkannten Regeln der meteorologischen Navigation, wenn man davon ausgeht, daß die Orkanwarnungen der Schiffsleitung bekannt gewesen sind. Die Segelführung und die Segelstellung in den letzten Stunden dagegen widersprach jenen Regeln und hat sich sehr ungünstig ausgewirkt . . .«

Es folgen noch Überlegungen zur Rettungsaktion und Dank allen daran Beteiligten, ferner die Gründe für Benachteiligungen bei der Suche nach Überlebenden und schließlich – in elf Punkten – Lehren aus dem *Pamir*-Unglück, bei denen unter anderem zum Ausdruck kommt, daß einige der Rettungsmittel zwar vorschriftsmäßig, aber last not least die Vorschriften selbst hingegen unzulänglich gewesen sind.

In dem Kapitel »Gründe« [1], in dem alle Erkenntnisse noch einmal dargelegt werden, heißt es u. a.: »... Auch die beste Mannschaft hätte aber die Katastrophe vom 21. September 1957 nicht abwenden können. Die (vorher) erörterte Schwäche der Besatzung ist nicht ursächlich für den Untergang der *Pamir* gewesen. Dennoch sollten auch die in diesem Zusammenhang erörterten Schwierigkeiten bei der Wiederingangsetzung eines Segelschiffes erkannt und beachtet werden ...

Es ist immerhin möglich, daß eine über reiche Erfahrungen im erwähnten Sinne verfügende Schiffsführung schon lose Gerste als Ladung ablehnt, anhand der Rollperiode die stabilitätsmäßige Gefährdung erkannt, vielleicht sogar vorsichtshalber den Tieftank geflutet oder in anderer Weise für ausreichenden Ballast gesorgt, jedenfalls aber die Räume laufend überprüft und nachgetrimmt hätte. Sie hätte sicherlich – für den vorliegenden Fall mußte diese Frage offenbleiben – laufend Wetternachrichten aufgenommen und wäre vielleicht dem Hurrikan nach Süden oder Osten ausgewichen; sie hätte, wenn ihr das nicht gelang, rechtzeitig für einen sicheren Verschlußzustand gesorgt, mit wenigen Schratsegeln beigedreht oder mit Untermarssegeln gelenzt, die Nachteile des Anbrassens erkannt, beim Auftreten der Schlagseite frühzeitig ein Übergehen der Ladung vermutet und Gegenmaßnahmen ergriffen, vielleicht auch früher und uneingeschränkt SOS gegeben. Das alles sind keine erwiesenen Tatsachen, aber Möglichkeiten ...« Jetzt folgt der Hinweis, Segelschiffe nur segelschiffserfahrenen Kapitänen und Offizieren anzuvertrauen, dann fährt man fort: »Damit ist die Untersuchung des eigentlichen Unfallhergangs abgeschlossen. Sie hat – bei völliger Ausschaltung der Schuldfrage – ergeben, daß die *Pamir* den Hurrikan durchaus hätte überstehen können. Alle die Stimmen, die – aus menschlich begreiflichen Gründen – die Ansicht vertreten, daß die Viermastbark einem unvermeidlichen Geschick zum Opfer gefallen sei, verkennen nicht nur die Tatsachen und ursächlichen Zusammenhänge, sondern übersehen wohl vielfach einen wichtigen Punkt: daß ihre Auffassung den Betrieb von Segelschulschiffen in der vorliegenden Form als mit zu hohem Risiko belastet erscheinen lassen würde. Wenn ein solches Segelschiff im Feld eines Hurrikans zugrunde gehen müßte, dann wäre der Einsatz zu hoch; trotz der verhältnismäßigen Seltenheit tropischer Orkane würden noch so gute Ausbildungserfolge es dann nicht rechtfertigen, die Blüte des Nachwuchses der deutschen Handelsmarine in der Jahreszeit der größten Hurrikanhäufigkeit mitten durch die hurrikangefährdeten Meeresgebiete segeln zu lassen. Die seeamtliche Untersuchung hat gezeigt, daß der Unfall der *Pamir* nicht zu einem solchen Schluß nötigt. Die *Pamir* hätte den Gewalten von Sturm und Seegang, denen sie ausgesetzt gewesen ist, nicht zu erliegen brauchen . . .«

Zusammengefaßt hatte die *Pamir*-Katastrophe nach den Akten des Seeamtes also vier wesentliche Ursachen:
1. falsche Segelführung,
2. nicht geflutete Tieftanks
3. verrutschte, das heißt übergegangene (übergeflossene) Ladung[188] und
4. starke Wassereinbrüche in die Aufbauten.

Die Kapitäne E. Römer und R. Sietas kommen in ihrer Arbeit [3] zu einem annähernd ähnlichen Ergebnis über die Ursachen:
1. die lose Gerstenladung,
2. das Sacken der losen Ladung auf der Heimreise und als Folge die Bildung von Freiräumen. Dadurch wurde trotz des Abdeckens durch Sackgut bei der ersten Gelegenheit das Übergehen der Gesamtladung ermöglicht und die Stabilität erheblich verringert;
3. das Zusammentreffen mit einem westindischen Orkan, dessen Auswirkungen die *Pamir* aus unbekannt gebliebenen Gründen nicht zu entgehen vermochte. Das Schiff wurde durch den Winddruck zum Überliegen gebracht und erhielt im Verein mit der bereits übergelaufenen Gerste eine schwere Schlagseite, die
4. zu einem Wassereinbruch in die zum Teil nicht geschlossenen Aufbauten führte. Das brachte das Schiff schließlich zum Kentern;
5. war infolge der mechanischen Beanspruchungen des 52

Jahre alten Seglers in der Backbordseite möglicherweise ein Leck entstanden, das Wasser in den Laderaum eindringen ließ und zum Kentern des Schiffes mit beigetragen haben wird.

Daß der *Pamir*-Unfall nicht auf »höhere Gewalt« zurückzuführen ist, wie in der Beschwerdeschrift zum Urteil des Seeamtes Lübeck niedergelegt worden ist, dürfte im Textteil bereits ausreichend begründet worden sein.

Hier noch eine Stellungnahme des früheren Inspekteurs der Marine der Bundeswehr, Vizeadmiral a. D. Professor Friedrich Ruge, in einem Brief an Jochen Brennecke:

»In die Angelegenheit der *Pamir* bin ich damals genau hineingegangen, weil der Verteidigungsausschuß, besonders der Verteidigungsminister und heutige Bundeskanzler H. Schmidt, nach dem Untergang den Weiterbau der *Gorch Fock* stoppen wollte. Ich hatte die Unterlagen vom Seeamt Lübeck und kam zu folgendem Ergebnis:

1. Das Schiff hatte geringe Stabilität (nachträglich darauf gesetztes Deckshaus mit hohen Sülls, kurz vor dem Kentern mehrere Tonnen freien Wassers darin).
   Ein Offizier maß nach dem Auslaufen aus dem La Plata die Schlingerperiode und sagte zu einigen Kadetten: ›Viel Stabilität haben wir aber nicht.‹
   Ladung nicht fachmännisch gestaut.
   Man weiß nicht, ob sich davon etwas verlagert hat, ist jedenfalls nicht ausgeschlossen.
2. Der Kapitän hatte mit Segelschiffen wenig Erfahrung, er war vertretungsweise an Bord.
   Theoretisch richtig, die vordere linke Seite des Sturmtiefs anzustreben, bedeutete aber langes, schweres Stampfen gegenan.
   Ich habe den Eindruck (keine Beweise), daß Beidrehen oder mit Gegenkurs ablaufen besser gewesen wäre.«

Warum aber ist die *Pamir* denn in alten Zeiten nicht gekentert, eine Frage, die sich auch das Seeamt gestellt hat und wie nachstehend beantwortete:

»Daß das Schiff mit so vielen Segeln plötzlich einem so starken Sturm ausgesetzt wurde, ist in der 50jährigen Geschichte der *Pamir* sicherlich öfter vorgekommen. Aber früher fuhren diese Großsegler unverrutschbare (Weizen in Säkken) und meist auch schwere Ladung (Salpeter, Zement). Die Stabilitätsverhältnisse waren vor dem Umbau günstiger. Wenn auch die Stabilität des leeren Schiffes durch den Umbau nicht wesentlich beeinträchtigt worden ist, so waren doch die Stabilitätsverhältnisse des homogen beladenen Schiffes infolge der veränderten Raumgestaltung ungünstiger geworden. Man wird auf einen sorgfältigen Verschlußzustand der Aufbauten geachtet haben, der auch leichter herzustellen war, solange die Besatzung aus einer geringen Zahl erfahrener Seeleute bestand und nicht so viele Wassereinbruchstellen in Frage kamen. Auch die großen Erfahrungen der alten Segelschiffskapitäne, die ihr Schiff mit allen seinen Eigenschaften kannten, werden sich ausgewirkt haben. Ein mit seinem Schiff bestens vertrauter Segelschiffskapitän wird dieses auch noch unter Wetterbedingungen in den sicheren Hafen bringen, bei denen das einem ebenso erfahrenen anderen Kapitän, der die Eigenschaften gerade dieses Schiffes aber nicht kennt, unter Umständen nicht gelingt.«[189]

Beachtung dagegen verdient noch das Schlußwort, das der Seefahrtschullehrer Kapitän F. W. Schmidt an das Ende seiner meteorologisch-nautischen Untersuchung gesetzt hat [13]:

»Ursächlich für den Untergang der *Pamir* war, daß der Hurrikan CARRIE einen Bahnverlauf nahm, der in seiner Gesamtrichtung einmalig war und in gleicher Art bisher nicht beobachtet wurde und daß CARRIE von diesem in seiner Gesamtheit völlig ungewöhnlichen, einmaligen Weg dann

am 19. September 04.00 Uhr MGZ südöstlich,
am 20. September 10.00 Uhr MGZ östlich und am
20. September 16.00 Uhr MGZ nordöstlich
schwenkte.

Erst diese drei kurz aufeinander folgenden Schwenkungen dieses ›most intense hurricane of the year‹ [59] besiegelte das Schicksal des Schiffes.

Es lag ohne Zweifel ein furchtbares, schicksalhaftes Verhängnis sowohl in dieser mehrfachen, ungewöhnlichen Bahnänderung wie auch darin, daß gerade der hintere linke Quadrant des Hurrikans hinsichtlich der Wind- und Seegangsstärke der gefährlichste war. Man gewinnt den Eindruck, daß CARRIE, hinter dem Schiff herlaufend, dieses dann in diesen gefährlichen Quadranten trieb und so alle Überlegungen zum Scheitern brachte.«

Ein von Schmidt [13] zitierter, aber namentlich nicht genannter britischer Kapitän kommt zu diesem Schluß: »Ich kenne natürlich die andere Tatsache, die man als Erfahrung aus dem Passatseenotfall hier heranziehen könnte. Aber bis ein weiterer Beweis beigebracht wird, würde ich ein Übergehen der Ladung als durchaus zweitrangigen Grund (as a very secondary cause) ansehen. Nachdem sich das Schiff auf die Seite gelegt hatte, könnte dies der letzte Schlag (the final stroke) oder, wie Sie in Französisch sagen würden, der ›Coup de Grace‹ gewesen sein, aber nicht die wichtigste mitwirkende Ursache (not a first major contribution factor).«

Ansonsten ist im Textteil des Buches alles Wesentliche gesagt worden.

Wenn man abschließend davon ausgeht, daß der Versuch der *Pamir*, die Orkanbahn mit hoher Fahrt bei Nordkurs zu kreuzen, um notfalls in das weniger gefährliche linke vordere Viertel zu gelangen, richtig war, dann wäre das Schiff gewißlich auch dann nicht verlorengegangen, als sich herausstellte, daß der linke vordere Quadrant der gefährlichere war, wenn der Verschlußzustand rechtzeitig und vollständig hergestellt worden wäre. Betrachtet man die Hebelarmkurven für das beladene Schiff, bei dem die Auftriebskraft der Aufbauten durch die Wassereinbrüche verlorengegangen ist, dann war der Zustand der *Pamir* in dieser Phase kaum günstiger als beim klassischen Kenterfall des britischen Seglers *Captain*, wo das Schiff bei 55 Grad Schlagseite kentern mußte. Dazu hätte es wahrscheinlich nicht einmal der übergegangenen Ladung bedurft. Andererseits wird sich die übergegangene Ladung stärker dahingehend ausgewirkt haben, daß die zunehmende Krängung stabilisiert und folgerichtig aus dieser Lage heraus durch den Winddruck zusätzlich vergrößert wurde. Man ist geneigt, bei diesem Gedanken den Fall *Passat* heranzuziehen, bei dem das Schiff sogar eine Krängung von über 60 % überlebte. Unzweifelhaft wäre auch die *Passat* ein Seenotfall geworden, wenn auch bei ihr zusätzlich zu dem Ladungsübergang auch der Auftrieb der Aufbauten durch Wassereinbrüche verlorengegangen wäre. Last not least wäre es bei der *Pamir* mit vorhandenem Auftrieb der Aufbauten, das heißt mit vollständigem Verschlußzustand, und ohne Ladungsübergang gar nicht erst zu der oben zitierten kritischen Krängung gekommen.

Gewiß, es werden noch immer Fragen offen und unbeantwortet bleiben, die nur von den »Beteiligten« hätten beantwortet werden können, indessen kennen wir anhand der Aussagen der Überlebenden die von der Besatzung ausgeführten Befehle, womit man auch ohne die Beteiligten deren Überlegungen nachzuzeichnen vermag.

Man kann Kapitän J. Diebitsch kaum einen Vorwurf machen, wenn er mit seinem unbeirrbaren Nordkurs so handelte, wie auch die anderen Kap Hoorniers gehandelt haben würden – ob nun im Hinblick auf CARRIE bewußt oder unbewußt, steht, wie schon dargestellt, dahin. Warum er nicht bereits in den frühen Morgenstunden des 21. September – spätestens als sein außerplanmäßig I. Offizier, Kapitän Fred Schmidt, noch mehr Segel setzen wollte – bei dem nach Nordosten schralenden Wind wenigstens die Obermarssegel wegnahm, werden wir nie erfahren.

Als er dann aber morgens gegen 09.00 Uhr mit dem gefährlichen linken vorderen Quadranten konfrontiert wurde, wollte er wohl zunächst die größere Gefahr beseitigen, nämlich (endlich) das Zuviel an Segeln wegnehmen; für das Herstellen des vollständigen Verschlußzustandes war es (auch im Hinblick auf die übergegangene Ladung) später zu spät.

Wenn man eine der gravierenden Ursachen sucht, man wird sie finden, wenn man in der Geschichte der Segelschifffahrt blättert: Die Alten wußten es, sie nahmen Getreide nur in Säcken an Bord. Hier, bei der Zulassung von Getreide in Bulk, ist doch der kausale Ansatz für die *Pamir*-Katastrophe zu suchen.

Noch immer ist die Geschichte ein guter und oft ein besserer Lehrmeister gewesen.

Anmerkungen

1 Vor der neuen (nach der Wiederindienststellung) 6. Ausreise aus Hamburg wurden in Ermangelung einer Ladung im Tieftank 760 t Wasser gefahren und 1000 t Ballast an Bord genommen. Da die *Pamir* noch einen englischen Hafen anlaufen sollte, fuhr Kapitän Eggers als »Superkargo« bis Spithead-Reede mit. Wegen flauem Wetter wurde nur mit Motorkraft gelaufen. Als auf der Höhe der Isle of Wight doch noch Wind in Stärke 4 aufkam, wurden die Segel gesetzt, um das Segeln mit dem Schiff einigen Gästen aus England zu zeigen. Dabei bat Kapitän Diebitsch den Kapitän Eggers, ihm ein Wendemanöver vorzuführen, um zu sehen, ob die Besatzung eingearbeitet wäre. Da der Wind aber auf die Stärken 2 bis 3 abflaute, fuhr Eggers eine Halse, die Diebitsch überzeugte, daß die Stammbesatzung und die Jungen, die ihre zweite Reise machten, ihre Manöverplätze und Aufgaben kannten. Die *Pamir* ist dann am 4. Juni auf Spithead-Reede vor Anker gegangen, die sie am 9. Juni mit Kurs La-Plata-Mündung verließ.
Eggers hat die *Pamir* seit ihrer Wiederindienststellung im Jahre 1952 (10. Januar Einsegnung durch Kardinal Frings und Auslaufen zur 1. Reise aus Hamburg) unter dem Reederverband »Stiftung ›Pamir‹ und ›Passat‹« als Kapitän gefahren und war die beiden Reisen unter der Schliewen-Flagge als I. Offizier an Bord. Er wollte diese (also die 6. Reise) aussetzen, um einen lange fälligen Urlaub anzutreten und um dabei sein Rheuma zu kurieren.

2 Dominik erklärte später vor der Seeamtsverhandlung seine Gründe für diesen Vorschlag: Für ihn wäre nur ein Kapitän in Frage gekommen, der die Voraussetzungen und Eigenschaften eines bewährten Schiffsführers, Seemannes und außerdem besonders qualifizierten Menschenführers und Ausbilders in sich vereinigte. Diebitsch habe nach seiner Auffassung allen diesen Ansprüchen genügt. Er sei als guter Seemann und Nautiker bekannt gewesen, und er habe auch über *reiche* Segelschiff- und Schulschifferfahrung verfügt. Er sei aufgrund seiner Tätigkeit beim Bremer Verein (gemeint ist der Deutsche Schulschiffverein, Bremen [DSV]) mit allen Ausbildungs- und Erziehungsfragen und all den Dingen, die für die frachtfahrenden Segelschul-

schiffe *Pamir* und *Passat* von Wichtigkeit waren, bestens vertraut gewesen.

3 Am 26. Januar 1932 in ein Befähigungszeugnis zum »Kapitän auf Großer Fahrt« – A 6 – umgetauscht.

4 *Kormoran* hatte den australischen leichten Kreuzer *Sidney* versenkt, war aber durch das Gegnerfeuer selbst derart beschädigt worden, daß das Schiff aufgegeben werden mußte.

5 HSO = Handels-Schiff-Offizier, die in der Kriegsmarine übliche Abkürzung.

6 Und daß Kapitän Diebitsch bis auf ein Jahr (1926/27) zwei Monate (1940) und seine *Xarifa*-Zeit (1953/54) sonst nicht als Kapitän gefahren war, sei nur am Rande vermerkt.

7 Es gab ja, so auch das Seeamt später, noch einige Kapitäne, die noch über die erforderlichen Erfahrungen verfügten und die noch gesund und rüstig genug waren, eine solche Aufgabe zu übernehmen. Ob sie auch bereit gewesen wären, für Kapitän Eggers einzuspringen, hat das Seeamt jedoch nicht geprüft.

8 Die Schreibweise des Namens ist mit der identisch, die in dem Bericht des Seeamtes Lübeck gebraucht wurde, während der Name von der Presse mit zwei s (Hasselbach) geschrieben wurde.

9 Es sei in diesem Zusammenhang an die Untersuchung des Untergangs des Segelschulschiffes *Admiral Karpfanger* vor dem Hamburger Seeamt erinnert. Schon bei dieser im Januar 1939 durchgeführten Verhandlung nahm das Problem, segelschifferfahrene Praktiker zu finden, einen breiten Raum ein. Es bedarf keiner besonderen Hervorhebung, daß dieses Problem in den inzwischen vergangenen Jahren nur noch größer geworden sein kann und auch ist. In Verbindung mit der *Pamir*-Katastrophe sind dann auch viele Stimmen – auch aus den Reihen der alten Fahrensleute – laut geworden, die den Standpunkt vertraten, daß dieses Problem so unlösbar geworden sei, daß aufgrund solcher Fakten der Betrieb von großen Rahseglern eingestellt werden müsse. Das gelte übrigens nicht nur für Kapitäne und Offiziere, sondern auch für die Mannschaftsgrade. Im Augenblick der höchsten Gefahr könne bei Voll- und Leichtmatrosen die See-Erfahrung und Bordroutine nicht durch eine noch so zahlreiche, mutige und tüchtige junge Mannschaft ersetzt werden. – Daß die Reisen nach dem Wiederinfahrtbringen der *Pamir* und *Passat* über Jahre ohne Unglücksfall verliefen, ist ohne Zweifel den tüchtigen Kapitänen und Offizieren zu

danken. Ob später – zur Zeit der letzten *Pamir*-Fahrt – unter den noch lebenden, gesunden und noch rüstigen frachtsegelschifferfahrenen Kapitänen der eine oder andere bereit gewesen wäre, für Kapitän Eggers einzuspringen, hat das Seeamt 1958 nicht geprüft. Allen segeltechnischen Anforderungen gewachsene junge Offiziere waren jedoch nur aus dem Kreis junger Patentinhaber zu erwarten, die mehr als nur ihre Ausbildung auf *Pamir* und *Passat* absolvierten.

10 Nach solchen Überlegungen verfährt z. B. die Bundesmarine bei der Besetzung der Stelle des Kommandanten des Segelschulschiffes *Gorch Fock*. Dabei hat dieses Schiff noch den Vorteil, keiner stabilitätsverändernden, wechselnden Fracht ausgesetzt zu sein. Die *Gorch Fock* fährt mit gleichbleibender Beballastung und ist von der Werft (Blohm & Voss, Hamburg) so konstruiert, daß sie als »unkenterbar« bezeichnet werden kann.

11 Den Vorsitz übernahm Professor Dr.-Ing. Schnadel vom Germanischen Lloyd (GL). Ihm gehörte neben Vertretern des Bundesverkehrsministerium und des GL u. a. auch Kapitän Hermann Piening an.

12 Nach einem Bericht des GL vom 31. Dezember 1952.

13 In dieser Eigenschaft geriet er fast unmittelbar nach der *Pamir*-Katastrophe in einen derart schweren Sturm, daß (auch) auf der *Passat* die Ladung überging und das Schiff in eine lebensbedrohliche Gefahr brachte.

14 Datiert vom 13. November 1951.

15 Bereits als das Schiff im Auftrag der neuseeländischen Regierung fuhr, waren Veränderungen vorgenommen worden: Im Zwischendeck waren eine Segelkoje, ein Proviant- und ein Kühlraum eingebaut worden; ferner hatte das Schiff eine E-Anlage und eine FT-Station erhalten.

16 • Bunkerquerschotte auf den Spanten 20–22 und Bunkerlängsschotte von den Spanten 120–125

• vier wasserdichte, bis zum Freiborddeck reichende Querschotte auf den Spanten 25, 47, 87, 120, die das Schiff mit dem vorhandenen Vorpiekschott in sechs Abteilungen unterteilte. Dabei entsprachen die Schottabstände unter Zugrundelegung einer Flutbarkeit von 33 % der Schottenkurve für ein Einabteilungsschiff der Fahrgastverordnung aus dem Jahre 1932.

• stählerne Mittellängsschotte außerhalb der Ladeluken von den Spanten 25–27, 35–37, 66–79, 83–102, 115–133 und 139–143,

• vier Rahmenspanten auf den Spanten 8, 11, 14 und 17 und die Anordnung einer Stufe im Querschott Spant 6/8 für die Stevenrohrlagerung.

17 Als Hilfsmotor wurde verwendet: ein 4 Te Krupp F 46 900 PSe, Baujahr 1943, also ein 6-Zylinder-Diesel-Motor mit 350 Umdrehungen/min.; dazu kamen 2 Generatoren je 30 kW, 50 PSe; ein Generator mit 15 kW, 25 PSe; ein Hauptluftverdichter mit E-Antrieb; ein Hilfsluftverdichter mit E-Antrieb; an den Hauptmotor angehängte Schmieröl- und Kühlwasserpumpen; Reserveschmieröl- und Kühlwasserpumpe mit E-Antrieb; eine Lenzpumpe mit E-Antrieb; eine Ballastpumpe mit E-Antrieb; eine Deckwasch- und Feuerlöschpumpe mit E-Antrieb; ein Hilfskessel von 5 qm Heizfläche für die Heizungsanlage und eine vollständige Lenz- und Ballastanlage für die Laderäume und Ballasttanks.

18 Folgende Funkgeräte befanden sich beim Auslaufen zur 6. Reise an Bord:

1. Hauptsender Telefunken SM 519–160 Watt-,Frequenzen: 410, 425, 454, 468, 480, 500 und 512 kHz
2. Notsender Telefunken SM 203-50 Watt-, Frequenz: 500 kHz
3. Kurzwellensender Lorenz S 540-210 Watt-, je drei Frequenzen im 4-, 6-, 8-, 12- und 16-MHz-Bereich
4. Hauptempfänger Siemens E 66a, Frequenzbereich 120 bis 27 000 kHz
5. Notempfänger Debeg, E 500, Frequenzbereich 230 bis 530 kHz
6. Selbsttätiges Funkalarmgerät Lorenz Lo 572a, Empfangsfrequenz 500 kHz
7. Automatischer Alarmzeichengeber Debeg AT 510
8. Tragbares Funkgerät Elektromekano/Hagenuk SM 108 KD 2, Frequenzen 500 und 8364 kHz
9. Decca Navigator »Mark V«
10. Richtungssucher Telefunken E 388, Frequenzbereich 150 bis 600 kHz

19 Bei der letzten Kontrollbesichtigung am 24. November 1956 war die Ausrüstung wie folgt festgestellt worden: 1 Riemen für jede Ruderbank; 2 Reserveriemen; 1 Steuerriemen; 1½ Satz Rudergabeln; 1 Bootshaken; 1 Ösfaß; 2 Eimer; 1 Ruder mit Pinne; 2 Kapp-Beile; 1 Sturmlaterne mit Öl; 2 Schachteln Sturmstreichhölzer; 2 Fallschirmsignale; 2 Rauchsignale; 6 Handfackeln, rot; 1 elektrische Lampe zum Morsen; 2 Reservebatterien; 2 Reservebirnen; 1 Tagessignalspiegel; 1 Mund-

horn; 1 Mast und Segel, orange; 1 Kompaß; 1 Treibanker; 2 Fangleinen; 5 kg Wellenöl im Behälter; 910 g Lebensmittel je Person; 450 g kondensierte Milch je Person; 3 l Wasser je Person in Fässern; 1 Schöpfgefäß und 1 Trinkbecher je Faß; 1 Klappmesser mit Dosenöffner; 1 Arzneiausrüstung; 2 Wurfleinen und 1 Lenzpumpe.

20 Die vorhandenen Korkwesten waren nicht vorschriftswidrig, weil nach Seite 3 der Richtlinien auf Schiffen, deren Kiel vor dem 19. November 1952 gelegt wurde, die den 1941er Richtlinien entsprechenden Schwimmwesten noch aufgebraucht werden durften. Korkwesten haben aber eine garantierte Tragfähigkeit von mindestens 48 Stunden (was sich bei Dummer und Gefährten – allerdings mit Abstützung im vollgelaufenen Rettungsboot – als vorteilhaft erwies). Die damals modernen, mit Kapok gefüllten Westen haben dagegen bei einer ölhaltigen Wasseroberfläche schwerwiegende Nachteile.

21 Paul Greiff ist heute, 1977, der Bezirkspräsident der Sektion Elbe der deutschen Sektion in der Internationalen Bruderschaft der Kap Hoorniers.

22 »Die Tatsache«, so die Zeitschrift »Seekiste« (heute (Schifffahrt International«, Koehler Verlag, Herford), »daß die Ausbildung nur auf christlicher Grundlage erfolge und Bewerber, welche die hierfür notwendigen Voraussetzungen nicht mitbringen, nicht angenommen würden, ruft Kritiker auf den Plan. Abgesehen davon, daß der Entscheid über seemännische Qualitäten jenseits der Frage des Glaubensbekenntnisses liegt, dürfte mit dieser Bestimmung auch die im Grundgesetz zugesagte Glaubensfreiheit in eklatanter Weise verletzt worden sein . . .«

23 Den Firmen Neerlandia und Veltenaar.

24 Die Schulden sind vornehmlich während des Aufenthalts in Rotterdam im Juni 1952 entstanden.

24a Außergewöhnlich scharfe Worte findet der Hamburger Bürgermeister Brauer zur Frage der Weiterverwendung der Schliewen-Segler *Pamir* und *Passat.*

Man solle die Schiffe in den Hafen legen und zur Besichtigung freigeben, alles andere sei Unsinn. Die Vorstellung, daß die alten Segler noch rentabel seien, bezeichnete er als »falsche, kostspielige Romantik«. Die aus dem Bundesjugendplan zur Verfügung gestellten Mittel könnten einem leid tun. Gott sei Dank habe Hamburg keinen Pfennig investiert.

25 In einem Aktenvermerk darüber heißt es:

1. Im Bereich der Luken sind losnehmbare Mittelängsschotte mit nachstehenden Abmessungen vorhanden:
   a) In den Oberräumen bis zu 2 m Stützenabstand vorhanden: 50 mm dicke Planken (Soll: 45 mm),
   vorhanden: gebaute Stützen mit Profil (wird beschrieben). »Diese Stützen sind um etwa 70 % überdimensioniert.«
   b) In den Unterräumen bis zu 2,50 m Stützenabstand (desgleichen in den Oberräumen bei gleichem Stützenabstand) vorhanden: 65 mm dicke Platten (Soll: 53 mm);
   vorhanden: Stützen mit Profil (wird beschrieben). »Diese Stützen sind also im ungünstigsten Falle (Luke 4) noch um etwa 25 % überdimensioniert.
2. Der Plankenbereich in den Oberräumen erstreckt sich jeweils über die volle Deckshöhe, entspricht also der UVV-Vorschrift. Auch in den Unterräumen waren die stählernen Stützen in voller Raumtiefe mit Holzplanken belegt, obwohl die UVV nur eine Plankenhöhe von ⅔ Raumtiefe fordert.
3. Außer den offengehaltenen Zwischendecksluken sind im Zwischendeck Trimmluken in ausreichender Größe und in den zulässigen Abständen nach UVV vorhanden.
4. Die stählernen Mittellängsschotte außerhalb des Bereichs der Luken entsprachen in ihrer Plattendicke und in ihren Versteifungsprofilen der vorstehenden Zeichnung, die vom GL genehmigt wurde.
   Es konnte auf Grund des vorstehenden Besichtigungsberichtes also die Übereinstimmung der vorhandenen Getreideschotteneinrichtungen mit den UVV-Bestimmungen festgestellt und die Ausstellung der beantragten Bescheinigung empfohlen werden.

26 Dieses, obwohl die SBG vorsieht, daß das Schott nur bis auf ⅔ Tiefe des Unterraumes reichen muß. Der internationale Schiffssicherheitsvertrag (Kapitel IV, Regel 2 (c) (ii) sieht lediglich vor, daß dieses Schott um ⅓ m vom Deck hinunterreicht.

27 Nach Kapitän Ballehr.

28 Nachdem nach dem Untergang der *Pamir* eine Illustrierte Briefe eines der ums Leben gekommenen Jungen und in Verbindung damit Artikel veröffentlicht hatte, wonach auf der *Pamir* auf der letzten Reise gewisse Mißstände geherrscht haben sollen, hat das Seeamt an die Hinterbliebenen ein Rundschreiben gerichtet. Das Ergebnis ist ein starker Aktenband mit Brie-

fen aus Buenos Aires, in denen sich die Jungen sehr unterschiedlich über die Zustände und die Stimmung an Bord geäußert haben.

28a Die Offiziere haben das Trimmen aus der Kenntnis seiner Wichtigkeit sehr sorgfältig kontrolliert. Sie sind, das bedürfte eigentlich keiner Hervorhebung, auch mit in die Luken gekrochen.

29 Sogar auf der *Passat*, auf der bis zur Ausreise am 16. Oktober 1957 beim Stauen und Trimmen normale Verhältnisse herrschten, wurde später in Lissabon, das von Kapitän Grubbe nach dem Übergehen der Ladung während eines Sturmes als Nothafen angelaufen werden mußte, von Dipl.-Ing. Seefisch und Kapitän Groeschel beim Öffnen des Tieftanks ein deutlicher Trichter festgestellt. Dieser ließ erkennen, daß die Ladung im Tieftank nachgesackt war.

30 Sie kamen im Januar 1952 an Bord.

31 Solange die Getreideschotte von beiden Seiten mit Getreide bedeckt sind, ist kaum anzunehmen, daß nennenswerte Mengen durch diese Schlitze hindurchtreten, auch dann nicht, wenn die Druckhöhe an beiden Seiten verschieden ist. Das bestätigen später auch Experimente, die mit der Gerste in einem Kasten durchgeführt wurden, in dem eine durchlöcherte Trennwand aufgestellt worden war. Hier wurde an beiden Seiten der Trennwand Getreide eingeschüttet; auch wenn die Schütthöhen sehr verschieden waren und auch, wenn auf die eine Seite beträchtliche Gewichte aufgelegt wurden, trat dort, wo beiderseits Gerste lag, kein Korn durch die Löcher hindurch.

32 Während der Seeamtsverhandlung in Sachen Seeunfall *Pamir* in Lübeck ist daher auch die Frage untersucht worden, ob Gerste als eine besonders gefährliche Ladung anzusehen ist. In dem allgemein anerkannten Standardwerk über Ladung, Rotermund/Koch: »Die Ladung«, findet sich in den bisherigen (1957/58) Auflagen bemerkenswerterweise seit 1924 kein Hinweis darauf, daß Gerste – im Gegensatz zu anderen Getreidearten – besonders vorsichtig zu behandeln ist. Wenn einzelne Nautiker aus ihrer Erfahrung heraus eine andere Auffassung über Gersteladung haben, wird lediglich das Problem deutlich, wie solche Einzelerfahrungen für die übrige Schiffahrt nutzbar gemacht werden könnten. Soweit das Seeamt. Nun, ein einfaches Experiment dürfte auch Skeptiker ob solcher (oben genannter) Erfahrungen überzeugen: Man schütte je einen Sack

mit Weizen und einen mit Gerste auf glatten Boden aus. Man wird feststellen, daß der Weizen pyramidenhaft liegenbleibt, die Gerste dagegen zu einem flachen Berg auseinanderfließt.

33 Auf Grund der in Lissabon auf der durch Übergehen der Getreideladung in Bulk in Seenot geratenen Viermastbark *Passat* getroffenen Feststellungen, der späteren Ausführungen der Stabilitätssachverständigen und des Bundesbeauftragten vor dem Seeamt in Lübeck, konnten die Längsschotte ein Übergehen sehr beträchtlicher Mengen auf der *Passat* und mit Sicherheit auf der *Pamir* nicht verhindern. Zum Teil war dies auch darauf zurückzuführen, daß die Vorschriften des § 157ff. nicht befolgt wurden. So waren z. B. auf der *Passat* die Einsteckschuhe am Schiebebalken und Quersüll nicht eingesetzt.

34 Weil (nach der späteren Zeugenaussage von Dipl.-Ing. Seefisch vom GL [91]) die Segelschiffe im Hafen schlecht liegen.

35 Das schließt nicht aus, daß Beladungsfälle denkbar sind, die ein Fluten des Tieftanks nachgerade notwendig machen, was wiederum vom spezifischen Gewicht der Ladung abhängt. Solches traf aber (nach Seefisch [1]) für die letzte Rückresie der *Pamir* nicht zu.

36 Die Kapitäne E. Römer und R. Sietas.

37 Nach Kapitän Platzoeder [1] in seiner Eigenschaft als Gutachter beim Seeamtsfall *Pamir* lag die wahrscheinliche metazentrische Anfangshöhe bei 0,53 bis 0,55 m. Diese würde dann mit einem 17-Sekunden-Wert der Rollperiode für das mit Gerste beladene Schiff übereinstimmen. Das war nach Platzoeder ([1], S. 180, E. 1) als Fall b) (36771 mt : 6395 t = 5,75 m) der wahrscheinliche Fall im Gegensatz zu Fall a) (37085 mt : 6395t = 5,80m), für Schiff und Ladung, der bei einer MoG 0,48 m liegen mußte und eine Rollperiode von etwa 19 s erwarten ließ.

38 Im Bericht des Seeamtes Lübeck heißt es dann später im Wortlaut weiter: »... Kapitän Piening hat als Laeisz-Segler-Kapitän Rollperioden zwar nicht vor Antritt seiner Reisen gemessen, aber doch während der Reisen. Befriedigte ihr Ergebnis nicht, so hat er während der Reise umstauen lassen. Er hat die stabilitätsmäßigen Beladungserfahrungen *jeder* Reise ausgewertet und zum Teil auch im Schiffstagebuch festgehalten. So hat man sich allmählich Grenzwerte der Rollperioden in beiden Richtungen (zu geringe und zu große Stabilität) erarbeitet. Der einer jüngeren Generation angehörende Kapitän Hans-Richard Wendt, der, wie bereits gesagt, übrigens auf der Seefahrtschule

Unterricht in Stabilitätsfragen genossen hatte, war mit diesen Erfahrungswerten vertraut und hat mit ihnen gearbeitet. Auch Kapitän Eggers, der vor seiner Fahrzeit als I. Offizier und Kapitän der *Pamir* schon jahrelang als Offizier auf Laeisz-Seglern gefahren war, war gewöhnt, mit Rollperioden zu arbeiten. Anders als Kapitän Grubbe, der nur gelegentlich ›draußen‹ Rollperioden gestoppt hat, hat er manchmal schon vor dem Inseegehen – so z. B. in der Scheldemündung zu Anker liegend, vor Antritt der Reise, die dann in Falmouth unterbrochen werden mußte – durch Hin- und Herschicken der Mannschaft Rollversuche gemacht. Auf dem La Plata sollen solche, wie er behauptete, wegen der Strömungsverhältnisse allerdings schlecht durchführbar sei. Er hat dann aber auf See jede Woche einmal die Rollperiode gestoppt. Nach der Laeisz-Überlieferung wurden für diese Viermastbarken Rollperioden von 12 s als zu steif, 14 bis 15 s als gut, 16 s schon als Grenzwert angesehen. Kapitän Greiff hat ebenfalls 12 s als zuwenig, 14 s als gut beurteilt und Erzladungen so getrimmt, daß sich 16 s ergaben. Bei Hauser [5] wird auf Seite 119 gesagt, daß die Schlingerperiode mit 11 s gemessen wurde, wobei der Kapitän allerdings bemerkte, daß das Schiff zu steif sei und eine Periode von 14 s besser wäre. Kapitän Eggers hat bei Erz 16 s, bei Weizen 14 bis 16 s und bei Gerste 17 s für richtig angesehen und meint, mit diesen 17 s bei Gerste noch »ein tadelloses Seeschiff« gehabt zu haben, während Dipl.-Ing. Seefisch (GL) nachdrücklich die Auffassung vertrat, daß 16 s die Höchstgrenze dargestellt hätten, bei deren Überschreitung er die Flutung des Tieftanks verlangt haben würde. Im Falle Falmouth (wo man wegen ladungsbedingter mangelnder Stabilität auf Gegenkurs ging und in F. 1300 Fässer der Ladung Methylalkohol an Land gab) sollen 24 bis 25 s gemessen worden sein. Nach dem Fluten des Tieftanks und dem Umstauen der Ladung hat die Rollperiode auf der Weiterreise nach Montevideo laut Kapitän Eggers 14 bis 16,5 s betragen. Dennoch brauchte – darüber waren sich Professor Wendel, Kapitän Platzoeder und Dipl.-Ing. Seefisch einig – aus dem Fall Falmouth nicht der Schluß gezogen zu werden, daß der Tieftank grundsätzlich aus Stabilitätsgründen geflutet werden mußte.
Denn damals, bei dem Methylalkohol, hat es sich um eine außergewöhnlich leichte Ladung gehandelt, bei der die *Pamir* trotz voller Laderäume nicht auf den Marken gelegen hat. Da-

gegen mußte jene Erfahrung es nahelegen, der Stabilitätsfrage besondere Aufmerksamkeit zu widmen.«

39 Das Blatt 23 der Stabilitätsakte trägt beim Fall 3 den Vermerk »Ballast nehmen«, und die Überholungsakte der SGB, Bl. 41 bis 43, enthält verschiedene Kopierstiftvermerke, so bei den Stabilitätsfällen 1, 5, 6 und 7 den Vermerk »gut«, beim Fall 2 (homogene Ladung und volle Vorräte) »vgl. Voranzeige vom 28. 12. 51« (bei den Akten nicht zu finden), beim Stabilitätsfall 3 (Ladezustand wie Fall 3, aber Vorräte verbraucht) den Vermerk »zu wenig« und beim Stabilitätsfall 4 den Vermerk »zu viel«.

Unter dem 28. Dezember 1951 bestätigt der GL den Howaldtswerken den Eingang des vorbezeichneten Schreibens und der Stabilitätsunterlagen und schrieb dazu:

»Die Unterlagen haben wir mit der Seeberufsgenossenschaft durchgesprochen und heute dem Kapitän des Schiffes ausgehändigt.«

Es sind noch einige weitere Beladungsfälle zu ermitteln. Für längere Versegelung in Ballast genügt der Wasserballast mit 760 t nicht, sondern es sind noch etwa 500 t Sandballast im Vorschiff zu nehmen, um den Trimm zu verbessern. Damit die metazentrische Höhe MG nicht zu groß wird, ist ein Teil des Sandballastes im Zwischendeck zu stauen.

Im Fall 3 ist die metazentrische Höhe durch Einnahme von Wasser in den Treiböl- oder den Frischwassertanks zu erhöhen.

Fall 4 ist auszuschalten.

Bei Fall 6 dürfte der Ladungsschwerpunkt nach Herausnahme des Ballasttanks höher liegen.

Für alle Fälle sind die Hebelarmkurven zu ermitteln. Zum Vergleich haben wir eine Zusammenstellung verschiedener Segelschiffe angefertigt, die wir Ihnen anliegend übersenden. Die Hebelarmkurven sollen auch an Bord gegeben werden, sie müssen also nach Rio de Janeiro nachgeschickt werden.

Nach Vervollständigung des Stabilitätsblattes im Sinne dieses Briefes bitten wir, es uns in doppelter Ausfertigung einzureichen. Wir werden dann das Blatt noch einmal überprüfen. Falls keinerlei Einwendungen mehr zu machen sind, könnte daraufhin die Übersendung des Blattes nach Rio de Janeiro erfolgen.

(Die im vorstehenden Schreiben erwähnte Zusammenstellung der Stabilitätsunterlagen für einige Segelschiffe befindet sich in den Bl. 22–36 der Stab. Akte.)«

Die Howaldtswerke antworteten unter dem 14. Januar 1952: »Wir beziehen uns auf Ihr Schreiben vom 28. 12. 51 und übersenden Ihnen beiliegend in 3facher Ausfertigung unsere neuen Stabilitätsunterlagen, die wir aufgrund Ihres o. a. Schreibens nochmals überholt hatten. Die Hebelarmkurven haben wir erneut aufgestellt und glauben, daß der Verlauf dieser Kurven jetzt etwas harmonischer ist als bisher. Leider erreichten wir den Stabilitätsumfang der Vergleichsschiffe *Kommodore Johnsen* und *Padua* nicht ... Vielleicht ist es darauf zurückzuführen, daß bei diesen Schiffen die Aufbauten berücksichtigt worden sind. Unsere Stabilitätsrechnung erfolgte nach dem Integrator-Verfahren, und wir haben festgestellt, daß trotz exakterer Durchführung mit vergrößertem Spantenriß die Abweichungen gegenüber unseren ersten Ergebnissen sehr gering gewesen sind.«

40 Jedenfalls konnten sich bei der Seeamtsverhandlung in Sachen *Pamir* in Lübeck weder Kapitän Eggers (damals [1952] I. Offizier auf der *Pamir*) noch der damalige Kapitän Greiff an irgendwelche schriftliche Erläuterungen erinnern. Wenn überhaupt, so sind solche vielleicht auch nur mündlich gegeben worden. Das ergibt sich aus einem Vermerk Bl. 36 der Bauakte des GL, in der es heißt, daß der GL »mit den Vertretern der Reederei ausführlich die Stabilitätsverhältnisse erörtert« habe. Unterzeichnet ist das Blatt von Kapitän Greiff.

41 Die an Bord der *Pamir* vorhandenen Stabilitätsunterlagen werden später, in der Seeamtsverhandlung, zwar als unvollkommen bezeichnet (insbesondere trugen sie nicht auch den Verhältnissen auf Segelschiffen, insbesondere dieser Art, genügend Rechnung), ermöglichten aber doch immerhin wichtige Schlußfolgerungen, wie der noch darzustellende »Fall Buschmann« zeigt. Auch waren die beigegeben Blätter unübersichtlich, da sämtliche Kurven in ein und dasselbe Bild eingezeichnet worden waren, statt jeden Beladungsfall auf einem besonderen Blatt darzustellen.

Zwar kann man nicht für alle nur denkbaren Beladungsfälle im voraus die Aufstellung von Hebelarmkurven fordern, man sollte aber, zumal es auch für einen Fachmann schwierig ist, aus vorhandenen Kurven auf einen ähnlichen Beladungsfall zu inter- oder zu extrapolieren, eine reichliche Zahl von Kurven erstellen, und zwar besonders für die Ladezustände zwischen der Leichtwasser- und der Tiefwasserlinie.

42 In diesem Falle lag angesichts der besonders leichten Ladung die Notwendigkeit des Flutens des Tieftanks auf der Hand. Der GL hat übrigens von der Methylalkohol-Ladung erst Kenntnis erlangt, als die *Pamir* Falmouth als Nothafen bereits angelaufen hatte, statt den GL vorher zu bemühen. Nur einmal hat der GL auf Wunsch von Kapitän Grubbe für die *Passat* den Stabilitätsfall einer Koksladung durchgerechnet. Das Ergebnis war die Erkenntnis, daß das Schiff Ballast nehmen müsse. Daß die *Pamir* und die *Passat* auch Gerste als Ladung fuhren, wurde, wie schon oben festgestellt, dem GL erst nach dem Untergang der *Pamir* bekannt. Nach den Stabilitätsblättern war Gerste als ein Grenzfall zu beurteilen, bei dem es zweifelhaft sein konnte, ob ein Fluten des Tieftanks geboten wäre. Dipl.-Ing. Seefisch vom GL [1]: »Ich würde es von dem Ergebnis einer Rollperiodenmessung abhängig gemacht haben. Wenn eine Rollzeit 16 s gewährleistet wäre, könnte man eine Flutung des Tieftanks als entbehrlich bezeichnen. Rollversuche vor der Abfahrt von Buenos Aires waren daher entscheidend wichtig. Ohne Aufbauten sei das Schiff überhaupt nicht vernünftig stabil zu bekommen. Wenn aber ein Kapitän einen Hebelarm sieht, dessen Kurve bei 40 bis 50 Grad endet, wird er vorsichtiger sein, als wenn die Hebelarmkurve bis 70 oder 80 Grad reicht. Darum ist es berechtigt gewesen, daß die Stabilitätsblätter die zusätzliche Auftriebskraft der Aufbauten unberücksichtigt gelassen und darüber einen entsprechenden Vermerk erhalten hätten.«

43 Erläuterungen sind aber nach [1] unerläßlich. Durch sie muß u. a. klargestellt werden, ob alle berechneten und in Kurven dargestellten Beladungsfälle automatisch als zulässig und risikolos zu betrachten sind. Grenzfälle oder gar kritische Fälle sollten unbedingt als solche ausdrücklich hervorgehoben werden. »Keinesfalls sollte es dem Nautiker überlassen bleiben, selber aus den Kurven und Werten derartige Schlüsse zu ziehen.

Die Erläuterungen sollten schriftlich abgefaßt und mit den Blättern fest verbunden werden, da natürlich die Gefahr besteht, daß (seitens der Werft, des GL oder der SBG gegebene) mündliche Erläuterungen falsch verstanden oder nicht genügend gewürdigt werden oder daß ihre Weitergabe unterbleibt . . . Das gilt nicht nur für Segelschiffe.«

44 Dieser Ansicht kann nur mit der Einschränkung zugestimmt werden, daß nur sehr lange und reiche Erfahrungen mit dem

gleichen Schiff und mit gleichartigen Ladungen wissenschaftliche Erkenntnisse und Versuche ersetzen können.

45 Das Seeamt im Wortlaut [1]: »Es kann auch als allgemein bekannt vorausgesetzt werden, daß die großen frachtfahrenden Segelschiffe nicht die unbegrenzte Stabilität wie z. B. eine Segelyacht besitzen, die sich selbst nach einer Schräglage von 90° wieder aufrichten kann.«

46 Die *Pamir* hatte in Hamburg vor der Ausreise vollgebunkert, also 105 t übernommen. Und da für den Ausreisetörn 346 Maschinenstunden gemeldet worden waren, muß der Bestand in Buenos Aires zwischen 60 und 70 t betragen haben; denn hätte das Schiff weniger im Bunker gehabt, hätte es wahrscheinlich in Buenos Aires nachbunkern müssen und dieses über die Reederei veranlaßt.

47 Diese Angaben hat Haselbach, wenngleich ohne sich auf den Wert festzulegen, bei seiner Vernehmung in Kiel bestätigt. In der Seeamtverhandlung hat er sich dann aber völlig unbestimmt geäußert.

48 Das Seeamt wird später feststellen ([1] S. 302), daß eine Rollperiode von 20 s »jedenfalls eine sehr ernste Warnung bedeutet hätte«. Nach Professor Wendel und Kapitän Platzoeder lag sie für die letzte Reise durchaus im Bereich des Möglichen. Ob Buschmann darüber mit dem Kapitän oder den anderen Offizieren gesprochen hat, bleibt ungeklärt, ist aber in Verbindung mit den Maßnahmen Buschmanns sehr wahrscheinlich.
Weiter ist in [1] in Verbindung mit diesem Punkt zu lesen: Der vorliegende Beladungszustand ähnelte dem Stabilitätsfall 3 (Schiff mit vollen Vorräten und homogener Ladung in allen Laderäumen einschließlich im Wasserballasttank). Er war etwas günstiger, weil keine Ladung im Zwischendeckraum 1 gefahren wurde. Es war aber auch zu erkennen, daß die Stabilität für diesen Beladungsfall nur gering war. Bereits für Dampfer verlangt man einen geringsten Hebelarm von 0,2 m bei 30°. Hier betrug er für ein Segelschiff, für das doch unzweifelhaft eine höhere Stabilität notwendig ist, kaum mehr. Es war klar, daß durch den Verbrauch von Vorräten während der Reise die Stabilität noch abnehmen mußte, sofern dieser Gewichtsverlust nicht durch entsprechende Maßnahmen ausgeglichen wurde.

49 An diesem Tage meldete ein Schiff noch Orkan aus Nordnordwest bei dem sehr tiefen Druck von 977 mb. Vom 24. September an hat sich das Sturmtief in zunehmendem Maße aufgefüllt.

Der schwache Restwirbel erlosch am 26. abends im Hochland der Auvergne. Von grundsätzlichem Interesse ist in dieser Phase dann auch, was der Meteorologe und Oberregierungsrat a. D. Dr. M. Rodewald später in der HANSA [15] schreibt: »Einem tropischen Orkan auszuweichen, kann besonders am Anfang und am Ende seiner Bahn schwierig sein. Am Anfang: weil aus einer schwachen tropischen ›Störung‹ manchmal innerhalb 24 Stunden ein Orkanwirbel entstehen kann, der dann erst nachträglich vom Wetterdienst erfaßt und durch Funkwarnung avisiert wird – und am Ende: weil die tropischen Wirbelstürme nach ihrem Umbiegen in die etwa auf 30° Nord gelegene ›Westwindzone‹ eine erhebliche Beschleunigung bei ihrem Fortschreiten erfahren, die in den Warnungen nicht oder nicht voll vorhergesagt wird.«

50 Diese hätten aber nach Überlegungen von Rodewald zur Vermeidung eines Hineingeratens in den schweren Orkan nicht ausgereicht, im Gegensatz zur *Pamir*, die später eigentlich nicht überrascht werden konnte, da der Wirbelsturm um diese Zeit seit langem bekannt und laufend gemeldet worden war.

51 Die Angaben beziehen sich auf 12.00 Uhr MGZ.

52 Vor- und Nachsaison ausgenommen.

53 Auch im Kapitel »Die tropischen Wirbelstürme« im Handbuch des Nordatlantischen Ozeans [6] wird vor Außenseitern unter den Hurrikanen gewarnt: »Das Karibische Meer, der Golf von Mexiko und der angrenzende südwestliche Nordatlantik sind das hauptsächliche Wirkungsfeld der Hurrikane. Das besagt aber nicht, daß man in den östlichen Seegebieten ganz sicher ist; gelegentlich entsteht und kurvt auch einer ostwärts des 50. Meridians nach Norden und kommt dann vielleicht in die Nachbarschaft der Azoren.«

54 Karl-Otto Dummer, der in seiner Eigenschaft als Kochsmaat und Bäcker dienstlich, aber auch privat mit dem Schlachter Kontakt hatte.

55 Das bestätigte vor allem Rechtsanwalt Kapitän Dersch, der Diebitsch gut kannte und der vor dem Seeamt die Interessen der Witwe von Kapitän Diebitsch vertrat.

56 In Berichten von Meteorologen des Seewetteramtes Hamburg wird es später in Verbindung mit der Seeamtverhandlung hinsichtlich Diebitschs Besuch bei dieser Institution vor Antritt seiner *Xarifa*-Reise heißen: ». . . D. schien sich über Wettergefahren völlig klar zu sein, denen ein Schiff während einer Hurri-

kan-Saison in westindischen Gewässern begegnen kann. Aus diesem Grunde war er bestrebt, alle Unterlagen für das Zeichnen von Wetterkarten vom Seewetteramt zu erhalten.« Und weiter, bei Besprechungen an Bord (der *Xarifa*): »... zeigte sich D. sehr interessiert und aufgeschlossen für meteorologische Dinge. Ich gewann den Eindruck, daß er aufgrund seiner Fahrzeit auf Segelschiffen gewohnt sei, sich über die Wetterlage und ihre Entwicklung zu orientieren und diese Informationen bei seinen Entschlüssen zu berücksichtigen ...«

57 Jedenfalls hat Eggers das so und nicht anders verstanden. Er wird auch daran gedacht haben, daß D. auf seiner *Xarifa*-Reise Erfahrungen für große Teile der mit der *Pamir* zu durchsegelnden Seegebiete gesammelt und sich zur Vorbereitung der *Pamir*-Reise eingehend mit allen in Frage kommenden meteorologischen Fragen befaßt haben dürfte.

58 Heute braucht man sich nicht mehr solcher risikoreichen Wetterflüge zu bedienen, heute können Orkane und deren Zugrichtung sehr genau durch die Wettersatelliten erfaßt und kontrolliert werden.

59 Der Reeder ist auf Verlangen des Besatzungsmitglieds verpflichtet, am 15. und am letzten Tag jeden Monats Abschlagszahlungen bis zu 75% der Nettobezüge des Besatzungsmitglieds diesem, einem von diesem bezeichneten Familienmitglied oder einer anderen von ihm bezeichneten Person zu leisten. Er hat dem Besatzungsmitglied auf Verlangen einen Verpflichtungsschein, das heißt einen Ziehschein zu erteilen.

60 Washington NSS sagte für den 15. September erst Westnordwest – und für für die Zeit nach 12.35 Uhr MGZ Nordwestwinde mit 100 kn und einer progressiven Zuggeschwindigkeit des Zentrums von acht auf zwölf kn voraus.

61 Gleich Windstärke 13 nach Beaufort-Skala.

61a An manchen Tagen gingen gleich mehrere Beobachtungen ein.

62 Die heute, im Zeitalter der Wettersatelliten ziemlich ausgeräumt sein dürften.

63 Übrigens war das Zentrum dieses Orkans am 5. Oktober 1954 (ein WSW-Orkan von 80 Knoten mit Wellenhöhen von 9,5 m) hart am Wetterschiff E vorbeigezogen – jenem Wetterschiff, das auf 35° N, 48° W stationiert ist und das mit dem Stationshalter *Absecon* die Such- und Rettungsaktion im Falle *Pamir* leitete. Dieser Orkan ereignete sich knapp 3 Jahre vor CARRIE, und das Zentrum ging über etwa 37° N, 42° W, dann nach NO

bis NNO abdrehend: man sieht, daß der Untergangsort der *Pamir* von rund 36° N, 40° W gar nicht so sehr weit davon entfernt liegt bzw. daß die Hurrikan-Seltenheit in diesem Gebiet fast den Ausdruck von der »Duplizität der Ereignisse« erlaubt (ausführliche Darstellung des *Leipzig*-Orkans siehe [25]). Ebenfalls bemerkenswert und selten war bei diesem Hurrikan der Drucksturz von 11.50 Uhr bis 15.50 Uhr um 30 mb. – In den gleichen Hurrikan, nur früher, geriet auch der Dampfer *Mai Rickmers* der Rickmers-Linie KG, Hamburg, unter Kapitän F. Ahl.

64 Genauere Windangaben sind nicht möglich, da der Heimkehrweg der *Pamir* abseits der Hauptschifffahrtslinien liegt und die Wetterlage in diesem Gebiet nur spärlich belegt wird.

65 Nach der amerikanischen Monatskarte für September von den Jahren 1887 bis 1953: Etwas nördlicher, auf 38° Nord, haben in der 1. Septemberhälfte nur im Jahre 1918 ein auffüllender Orkan und ein weiterer 1930 den Meridian 60° W auf Ostkurs passiert. Keiner von den beiden berührte die Azoren. Auch das Handbuch des Atlantischen Oezans [7] schließt (so auch Schmidt [13] e contrario ein Umbiegen in eine östliche Bahnrichtung für diese Länge aus, indem es sagt: ». . . gelegentlich entsteht und kurvt auch einer ostwärts des 50. Meridians nach Norden und kommt dann vielleicht in die Nachbarschaft der Azoren.« Es ist daher verständlich, daß ein Kapitän aus dieser Formulierung entnehmen kann, daß ein Orkan, dessen Bahnscheitel westlich vom 50. Meridian liegt, oder, wie bei CARRIE, sogar auf etwa 65° W, nicht mehr in die Nachbarschaft der Azoren gelangen, also keinen Ost- oder sogar Südost-Kurs einschlagen kann bzw. wird. In den 66 Jahren ist in der 2. Septemberhälfte nur einmal ein Orkan in die Nähe der Azoren gekommen. Dieser kurvte 1926 östlich des 50. Meridians und folgte der im Handbuch geäußerten Ansicht. Es war also durchaus berechtigt, eine östliche Richtung als vorübergehende Unregelmäßigkeit zu werten und eine Bahnänderung in Ostnordost-Richtung zu erwarten. Außerdem konnte (nach [13]) in diesem Raum mit einer baldigen erheblichen Zunahme der Zuggeschwindigkeit gerechnet werden. So mußte denn die NSS-Meldung von 10.00 MGZ mit Ostnordostkurs auch glaubwürdig erscheinen.

66 So gab das britische Portishead in den Weather Bulletins for Shipping am 18. September vormittags das Tief mit dem Zentrum von 994 mb auf 43° Nord, 28° West an; aufgenommen vom

Motorschiff *Bischofstor* unter Kapitän von Zatorski im Seegebiet zwischen den Azoren und Neufundland. Auf der Rückseite der Monatskarten für den Monat September ist für die Position 43° Nord, 28° West ein »Normaldruck« von 1018 mb zu entnehmen, daß heißt, das Barometer steht hier etwa 24 mb unter dem Durchschnitt.

67 Von 30° Nordbreite an trachteten heimkehrende Segler danach, auf nordöstlichem Kurs das Azorenhoch westlich und nördlich zu umgehen, um nicht in das Feld der flauen Winde und der Stillen zu geraten. Nach [3] scheint die Schiffsleitung der *Pamir* diese Absicht verfolgt zu haben. Ab September kann indessen auch der Weg südlich um die Azoren gewählt werden, weil dann das Azorenhoch und der Reiseweg abgekürzt werden.

68 Einen Tag später, am 19. September, steht die *Pamir* in den Nachmittagsstunden ja in einer ähnlichen Position wie die *Griesheim* am 18. vormittags, nämlich ebenfalls 600 Seemeilen von dem im Nordwesten nunmehr völlig regelwidrig sogar auf Südostkurs heranziehenden Hurrikan CARRIE entfernt.

69 Soviel wie wechseln.

70 Vormals Deutsch-Amerikanische Petroleum Gesellschaft (der deutsche Arm der US-amerikanischen Esso, der heutigen EXXON).

71 = Zonenzeit 30° West.

72 In der Seeamtsverhandlung wird zur Sprache kommen: »Es ist üblich, daß die Funker sich im Mittelwellenbereich mit den in der Nähe befindlichen Schiffen über Wind und Wetter verständigen. Die Funker der im Südamerikadienst fahrenden Schiffe haben es immer als ihre Aufgabe betrachtet, die eigene Schiffsleitung von der Annäherung eines Segelschulschiffes zu unterrichten und den in ihrem Bereich befindlichen Segelschulschiffen Wetter- und Windberichte zu geben. Es wurden sogar häufig kleine Zeit- und Kursverluste in Kauf genommen, um die Segelschiffe bei Tage in Sichtweite zu passieren. Auch der Funker Schröder hat in solchen Fällen sofort, wenn er sich meldete, von anderen Schiffen Wetterberichte, Barometerstand, Windstärke, Windrichtung usw. bekommen.«

73 Wie vor dem Seeamt in Lübeck der Funksachverständige Harder dargelegt hat.

74 Das Seeamt in Lübeck hat in dieser Sache eine Reihe diesbezüglicher Zuschriften bekommen. Auch die Sachverständigen

Harder, Nanninga (Norddeich-Radio) und Ewald haben sich kritisch darüber geäußert.

75 Alle Nautiker, mit denen Rodewald, Harder und Nanninga bei der Vorbereitung ihrer Berichte für die Seeamtverhandlung gesprochen hatten, haben diesen gesagt, und alle von ihnen durchgearbeiteten Berichte, Schiffs- und Funktagebücher haben bestätigt, daß sich keinerlei Störungen des Funkverkehrs bemerkbar gemacht haben und daß die Schiffsleitungen in den fraglichen Tagen laufend über CARRIE unterrichtet gewesen sind. Auch auf den Schiffen, die mehr oder weniger von CARRIE gefährdet waren, sind nach den eingehenden NSS-Meldungen Wetterkarten gezeichnet worden, anhand deren die Kapitäne die Hurrikanbahn stetig und einwandfrei verfolgen konnten. Fast alle Schiffe sind ja auch dem Hurrikan ausgewichen.

76 Wir wissen heute, daß CARRIE in den Raum vorstieß, der vom südöstlich abziehenden Hoch freigegeben wurde.

77 Nach dem meteorologischen Tagebuch der *Brandenstein* lief sie am 18. September in der Stufe 4 (mittellang und mittelhoch) aus Ost und am 19. September, 00.00 MGZ in der Position 29.3° Nord, 42.7° West erstmals in Stufe 5 (lang und mittelhoch) zunächst aus Nordnordost und später, ab 12.00 Uhr, aus Nord auf. Am 20. September, 00.00 Uhr, wurde in der Position 30.3° Nord, 40.6° West eine Dünung gleicher Art aus Nordwest zu Nord und später, bis zum 21. September 06.00 MGZ, auf Position 34,1° Nord, 32.9° West beobachtet. Bis dahin gab es Wind in Stärke 4 und eine Windsee in Stärke 3 aus Süd. Erst mit dem Auffrischen des Windes auf Südsüdwest zur Stärke 6 geht am 21. September mittags (Position in 35° Nord und 31° West) die nördliche Dünung verloren. Sie wird nun, jetzt hoch und lang, durcheinanderlaufend, so daß die *Brandenstein* heftig rollt. Damit hat im Fahrtgebiet dieses Schiffes (zwischen etwa 29° Nord und 43° West und 34° Nord und 33° West) über eine Strecke von 540 sm auf der Vorderseite von CARRIE bei südöstlichen und später südlichen Winden eine im ganzen nördliche Dünung gestanden.

78 Nicht uninteressant ist, was Kapitän Jäger von der *Brandenstein* dem Meteorologen Dr. Rodewald gelegentlich eines Telefonats am 3. Dezember nach der Feststellung, daß die erwähnte Dünung dem Motorschiff nicht weiter zu schaffen gemacht hätte, erklärte: Nach seinen Segelschifferfahrungen würde die Dünung jedoch – im Verein mit den schwachen Winden des

19. September – zu einem Schlackern der Segel und einem Mangel an Kursbeständigkeit geführt haben, sofern nicht durch den Einsatz des Hilfsmotors eine bessere Lage erzielt werden konnte. – Dazu wäre noch zu sagen, daß die *Pamir*, wie dargestellt, tatsächlich an diesem Tage mit ihrem Hilfsmotor gefahren ist.

79 Hat man auf der *Pamir* infolge dieses Ablenkungsmanövers der Natur nur das Weather Bulletin for Shipping von Portishead aufgenommen, in dessen Vorhersagebereich man bald einzutreten hofft, so ist daraus am 19. September nichts über CARRIE zu entnehmen.

80 In [8] ist nachzulesen: »Auch das Barometer ist kein untrüglicher Voranzeiger für eine Orkanbildung. Es wird zwar vorher einige wenige (2 bis 4) Millibar tiefer stehen als in der weiteren Umgebung oder als der jahreszeitlichen Norm entspricht, doch die von Ost nach West wandernden ›Wellenstörungen‹ im Ostpassat verursachen etwa alle drei bis vier Tage ähnliche Depressionen des Luftdruckes und bleiben doch in der Mehrzahl der Fälle harmlos.«

81 Da die Bordzeit der *Brandenstein* gegenüber MGZ um drei Stunden differiert, muß die Sichtung der *Pamir* um 11.00 Uhr erfolgt sein. Mit hinreichender Genauigkeit hat die Viermastbark um 12.00 MGZ dieses Tages auf 30° Nord und 41.2° West gestanden.

82 Position der *Pamir* am 19. September, 12.00 MGZ: 30.0° Nord und 41.2° West, und am 20. September: 32.58° Nord und 40.48° West, 14.00 Uhr. Die dazwischenliegende Distanz beträgt danach für 26½ Stunden 180 sm, das sind im Mittel 6.8 kn.

83 Das Seeamt in Lübeck wird später den in dieser Kapitänsorder zum Ausdruck gekommenen Auffassung nur beipflichten [1].

84 Später, vor dem Seeamt, glaubt man mit diesem Fall wie auch anderen Anzeichen für eine geiwsse Passivität des *Pamir*-Funkers (die noch keinen Verstoß gegenüber ihm obliegenden Pflichten bedeutete) »in der sehr befremdlichen Tatsache« gefunden zu haben, daß die *Pamir* in den Tagen vor ihrem Untergang überhaupt keinen Funkverkehr mit anderen Schiffen gehabt, das heißt, auch nicht gesucht hat. Norddeich-Radio hat daher auf Veranlassung des Seeamtes am 15., 16., 17. und 18. Oktober folgende Anfrage ausgestrahlt: »Seefunkstellen, die am 19., 20. oder 21. September Verbindung mit der *Pamir* hatten, werden gebeten, sich bei Norddeich-Radio zu melden.«

Da auf diese Frage keine Antwort eingegangen ist, darf als erwiesen gelten, daß ein Funkverkehr mit anderen Schiffen in der fraglichen kritischen Zeit nicht stattgefunden hat.

85 Unklar wird jedem, der die besonders gelagerten Bordverhältnisse kennt, die Frage wohl immer bleiben, wieso und warum zwischen diesen beiden beruflichen Extremen ein, nach Dummer, fast freundschaftliches Verhältnis zustande kam und weshalb der Funker zu seiner Unterstützung beim Zeichnen der Wetterkarten keinen der Offiziersanwärter unter den Jungen herangezogen hat. Ob beide sich von früher her kannten? Oder ob es nur einfach die Interessen des Schlachters an meteorologischen Belangen und damit auch am Zeichnen von Wetterkarten waren? Solche Gemeinsamkeiten vermögen durchaus die an Bord doch sehr oft ausgeprägten beruflichen Distanzierungen zu überbrücken. (Einer der vom Verfasser befragten Kapitäne älteren Jahrgangs: Aber die Köche und Schlachter an Bord sind doch das Letzte. Schwer zu glauben, daß sich damit ein Funkoffizier eingelassen hat.) Zumindest ist der Funker Siemers ein völlig anderer Typ als sein Vorgänger Schröder. Siemers hat viele Jahre auf Fischdampfern gefahren, wo man viel beengter lebt und keine so distanzierenden Unterschiede kennt. Das erklärt auch die Tatsache, daß er nicht selten mit Vor-dem-Mast-Seeleuten oder Vertretern der Kombüsengäng in seiner Kammer zu einem Klönschnack zusammensaß, nicht selten mit vier oder fünf Mann.

86 Nach der NSS-Meldung vom 19. September: 06.00 MGZ, nach der Horta-Meldung vom 19. September: 12.30 MGZ, nach der täglichen Analysensendung von Portishead vom 19. September: 11.30 Uhr und nach den Saint Lys (FFL)-Meldungen vom 19. September: 08.30 Uhr und 21.50 Uhr mit dem Wortlaut: »avis de cyclone tropical en cours le jeudi 19 septembre 12 h tu, n °38. de l'ordre 985 mb et vers 35 n 53 w à 12 h tu – est 10 à 15 noeuds – donneés très incertaines – ouragan ou tempète dans rayon de 250 miles – coups de vent dans rayon 500 miles.«

87 Washington NSS vom 19. September: 12.35 Uhr, OSO, max. Windgeschwindigkeit 75 kn bei 17 bis 18 kn Zuggeschwindigkeit des Zentrums.

88 Er verstarb, für alle, die ihn kannten und schätzten, zu früh, im Jahre 1976.

89 Die AICH = Amicale Internationale des Capitaines au Long-

Cours Cap Hoorniers wurde 1934 von französischen Kapitänen, die Kap Hoorn noch als Kapitäne (als solche »Albatrosse« geheißen) auf Segelschiffen gerundet hatten, als internationale Bruderschaft gegründet (später werden auch solche Kapitäne aufgenommen, die Kap Hoorn nur als Offizier bzw. Steuermann oder als Mannschaftsdienstgrad vor dem Mast auf Segelschiffen umfahren hatten/haben). Eine deutsche Sektion folgte, bedingt durch die selbstgewollte Isolation des Dritten Reiches und den verlorenen Krieg, erst im Jahre 1952, dann aber, auch seitens der Vertreter der ehemaligen Siegermächte in uneingeschränkter Herzlichkeit. Gerade aus dieser Sicht ist die vorgesehene Wahl von Hans-Richard Wendt zum Präsidenten der AICH, also zum GRAND MAT (soviel wie Großmast), von aussagestarker und hinsichtlich des viel zu frühen Todes von Hans-Richard Wendt auch von tragischer Bedeutung.

89a Für eine Kap-Hoorn-Umrundung wird die Strecke von 50° Ost im Atlantik um die Südspitze von Feuerland, also ums Kap Hoorn herum, bis auf 50° West im Pazifik gewertet. Im Kampf mit den hier praktisch permanenten Weststürmen mußten die Rahsegler, die nicht so hart an den Wind gehen konnten wie reine Schunersegel-Segler, bei ihrem Gegenkreuzen (gegen die Westwinde) oft bis tief in die eisberggefährdete antarktische See ausholen.

90 Nämlich: der Kapitän, der I. und III. Offizier, der Schiffszimmermann, drei Matrosen und ein Leichtmatrose, alle anderen Mitglieder der *Susanna*-Besatzung waren so krank, daß sie ins Hospital von Iquique eingeliefert werden mußten.

91 Das Frachtsegelschulschiff *Bremen* war eine Bark, die von der 1926 von den Bremer Reedereien NDL, Hansa und Neptun gemeinsam für die Segelschiffreederei »Seefahrt« GmbH, Bremen, von der Hamburger Reederei Hans-Hinrich Schmidt gekauft wurde, wo sie, die ehemalige *Reneé,* unter dem Namen *Liesbeth* geführt wurde.
Die Schiffsleitung der *Bremen* stellte der NDL. Kapitän wurde Walther v. Zatorski (der spätere Albatros in der bereits erwähnten AICH und Ehrenpräsident der Deutschen Sektion). Die *Bremen* wurde 1932 abgewrackt.

92 Bark, vormals französiche *Laennec*; 2260 BRT.
Auch die *Oldenburg* wurde von der oben genannten Gemeinschaftsreederei »Seefahrt« von der Reederei Schmidt, Ham-

burg, gekauft. Die Schiffsleitung stellte wiederum der NDL mit Kapitän Otto Lehmberg. Das Schiff wurde 1931 nach Finnland verkauft.

93 Vormals *Magdalena Vinnen*; 3476 BRT; Viermastbark und Segelschulschiff des NDL, der dieses Schiff am 9. August 1936 angekauft hatte und für die Unterbringung von 60 Kadetten umbauen ließ.

94 Auch auf der *Oldenburg* ging auf einer Reise die Ladung über, auch hier glückte es, das Schiff zu retten. Über die besonderen Umstände und die Hintergründe der Beinahekatastrophe ist das letzte Wort noch nicht gesprochen.

95 G. Claussen fuhr 51 Jahre zur See, davon 18 Jahre auf Rahseglern. Kap Hoorn hat er 15mal umsegelt.

95a Siehe auch bei Höver [14]m, vor allem aber bei Grube/Richter [26].

96 Die *Kommodore Johnsen* hatte 4963 metrische t Weizen geladen. Weizen gehört im Gegensatz zur Gerste zu den Schwergetreiden.

97 Laut [2] soll er dies über den 20. September gesagt haben. Dagegen spricht aber (weiter unten) der von L. ausdrücklich erwähnte Flautentag.

98 Ein Beidrehen der *Pamir* war so ungewöhnlich nicht. Kapitän Eggers hatte des öfteren beigedreht, um einen schweren Pampero abzuwettern. Beigedreht liegend, hatte er dazu die Maschine stundenlang mitlaufen lassen. Ob mit einem Vorteil, konnte er nicht feststellen. Auch in einem anderen Fall hatte er bei Windstärken elf bis zwölf beigedreht, wobei er die Maschine nach den oben genannten Erfahrungen nicht mitlaufen ließ, da das Schiff auch ohne Maschine »tadellos« beigedreht lag.

99 Und so kam es dann ja auch.

100 Dieser Auffassung schließt sich auch Kapitän F.W. Schmidt [13] zumindest für den 19. an, nachdem er die verschiedenen Wetterberichte untersuchte hatte, nachdem als nächstgelegene Station, die ab 30° Nord zuständig war, Horta in Frage kam. Horta hat aber in dem fraglichen Zeitraum nur einmal für 06.00 (?) MGZ am 19. eine Orkanmeldung gegeben. In den übrigen Meldungen dieses Zeitraumes fehlt CARRIE. Auch Portishead begann seine Berichte am 19. (um 21.45) und am 20. (09.55) mit »no stormwarnings« und gab für das zugewiesene Gebiet keine Hurrikan-Warnung. Schmidt im Wortlaut: »Man kann daher

die Möglichkeit nicht ausschließen, daß die *Pamir* am 19. 9. über den Hurrikan, seinen Standort und seine Bahnrichtung überhaupt nicht oder nur sehr unvollkommen orientiert oder sogar irregeleitet war und deshalb ihren nördlichen Kurs ohne Kenntnis der drohenden Gefahr beibehielt. Das würde zusätzlich erklären, warum die *Pamir* die im gewissen Sinne sich anbietende Gelegenheit, am Südoststrand des stationären Tiefdruckgebietes die Azoren südlich zu passieren, nicht annahm, sondern bei dem unter normalen Umständen richtigen und auch den Anweisungen entsprechenden Entschluß blieb, die Azoren nördlich zu passieren.«

100a Nach Kapitän Reinemuth in einem Brief an den Verfasser vom 11. April 1977.

101 *Greif* vormals *Eiscombe Park* und *Gustav* vormals *Australia.*

102 Das sind Angaben von Kapitän Sewenig, die hier unverändert wiedergegeben werden.

103 Krimpen = Linksdrehen des Windes, das auf der nördlichen Halbkugel im allgemeinen schlechtes Wetter anzeigt.

104 Nach der Hurrikan-CARRIE-Karte für die Tage vom 19. bis zum 21. September sind es anhand der vom US-Weather-Bureau vorhergesagten Meldungen sogar etwas mehr als 300 sm, was vermutlich auf eine in der Karte nicht genannte höhere Durchschnittsgeschwindigkeit der *Pamir* zurückzuführen ist.

105 Später werden nur die geschätzten Windstärken angegeben ». . . over a small area near the center . . .« Da die letzte Ausdehnung mit 50 sm gemeldet worden ist, kann die »small area« der höchsten Windstärken vermutlich einen kleineren Bereich als 50 sm vom Zentrum bedeuten.

106 Während der 12.30 MGZ-Bericht vom nahen Horta nur das jetzt auf 49 N, 31 W mit 981 mb gelegene Tief erwähnt. Die 24-stündige Vorhersage für die Zone IV [30–37° N, 30–40° W] ergibt: »overcast sky – fresh or strong westnorthwest breeze – showers – good or moderate visibility – low to moderate westerly swell.« – Saint Lys dagegen hatte mit dem 12.00 MGZ-Bericht eine ziemlich genaue Positionsangabe verbreitet: »avis de tempête en cours le vendredi 20 à 12 h tu – (terms universal = mgz) n° 43 – cyclone tropical 33 n, 47 w à 12 h tu – est 8 noeuds se comblant – rayon 200 miles du centre tempête 40/60 noeuds – molisant.«

107 Noch einmal wiederholend und noch deutlicher sagt das Seeamt in diesem Zusammenhang ([1] S. 269): »Die Schiffsleitung

mußte sich nur darüber schlüssig werden, ob sie, mit kleinsten Segeln beigedreht liegend, den Hurrikan erwarten oder ob sie die Fahrt nach Norden fortsetzen sollte. Für die eine wie für die andere Entscheidung konnten schwerwiegende Gründe sprechen. Fürchtete man (wie einige Überlebende ausgesagt haben), in das Zentrum zu geraten, und meinte man, daß dies mit großer Wahrscheinlichkeit die Vernichtung des Schiffes bedeuten würde, dann mußte eine verzweifelte Flucht nach Norden vor dem Zentrum als der einzige Ausweg erscheinen. Ob die Schiffsleitung aber wirklich geglaubt hat, mit großer Wahrscheinlichkeit vom Hurrikanzentrum erfaßt zu werden, erscheint trotz der entsprechenden, vielleicht doch auf nachträglicher Kombination beruhenden Bekundungen einiger Überlebender zweifelhaft, zumal damit doch einige Unterlassungen schwer in Einklang zu bringen wären.«

108 Schmidt in [13]: »Diese fehlerhaften Meldungen wurden ausgegeben, obwohl der Seewetterdienst doch fraglos über ganz andere Möglichkeiten und Unterlagen verfügte als die *Pamir*.«

109 In der um 12.00 MGZ gefunkten NSS-Analysensendung, die als Teil 3 mit den jeweils um etwa sechs Stunden später beginnenden NSS-Sendungen verbreitet werden (also, als Beispiel, die Analyse von 00.00 Uhr mit der Sendung um 06.00 Uhr usw.), wird die Richtungsverlagerung auf 30° mit einem Fragezeichen versehen, während die 18.00-Uhr-MGZ-Analysensendung eine Zugrichtung von 70° mit 15 kn meldet. Die Vorhersagemeldung vom 20. September 18.00 MGZ berichtet von Ostwind in Geschwindigkeiten bis zu 65 kn. – Auch bei der erstmaligen Erwähnung von CARRIE in der GKN-Meldung (Portishead) wird er für 16.00 MGZ mit Ostkurs gemeldet: ». . . hurricane carrie at 16.00 z [z = gmt = mgz] in position 33 n, 47 w moving eastwards 12 knots – weakening slowly with gale force winds up to 200 miles from centre.« Das gleiche trifft auch auf den 21.30-MGZ-Horta-Bericht zu, der die erste Sturmwarnung von CARRIE für den Westteil der Zone IV gibt: CARRIE wird dabei für 16.00 MGZ »near 33,2 n, 47,8 w . . .« angegeben ». . . moving eastwards at 15 mph . . .«

110 Der Begriff »Hundekurve« wurde im letzten Weltkrieg für den vorsetzenden Angriff eines U-Bootes auf ein fahrendes Ziel (Frachter, Zerstörer usw.) nachgerade zum Terminus technicus.

111 Diese Aussage steht ebenso im Widerspruch zu den Bekundungen anderer Überlebender wie die Tatsache, daß Royals, Ober-

und Unterbramsegel während einer Wache geborgen sein sollen, denn der damalige Schiffsjunge Folkert Anders will bereits am Vorabend beim Festmachen aller drei Segel beteiligt gewesen sein. Dies nur der Ordnung halber, denn für den Ablauf des Geschehens ist das ohne Belang. Lt. Dummer wurden die Royals erst abends weggenommen – und diesen folgend dann die anderen Segel.

112 Die Viermastbark *Passat* geriet Wochen später auf ihrer Heimreise vom La Plata durch Übergehen der Gersteladung während eines schweren Sturms in Seenot, konnte jedoch durch Umstauen der Ladung vor dem Schlimmsten bewahrt werden.

113 Laut K.-O. Dummer, den der Verfasser befragte, verfügte die *Pamir* tatsächlich über solche eisernen (oder stählernen) angeschweißten (oder angenieteten) Führungsschienen. Dummer vermag jedoch nicht zu bestätigen, ob nun diese Lukensüllbretter eingesetzt gewesen sind.

114 Dabei haben Römer und Sietas die kritische Schlagseite lediglich bis 14.00 MGZ des 21. September gewertet, als mit dieser Zeit mit dem ersten SOS-Ruf eine Schlagseite von 35 Grad gemeldet wurde.

115 In diesem Zusammenhang sei auch noch ein Brief erwähnt, den Kapitän Eggers am 7. März 1958 in Alexandria an Bord des Dampfers *Keitum* an den Inspektor der Reederei Zerssen & Co. geschrieben hatte und in dem es u. a. heißt: »Gestern zum ersten Mal auf dieser Reise habe ich mich mit Matrose Wirth unterhalten betr. *Pamir*. Er sagt: ›Wir konnten ja gar nicht alles sagen, was wir sagen wollten, z. B., wie hart der Sturm war, uns wurde ja das Wort abgeschnitten.‹ Auf die Frage: ›Sage mir, wie weit hat das Schiff, als die Obermarssegel noch standen, sich nach Lee weggepackt?‹ – ›Nicht so weit wie damals bei Ihnen; von einem Verrutschen kann nicht die Rede sein, erst als wir ohne Segel lagen, wurde der Wind so stark, daß die Rahnocken eintauchten. Sie tauchten dann mehrmals ein, man konnte ja merken, das Deck kam steiler und steiler . . .‹ Er sagt weiter: ›Wir konnten einfach nichts schildern, der Vorsitzende nahm einem ja das Wort . . .‹«

116 Nach dem Vernehmungsprotokoll sprach Haselbach irrtümlicherweise von vierkant gebraßten Rahen.

117 Nach [13], Seite 25, kam der Wind noch aus Südost zu Ost.

118 Was ja tatsächlich bei dem der *Pamir* seit dem 20. September

22.00 Uhr MGZ in nördöstlicher Richtung nachlaufenden Orkan um 12.00 Uhr MGZ (09.00 Uhr BZ) der Fall gewesen ist.

119 Darin sind sich später alle Überlebenden einig: Nichts ist daher gebrochen oder von oben gekommen. Die meisten Segel mußten mit dem Messer aufgeschlitzt oder abgeschnitten werden, bis sie schließlich davonflogen.

120 Also mit nackten Rahmen ohne jedes Segel.

121 Nach Folkert Anders lief die *Pamir* sogar immer noch 13 kn. In [28] berichtet er u. a.: ». . . Die Wachen hatten in der Nacht noch die Unterbram festgemacht. Der Wind mußte noch besser – oder schlechter geworden sein. Als wir also abgelöst hatten, ging die vorhergehende Wache unter Deck, nahm ihre Hängematten und legte sich schlafen. Zu dieser Zeit – also Sonnabend früh – machte das Schiff noch immer dreizehn Meilen Fahrt. Mehr als die meisten Frachtdampfer. Nur, daß wir nicht so stampften wie ein Frachtdampfer. Der Wind drückte die *Pamir* fest in die See; als der Wind stärker wurde, legte sich auch das Schiff weiter über. Doch keiner von uns hatte das Gefühl einer drohenden Gefahr. Dann hatte ich ›Tagelohn‹ zu machen: das heißt, daß ich die Unteroffiziersmesse reinigen und versorgen mußte. Ich war nie vorher zu diesem Dienst eingeteilt gewesen. Aber an jenem Sonnabend hatte sich der Mann, der den Dienst sonst versah, die Hand gebrochen. Ich mußte aushelfen . . .«

122 Insel der Cook-Inselgruppe.

123 An anderer Stelle ist von 26 Segeln die Rede, die in fünf Minuten verlorengingen und 15 000 bis 20 000 Pfund Sterling kosteten.

124 Was ja nach dem Brechen der Lenz-Pardune durchaus ernsthaft zu befürchten war.

125 Siehe auch H.G. Prager: Blohm + Voss. Schiffe und Maschinen für die Welt. Koehlers Verlagsgesellschaft mbH, 4900 Herford, 1977.

126 Die Alarmglocke ist eine elektrische Schnarre. Man kann mit ihr kurze und lange Töne geben. An diesem Sonnabend gab sie hintereinander lang, lang, lang, und zwar mindestens siebenmal lang. Dieses Signal war der Ruf zum All-hands-Manöver, der Ruf, der jeden an Oberdeck befahl.

127 Der Schüttwinkel für Gerste ist auf 25 bis 30° anzusetzen.

128 Haselbach in [1]: Die Strecktaue wurden erst nach dem Einsetzen der schweren Schlagseite gezogen.

129 Hier nun folgen ausführliche Ausführungen, welche »bitteren Lehren« daraus gezogen werden könnten.

130 Weiter (in [1] S. 158): ». . . es sei sogar davon die Rede gewesen, daß die *Pamir* ins Zentrum kommen würde. Der Funker habe eine entsprechende Meldung erhalten . . .«

131 Diese Bordzeit, die der MGZ 15.15 Uhr entsprach, fiel indessen in eine Zeit, da die *Pamir* bereits gekentert war. Vermutlich hat sich H. um eine Stunde geirrt.

132 Nach Dummer waren es das Großstengestagsegel und das Vorstengestagsegel.

132a Folkert Anders später in [28]: »Ich weiß heute, daß es Leute gibt, die etwas gegen unseren II. Offizier, Herrn Buschmann, hatten, weil er erst 26 Jahre alt war. Er sei zu jung gewesen, heißt es. Aber meine Kameraden und ich werden Herrn Buschmann genauso verteidigen, wie wir Herrn Schmidt verteidigen. Herr Buschmann ging damals mit seinem Messer in den Mast, um die Segel loszuschneiden. Herr Buschmann war immer nur auf Segelschiffen gefahren (›fast nur‹ – wäre richtiger). Er war Idealist. Und immer lustig – ein prima Kamerad.«

133 Für die beim plötzlichen Einsetzen des Sturmes auf der *Pamir* noch vorhandene Segelfläche und bei Windstärke zehn ergibt sich nach der Formulierung der Sachverständigen eine Neigung von etwa 27 bis 29°. (Die Aussagen der Überlebenden bestätigen später dann auch eine »große Neigung«.) Vielleicht interessiert, was in der Seeamtsverhandlung über das Eintauchen bei glattem Wasser festgestellt worden ist: nämlich, daß die Bullaugen des Kadettenraumes bereits bei 10°, die Bullaugen der Brücke bei 28°, die Poopbullaugen bei 35°, das Türsüll Brückentür bei 35° und das Türsüll Pooptür bei 43° eintauchen. Nach dem Wegnehmen der Segel hätte sich das Schiff von diesen 27 bis 29° bis zu einem Winkel von etwa 12° bei Windstärke zehn und 17° bei Windstärke zwölf aufrichten müssen.

134 Hier wird Dr. Rodewald, der durch die hartnäckigen Aussagen Überlebender schwankend geworden war, folgern, daß sich die Jungen durch die Windsee täuschen ließen. Der durch den stürmischen Südosten erzeugte Seegang muß auch nach dem Krimpen des Sturmes eine Zeitlang als Dünung fortgewirkt haben. Diese wird aber allmählich immer mehr von der durch den nordöstlichen Wind aufgeworfenen Windsee überlagert worden sein, so daß diese sehr bald stärker vorherrschte.

135 In [1] wird auf solcherart Einbußen (an Stabilität und Seegang) auf den Seiten 159 bis 162 eingegangen. Hier heißt es u. a.: »Es sei hinzugefügt, daß diese Einbußen durch Versuche an einem

Modell, das in Wellen geschleppt wurde, einwandfrei nachgewiesen wurden. Das Modell war der *Pamir* recht ähnlich. Aus den Versuchen ergab sich auch ein Mittelwert für die Stabilität im achterlichen Seegang, der beträchtlich unter dem Glattwasserwert lag ...«

136 Dieser Wert wurde auch von den amerikanischen Hurrikanjägern ermittelt: »... 80 miles per hour over a small area ...« Für den 21. September abends werden sogar weniger kn angesetzt: »... 75 miles per hour over a small area ...«

137 Diese ist nach Walden [21] auf eine Höhe von mindestens 6 bis 7 m und eine Länge von 80 m geschätzt worden.

138 Andere Kap Hoorniers schließen sich dieser Meinung nicht an. »Die Vorteile hätten diesen unbestrittenen Nachteil aufgewogen, denn dann, nach dem Halsen, hätte die *Pamir* Sturm und Windsee fast vorn genommen und ganz sicherlich, trotz der jetzt bereits vorhandenen Krängung, auch abgeritten.«

139 Zu deutsch: »viermastbark *pamir* treibend in schwerem hurrikan, ohne segel auf position ... schiffe in der nähe bitte position geben. antworten auf 480 khz.«

140 Das sind die Zeiten 00.00 bis 02.00 Uhr MGZ; 12.00 bis 14.00 Uhr MGZ; 16.00 bis 18.00 Uhr MGZ; 20.00 bis 22.00 Uhr MGZ.

141 Für den 21. September war nach den 65 kn des 20. September noch einmal eine Stärke von 70 kn »nahe dem Zentrum« vorausgesagt worden, und für den 22. September 00.00 Uhr werden anhand der am 21. nachmittags eingekommenen Hurrikanjäger-Berichte wieder nur noch 65 kn »über ein kleines Gebiet nahe dem Zentrum« angekündigt. Gleichzeitig hat sich CARRIE auch aus seiner ursprünglich kreisförmigen Gestalt zu einer Elipse deformiert. Ein regelrechtes Orkanauge mit seinen typischen Eigenschaften (extreme Windstärken nahe um ein kleines, relativ windstilles Aufklärungsgebiet) war überhaupt nicht mehr vorhanden.

142 Wer Zweifel daran hegt, braucht ja nur einmal die Hand aus dem Fenster seines Wagens zu halten, wenn dieser 180 oder gar 200 km/h läuft. Er wird sich dann leichter vorstellen können, was passiert, wenn er sich bei solchen Sturmwinden mit dem Gesicht zur Windrichtung stellt.

143 Nach alledem neigte das Seeamt ([1], S. 288) zu der Auffassung, daß 70 Knoten schon die obere Grenze der an der Unfallstelle auftretenden mittleren Windgeschwindigkeiten darstellen dürften, wobei allerdings einzelne kurze Böenstöße darüber hinaus-

gegangen sein mögen. In dem entscheidenden Zeitraum (von der Entstehung der Schräglage um 30 Grad bis zum Übergehen der Gersteladung) wird die Windgeschwindigkeit schwerlich mehr als Stärke 11 betragen haben. Keinesfalls hat sie an 100 Knoten herangereicht, geschweige denn dieses Maß noch überstiegen, so daß also »höhere Gewalt« in dem oben gedachten Sinne nicht vorgelegen hat. Wenn das Seeamt in der Spruchformel die Worte »bei schwerem Nordnordoststurm im Sturmfeld eines tropischen Orkans« gewählt hat, so soll dieser Ausdruck nicht im Sinne der Terminologie der Beaufort-Skala verstanden werden. Es sollte damit zum Ausdruck gebracht werden, daß der Sturm jedenfalls in dem Zeitpunkt, in dem die *Pamir* die verhängnisvolle Schlagseite erhielt, wahrscheinlich noch nicht volle Orkanstärke erreicht hatte.

144 Unklar, denn warum sollen denn die Wanten »durchschlagen werden«, da auch sie ja durch Spannschrauben mit dem Schiff verbunden sind.

145 Was zum Beispiel der Kap Hoornier und Bezirkspräsident Weser der deutschen Sektion der AICH, Kapitän R. Reinemuth, Bremen, ebenfalls anzweifelt »... dafür waren, wenn auch aus Gußeisen, die Spannschrauben auf derart großen Segelschiffen viel zu stark ...«

Andere Kap Hoorniers sind der Meinung, daß es durchaus möglich gewesen wäre, die Masten zu kappen. »Das war die letzte Möglichkeit, die *Pamir* zu retten. Es gab keinen anderen Weg mehr.« Dieser Auffassung haben sich auch einige der Sachverständigen-Kapitäne angeschlossen, wenn auch erst nach der Seeamtverhandlung.

146 Und man fährt fort: »Man wird daher aus dem Untergang der *Pamir* nicht die Lehre ziehen können, daß Einrichtungen geschaffen werden müßten, die das Kappen der Masten ermöglichen.«

147 Das Seeamt später: »Wenn dies schon geschehen wäre, als Buscher die Anregung gab – um 09.00 Uhr Bordzeit –, hätten die ersten Schiffe noch vor Einbruch der Dunkelheit am Katastrophenort eintreffen können. Jedenfalls hätte schon in der ersten Nacht, als noch zahlreiche Besatzungsmitglieder am Leben waren, die Suche von mehreren Schiffen aufgenommen werden können ...«

148 Nach [3] bezeichnet der Seemann damit oft den Zustand eines allgemein schwer havarierten Schiffes.

149 Nach [2] wird von den Juristen also argumentiert, daß mit dem Wort »broken« ein aufgebrochener Zustand des Schiffes bezeichnet worden sei. »Unterstellen wir das als denkbar«, so Römer und Sietas in [3], »so wäre die Voraussetzung dafür, daß ein derartiger Zustand durch Augenschein hätte wahrgenommen werden können und müssen. Das haben die überlebenden Zeugen nicht bekundet. Es ist auch deshalb unwahrscheinlich, weil Wassereinbrüche von dem verlangten Ausmaß in Lee, also an Backbordseite, hätten vor sich gehen müssen. Und das war nicht beobachtbar. Es sei denn, es handelte sich um Wassereinbrüche in die Aufbauten. Wir sind der Auffassung, daß die Darstellung des Unfalls sich unter den obwaltenden psychologischen Umständen nicht genauer (als durch das Wort ›broken‹) formulieren ließ.« Schwere Wassereinbrüche setzen, wenn durch sie ein Schiff zum Sinken gebracht werden soll, zudem ein beträchtliches Loch voraus, das durch Leckspringen allein schlechterdings nicht entstehen kann.

150 Die Berufungsjuristen: »Die Spruchbegründung hat es (das Wort ›broken‹) bei der deutschen Übersetzung sogar weggelassen.«

151 Soll wohl Materialermüdung heißen.

152 Früher eine Anlage, um sich wie hier vom Kartenhaus mit dem FT-Raum oder mit der Maschine in Verbindung zu setzen. Das Rohr war am Eingangs- wie am Ausgangsende immer mit einem »Pfeifenpfropfen« verschlossen. Wenn die Maschine, als Beispiel, ein Anliegen an die Brücke hatte, so nahm der Chief in der Maschine »seinen« Pfeifenpfropfen raus und pustete in die muschelähnliche Öffnung vom Rohr hinein, wodurch oben im Karten- oder Ruderhaus ein signalisierender Pfeifton einen der Wachhabenden herbeirief, der »sein« Mundstück nunmehr als Ohrmuschel benutzte. Bißchen umständlich in der Praxis, aber gut funktionsfähig. Auf gar nicht so wenigen Schiffen hatten die Kapitäne auch über ihrer Koje ein solches »Telefon«.

153 Laut Dummer fälschlicherweise Ruderhaus genannt.

154 Dieser Übelstand hat ihm später zu schaffen gemacht, weil die Korkweste ihm durch den Seegang häufig unters Kinn schlug.

155 Der Jahreszahl nach zu urteilen, dürfte es sich bei dem Schiff, dessen Größe in [22] nicht genannt wird, um einen Segler von schätzungsweise 1000 NRT gehandelt haben.

156 Die Kapitäne E. Römer und R. Sietas in [3] zu diesem von ihnen gewählten Beispiel: »Insofern stimmen wir grundsätzlich

der Feststellung der Stabilitätsgutachter Professor Dr.-Ing. Wedel und Kapitän Platzoeder bei, daß ein großes Segelschiff jenen Wind- und Seegangsbedingungen, wie sie am Unfallort der *Pamir* geherrscht haben dürften, widerstehen muß.«

157 Wo es auch in 60 sm Entfernung vorbeigezogen ist.

158 Sofern, so Rodewald in [1], die Schätzung einer leichten Auffüllung des Zentrums zutreffend ist.

159 Zu deutsch: »bitte, kommen sie sofort zu uns – kapitän.«

160 Zu deutsch: »jagt auf uns zu – deutsche viermastbark *pamir* in gefahr zu sinken – kapitän.«

161 Zu deutsch: »jetzt eilt – schiff macht wasser – gefahr des sinkens.«

162 Das kann (und muß auch) 992 mb heißen, was bei dem nicht unüblichen Fortlassen der ersten Ziffer auch als korrekt zu deuten wäre.

162a Nach der Tabelle mit den gegißten Positionen, Winden und Barometerständen der *Pamir* in [1] war das Barometer bereits um 11.00 Uhr (14.00 Uhr MGZ) auf 992 mb gestiegen.

An dieser Stelle sei auf die Zeichnung von CARRIE mit Stand vom 21. September 12.00 Uhr MGZ verwiesen, in der der Relativkurs der *Pamir* (gestrichelte Linie) und die geschätzten Windstärken eingezeichnet worden sind. In dem Bild ist zunächst die Asymmetrie zu beachten, die mit dem »Hereinhängen« der Azorenfront in den Wirbel zusammenhängt. Diese Front ist im Nordostsektor von CARRIE eine Warmfront, die näher dem Zentrum zwar verwirbelt wird und als »Front« gänzlich verlorengeht, die sich aber in weiterem Abstand vom Zentrum hält, da von Süden her fortgesetzt Warmluft, vom Nordosten her Kaltluft – aus der Rückseite des Tiefs nördlich der Azoren – in den Tiefdruckwirbel CARRIE einbezogen wird (alles im Wortlaut von Rodewald [1]). Der Isobarenknick an der »Front« ist eine Verdeutlichung und bewußt betont. Es kann nach Durchsicht der Wetterkarten aber kaum ein Zweifel bestehen, daß im Prinzip im rechten vorderen Viertel, wo die Winde aus dem Südost-Quadranten (Süd bis Ost) wehen, wesentlich handigere Verhältnisse herrschten als auf der linken Seite, besonders im Sektor mit Nordost- bis Nordwinden auf der Rückseite.

Rodewald bringt in einer Tabelle dann einige Schiffsmeldungen vom 19. bis 21. September, die, einander gegenübergestellt, erkennen lassen, daß bei etwa gleichem Luftdruck die Vordersei-

tenwinde aus Ostsüdost bis Südwest meist wesentlich schwächer als die Winde aus den Richtungen Ostnordost bis Nordnordwest (bzw. auch noch Nordwest bis Südwest) waren.
Die nach dem meteorologischen Tagebuch der *Anita* hinzugefügten Windwerte für gleiche Barometerstände ergeben eine Differenz von 2,5 Beaufortstärken, um die der Nordnordost- bis Nordwind stärker ist als der Südsüdwest- bis Südostwind.
Ähnlich wie für die *Anita* ergeben sich auch für die *Pamir* auf dem die Orkanbahn kreuzenden Relativkurs die südöstlichen Winde jedenfalls nicht als extrem stark. Erst mit dem Umgehen des Windes auf Ost bis Nordost dürfte die volle Gewalt des Sturmes eingesetzt haben – also jene Schwerstwetterperiode, für die *Anita*-Kapitän Sewenig die Dauer von 4,5 Stunden angegeben hat.
Nach Aussagen der Überlebenden der *Pamir* ist es etwa um 09.30 Uhr Bordzeit »losgegangen«. Zwei Stunden später wurde die erste SOS-Meldung gegeben. Vergleicht man hiermit die 4,5 Stunden Schwerstwetter auf der *Anita*, so ist die Kulminationszeit zwei Stunden nach Beginn anzusetzen. Die Windgeschwindigkeit darf bei der *Pamir* (wie bereits im Text gesagt) auf etwa 70 kn angesetzt werden, in Übereinstimmung mit den Hurrikan-Jägern der Amerikaner, die am 20. abends die höchsten Winde zu »80 miles per hour over a small area« und am 21. abends mit »75 miles per hour over a small area« angegeben haben.

163 Es kann sich hier nur um eine Zeitverwechslung bzw. Zeitverschiebung handeln; nach Dummer war nachher, nach dem Losschneiden der Segel (etwa 11.00 bis 11.30 Uhr Bordzeit), niemand mehr im Mast, Kapitän Diebitsch hatte ja die letzten, die noch oben waren, an Deck befohlen.

164 In den von den Stabilitätsgutachtern erarbeiteten Hebelarmkurven für das aufrichtende Moment ist das Moment und die Verdrängung der Masten, Stengen und Rahen nicht berücksichtigt worden, verständlicherweise, da der Fall einer Neigung um 90°normalerweise nicht interessiert. An den Kurven ist dieses Verweilen in der 90°-Lage also nicht erklärt. Es leuchtet jedoch ein, daß dieses Moment wegen des großen Abstandes der Toppen vom Schiffsrumpf beträchtlich ist.

165 Später werden diese und andere Unzulänglichkeiten bzw. scheinbaren Unzulänglichkeiten nicht nur Gegenstand der Verhandlung vor dem Seeamt in Lübeck sein, auch die Presse (und

damit die Öffentlichkeit) befaßt sich damit. Kapitän Dobberthien, Seefahrtoberlehrer und Beisitzer bei der Seeamtverhandlung in Lübeck, sagte in diesem Zusammenhang: »... Es wäre ungerecht, aus diesem Verhandlungsablauf schließen zu wollen, daß die Rettungs- und Signalmittel der *Pamir* etwa nicht in Ordnung gewesen seien. Ein Hurrikan wirft alle Regeln um und zerschlägt alles, was von Menschen sorgfältig geplant und vorbereitet wurde. Und es ist auch zu verstehen, wenn sich bei den Betroffenen – auch die Fachleute der Seeschiffahrt sind Betroffene – eine Verärgerung gegen Auswüchse in der Öffentlichkeit z. T. mit massiven Vorwürfen gegen die Verantwortlichen bemerkbar macht ...« Zweifelsohne, bleibt hier zu sagen, können und dürfen zudem meist emotionell bedingte Auswüchse nicht überbewertet, wenn überhaupt bewertet werden, aber es ist »meist immer etwas dran«, wenn der Kelch der Sachlichkeit und Vernunft überschäumt. Es ist im Falle Dosenöffner – das nur als Beispiel – nicht zu verstehen, weshalb man an diesen als Notproviant vorgesehen Dosen nicht einen strapazierfähigen Dosenöffner angebracht hat. Bezüglich der Farbgebung der Rettungskutter und der Schwimmwesten wie auch der Funktionsfähigkeit der anderen Rettungsmittel wird noch an anderer Stelle die Rede sein. Man kann, sollte und darf auch Einwände, gleich, woher und von wem sie kommen, nicht einfach wegwischen, etwa wenn z. B. hinsichtlich der Schwimmwesten von Außenstehenden gesagt wird: Man hat sie zwar in praxi ausprobiert, d. h., man ließ einen oder mehrere Männer ins Wasser springen und beobachtete ihr »Überleben«, man hat diese Experimente aber nicht so weit getrieben, daß die eine oder andere Versuchsperson im Wasser vor Erschöpfung ohnmächtig wurde. Hätte man die Prüfung bis zu diesem Extrem getrieben, wäre man schon sehr schnell zu Erkenntnissen gekommen, daß die Betroffenen ohne Kinnstütze ertrinken, wenn der im Vergleich zum im Wasser befindlichen Körper über Wasser schwerere Kopf bei einem Ohnmachtsanfall vornübersinkt, oder daß sie aus den normalen Schwimmwesten – also solchen der damaligen Art – nach oben herausrutschen. Dazu ließe sich noch eine Menge mehr sagen, doch gehört das nicht in solchen Einzelheiten zu diesem Thema. Höchstens noch der Einwand auf den Einwand von Dobberthien: Daß Rettungsmittel so konstruiert und gefertigt sein müssen, daß sie auch Hurrikangewalten widerstehen. Daß dies möglich ist, beweisen zum Beispiel die Wetterbeobachtungsflugzeuge, die im Falle CARRIE mitten in den Orkan hineingeflogen sind.

166 Der Verfasser J. B. hat später in seiner Eigenschaft als verantwortlicher Redakteur für die Handbücher des technisch-wissenschaftlichen Bildungswerkes im VDI (Verein Deutscher Ingenieure), Düsseldorf, die jedem Teilnehmer zu den jeweiligen Lehrgängen über Themen der modernen Technik, Naturwissenschaft und Wirtschaft und deren Anwendungsgebiete ausgehändigt wurden, in Verbindung mit dem von ihm 1971 initiierten VDI/BW-Lehrgang »Kunststoffe im Boots- und Schiffbau« von den in Frage kommenden Werften erfahren, wie außerordentlich schwer sich die deutschen Stellen auch später noch, über ein Dutzend Jahre nach der *Pamir*-Katastrophe, taten, Rettungsboote aus GFK (glasfaserverstärktem Kunststoff) zuzulassen. Schließlich wurden nach einer beängstigend langen Durststrecke wenigstens die offenen Rettungsboote aus GFK unter diesen und jenen Bedingungen zugelassen. Die auch nach oben hin, also rundherum völlig geschlossenen Boote, wie sie von der inzwischen in Konkurs gegangen Kunststoff-Bootswerft des aus Ostpreußen vertriebenen Schiffbauers G. Kuhr, Bremerhaven, nach der Schalenbauweise in Serie gingen, ließ man nur im Ausland zu, u. a. in der UdSSR.

167 Das Seeamt befaßte sich dann noch ausführlich zunächst mit den pyrotechnischen Signalmitteln, die aus dem Jahr 1955 stammten. Sie ». . . waren also verhältnismäßig alt, aber doch noch zugelassen. Die Raketen waren – obwohl auch ihre turnusmäßige Erneuerung noch nicht vorgeschrieben gewesen wäre –, im November 1956 erneuert worden, nachdem eine Rakete bei ihrer Erprobung versagt hatte. Wenn die Ausrüstung an pyrotechnischen Signalmitteln nicht (durch die See aus den Rettungsbooten) herausgeschlagen worden wäre bzw., soweit sie in den Booten verblieb, funktioniert hätte, dann würde sie unzweifelhaft ausgereicht haben, um die im Laufe der Nacht oder am nächsten Tage immer zahlreicher eintreffenden Schiffe und Flugzeuge zu den Schiffbrüchigen hinzuführen . . . Wenn aber die in der ersten Nacht (von den Rettungsbooten aus) gesichteten Flackerfeuer etwa von einem verschollenen dritten Boot gestammt haben sollten, könnte daraus geschlossen werden, daß sich die pyrotechnischen Signalmittel doch noch in einem entflammbaren Zustand befunden hätten. Daß die Signalmittel auf dem Haselbachschen Boot versagt haben, war

höchstwahrscheinlich auf die Durchfeuchtung zurückzuführen ...« Eben, und diese zu verhindern, wäre ja lange vor der *Pamir*-Katastrophe eine echte Aufgabe gewesen, die zu lösen kein technisches Problem gewesen wäre, erst recht nicht, seitdem es Kunststoffe und damit verschweißbare Verpackungsfolien gibt.

Folgen wir weiter dem Seeamt zu diesem Thema: »Die im Kriege mit gutem Erfolg erprobten Farbbeutel, die einen großen farbigen Fleck rings um die Schiffbrüchigen erzeugen, hätten ebenfalls wertvolle Dienste leisten können. Alle Rettungsboote, deren Zuwasserbringen bei hohem Seegang und konstanter Schlagseite bisher noch nicht gelösten Schwierigkeiten gegenüberstehen, Schlauchboote, Flöße usw., sollten grundsätzlich mit helleuchtenden, am besten hellgelben Farbanstrichen versehen werden. Auch der Vorschlag, sie mit selbstleuchtenden, das heißt auch bei Dunkelheit leuchtenden Farben zu streichen, sollte erwogen werden. Die hölzernen Rettungsboote der *Pamir* waren zwar nicht, wie in der Presse gesagt worden war, mit »Tarn«farbe gestrichen, sondern naturholzlackiert. Sie hatten aber ebensowenig eine helleuchtende Farbe wie das aufgefundene Schlauchboot. Daß grelle Farben im vorliegenden Falle zu einer schnelleren Auffindung geführt hätten, ist allerdings wenig wahrscheinlich, weil die Boote ja vollgeschlagen waren und demgemäß unter der Wasseroberfläche schwammen. Die zwei von der *Vale* aufgefischten Rettungsringe sind mit ihrem rot-weißen Anstrich auf große Entfernung (zwei bis drei Seemeilen) ausgemacht worden.« Wieso und warum niemand aus den Schlauchbooten, die immer noch die größte Aussicht haben, auch bei schwerstem Wetter unbeschädigt zu Wasser zu kommen, gerettet werden konnte, wird für immer ungeklärt bleiben. »Es wäre falsch«, so das Seeamt in Lübeck, »hieraus etwa Schlüsse gegen den Wert und die Brauchbarkeit an Bord mitgeführter Schlauchboote zu ziehen. Jedenfalls wird man auch der Entwicklung moderner Schlauchboote und Rettungsflöße usw. größte Aufmerksamkeit schenken müssen.« Verhängnisvoll hat sich auch und vor allem ausgewirkt, daß das tragbare Notsendegerät, der sogenannte gelbe Kasten, nicht in Tätigkeit gesetzt werden konnte ... Es folgen hierzu vom Seeamt vorgetragene sehr wertvolle Vorschläge, auch für schwimmende automatisch arbeitende Notzeichen, ferner Überlegungen zur besseren Sicherung der Trinkwasser- und Lebensmittelvorräte. Auch die Feststellung des Seeamtes ist bemerkenswert, daß die *Pamir* nicht mit den für Neuausrüstungen im § 93 der Schiffssicherheitsverordnung vorgeschriebenen Schwimmwesten, die den Kopf einer bewußtlosen Person über Wasser halten können, ausgerüstet gewesen ist. »... Die vorhandenen Korkwesten waren aber nicht vorschriftswidrig, weil nach S. 3 der Richtlinien auf Schiffen, deren Kiel vor dem 19. 11. 1952 gelegt wurde, die den Richtlinien von 1941 entsprechenden Schwimmwesten noch aufgebraucht werden dürfen. Diesen Richtlinien der SBG vom April 1941 haben die Korkwesten entsprochen. Da die Tragfähigkeit der Kapokwesten nur für die Dauer von 48 Stunden gewährleistet sein soll, haben die Korkwesten sich im vorliegenden Falle sogar als vorteilhaft erwiesen, denn Dummer und seine Gefährten sind erst nach 54 Stunden geborgen worden und Haselbach sogar noch viel später. Kapitän Goeschel (SBG) hat vor dem Seeamt in recht einleuchtender Weise dargelegt, daß die modernen, mit Kapok gefüllten Schwimmwesten bei ölhaltiger Wasseroberfläche so schwerwiegende Nachteile aufweisen sollen, daß ihre Abschaffung erwogen wird. Wenn auch im Falle *Pamir* eine ölhaltige Oberfläche nicht in Frage kam, wird man doch wohl sagen können, daß bei der *Pamir*-Katastrophe die Art und Beschaffenheit der Schwimmwesten im Enderfolg keine Rolle gespielt haben kann. Bei der zunächst noch herrschenden Sturmsee mußte ohnehin jeder verloren sein, dem es nicht in kurzer Zeit gelang, eines der Boote zu erreichen ...«

Die Frage drängt sich auf, warum denn auf der *Pamir* die bei der Kriegsmarine bereits bewährten, automatisch aufblasbaren, gelbfarbenen Schwimmwesten nicht eingesetzt worden sind. Der Verfasser J. B. hat sich an Dipl.-Ing. J. Bernhardt, den Inhaber der Fa. Bernhardt Apparatebau GmbH u. Co., Secumar-Rettungsgeräte für Schiffahrt und Luftfahrt gewandt, der, da historisch stark interessiert, auch Mitglied der Deutschen Gesellschaft für Schiffahrts- und Marinegeschichte e.V. ist. Dieser schrieb ihm zu dieser Frage u. a. [50]: »Aus der Erfindung von CO_2-Patronen für den Getränke-Syphon begann man in den USA Mitte der 30er Jahre mit dem Aufblasen von Schwimmwesten für den militärischen Bereich. Aus strategischen Gesichtspunkten hatte man bei der Deutschen Wehrmacht ein solches Aufblassystem nicht übernommen. Durch das Drägerwerk in Lübeck wurde etwa 1938/39 eine kleine Preßluftflasche ent-

wickelt, die bei 9 l Inhalt und einem Hochdruck von 150 atü zum Aufblasen der in der Deutschen Wehrmacht eingeführten Luftwaffen-, U-Boot- und Marineschwimmwesten diente. Nach dem Kriege ergab sich im deutschen und sonstigen Handelsschifffahrtsbereich für aufblasbare Schwimmwesten kein Bedarf, da diese laut Internationalem Schiffssicherheitsvertrag nur für den Fall eines drohenden Untergangs des Schiffs zur Verfügung stehen und bereitgehalten werden mußten. Nur im militärischen Bereich war man auch weiterhin wegen der freieren Beweglichkeit der Besatzungsmitglieder im Dienst im Schiff und an den Waffen auf die nicht auftragenden, im Ernstfall aber aufblasbaren Schwimmwesten angewiesen. Dort ergab sich auch die Möglichkeit einer sehr notwendigen laufenden Überwachung und Pflege dieser Art Schwimmwesten, was im Dienstbereich der Handelsschiffahrt nur schwerlich oder gar nicht möglich ist.
Wenn heute die aufblasbaren Schwimmwesten nicht nur im militärischen Bereich, sondern auch in der Sportschiffahrt eine besondere Rolle spielen, so liegt das daran, daß man weitaus bessere Eigenschaften für eine Beständigkeit aufblasbarer Schwimmkörper wie auch praktischere und einfach zu handhabende Druckgas-Aufblasvorrichtungen entwickelt und eingeführt hat.
Zur Zeit des Untergangs der *Pamir* gab es im Hinblick auf aufblasbare Schwimmwesten im Vergleich zu den bisher üblichen Rettungsmitteln gar keine Alternativen, da sie gar nicht auf dem Markt waren und aufgrund der damals bestehenden Vorschriften mit dem Internationalen Schiffssicherungsvertrag seitens der See-Berufsgenossenschaft, der ja auch die *Pamir* unterstand, gar nicht zulassungsfähig gewesen sind. Erst bei der Internationalen Konferenz der IMCO im Jahre 1960 ist die Möglichkeit aufgenommen worden, auch aufblasbare Geräte zu verwenden. Dennoch wird (auch 1977) kaum davon Gebrauch gemacht, da die robusten Feststoffwesten besser den formalen Zwang des Mitführens von Schwimmwesten erfüllen.
Erst im Jahre 1956/57 kamen Schwimmwesten auf den Markt, die mit einer Kopfstütze versehen waren. Die Kopfstütze war und ist konstruktiv aber ein Irrtum, denn sie verhindert lediglich das Über-den-Kopf-Rutschen des Schwimmkörpers. Wenn nämlich diese Kopfstütze mit ihrem Auftrieb zum Tragen kommt, ist der Mund dessen, der sich dieser Schwimmweste bedient, bereits überspült . . .«

Erst in sinnvoller Zusammenarbeit zwischen Arzt, Ingenieur und fortschrittlich-verantwortungsbewußtem Unternehmer wurde schließlich von Jost Bernhardt ein Schwimmrettungsmittel entwickelt, das, da hier erstmalig die im Schiffbau geläufigen Begriffe »Schwimmfähigkeit« und »Schwimmlage« auf den menschlichen Körper bzw. dessen einzelne Teile angewandt wurden, auch hinsichtlich der stabilen Schwimmlage eine besondere Bedeutung hat. Bei den neuen Schwimmwesten wird nicht nur der Kopf hinten, sondern über das Kinn der Kopf auch nach vorn abgestützt. Bernhardt: »Wir haben jetzt zwei Auftriebskörper: einen, der vor der Brust liegt, und einen anderen, der den Hals hufeisenförmig umschließt. Bei einer solchen Auftriebsverteilung ist die Rettungsweste ›ohnmachtssicher‹, weil der Form- und Auftriebsschwerpunkt oberhalb des etwa in der Gürtellinie anzunehmenden Gewichtsschwerpunktes liegt.« Im Falle *Pamir*, der für die Firma Bernhardt zum Schlüsselfall für die weitere Entwicklung wurde, haben also keine besseren Rettungsmittel zur Verfügung gestanden, es sei denn, man hätte eine Ausnahmeverfügung durchgesetzt, zumindest auf Segelschulschiffen der Handelsschiffahrt jene aufblasbaren Schwimmwesten an Bord führen zu können, was um so leichter vertretbar erschien, als auf solchen Schiffen auch eine laufende Kontrolle und Pflege gesichert und eingeplant werden kann. Wenn auch diese Schwimmwesten keine Kinnstütze hatten/haben, um ein Vornübersinken des Kopfes und damit ein Ertrinken zu vermeiden (bei Ohnmachten oder Erschöpfungszuständen), so hätte ihre auffallende gelbe Farbe den Überlebenden der *Pamir*, die in den beschädigten Rettungsbooten Zuflucht gesucht hatten, bei der gegebenen umfangreichen Rettungsaktion eine fast 100%ige Überlebenschance gegeben. Für ein Segelschulschiff ist das Beste und Modernste an Rettungsmitteln gerade gut genug.

*

Hier noch einmal J. Bernhardt in seinem Schreiben an den Autor J. B.: »... Ihre Frage, seit wann es Schwimmwesten mit Kopfstütze oder auch mit Kinnstütze gibt, ist nicht exakt zu beantworten. Aus der Patentliteratur sind schon Geräte bekannt, die bereits um die Jahrhundertwende solchen Begriffen entsprachen. Sie haben sich aber nie durchgesetzt, da ja vielfach noch bis heute beim Verbraucher der Begriff ›Schwimmgürtel‹ oder ›Rettungsgürtel‹ vorherrscht und man ohne Kenntnisse der schwimmphysikalischen Vorraussetzungen gar nicht weiß, daß solche Geräte ihre vorbestimmte Funktion als Rettungsgerät gar nicht erfüllen können.« Literatur dazu siehe [51], [52] und [53].

168 Gemeint sind Rettungsaktionen in See wärend Friedenszeiten; wärend einer Kriegszeit war bisher der Abtransport von 2,2 Millionen Menschen aus den von den Sowjets im Frühjahr 1945 bedrohten und später abgeschnittenen deutschen Ostgebieten Ostpreußen, Westpreußen und Danzig die größte Aktion dieser Art.

169 Bei der *Absecon* handelt es sich um einen Fregattentyp mit der Klassifikationsbezeichnung WAVP und der Nummer 374. Das Schiff ist 1766/2800 t groß.

170 Die 1944 erbaute *Crusader* mit der taktischen Bezeichnung DD ist 1710 t groß.

171 Am 23. September, zu einer Zeit, da fünf Überlebende bereits von der *Saxon* an Bord genommen worden sind, verschickt die »Stiftung ›Pamir‹ und ›Passat‹« das nachstehende Rundschreiben mit ihrer Stellungnahme:

»Der Vorstand der Stiftung ›Pamir‹ und ›Passat‹, Hamburg, gibt am 23. 9. 57, 12.00 Uhr, bekannt: Das Segelschulschiff *Pamir*, auf der 6. Reise heimkehrend von Buenos Aires, ist am Sonnabend, dem 21. September, nachmittags in das Zentrum eines schweren Hurrikans geraten. Die letzte Standortmeldung stammt von Sonnabend, 15.01 mittlerer Greenwich-Zeit (= 16.01 mitteleuropäischer Ortszeit), und lautet 35° 57' N, 40° 20' W, das ist rd. 550 Seemeilen südwestlich der Azoren. Demnach befand sich die *Pamir* in einem Seegebiet, das weit östlich von der normalen Zugbahn der Hurrikans liegt.

In seinem Funkspruch von Sonnabend, 15.01 gmt, meldete das Schiff: ›Schwerer Hurrikan – alle Segel verloren, 45° Schlagseite, Gefahr des Sinkens.‹ Nach einem späteren, wahrscheinlich von der *Pamir* stammenden und von dem britischen Frachtschiff *Manchester Trader* weitergeleiteten Funkspruch hat das Schiff in schwerem Sturm den Fockmast verloren. Es ist anzunehmen, daß das Ausschießen (plötzliche Umspringen) des Windes im Zentrum des Hurrikans und das dadurch verursachte Backkommen der zu dieser Zeit noch stehenden Segel diese schweren Schäden an der Takelage herbeigeführt und weitere ernste Beschädigungen des Schiffsrumpfes durch von oben kommende Teile der Takelage zur Folge gehabt hat. Hierdurch muß das Schiff in eine überaus ernste Lage gekommen sein.

Zahlreiche im Umkreis von 200 Seemeilen von der gemeldeten Position befindliche Schiffe suchen seit den frühen Abendstunden des Sonnabends nach dem Schiff und seiner Besatzung. An der Suchaktion sind ferner der kanadische Zerstörer *Crusader* und seit Sonntag früh auch amerikanische und portugiesische Flugzeuge beteiligt.

Die an der Suchaktion teilnehmenden Schiffe haben während der Nacht zum Sonntag schwache Lichtsignale und im Laufe des Sonntags ein leeres, beschädigtes Rettungsboot der *Pamir* festgestellt. Ferner wurden am Sonntag nach einer Mitteilung von Associated Press von einem amerikanischen Flugzeug im gleichen Seegebiet zwei unbemannte Rettungsboote und ein ebenfalls unbemanntes Floß – auf letzterem die Aufschrift ›Lübeck‹ erkennbar – gesichtet. *Pamir* selbst wurde bis Montag, 9.00 Uhr, nicht gefunden; es konnten bis zur gleichen Stunde auch keine Überlebenden geborgen werden. Obwohl mit dem Verlust des Schiffes und seiner Besatzung leider gerechnet werden muß, besteht einstweilen Hoffnung, nach Sichtbesserung das Schiff oder Überlebende der Besatzung doch noch zu finden, weil die Suche bisher durch sehr unsichtiges Wetter und Regenböen stark erschwert wurde und weil Schiffe dieser Art über eine ungewöhnliche Widerstandsfähigkeit verfügen.

S. *Pamir* steht unter dem Kommando von Kapitän Johannes Diebitsch, einem in Jahrzehnten bewährten Segelschiffsoffizier, der auf dieser Reise den erkrankten Kapitän Eggers abgelöst hat. An Bord befinden sich insgesamt 86 Mann, und zwar 35 Mann Stammbesatzung und 51 Schiffsoffiziersanwärter. Von den Schiffsoffiziersanwärtern machen 25 ihre erste Reise auf diesem Schiff. In diesem Zusammenhang wird daran erinnert, daß die Viermastbarken der Reederei Laeisz, zu denen auch die *Pamir* gehörte, früher in der Kap-Hoorn-Fahrt von einer Besatzung von 34 Mann, einschließlich Kapitän, gesegelt wurden.

Die Stiftung gedenkt aller Angehörigen der an Bord befindlichen Seeleute in diesen Stunden der ernsten Sorge um das Schiff und seine Besatzung. Sie wird über den Fortgang der

Suchaktion, die ununterbrochen mit allen verfügbaren Mitteln fortgesetzt wird, laufend über Rundfunk und Presse berichten. Auskünfte an Angehörige von Besatzungsmitgliedern werden über die Anschlußnummern Hamburg 32 15 81 (Zerssen & Co., Hamburg), Tag und Nacht erteilt.«

172 Hier hat man offenbar die Nacht vom Montag zum Dienstag gemeint.

173 Hier folgen Einzelheiten über CARRIE und dessen Verbleib: »Der Mittelpunkt von ›Carrie‹ lag um 12.00 Uhr mittags 300 sm von der irischen Küste. Im Umkreis des Hurrikans werden Windstärken zwischen 7 und 9 gemeldet. Aus dem Zentrum liegen keine Nachrichten vor.«

174 Nach dem Protokoll der Seeamtverhandlung sind es insgesamt 15.

175 Andere Quellen sprechen von 73 Schiffen.

176 Abkürzung für *L*ong *r*ange *n*avigation, ein von den Amerikanern im Zweiten Weltkrieg entwickeltes Funkortungsverfahren für die Langstreckenpeilung.

177 ein Yard = 0,9144 m.

178 Hier sind auch die damals leinenbezogenen Schwimmwesten hinzuzuzählen, denn erfahrungsgemäß wurde das helle Leinen schon nach kurzer Zeit grau.

179 Das indessen sind Erkenntnisse, die viele Jahre älter sind als die *Pamir*-Katastrophe.

180 Es mag sein, daß der eine oder andere Leser diese ihm vielleicht zu rührseligen Berichte aus den bewußtlos exklamatorischen Massenmedien in einem Sachbuch für überflüssig oder gar unangebracht erachtet. Autor J. B. ist der Auffassung, daß diese Berichte widerspiegeln, was die Masse des Volkes – und auch die Leser der exquisiten Presse wie etwa »Die Welt«, der »Frankfurter Zeitung« oder »The Times« – bei diesem herzergreifenden Drama bewegte.

181 Die erste Meldung, eine AP-Meldung, ging z. B. bei »Bild« 00.45 Uhr ein. Ein sofortiges Gespräch bestätigte sie. Reuter sprach von 65 Geretteten, die Deutsche Presse Agentur (dpa) allerdings von nur 40. Ein neues Gespräch mit dem Korrespondenten in London ergab, daß eine solche Mitteilung auch beim Lloyds Schiffahrtsbüro vorlag. 01.20 Uhr meldete die amerikanische Nachrichtenagentur up: »40 gerettet.« Erst daraufhin stellte »Bild« den Rest der schon durch die Rotationsmaschinen gelaufenen Auflagen um. Ab 02.00 Uhr bis 04.20 Uhr wird der

Inhalt obiger Meldung über alle internationalen Agenturen weitergemeldet, auch jene vom US-Truppentransporter *Geiger*, nämlich: »Alle 40 wohlauf.«

182 Was übrigens von jedem der Überlebenden auch später erreicht wird.

183 Es interessiert vielleicht, wer dieser Mann ist, der hier ein Amt versieht, das einem Richter auch (zumindest gewisse) fachliche Qualifikationen abfordert. Hierüber ist in [57] über den Stettiner E. Luhmann nachzulesen: »(Er) ist sowieso kein Laie in der christlichen Seefahrt. Sie ist, wenn man so sagen darf, sein großes privates Hobby. Sein bester Freund ist ein Kapitän ... L. ist selbst begeisterter Segler, und die Seefahrtliteratur ist ihm lieb und vertraut wie selten einem. Und er steht in Lübeck, wo er seit zwei Jahren das Ehrenamt eines Seeamtsvorsitzenden innehat, nicht zum ersten Male vor der Aufgabe, ein tragisches Geschehen auf See aufzuklären. Schon in Stettin war er fünf Jahre lang Richter am Seeamt.

So wundert man sich nicht, wenn der Mann mit dem gelichteten Haar und der klaren deutlichen Stimme brassen und anluven, Steuerbordhals und Kreuzroyalstagsegel nicht weniger geläufig sind. Eher müßte man sagen: Es ist sogar besser, daß ein seemännisch vorgebildeter Laie die Verhandlungen führt. So wird manche Frage angeschnitten, die den Fachleuten als überflüssig erscheint. Manches Problem wird dadurch bis zur letzten Klarheit durchdiskutiert ... Keiner kann dem energischen Verhandlungsführer Luhmann den Vorwurf machen, er breche bei einigen Fragen gerade dann ab, wenn es ›interessant‹ werde. Wenn er ein Gespräch unterbricht, dann nur deshalb, weil es über das Fachliche hinaus ins Subjektive abzugleiten droht und Fragen aufgetaucht sind, die noch später zu erörtern sind ...«

184 Eines der Hauptgesprächsthemen am Montag, dem 6. Januar, war in Lübeck der Vorwurf der »Lübecker Freien Presse«, daß das HAPAG-Frachtschiff *Brandenburg* noch bei Tageslicht an der Unfallstelle der *Pamir* hätte eintreffen können, wenn der Kurs sofort geändert worden wäre. Nach [58] war bekannt geworden, daß die *Brandenburg* den Kurs nicht geändert habe, nachdem der Funker den von der *Tank Duke* verbreiteten SOS-Ruf der *Pamir* empfangen hatte. HAPAG-Direktor Dr. Wachs erklärte dazu, daß auf der *Brandenburg* eine Panne passiert sei. Die Meldung (der »Lübecker Freien Presse«), das Schiff habe die sinkende *Pamir* noch bei Tageslicht erreichen können, stimme

jedoch nicht. Die 14 Knoten laufende *Brandenburg* habe 365 Seemeilen vom Unglücksort entfernt gestanden. Sie hätte also mehr als einen Tag gebraucht, um die *Pamir* zu erreichen. Immerhin habe der Funker, wie Wachs sagte, versagt. Er habe zweimal die Position der *Pamir* falsch verstanden. Statt 35 Grad nördlicher Breite habe er jedesmal 25 Grad nördlicher Breite aufgenommen. Die Führung des Schiffes glaubte sich deshalb 900 Seemeilen von der *Pamir* entfernt. Zudem soll Kapitän Schöttler von der *Brandenburg* an einer Blinddarmentzündung erkrankt gewesen sein, so daß man sich entschloß, Horta auf den Azoren anzulaufen, um ihn dort ins Krankenhaus zu bringen.
Dennoch kam der Fall *Brandenburg* auf Antrag von Minister Seebohm vor das Seeamt Hamburg. Es wurde festgestellt, daß der Funker Krassowsky die *Tank Duke* wegen der Seenotmeldung anrief und 18.38 MGZ von der *Tank Duke* als Antwort erhielt: »sie können ihre reise fortsetzen.« Der *Brandenburg*-Funker meldete der Schiffsführung den Funkverkehr jedoch nicht, wohl weil er den »Fall als erledigt betrachtete«. Auch der II. Offizier, dem er den FT-Austausch über den SOS-Ruf der *Pamir* gesprächsweise mitteilte, schwieg sich aus. Erst am 23. September, morgens, erfuhr der I. Offizier aus der Unterhaltung zweier Besatzungsmitglieder über den Seenotfall der *Pamir* und den Funkverkehr *Tank Duke – Brandenburg*. Er verständigte den kranken Kapitän, der sofort den Schiffsort ansteuern wollte, dann aber auf Anraten des I. Offiziers davon Abstand nahm, weil die *Brandenburg* 500 sm vom Unfallort entfernt sei und mindestens zwei Tage brauchen würde, um dort einzutreffen. Außerdem verlangte der Zustand des Kapitäns nach einer Operation, erst recht, da der Penicillinvorrat aufgebraucht worden war. Die *Brandenburg* setzte die Reise nach Horta fort. – Das Seeamt Hamburg entschied: Die Vorwürfe gegen die Schiffsführung der *Brandenburg* sind unberechtigt [58].

185 Am 4. Tag der Verhandlung gab es zwischen den sachlichen Diskussionen über Hurrikanmeteorologie und Segelführung so etwas wie eine sensationelle Nachricht: An der englischen Küste der Halbinsel Cornwall ist am 5. Januar eine Flaschenpost angetrieben und vom Postbeamten aus der Ortschaft Helston in der Grafschaft Cornwall gefunden worden, deren Absender sich als Mitglied der Besatzung der *Pamir* auf der letzten Reise

ausgibt. Der in der Flasche enthaltene, auf gelbem Papier geschriebene Brief, der auf der Rückseite in englischer Sprache den Satz trägt: »*Pamir* – in die Hölle gefahren mit uns unschuldigen Kindern« (*Pamir* – goes to hell with all us innocent children), hat folgenden Inhalt: »Mit Mann und Maus bei Stärke 8 noch alle, bis auf Royal und Löwenbaum. Wär bei H. Eggers unmöglich gewesen. Dann bei 10 wollte er aufgaien; zu spät. Dann probierte er, die Vollsegel durch Anluven zu entlasten. Das war der größte Wahnsinn und unser Ende. Die *Pamir* ›dreht durch‹, und damit die Leitung. Alle Segel standen back. Backbordschlagseite 30 Grad, 35 Grad, 40 Grad, 45 Grad. D. läßt die Schoten loswerfen. Alles klappte. Auch das hilft nichts. Er läßt den Stamm und die Offiziere in die Toppen zum Losschneiden der Segel. Niemand kann sich oben halten. Die Drähte und Taue der Takelage, die losen Rahen machen es unmöglich. Kein Mensch denkt an Rettung. Wie sollen die Lifeboote hinter dem Want wegkommen? Fehlkonstruktion? Nur ein Boot konnte zu Wasser. Immer mehr legt sich die *Pamir* über. Es wird Zeit, daß ich ende. In zehn Minuten ist alles aus.
Fred Schmidt, unser Idealist, hat es aufgegeben und sich mittreiben lassen vom Brecher. Buschmann, unser Bester, ist aus der Takelage geschlagen. Schade um ihn und um uns, die wir für die Dummheit und den Dünkel und die Unfähigkeit der Verantwortlichen unser Leben lassen müssen.
Hoffe, daß dies noch einer findet. Mit Eggers wäre dieses Drama nie passiert. Er ist auch kein Held, aber vorsichtig. So, nun ist alles aus, und wir sterben für irgendwelche Idioten, die uns führen und erziehen. Ich danke für solche Führer.«
Die »Stiftung ›Pamir‹ und ›Passat‹« stellt sofort nach Bekanntwerden des Inhalts Strafantrag gegen »Unbekannt«. Alle Fachleute sind sich einig, daß der Brief eine böswillige Fälschung ist. Die Unglaubwürdigkeit der Niederschrift ergibt sich aus vielerlei Gründen, so diesen: • Es ist nicht vorstellbar, daß jemand zehn Minuten vor seinem Tode im Orkan an Deck eines schwer angeschlagenen Schiffes eine derart ausführliche Schilderung verfaßt. • Warum schrieb der angebliche Seemann nicht seinen Namen? • Warum gibt er keine letzten Grüße an seine Angehörigen? Der frühere *Pamir*-Kapitän Eggers sagt: »Das kann nur einer geschrieben haben, der auf einer früheren Reise an Bord der *Pamir* war. Denn die in dem Schriftstück aufgeführte Stellung der Rettungsboote hinter dem Want ist später geän-

dert worden. Auf der letzten Reise und auch schon auf der Reise davor hatten die Rettungsboote einen anderen Platz und eine Einrichtung bekommen, die es erlaubte, sie mit zwei Mann auszusetzen.« – Konteradmiral a. D. B. Rogge dazu: »Ich bin zweimal abgesoffen. Da dachte man wahrscheinlich an etwas anderes als daran, einen solchen Roman zu schreiben. Wo gibt es denn das: eine letzte Nachricht ohne Unterschrift und ohne Gruß an die Angehörigen?« – Das Bundesverkehrsministerium: »Der Stil des Briefes läßt auf eine nachträgliche Fälschung schließen. Das Datum des Auffindens einen Tag vor der Verhandlung ist sehr verdächtig. Zum Schreiben des Textes hätte man 14 Minuten gebraucht, ungewöhnlich in einer solchen Situation.« – Dr. Rodewald vom Seewetteramt zu der Flaschenpost, die sich übrigens in einer zwölf Zoll hohen zylindrischen Flasche von hellgrüner Farbe befand: »Es ist höchst unwahrscheinlich, daß die Flasche im Atlantik diesen Weg genommen hat.« – Nach Ansicht eines englischen Schriftsachverständigen handelt es sich bei dem Schreiber um einen eitlen, halbgebildeten Mann im Alter zwischen 35 und 50 Jahren. Der Anfang sei in Ruhe verfaßt worden. Aber auch die späteren Schriftzüge ließen nicht darauf schließen, daß sie in Hast oder Angst verfaßt seien. – Im übrigen war der Brief in Sütterlinschrift abgefaßt worden, also in einer Schrift, die zumindest kaum einer der jungen Seeleute noch beherrschte. Das Ganze kann als eine bösartige Aktion betrachtet und damit abgeschlossen werden.

186 Insgesamt konnten nur 400 Zuhörer von 1000 Interessenten zugelassen werden, unter diesen waren neben Presse, Rundfunk pp. allein 90 Angehörige auf See gebliebener *Pamir*-Besatzungsmitglieder.

187 Obwohl die Verhandlung vor einem Seeamt einer Gerichtsverhandlung ähnelt, ist das Seeamt kein Gericht. Es gibt keine Angeklagten, denn die Verantwortlichen an Bord eines Schiffes sind hier »Beteiligte«, die es im Falle *Pamir* zudem nicht gab. Und das Seeamt kann nicht strafen. Es ist nur gehalten, einen Spruch über die Schuld oder Nichtschuld zu sprechen. Es kann jedoch einem Kapitän, Schiffsoffizier oder Schiffsingenieur bei einem groben Verschulden das Patent entziehen. Es muß feststellen, ob die Schiffsführung (also die Nautiker oder die Techniker, Funker einschließlich) Fehler gemacht hat, ob das Schiff mangelhaft ausgerüstet oder sonst nicht in Ordnung war oder

ob andere Einrichtungen, die der Sicherheit auf See dienen, versagt haben. Von den Seeämtern sind deshalb schon viele Verbesserungsvorschläge für die Sicherheitsbestimmungen gemacht worden. – Der Vorsitzende eines Seeamtes ist durchweg ein mit der Seefahrt vertrauter Jurist. Die Formen einer Seeamtverhandlung sind zwangloser als jene einer Gerichtsverhandlung. Man versammelt sich nicht selten um einen großen Tisch, auf dem Seekarten ausgebreitet sind oder Schiffsmodelle bereitstehen, denn es gilt, den Hergang so bildhaft wie möglich zu rekonstruieren. Es findet sozusagen »ein Lokaltermin im Saale« statt.

188 Einzelheiten dazu siehe Seite 76.

189 Dem Vorbehalt, daß Kapitän Eggers auch nach dem Umbau zwei Gersteladungen ohne Unfall nach Deutschland gebracht habe, ist mit dem Hinweis zu begegnen, daß er sich bei seiner großen Erfahrung mit der *Pamir* und der großen Aufmerksamkeit, die er der Wetterentwicklung ständig gewidmet hat, nicht von so starkem Wind mit einer so großen Segelfläche hat überfallen lassen. Er hat schwere Stürme regelmäßig abgewettert, indem er das Schiff beidrehte. Er wird auch die Aufbauten vor Wassereinbrüchen geschützt haben.

Da Windstärke 10 ausreichen mußte und da es naturgemäß nur auf die Zeitspanne zwischen der Entstehung der starken Schlagseite und dem Zeitpunkt, in dem sich das Schiff infolge übergegangener Ladung und eingedrungenen Wassers ohnehin nicht mehr aufrichten konnte, ankam, brauchte das Seeamt die Frage nicht zu entscheiden, welche Maximalwindstärken zur Unfallzeit im Unfallgebiet aufgetreten sind.

Eine solche Entscheidung war um so weniger erforderlich, als die Maximalwindstärke höchstwahrscheinlich nicht schon zu dem Zeitpunkt eingesetzt hat, als *Pamir* auf die Seite gedrückt wurde. Im Gegenteil, auch Rodewald geht davon aus, daß die Sturmstärke von 9 bis 10 auf 11 und dann erst etwa eine Stunde später auf 12 (33m/sec) angewachsen sei.

Nur, weil in den öffentlichen Erörterungen über den Untergang der *Pamir* des öfteren die Formel aufgetaucht ist, daß das Schiff »höherer Gewalt« erlegen sei, hat sich das Seeamt auch mit der Frage der aufgetretenen Maximalwindstärken befaßt. Soweit man den Begriff der »höheren Gewalt« subjektiv verstehen, das heißt, einer Ausschließung von schuldhaften Handlungen oder Unterlassungen in bezug auf die Verursachung gleichsetzen

wollte, würden Fragen angesprochen, die im vorliegenden Verfahren nicht zur Erörterung standen. Wollte man den Begriff der »höheren Gewalt« aber objektiv fassen, so würde man seine Vorraussetzungen höchstens dann als erfüllt ansehen dürfen, wenn die Gewalt des Sturmes (und Seegangs) so übermächtig gewesen wäre, daß er auch vor Topp und Takel bzw. bei kleinster Besegelung, bei unverrutschbarer Beladung, einwandfreiem Verschlußzustand der Aufbauten, besterzielbarem Stabilitätszustand, das heißt geflutetem Tieftank und bei bester Führung des Schiffes die *Pamir* hätte vernichten müssen. Dazu wäre aber nach dem Ergebnis der Stabilitätsgutachten eine Windgeschwindigkeit von weit über 100 Knoten erforderlich gewesen.
Einer solchen Orkanstärke ist *Pamir* bestimmt nicht ausgesetzt gewesen. Es steht fest, daß die *Pamir* nicht ins Zentrum des Hurrikans CARRIE geraten ist, sondern daß dieses etwa um 12 Uhr MGZ (nach 09.00 Uhr BZ) in einem Abstand von vielleicht 60 sm südlich vorübergezogen ist. CARRIE hatte am 21. 9. bei weitem nicht mehr die vernichtende Gewalt von bis zu 140 Knoten in der Stunde, mit der er um den 9. und 10. September herum etwa 1000 sm östlich Puerto Rico gewütet hatte. Der tiefste Kerndruck war am 13. und 14. September mit 951 mb gemessen worden; am 21. 9. wird er nach Rodewald bei 978 gelegen haben. Die Maximalstärken waren seit dem 11. September wesentlich zurückgegangen, wenn auch die amerikanischen Meldungen, die CARRIE zur Zeit der Energiekulmination als »severe hurricane« angezeigt hatten, ihn bis zuletzt als »still a dangerous storm« gekennzeichnet haben.

Literatur und Quellen zum Thema

[1] Der Bundesminister für Verkehr (Hrgb.): Der Untergang des Segelschulschiffes *Pamir*. Unveränderter Nachdruck der Entscheidungen des Bundesoberseeamtes und der Seeämter der Bundesrepublik Deutschland. Herausgegeben vom Bundesminister für Verkehr, Bonn, Band 5, Heft 1 bis 5; Reprint Horst Hamecher, Kassel 1973

[2] Schackow et al (Rechtsanwälte in Bremen): Berufungs- und Beschwerdeschrift in der Seeunfallsache des Segelschulschiffes *Pamir*. Bremen, den 30. September 1958

[3] Römer, E. und R. Sietas: Zum Untergang der *Pamir*. In »Der Seewart«. Nautische Zeitschrift für die deutsche Seeschiffahrt. Herausgegeben vom DHI und dem Deutschen Wetterdienst, Hamburg 21 (1960) 6

[4] US Weather Bureau: Preliminary Report. Washington, 24. September 1957

[5] Hauser, H.: Die letzten Segelschiffe. Schiff, Mannschaft, Meer und Horizont. S. Fischer Verlag, Berlin 1930. Neuauflage by Koehlers Verlagsgesellschaft m.b.H., Herford 1976

[6] Monatskarten des Nordatlantischen Ozeans

[7] Handbuch des Atlantischen Ozeans

[8] Schubart: Praktische Orkankunde

[9] NN: *Pamir*-Katastrophe war anders. In »Die Welt« 45 (1958)

[10] Brennecke, J.: Windjammer. Der große Bericht über die Entwicklung, Reisen und Schicksale der Königinnen der Sieben Meere. 2. Auflage, Koehlers Verlagsgesellschaft m.b.H., Herford 1968

[11] Peter, K. H.: Der Untergang der *Niobe*. Was geschah im Fehmarn Belt? Koehlers Verlagsgesellschaft m.b.H., Herford 1976

[12] Grube, F. und G. Richter: Das große Buch der Windjammer. Hier das Kapitel: G. Claussen: Ein Engel auf der Mastspitze. Hoffmann und Campe, Hamburg 1977

[13] Schmidt, F. W.: Der Untergang der *Pamir*, eine meteorologisch-nautische Untersuchung. Hamburg, Dezember 1957

[14] Rodewald, M.: Meteorologisches Gutachten. In [1]

[15] Höver, O.: Von der Galiot zum Fünfmaster. Unsere (d. h. die Bremer) Segelschiffe in der Weltschiffahrt. 1780–1930. Reprint nach der Ausgabe von 1934 des Angelsachsen Ver-

lages Bremen. Egon Heinemann, Norderstedt (ohne Jahresangabe)

[16] Schriftwechsel der Verfasser mit
Kapitän V. Björkfelt, Ålands-Inseln
Captain A. R. Champion*, New Zealand
Captain C. D. Champion, New Zealand
Kapitän R. Claußt (AICH, Albatros), Heidrege bei Uetersen
Kapitän F. Dominik (AICH), Hamburg
Kapitän H. Eggers (AICH)†, Hamburg
Kapitän Paul Greiff (AICH, Bezirkspräsident »Elbe«), Hamburg
Kapitän Otto Hattendorf, Bremen, Schulschiff *Schulschiff Deutschland* und Geschäftsführer Deutscher Schulschiff Verein (DSV) Bremen
Kapitän H. Isenberg (AICH), Düsseldorf
Konteradmiral a. D: Kapitän Otto Kähler (AICH)†, Kiel
Kapitän A. L. Lindvall, Ålands-Inseln
Kapitän J. M. Mattsson, Ålands-Inseln
Kapitän E. Memmen (AICH, Präsident der deutschen Sektion), Reinbek
Kapitän Robert(o) Miethe (AICH, Albatros)†, Chile (u. a. Kapitän der Fünfmastbark *Potosi* und 1911/12 der *Pamir*)
Kapitän U. Mörn, Ålands-Inseln
Kapitän H. Oellrich (AICH, Albatros)†, Hamburg
Kapitän L. Piening†, Hamburg (zuletzt Inspektor der Reederei F. Laeisz, Hamburg)
Kapitän R. Reinemuth, Bremen (Bezirkspräsident »Weser« der Amicale Internationale des Capitaines au Long-Cours Cap Hoorniers, St. Malo AICH, deutsche Sektion)
Vizeadmiral a. D. B. Rogge, Reinbek
Kapitän E. Römer (AICH)†, Hamburg
Konteradmiral a. D. Professor F. Ruge, Tübingen
Kapitän R. Sietas (AICH, Albatros)† Hamburg
Kapitän K. G. Sjögren, Ålands-Inseln
Kapitän Julius Schade (AICH), Hamburg-Blankenese, später Elblotse
Kapitän W. Schaer (AICH, Albatros)†, Hamburg
Kapitän John Schuldt† (AICH), Hamburg-Blankenese

* Bei den ausländischen Kapitänen war die AICH-Zugehörigkeit so schnell (bis zum Andruck) nicht mehr zu belegen, jedoch dürften die meisten als Albatros Mitglied der Bruderschaft (gewesen) sein.

Kapitän H.-R. Wendt (AICH, Albatros)†, Hamburg, und Heinz Burmester, Hamburg

[17] Furrer, J.: Archiv aller Rahschiffe der Welt, Zürich 1956 bis heute

[18] Renner, O. F.: The Last of Her Breed. In New Zealand Mariner, März 1945

[19] Terry, P.: Old See Rover Sails for Home. 40 Iron Men on 40 year-ship. November 1945, ohne Quellenangabe aus einer Tageszeitung

[20] NN: Proud Pamir here; Cheats B. C. Gale, November 1945, ohne Quellenangabe der betr. Tageszeitung

[21] Walden: im Seewart 3 (1958) 19

[22] Journal »Victoria«, im Auszug aus dem Segelhandbuch für den Atlantischen Ozean 1910, S. 377

[23] Schröder, F.: Fernweh und Heimkehr. Rueten und Loening, Potsdam 1942

[24] Selmer, H. H.: On the Beam Ends. Nautical Magazine 181 (1959)

[25] Herz, A. und F. Ahl: Der Atlantik-Orkan Anfang Oktober 1954. In »Der Seelotse«, herausgegeben: Deutscher Wetterdienst; Seewetteramt, Hamburg

[26] Rohrbach, P., H. Piening und Fred Schmidt: FL • Die Geschichte einer Reederei. Hans Dulk Verlag, Hamburg 1955

[27] Brennecke, Jochen: *Admiral Scheer*, Koehlers Verlagsgesellschaft m.b.H., 4. Auflage, Herford 1955

[28] Anders, F.: Wirbelsturm CARRIE war unser Schicksal. Exklusivbericht in der Illustrierten »Stern«, Hamburg 1957

[29] NN: Der Vortopp ist gebrochen – dann schwieg die *Pamir*. In »Hamburger Abendblatt« vom 23. September 1957

[30] NN nach dpa, ap, up: Suche nach der *Pamir* geht weiter • »Hamburger Abendblatt« sprach mit Angehörigen der Geretteten, Hamburg 1957

[31] NN: Keine Hoffnung mehr für die *Pamir*, Nachrichtendienst der »Die Welt«. Ausgabe H, Hamburg 1957

[32] NN: Die *Pamir* auf dem Atlantik verschollen • 88 Mann an Bord. In »Bild-Zeitung« vom 23. September 1957

[33] NN: Kein Lebenszeichen von der *Pamir*. In »Hamburger Abendblatt« Nr. 221, vom 23. September

[34] NN: Nächtliches Drama im Atlantik • Deutsches Segelschulschiff *Pamir* funkt SOS! Wir sinken! Mit 93 Mann an Bord. In »Welt am Sonntag« 10 (1957) 38

[35] NN: Kaum noch Hoffnung für die *Pamir* • Fieberhafte Suche nach dem im Atlantik verschollenen Viermaster. In Tageszeitung ohne Angaben
[36] NN: *Pamir*-Floß entdeckt! Angst um 94 Seeleute. In »Hamburger Morgenpost«, Hamburg 9 (1957) 221
[37] NN: Keine Hoffnung mehr. In »BZ«, Berlin 81 (1957) 221
[38] NN: So zerschlug der Hurrikan CARRIE die *Pamir* • Rettungsboote an der Unglücksstelle. »Der Abend«, Berlin 12 (1957) 221
[39] Deutsches Segelschulschiff funkte im Mittelatlantik SOS und ist seitdem vermißt • Schicksal der *Pamir* noch ungewiß. »Kölner Stadtanzeiger«, Köln (1957) 221
[40] NN: Überlebende der *Pamir* geborgen • Mit diesem Segelschulschiff ging eine Epoche der Seefahrt unter • Anteilnahme in der ganzen Welt. In »Berliner Morgenpost«, Berlin 60 (1957) 222
[41] NN: Letzte Meldung: 5 Seeleute der *Pamir* gerettet. »BZ«, Berlin 81 (1957) 222
[42] NN: Fünf Überlebende • Unsere *Pamir* ist gesunken • Zwei Hamburger sind gerettet. »Hamburger Morgenpost«, Hamburg 9 (1957) 222
[43] NN: Schwimmt die *Pamir* noch? Rätsel im Atlantik • Besseres Wetter • Flugzeuge suchen. »Bild-Zeitung«, Hamburg 6 (1957) 222
[44] NN: *Pamir* schwamm am Sonntag noch. »Hamburger Abendblatt« 10 (1957) 222
[45] NN: Die *Pamir* ist gesunken • Fünf Seeleute gerettet • 25 Mann in einem zweiten Boot. »Die Welt«, Hamburg 24. September 1957
[46] NN: Funkspruch vom Ozean • Wir haben noch mehr gerettet • 25 Schiffe suchen letztes *Pamir*-Boot. »Bild-Zeitung« 6 (1957) 225
[47] NN: Ihr Sohn lebt. »Hamburger Morgenpost«, Hamburg, 26. September 1957
[48] BM-Bericht/ap/dpa: Ein amerikanisches Schiff meldet: 40 Überlebende gerettet. »Berliner Morgen« 60 (1957) 225
[49] ap/dpa: Suchaktion geht bis morgen abend weiter • *Pamir*-Mannschaft noch nicht aufgegeben. »Berliner Morgen« 60 (1957) 225
[50] Bernhardt, J.: Brief vom 20. Juli 1977 an den Verfasser J. B.
[51] Idem: Der Mensch im Medium Wasser. Ein Beitrag zur Pro-

blematik der Schwimmweste, Sonderdruck aus »Schiff und Hafen« 11 (1959) 3
[52] Idem: Zur Problematik der Schwimmweste. In »Die Kommandobrücke«. Mitteilungsblatt des Verbandes Deutscher Kapitäne und Nautischer Schiffsoffiziere e.V., Hamburg 5 (1958) 7
[53] Idem: Zur Historischen Entwicklung und Konstruktion der Individuellen Rettungsmittel. In »Mitteilungen der Deutschen Gesellschaft für Verkehrsmedizin« e.V., Mainz XV (1964)
[54] Pask, E. A.: Prüfung der Individuellen Rettungsmittel in physiologischer Hinsicht. »In Mitteilungen der Deutschen Gesellschaft für Verkehrsmedizin«. Siehe [53]
[55] Koopmann, W.: Anforderungen an das Individuelle Rettungsmittel aus der Sicht der See-Berufsgenossenschaft. Siehe [53]
[56] Junack, G.: Anforderungen an das individuelle Rettungsmittel aus der Sicht der Marine. Siehe [53]
[57] Lawrenz, C.: Vier Kapitäne zur Seite. »Welt am Sonntag«, Hamburg 11 (1958) 2
[58] Lawrenz, C.: Funker verstand die *Pamir* nicht. »Die Welt«, Hamburg, 7. Januar 1958
[59] siehe Mainers Log 6 (1957)
[60] NN: Entscheidungen deutscher Seeämter. In »Hansa« 95 (1958) 19/20
[61] Anderson: Last Survivor in Sail. »Die Seekiste« 1955
[62] Annalen der Hydrographie und maritimen Meteorologie
[67] NN: Das *Pamir*-Unglück vor Gericht – Der Spruch des Seeamtes. In »Die Seekiste« 2 (1958)
[68] NN: Gedanken zum Untergang der *Pamir* • Richtig oder falsch. In »Die Seekiste« 2 (1958)
[69] Strassburger, Th.: Schulschiffsausbildung. In »Die Seekiste« 2 (1958)
[70] Dersch: Stellungnahme zur Seeamtsverhandlung in Sachen *Pamir*. In »Die Seekiste« 2 (1958)
[71] Wendel, K. und W. P. Platzoeder: Der Untergang des Segelschulschiffes *Pamir*. In »Hansa« 95 (1958) 8/9
[72] Steppes, O.: Der Untergang des Segelschulschiffes *Pamir*. »Hansa« 95 (1958) H. 48 und 49/50
[73] Rodewald, M.: Hurrican CARRIE und die *Pamir*. In Hansa 95 (1958) 8/9
[74] Hilder, B.: Hurricane Hunting. »Nautical Magazine« 1 (1958)

[75] Platzoeder, W. P.: Stabilitätsuntersuchungen zum Untergang der *Pamir*. In »Hansa« 95 (1958) 8/9
[76] Rost, A.: Ist das Ende der *Pamir* eine Lehre? »Die Welt«, Hamburg, 28. September 1957
[77] Lawrenz, C.: Der letzte Akt der *Pamir*-Tragödie. »Die Welt«. 7. Januar 1958
[78] Verg., E.: Der Hurrikan war stärker als alle Vorsicht • Rettungs- und Signalmittel der *Pamir* in der Diskussion. »Hamburger Abendblatt«, Die Schiffahrtseite. 11. Januar 1958
[79] Achterberg, F.: Sammlung von Presseausschnitten zum Thema *Pamir* und von Rissen der *Pamir*. Berlin 1957 bis heute

Bitte beachten Sie
die folgenden Seiten

Maritimes im Ullstein Buch

Shane Acton
Shrimpy (22633)

Bill Beavis
Anker mittschiffs! (20722)

Ernle Bradford
Großkampfschiffe (22349)

Dieter Bromund
Kompaßkurs Mord! (22137)
Ein Mann mit stillem Kielwasser (22665)

Fritz Brustat-Naval
Die Kap-Hoorn-Saga (20831)
Im Wind der Ozeane (20949)
Windjammer auf großer Fahrt (22030)
Um Kopf und Kragen (22241)

L.-G. Buchheim
Das Segelschiff (22096)

Svante Domizlaff
Yachten im Orkan (22724)

Alexander Enfield
Kapitänsgarn (20961)

Gerd Engel
Florida-Transfer (22015)
Münchhausen im Ölzeug (22138)
Einmal Nordsee linksherum (22286)
Sieben-Meere-Garn (22524)
Im Eis des Nordens (23507)

Wilfried Erdmann
Der blaue Traum (20844)

Horst Falliner
Brauchen Doktor an Bord! (20627)
Ganz oben auf dem Sonnendeck (20925)

Gorch Fock
Seefahrt ist not! (20728)

Cecil Scott Forester
11 Romane um Horatio Hornblower
Die letzte Fahrt der Bismarck (22430)
Brown von der Insel (23376)
Die African Queen (22754)

Rollo Gebhard
Ein Mann und sein Boot (22055)
Leinen los (23176)
Mein Pazifik (06581)
Rolling Home (07519)

Rollo Gebhard/
Angelika Zilcher
Mit Rollo um die Welt (20526)

Kurt Gerdau
Keiner singt ihre Lieder (20912)
La Paloma, oje! (22194)
Große Freiheit See (22616)
Tatort Hochsee (22946)
Weihnachten an Bord (23552)

Michael Green
Ruder hart links! (22617)
Ruder hart rechts! (22681)